高 等 学 校 教 材

水处理剂概论

李道荣　主编

U0228718

化学工业出版社
教材出版中心
·北京·

图书在版编目（CIP）数据

水处理剂概论/李道荣主编. —北京：化学工业出
版社，2005.6（2018.5重印）
高等学校教材
ISBN 978-7-5025-7221-1

Ⅰ. 水… Ⅱ. 李… Ⅲ. 水处理料剂-高等学校-
教材 Ⅳ. TU991.2

中国版本图书馆 CIP 数据核字（2005）第 063191 号

责任编辑：何 丽 满悦芝 杜进祥 装帧设计：潘 峰
责任校对：洪雅姝

出版发行：化学工业出版社（北京市东城区青年湖南街 13 号 邮政编码 100011）
印 刷：北京京华铭诚工贸有限公司
装 订：北京瑞隆泰达装订有限公司
787mm×1092mm 1/16 印张 18½ 字数 461 千字 2018 年 5 月北京第 1 版第 7 次印刷

购书咨询：010-64518888（传真：010-64519686） 售后服务：010-64518899
网 址：http://www.cip.com.cn
凡购买本书，如有缺损质量问题，本社销售中心负责调换。

定 价：40.00 元

前　言

　　水处理剂是实施水处理技术的重要材料。近年来水处理剂的发展已成为新材料领域中化工产品的一个重要分支，也是环保节水节能产业的重要组成部分。正确掌握与合理应用水处理剂对于保护水资源、改善水环境、实现经济和社会的可持续发展将起到积极的推动作用。

　　本书作为本专科学生的教材，重点介绍有关水处理及水处理药剂的基本知识、基本原理和一般水处理技术，并结合实际介绍水处理工艺及方法，同时介绍水处理及其药剂的发展动向。目前有关水处理及其药剂的出版物以资料或工具书虽多，而作为教材出版尚属首次。

　　全书共分5章。

　　第1章绪论，主要介绍水处理剂概况。

　　第2章水处理剂概述，介绍有关水处理剂的一般常识、作用原理、发展动向和评定方法。

　　第3章水处理基础，重点介绍废水的物理处理方法、化学处理方法、物理化学处理方法和生物处理方法。

　　第4章常用水处理剂，分别介绍各种水处理剂的性质、性能、制备方法、工业生产及产品等。

　　第5章行业水处理及药剂，介绍各行业水处理及处理剂应用的工艺方法等。包括锅炉给水、给水厂、游泳池水、景观用水、冷却水、空调水等给水处理及药剂，同时还重点介绍城市污水、医院污水、轻工、食品加工、冶金、化工、制药、印染废水处理及药剂。

　　本书第1章和第3章由李道荣编写；第2章的第1～4节由展海军编写；第4章的第1、2节由赵继红编写；第4章的第3～5节由邢维芹编写；第5章的第1～7节由张书良编写；第2章的第5～6节、第5章的第8～11节及附录由陆健红编写。全书由李道荣定稿。

　　由于作者水平有限，不妥之处可能难免，敬请读者批评指正。

编者
2005 年 2 月

目　录

第1章 绪 论

1.1 水处理剂概况

中国是水资源短缺和污染比较严重的国家之一。1993 年全国总取用水量与 1980 年相比增加 18.43%，达到 $5255 \times 10^8 \mathrm{m}^3$，人均用水量为 $450 \mathrm{m}^3$。用水结构发生很大转变，自 1980 年以来，全国农业灌溉和农村生活用水（统称农村用水）基本持平，而工业用水和城镇生活用水则有较大的增长。

1993 年黄河、淮河、海河三流域人均占有水资源量分别为 $543 \mathrm{m}^3$、$500 \mathrm{m}^3$ 和 $351 \mathrm{m}^3$，而人均用水量为 $393 \mathrm{m}^3$、$301 \mathrm{m}^3$ 和 $347 \mathrm{m}^3$。国外学者认为，人均占有水资源量 $1000 \mathrm{m}^3$ 是实现现代化的最低标准。从现状和未来发展来看，中国北方黄河、淮河、海河三流域要达到人均占有水资源量 $1000 \mathrm{m}^3$ 是极其困难的，即使要达到 $500 \mathrm{m}^3$ 也需进行很大的投入。

从全国情况看，目前城市缺水严重，已造成严重的经济损失和社会环境问题。缺水城市分布将由目前集中在三北（华北、东北、西北）地区及东部沿海城市逐渐向全国蔓延。

节约用水、治理污水和开发新水源具有同等重要的意义。大力发展水处理化学品对节约用水、治理污水起着重要的作用。

水处理剂是工业用水、生活用水、废水处理过程中所必须使用的化学药剂。水处理剂包括凝聚剂、絮凝剂、阻垢剂、缓蚀剂、分散剂、杀菌剂、清洗剂、预膜剂、消泡剂、脱色剂、螯合剂、除氧剂及离子交换树脂。一般性的化学药品，如用于调整水的 pH 值的酸或碱，常常不认为是水处理剂。

水处理剂生产属于精细化工的范畴，相对于常用化学品，它具有精细化学品的许多特性，如生产规模一般不大，因此建厂设备投资少，产量小；产品品种多，品种的更新换代快；附加产值大；技术服务必不可少；各种产品，尤其是复配产品，具有很强的专用性。

目前，国外业已形成了水处理工业这一概念。按照美国工业分析专家 Jean M. Kennay 的观点，水处理工业可分为产品制造、服务和系统建设三个部分。

产品制造包括水处理设备和化学品制造，系统建设指水处理工程建设，服务指提供水处理技术服务。通常，化学品制造商也是服务商。

目前世界上水处理工业市场销售额约 300 亿美元，设备制造和系统建设约占该销售额的 73%，其余为化学品销售和技术服务营业额。化学品销售额约占 20%，估计不会超过 60 亿美元。

美国是世界上最大的水处理剂消耗国，其次是西欧和日本，详见表 1-1。

表 1-1 美国、西欧和日本水处理化学品用量　　　　　　　　单位：亿美元

年　份	1993	1997	年　份	1993	1997
美国	18.21	21.49	日本	7.64	9.54
西欧	7.46	8.22	总计	33.31	39.25

1.2 水处理剂的生产及应用概况

1.2.1 水处理剂的品种

中国水处理药剂是在 20 世纪 70 年代引进大化肥装置后才引起重视和逐步发展起来的，此后也自行研制开发了一系列水处理剂。目前，中国水处理剂的品种主要有阻垢剂、缓蚀剂、杀菌灭藻剂、无机凝聚剂和有机絮凝剂等几大类。

（1）阻垢剂

20 世纪 70 年代以来，中国在引进和消化吸收基础上开发和应用的水处理阻垢剂主要有两类，一类是有机膦酸盐，如 HEDP（羟基亚乙基二膦酸盐）、EDTMP（乙二胺四亚甲基膦酸盐）以及 ATMP（氨基三亚甲基膦酸盐）等；另一类是聚羧酸，如 PAA（聚丙烯酸）、HPMA（水解聚马来酸酐）等水溶性聚合物。在水溶性聚合物或共聚物中，还有一个分支，即含磷聚合物。

（2）缓蚀剂

无机盐类是相当重要的一类缓蚀剂品种。目前采用的铬系、磷系、锌系、硅系、钼系、钨系和全有机配方，系分别指在配方中采用了铬酸盐、磷酸盐、硫酸锌、硅酸盐、钼酸盐、钨酸盐和有机膦酸盐。全有机配方则不采用无机盐，特别是重金属无机盐，以降低药剂对环境的污染。在全有机配方中常以有机膦酸盐作缓蚀剂。芳香唑类是用于铜及其合金的缓蚀剂，国内常用的是苯并三氮唑和巯基苯并三唑。

（3）杀菌灭藻剂

目前常用的水处理杀菌灭藻剂主要有两大类，即氧化型杀菌剂和非氧化型杀菌剂。氧化型杀菌剂中应用最广泛的是氯及其制品，如 $NaOCl$、$Ca(OCl)_2$ 等。近年来 ClO_2 和氯胺的应用有所增加；臭氧和溴化物的应用也值得重视。另一类为非氧化型杀菌剂，目前国内使用较普遍的是季铵盐如十二烷基二甲基苄基氯化铵。二硫氰基甲烷和戊二醛是另外两类常用的非氧化型杀菌剂。

（4）无机凝聚剂

作为低分子的无机凝聚剂，硫酸铝、硫酸亚铁和三氯化铁在水处理中仍占有较大的市场。无机高分子凝聚剂是一类新型的水处理药剂。近几年，无机凝聚剂发展迅速，目前主要品种有聚合氯化铝（PAC）、聚合硫酸铝（PAS）、聚合硫酸铁（PFS）和聚合氯化铁（PFC）几种。前 3 种都有定型产品，聚合氯化铁尚处于研制开发阶段。复合型无机高分子凝聚剂的开发是近年来发展的明显趋势，开发的复合品种很多，如阴离子复合型（如 PAC 中引入 SO_4^{2-}、PFS 中引入氯根等），阳离子复合型（如 PAC 中引入 Fe^{3+} 等），多种离子复合型（铁、硫酸根、氯根的复合），无机-有机复合型（PAC 与聚丙烯酰胺复合）等，如聚合氯化硫酸铁、聚合铝硅、聚合铝磷，聚合铝铁等。

（5）有机絮凝剂

有机絮凝剂分为 4 类：合成高分子絮凝剂、天然高分子改性絮凝剂、微生物絮凝剂和多功能水处理剂。合成高分子絮凝剂主要是聚丙烯酰胺（PAM）及其衍生物。天然高分子改性絮凝剂包括淀粉、纤维素、含胶植物、多糖类和蛋白质等类别的衍生物，目前产量约占高分子絮凝剂总量的 20%。微生物絮凝剂是指利用某些微生物分泌的高分子物质作絮凝剂，中国科学院微生物研究所等单位已有良好的研究成果。

1.2.2　中国水处理剂的生产

表 1-2 是中国部分水处理药剂生产企业状况。从资料上看，这些水处理化学品生产厂家多是集体经济，经营规模多是小型。生产品种较为单一，产能较小。其中武进精细化工厂和南京化工学院武进水质稳定剂厂是中国两家最大的水质稳定剂生产厂家，1995 年水处理药剂产量均在 4000t 以上，产品品种比较齐全，覆盖面广，并有部分出口。

表 1-2　中国部分水处理药剂生产企业情况[①]

药　　剂	生产厂家数量	生产能力/(t/a)	药　　剂	生产厂家数量	生产能力/(t/a)
水处理化学品[②]	50	28270	聚丙烯酰胺	27	7891
阻垢剂	13	2256	杀菌剂	10	1457
缓蚀剂	18	6299	净水剂	46	49928
分散剂	5	1665	除垢剂	16	4240
絮凝剂	14	5293	离子交换树脂	38	46580

① 数据取自第三次全国工业普查资料。

② 包括水处理药剂、水质稳定剂等。

1.2.3　中国水处理剂与国外的差距

中国水处理剂的生产和应用虽然起步较晚，但由于不同水处理领域发展的历史背景不同，因此对目前所体现的国内外差距不能一概而论。整体上看，由于中国水处理剂生产装置是 20 世纪 70 年代以后陆续投产的，其产品除少数是中国自行研制以外，大部分是剖析、仿制或依据国外专利研制的，再加上中国水处理剂工业发展历史较短，科研经费有限，因此具有基础薄弱、技术比较落后、整体水平不高的特点。按以下几方面分析国内外差距。

（1）产量

与先进国家相比，中国水处理剂的产量很低。美国 1997 年各种水处理剂销售总额约为 35.2 亿美元，中国水处理剂的总产值与美国相差甚远。

（2）品种

循环冷却水处理剂　主要包括缓蚀剂、阻垢剂、杀菌剂及配套的预膜剂、清洗剂和消泡剂等。大类品种国内基本配套齐全，已能大量替代进口，并能部分出口。通过对不同年代 3 次大型引进技术（20 世纪 70 年代 13 套大化肥装置、80 年代的石油化工装置和 80 年代末的宝钢冶金装置的配套水处理技术）的消化和开发，大大缩短了中国与国外先进水平的差距，基本掌握了国外一些著名的水处理公司如美国的 Nalco、Drew、Betz、日本的栗田、片山等公司的技术和配方特点。目前在品种上与国外的差距主要体现在新型水溶性共聚物、新型膦羧酸、氧化型杀菌剂和含溴杀菌剂上。"八五"期间虽经努力开发了某些新品种，如 AA-STA（丙烯酸-磺化苯乙烯共聚物）、AA-AMPS（丙烯酸-磺化丙烯酰胺共聚物）、膦羧酸（如 PBTC、HPA）等，但多半未形成生产规模。

杀菌剂　如工业用水杀菌剂，目前中国投入生产用的仅液氯、季铵盐等少数品种，而国外近几年发展了有机硫季膦盐、噻唑膦等。中国目前不少水处理剂在乡镇企业生产，部分产品质量得不到保证。

有机高分子絮凝剂　品种单一，除聚丙烯酰胺外，只有聚丙烯酸钠和少量聚胺；聚丙烯酰胺的系列化水平很低。高相对分子质量和超高相对分子质量品种、低毒品种和阳离子品种（特别是粉末产品）远落后于国外。

总体看，中国已经具有配套的、系列化的水处理剂品种，各个类别国外有的，国内基本也有。但值得指出的是，国外上述品种很多是系列产品，有很多专用的品种，而国内一般只有1～2种。

（3）质量

中国的水处理剂约80％是由乡镇企业生产的。经过长期发展，出现了一批在生产技术及设备、生产规模及管理上达到相当水平的优秀企业，但从整体看，随着乡镇企业潜力的枯竭，管理的滑坡，有不少企业的产品质量有待提高。从全行业看，各家产品质量参差不齐，致使整体质量欠佳。

但以国内先进水平而论，则情况有所不同。循环冷却水处理剂，就国内某些主要生产厂家来说，其生产技术水平虽不能与国外先进水平全面相比，但其产品质量与国外相差不很大，有的品种质量与国外产品完全相当或超过国外产品，打入了国外市场。

我国有机高分子絮凝剂除品种少外，在相对分子质量、毒性和速溶性等方面也体现了质量上的差距，这些差距在水处理剂中还是很突出的。

（4）应用与技术服务

水处理技术应用面不够广，中小型企业应用较少。如不少企业至今仍采用直流式冷却水，耗水量普遍高于国外水平，如表1-3所示。并且，水的重复使用率低，如我国目前城市用水的重复使用率为45％左右，而美国1985年即达75％，日本则为82.5％。

表1-3　国内外有关产品吨耗水量比较　　　　　　单位：t/t

产　品	合成氨	钢　铁	火力发电 /[t/(kW·h)]	造　纸	啤　酒
国外水平	<20	<5.5	$(4\sim6)\times10^{-3}$	200	<10
国内水平	300～500	25～56	$(1\sim1.3)\times10^{-2}$	450～500	20～60

国内各生产厂都有自己的技术服务队伍，针对用户的水质、材质、工艺，提供应用配方、适用药剂和使用方法。许多大的用户，如石化厂、大化肥厂也有自己的水处理队伍和仪器设备，并在技术服务方面，尤其对冷却水处理积累了较丰富的经验。目前的问题是，技术服务的对象和内容尚有局限性，一是在行业方面，如对电力、洗煤、造纸行业还缺乏经验；二是在污水处理方面，还不能满足各种污水处理的要求。

第2章 水处理剂概述

水处理剂是工业用水、生活用水、废水处理过程中所需使用的化学药剂。经过这些化学药剂的处理，使水达到一定的质量要求。水处理剂的主要作用是控制水垢、泥污的形成，减少泡沫，减少与水接触材料的腐蚀，除去水中悬浮固体和有毒物质，除臭、脱色，软化和稳定水质等。本章简要介绍水处理剂的一般性常识、作用原理、发展动向和评定方法。

2.1 给水处理剂

根据锅炉用水、工业冷却用水及空调用水等的要求，常用的水处理药剂分为阻垢剂与分散剂、缓蚀剂、杀生剂、复合水处理剂、清洗剂等几大类。

2.1.1 阻垢剂及分散剂

向给水中投加某些化学药剂阻止水垢的形成、沉积或增加碳酸钙的溶解度，使其在水中呈分散状态不易沉积，这些药剂统称为阻垢剂或分散剂。在工业上常用的形式主要有阻垢缓蚀剂和阻垢分散剂两种。

作为阻垢剂它们都具有如下所述的作用机理。

① 螯合性 阻垢分散剂（简称阻垢剂）的分子能与水中离子形成螯合物（如 EDTA 可与 Ca^{2+}、Mg^{2+} 形成螯合物），而这种螯合物往往是可溶于水的，因而可防止这些离子生成可沉积的化合物。例如，$CaSO_4$ 在 25℃时的正常溶解度为 2100mg/L，当加入微量的 AT-MP 后，其水溶液含有 6500mg/L 的 $CaSO_4$ 仍不产生沉淀。因为有机膦酸盐的加入，使得水溶液中某种过饱和浓度的物质不致沉淀。

② 分散性 阻垢分散剂具有分散作用，其分子可以吸附在晶核或晶体粒子周围，其极性部分面向水相，非极性部分吸附在颗粒外侧，这样粒子都带有微弱的负电荷。由于电荷排斥粒子，使粒子不易因碰撞而凝聚，也不易长大。

③ 晶格歪曲作用 水垢结晶成长过程中，抑制剂被吸附在结晶成长格子中，此吸附作用会改变结晶正常形态，而阻碍其成长为较大结晶。

由于晶格中吸附有阻垢分散剂分子，大大破坏了结晶的规整性，使结晶的晶格变形，导致水垢结晶的强度降低，变得较为松散而易被水流冲刷，将水垢从传热表面剥落。

2.1.1.1 阻垢缓蚀剂

阻垢缓蚀剂的主要类型有：无机聚合磷酸盐、有机多元膦酸、葡萄糖酸和单宁酸等。阻垢剂的分子结构中一般都含有多种官能团，在水体系中表现为螯合、吸附和分散作用，能发挥水处理剂的"一剂多效"功能，即一种药剂同时具备阻垢、缓蚀、絮凝、杀菌、分散等性能中的两种或两种以上的作用效果。阻垢缓蚀剂就是指同时具备阻垢和缓蚀两种作用的水处理剂，而在众多的水处理剂品种中，最典型的兼具缓蚀和阻垢作用的药剂是含磷化合物。

(1) 聚磷酸盐

聚磷酸盐有三聚磷酸钠和六偏磷酸钠。三聚磷酸钠分子式为 $Na_5P_3O_{10}$，六偏磷酸钠的分子式为 $(NaPO_3)_6ONa_2$，它是偏磷酸钠（$NaPO_3$）聚合体的一种。

聚磷酸盐阻垢作用的机理：聚磷酸盐在水中形成的长链状阴离子被吸附在碳酸钙晶体颗粒上，并与 Ca^{2+} 离子发生置换，由于这种反应发生在钙离子表层，因而阻止了碳酸钙的析出。还有一种晶体畸变理论认为：碳酸钙是一种结晶体，由带正电荷的 Ca^{2+} 和带负电荷的 CO_3^{2-} 彼此结合，并按一定的方向成长。加入聚磷酸盐可与水中钙离子螯合，抑制了晶体的成长，同时还可与附着在管壁上的 Ca^{2+}、Fe^{3+} 等离子形成络合物或螯合物，使这些附着物重新分散到水中。此外因聚磷酸盐可发生水解反应，生成正磷酸盐，还可作缓蚀剂用。聚磷酸盐的水解速度与浓度、温度、pH 值有关。浓度和水温升高，水解速度加快，当 pH 值大于 7.5 或小于 6.5 时水解速度也会加快。另外，给水系统中微生物分泌的磷酸钙也会使磷酸盐水解。

聚磷酸盐的水解产物正磷酸盐易和水中的钙离子生成磷酸钙水垢，而且正磷酸盐又是微生物的营养源，因此若长期使用聚磷酸盐，就必须采取灭藻杀菌的有效措施，否则微生物会大量繁殖，产生软垢。因此，使用复合磷酸盐阻垢剂比单独使用聚磷酸盐有更多的优势。

(2) 有机膦酸

有机膦酸的化学稳定性好，不易水解，耐高温，阻垢性能比磷酸盐好。有机膦酸属于无毒或极低毒的药剂，无环境污染问题。

有机膦酸与多种药剂有良好的协同效应，协同使用的效果比任何一种药剂单独使用的效果都好。因此，在使用中可根据水质情况选择有最佳协同效果的复合配方。

有机膦酸的种类很多，在分子结构中都含有膦酸基团，下面介绍几种在循环冷却水处理中常用的有机膦酸药剂。

① ATMP　化学名称为氨基三亚甲基膦酸，英文名称 Amino trimethylene phosphonic acid，ATMP 是英文名称的缩写。

ATMP 具有稳定的化学结构，是有机膦酸中最常用的水处理药剂之一。实验数据表明，ATMP 对抑制碳酸钙水垢特别有效，是此类药剂中对碳酸钙阻垢效果最好的药剂之一。用 ATMP 作鱼的毒理实验，对刺鱼及胖头鱼的 TL_m^{50} 值均为 $100mg/L$，基本上属于无毒物质。

② EDTMP　化学名称为乙二胺四亚甲基膦酸，英文名称 Ethylene diamine tetremethylene phosphnic acid。EDTMP 能与多价离子 Ca^{2+}、Mg^{2+}、Fe^{2+}、Zn^{2+}、Al^{3+}、Fe^{3+} 等形成稳定的大分子络合物；形成的这些大分子络合物常是疏松的、立体的双环或多环结构，可以分散进入钙垢中，使硬变软。EDTMP 对抑制碳酸钙、水合氧化铁和硫酸钙等水垢都有效，尤其对稳定硫酸钙的过饱和溶液最为有效，并且在 200℃ 高温下也不分解，可用于低压锅炉作炉内水处理使用。

EDTMP 无毒，国外曾用作牙膏添加剂，以防止磷酸钙在牙齿上沉积。

③ HEDP　HEDP 化学名称为羟基亚乙基二膦酸，英文名称 1-Hydroxyethylidene 1,1-diphosphonic acid。

HEDP 的抗氧化性比上述两种有机膦酸好。HEDP 也能与金属离子形成环状螯合物，并且有临界值效应和协同效应，对抑制碳酸钙、水合氧化铁等析出或沉积都有很好的效果，但对抑制硫酸钙垢的效果较差。纯 HEDP 无毒，国外曾用作酒稳定剂。

④ DTPMP DTPMP 是国外 20 世纪 80 年代开发的一种有机膦酸，化学名称为二亚乙基三胺五亚甲基膦酸，英文名称 Diethylene triamine penta methyllene phosphonic acid。

DTPMP 与上述有机膦酸一样，可以和金属离子络合，形成立体大分子环状络合物，分散于水中破坏钙垢晶体的生长，从而起到阻垢作用。

（3）膦基聚羧酸

膦基聚羧酸分子结构的特点是含有膦酸基—$PO(OH)_2$ 和羧基—COOH 两种基团，又称为膦酸亚基聚羧酸。是由过硫酸盐或过氧化氢与次磷酸盐构成一种氧化还原体系来引发单体聚合的。根据膦酸基和羧基在化合物中的位置和数目不同，分为许多品种。由于膦基聚羧酸分子具有同时含有膦酸基和羧基两种基团的特殊结构，使其能在高温、高硬度和高 pH 值的水质条件下，具有比有机膦酸更好的阻垢性能。与有机膦相比不易形成难溶的有机膦酸钙，而且还具有缓蚀作用，特别是在高剂量使用时，是一种高效缓蚀剂（见表 2-1）。

表 2-1 膦基聚丙烯酸（PGA）与其他药剂的 $CaCO_3$ 阻垢率比较

药 剂 名 称	药剂投入量/(mg/L)	$CaCO_3$ 阻垢率/%	药剂投入量/(mg/L)	$CaCO_3$ 阻垢率/%
膦基聚丙烯酸	10	100	5	100
聚丙烯酸	10	50	5	31
聚磷酸盐	10	31	5	29

（4）有机膦酸酯

有机膦酸酯的种类很多，但在分子结构中都含有下列基团。

$$-\overset{|}{\underset{|}{C}}-O-PO(OH)_2$$

有机膦酸酯抑制硫酸钙垢的效果较好，但抑制碳酸钙垢的效果较差。水解生成正磷酸盐的程度比聚磷酸盐难，但比有机膦酸易。有机膦酸酯一般与其他药剂复合使用，如聚磷酸盐、锌盐、木质素和苯并三氮唑等。

由于有机膦酸酯对水生生物的毒性很低，且能缓慢水解，水解后产物可生物降解，对环境无不良影响。

2.1.1.2 阻垢分散剂

在含溶解度较小的无机盐的过饱和水溶液中，阻垢剂是通过防止生成晶核或临界晶核、阻止或干扰晶体生长、分散晶体微粒等方式，实现阻止无机盐垢的生成以降低其对传热影响的。在水处理中常用的阻垢剂有：螯合剂型、有机膦酸型、水溶性聚合物型、天然有机化合物等类型，其中，把对水中固体微粒具有较好分散性能的水溶性聚合物（含天然高分子化合物）等称为阻垢分散剂，它们是众多类型阻垢剂中最重要的，也是应用最广泛的品种。

作为阻垢分散剂的水溶性聚合物，按其在水中离解的离子类型可分为阴离子、非离子和阳离子三大类，目前应用较多的是阴离子型聚合物；按聚合物的结构类型可分为均聚物、二元共聚物、多元共聚物等；按聚合物官能团性质可分为聚羧酸及其盐类、含磺酸基团的聚合物、含磷共聚物、含氮共聚物等。

一些天然有机物质如木质素，磺化木质素、丹宁、磺化丹宁酸、淀粉、改性淀粉和羧甲基纤维素等分子结构中分别含有多羟基、醛基、羧基，因而都具有分散剂的作用，可用来抑制水垢的生成。

(1) 天然高分子化合物

① 葡萄糖酸钠　是使用较早、近年来又重新被重视的一种多羟基羧酸型的缓蚀、阻垢剂。它在水溶液中对 Fe^{2+}、Cu^{2+}、Ca^{2+} 等离子有极好的络合能力，并对这些离子的许多盐类也有很好的去活化作用。因此，它既能阻垢也能缓蚀，作为水处理剂使用时，表现出优异的特性。近年来国外很多水处理剂的配方都含有葡萄糖酸钠组分。

葡萄糖酸钠还可用作低压锅炉的炉内水处理药剂、内燃机冷却水系统的水处理药剂、钢铁表面处理剂、水泥的强化剂等。葡萄糖酸钠作为水处理剂使用时，也是一种溶解限量药剂。它还有以下几个特点：一是葡萄糖酸钠可以和许多缓蚀剂配合而呈现协同效应；二是在一定温度范围内其缓蚀率随温度升高而增加；三是无环境危害，价格低廉。

② 木质素　是一种无定形的芳香族聚合物，有极强的活性。木质素的分子是由一些结构单元聚合而成，这些结构单元虽然比较清楚，但很多木质素的分子式还不太清楚。木质素磺酸是由磺化后的结构单元组成，把木质素磺酸从其他成分中分离出来后叫磺化木质素或木质素磺酸盐，它是一种分散剂和螯合剂，同时也是一种缓蚀剂。

③ 单宁　是指一类含有许多酚羟基而聚合度不同，并包括一些单体的混合物总称，相对分子质量一般在 2000 以上。天然单宁是从植物的皮部、木质部、叶、根部或果实中提取的。

单宁既是分散剂、螯合剂，又是一种缓蚀剂。

④ 淀粉和纤维素　淀粉和纤维素同属碳水化合物中的多糖类，是由葡萄糖单体聚合而成，分子式都是 $(C_6H_{10}O_5)_n$。

淀粉主要由两部分组成：外层是淀粉胶，相对分子质量较大，为 50000～1000000，是非水溶性；内部是淀粉糖，相对分子质量为 10000～60000，是水溶性。

纤维素是无色的纤维状物质，相对分子质量为 20000～40000。

淀粉和纤维素经羧甲基化，CH_2OH 基团变成 $CH_2—OCH_2COONa$，分别称为羧甲基淀粉和羧甲基纤维素，简称 CMC，在水处理中作分散剂和缓蚀剂使用。

天然分散剂的缺点是高温高压下易分解，用量大。但由于它们廉价、易得、无毒、无害、易降解，对环境无污染，又兼具有阻垢、杀菌之效能，因而也具有竞争力。

(2) 水溶性聚合物

水溶性共聚物在作为工业循环冷却水系统中的阻垢缓蚀剂使用中发挥着重要作用。这些水溶性聚合物及水溶性共聚物的阻垢分散能力与其大分子的结构和大分子的相对分子质量有着密切关系，因此，将聚合物的相对分子质量控制在一定范围内，是获得高性能产物的主要方法。

聚合物阻止污垢的形成大概可以从抑制晶体的产生和成长以及它们分散污垢粒子两方面来分析。水溶性共聚物，特别是阴离子型的聚合物在水中有很高的表面活性，它们在水中容易吸附到晶核上，使晶核的表面能降低，使小结晶重新溶解；使大结晶的晶格畸变，破坏垢的结晶单元的取向。另一方面，这些化合物吸附在结晶和污物粒子等表面时，加强了微粒的电负性，松弛的聚合物又阻止微粒子互相靠近而聚长，从而使污垢粒子得以较长时间地保持分散的悬浮状态，不易形成污垢。

聚羧酸常作为阻垢剂和分散剂使用，应用较多的是丙烯酸聚合物以及马来酸的聚合物。

聚羧酸的阻垢性能与其相对分子质量、羧基的数目有关。每种药品都有其最佳相对分子质量值，如果相对分子质量相同时，碳链上羧基数愈多，则与碱土金属络合能力愈强，因而阻垢效果愈好。

聚羧酸对碳酸钙等水垢具有较好的阻垢作用，同时也有临界值效应，因此药剂使用量也是极微少的。此外，聚丙烯酸等聚合电解质还能对一些无定形不溶性物质起到分散作用，如泥土、粉尘、腐蚀产物和生物碎屑等污物，使其不聚集，在水中呈分散悬浮状态，可被水流带走；而聚磷酸盐和膦酸盐则只能对碳酸钙等结晶状化合物产生阻垢影响。

常用的聚羧酸如下。

① 聚丙烯酸　是由丙烯酸单体在异丙醇调节剂作用下以过硫酸铵为引发剂聚合而成的，也可由丙烯酯水解生成丙烯酸再聚合而成。作为水处理药剂，相对分子质量一般选择在 2000～10000 范围内较好。用于海水、含盐的井水及水温较高时，相对分子质量需选择高一些。

聚丙烯酸除有良好的阻垢性能外，还能对泥土、粉尘和腐蚀产物以及生物碎屑等起分散作用。因此，现在使用的各种复合水处理剂中常加有聚丙烯酸。

② 聚甲基丙烯酸　是由甲基丙烯酸单体聚合而成，适于作水处理剂的相对分子质量为 500～2000。其分子结构式为：

$$\left[CH_2 - \underset{\underset{COOH}{|}}{\overset{\overset{CH_3}{|}}{C}} \right]_n$$

聚甲基丙烯酸除阻垢和分散性能与聚丙烯酸相似外，其络合能力优于聚丙烯酸，且耐湿性能较好，但因价格较贵，不如聚丙烯酸使用广泛。

③ 丙烯酸与丙烯酸羟丙酯共聚物　丙烯酸与丙烯酸羟丙酯共聚物是 20 世纪 80 年代初由日本公司引进的，代号为 T-225，是由丙烯酸与丙烯酸羟丙酯共聚而成。

它对碳酸钙阻垢的效果不如有机膦酸和上述几种聚合物，但对磷酸钙、磷酸锌、氢氧化锌、水合氧化铁等有非常好的抑制和分散作用。因此用 T-225 代替聚丙烯酸，与聚磷酸盐等复配可以收到显著的缓蚀和阻垢效果。

④ 丙烯酸与丙烯酸酯共聚物　是由丙烯酸与丙烯酸酯两种单体共聚而成。美国 Nalco 公司的 N-7139 就是这种产品，它对磷酸钙和氢氧化锌有良好的抑制和分散作用，常与聚磷酸盐、磷酸酯和锌盐等药剂复配使用。

⑤ 水解聚马来酸酐　水解聚马来酸酐英文名称 Hydrolyzed polymaleic anhydride，简称 HPMA。分子结构中羧基数目较多，易和水中 Ca^{2+}、Mg^{2+} 等金属离子螯合，具有优良的阻垢性能，在 1000mg/L（$CaCO_3$ 计）的总硬度水中仍有阻垢作用。

水解聚马来酸酐由于分子结构中羧基数比聚丙烯酸和聚甲基丙烯酸多，因而阻垢性能也比它们好，而且热稳定性好，300℃以下，不会有任何变化，350℃以上才会发生分解。所以水解聚马来酸酐能在较高温度下保持良好的阻垢性，因此在海水淡化的闪蒸装置中和低压锅炉、蒸汽机车上得到广泛应用。但因其价格比其他药剂贵得多，在循环冷却水处理中除特殊情况外，很少采用。

⑥ 马来酸酐-丙烯酸共聚物　马来酸酐-丙烯酸共聚物阻垢性能与水解马来酸酐相似，又具有较高的耐温性，但价格低，用来代替水解聚马来酸酐，并可获得同样的效果。

⑦ 苯乙烯磺酸-马来酸（酐）共聚物　苯乙烯磺酸-马来酸（酐）共聚物分子含有苯环、

磺酸基，使其热稳定性有所提高，分散作用也得到加强，适应 pH 值范围宽，对"钙容忍度"高，特别是对抑制磷酸钙垢效果更为明显。

该药剂常用于冷却水系统和中压、低压锅炉中，以控制磷酸钙、碳酸钙、硅酸盐、铁氧化物及污泥等沉积，效果显著。

⑧ 马来酸酐-丙烯酰胺共聚物　马来酸酐-丙烯酰胺二元共聚物，对碳酸钙、磷酸钙的阻垢效果较好。测定其阻垢率的实验结果表明：配制水中含 Ca^{2+} 浓度为 250mg/L 时，阻垢率为 97.76%，随 Ca^{2+} 浓度增加，阻垢率有所下降，但即使 Ca^{2+} 浓度达到 1000mg/L 以上，阻垢率仍能达到 88%。在 pH 值 6~9 范围内使用，阻垢率大于 96%；在水温达 90℃时阻垢率为 90% 以上，如果与表面活性剂复配效果更好。

⑨ 膦磺酸共聚物　在有机膦酸分子中引入磺酸基团，充分利用了膦酸基对碳酸钙螯合能力强，磺酸基团对铁、锌、磷酸钙螯合能力强，亲水性能好的特性，改善了有机膦酸的不足之处。实验结果表明，DPAMS（二亚甲基膦酸氨基甲磺酸）在阻碳酸钙垢、磷酸钙垢，稳定锌和分散氧化铁等方面优于有机膦酸 ATMP；与磺酸共聚物相比，除了阻碳酸钙性能稍差外，其他均优于磺酸共聚物。

2.1.2　缓蚀剂

2.1.2.1　缓蚀剂的定义、分类、缓蚀机理

（1）缓蚀剂的定义

添加到水溶液介质中能抑制或降低金属和合金腐蚀速度，改变金属相合金腐蚀电极过程的一类添加剂称为缓蚀剂或腐蚀抑制剂。这些缓蚀剂的加入应是少量的。它们在抑制腐蚀的过程中可以是化学计量的，但大多数情况下是对金属活性溶解过程的阻抑，因此是非化学计量的。水溶液中有些溶质在数量很大时也在结果上明显降低金属的腐蚀速度，例如常温下硝酸水溶液浓度提高到 40%，硫酸水溶液浓度提高到 80% 时，碳钢的腐蚀速度明显下降，但一般我们不能把硝酸和硫酸称为缓蚀剂。另外，降低或消除水溶液中氧化剂的含量时，也能明显降低金属的腐蚀速度，习惯上也不把这类化学物质称为缓蚀剂。例如，水中投加亚硫酸钠和肼等物质以后，通过去除水中溶解氧也能减缓金属的腐蚀速度，这些物质通常也不能称之为缓蚀剂。

（2）缓蚀剂的分类

按缓蚀剂的作用机理可分成阳极缓蚀剂、阴极缓蚀剂及双极缓蚀剂。如铬酸盐、亚硝酸盐、钼酸盐、钨酸盐、苯甲酸盐都属于阳极缓蚀剂；六偏磷酸钠、三聚磷酸钠、硅酸盐都属于阴极缓蚀剂；铵盐则为双极缓蚀剂等。

按缓蚀剂成膜特性分类可分成钝化膜型、沉淀膜型和有机系吸附膜型，见表 2-2。

表 2-2　缓蚀剂按膜的特性分类

膜　　型		主要形式的腐蚀抑制剂	成　膜　特　性
钝化膜型（氧化膜型）		铬酸盐、亚硝酸盐、钼酸盐、钨酸盐	致密、膜薄（3~10nm）
沉淀膜型	水中离子型	聚磷酸盐、有机膦酸盐（酯）类、硅酸盐、锌盐、苯甲酸盐、肌氨酸	多孔质、膜薄，与金属表面黏附性差
	金属离子	巯基苯并噻唑、苯并三氮唑	比较致密、膜薄
有机系吸附膜型		胺类、硫醇类、高级脂肪酸类、葡萄糖酸盐、木质素类	在酸性、非水溶液中形成好的皮膜，在非清洁的表面上通常吸附性差

按照缓蚀剂的种类是无机化合物还是有机化合物可分成无机缓蚀剂和有机缓蚀剂。

抑制剂依其对腐蚀的抑制过程可以大略进行分类。如抑制阳极反应，则为阳极抑制剂；如抑制阴极反应，则为阴极抑制剂；如其可阻止两极的反应，则为双极型抑制剂。

无机盐类抑制剂通常会影响阳极反应，也就是使金属离子溶入溶液中的速率降低了，这些抑制剂通常能减少金属表面的腐蚀反应。但即使反应速率降低了，侵蚀的程度也可能增加。就像阳光照射在纸上，如用透镜将光线集中于一点时，仍有可能导致燃烧的现象一样。

阴极抑制剂以干扰氧化还原反应的步骤来降低其腐蚀率。此系列的抑制剂可降低腐蚀率及腐蚀强度。

抑制剂可单一使用或混合使用。混合使用的抑制剂，其抑制效果往往有相乘的功效。

（3）缓蚀剂的缓蚀机理

缓蚀剂是在腐蚀环境中少量添加就可以明显抑制腐蚀速度的单一的或复合的物质。当采用一种缓蚀剂的效果并不好，或为达到好的效果需要采用大剂量时，可根据协同效应原理采用不同类型的几种缓蚀剂配合使用，这样既提高其缓蚀效果，又降低药剂用量。如在铬酸盐缓蚀剂中加入少量锌离子，可使铬酸盐用量从 150mg/L 左右降至 $15\sim20$mg/L，仍可获得同样好的效果。六偏磷酸钠加锌盐的复合缓蚀剂应用也较多。

缓蚀剂的防腐效果以缓蚀率（缓蚀效率）来表示。

缓蚀剂的种类繁多，作用机理各有不同，尚没有公认的见解。按保护膜的类型可分为两种理论，即成膜理论和吸附理论。

成膜理论认为，缓蚀剂与金属作用生成氧化膜（或称钝化膜），或缓蚀剂与介质中的离子反应生成沉淀膜，从而使金属的腐蚀速度减慢。

吸附理论认为，缓蚀剂在金属表面具有吸附作用，生成了一种吸附在金属表面的吸附膜，从而使金属的腐蚀速度减慢。

下面就缓蚀剂形成的三种保护膜来阐述其缓蚀机理。

① 氧化膜型缓蚀剂 此类缓蚀剂以缓蚀剂本身作氧化剂或以介质中的溶解氧作氧化剂，使金属表面形成钝态的氧化膜来减缓金属的腐蚀速度，故氧化膜型缓蚀剂也称为钝化膜型缓蚀剂。例如铬酸钠本身就具有氧化性，在中性水溶液中它可将铁氧化生成 $\gamma\text{-}Fe_2O_3$ 金属氧化物的膜，它紧密牢固地黏附在金属表面，改变了金属的腐蚀电势，并通过钝化现象降低腐蚀反应的速度。

$$2Fe + Na_2CrO_4 + 2H_2O \longrightarrow Fe_2O_3 + Cr_2O_3 + 4NaOH$$

又如苯甲酸钠本身不具有氧化性而是必须要有溶解氧的协同下才起缓蚀作用。

氧化膜型缓蚀剂按其作用的电极反应过程又可分为阳极抑制型和阴极去极化型两种。氧化膜型缓蚀剂在成膜过程中会被消耗掉，故在投加这种缓蚀剂的初期，需加入较高剂量，待成膜后可以减少用量，加入的剂量只是用来修补被破坏的氧化膜。氯离子、高温及高的水流速都会破坏氧化膜，故应用时要考虑适当提高缓蚀剂浓度。

② 沉淀膜型缓蚀剂 此类缓蚀剂能在金属表面形成沉淀膜，它可由缓蚀剂与水中某些离子相互作用形成，也可由缓蚀剂与腐蚀介质中存在的金属离子反应形成一层难溶的沉淀物或络合物。沉淀膜比氧化膜要厚，一般有几十到一百纳米。沉淀膜的电阻大，并能使金属和腐蚀介质隔离，因而起到抑制腐蚀的作用。由于这种防蚀膜没有与金属表面直接结合，它是多孔的，常表现出对全属表面的附着不好，因此这种缓蚀剂的缓蚀效果

要稍差于氧化膜型。这类缓蚀剂根据其抑制电极过程的不同，可以分为阴极抑制型和混合抑制型两种。

③ 吸附膜型缓蚀剂　吸附膜型缓蚀剂多数是有机缓蚀剂，它们都是具有含 N、S、O 等的官能团的极性化合物，能吸附在金属表面上。它们之所以能起缓蚀作用，是因为在分子结构中具有可吸附在金属表面的亲水基团和遮蔽金属表面的疏水基团。亲水基团定向吸附在金属表面，而疏水基团则阻碍水及溶解氧向金属表面扩散，从而起到缓蚀作用。当金属表面呈活性或清洁状态的时候，吸附膜型缓蚀剂能形成满意的吸附膜，表现出良好的缓蚀效果。但如果金属表面已有腐蚀产物或有垢沉积物覆盖，就很难形成满意的吸附膜，此时可适当加入少量表面活性剂，以帮助缓蚀剂成膜。

（4）添加缓蚀剂的目的和意义

腐蚀是水系统的一大困扰。美国工业界每年消耗在腐蚀方面的费用均超过 1 千亿美元。

在水系统中，金属的腐蚀多为在水-金属界面发生阳极氧化反应。在水溶液中，铁原子氧化后，失去电子而形成离子态，即

$$Fe \longrightarrow Fe^{2+} + 2e$$

水系统的水质、pH 值、溶解气体、水温、水流速、悬浮固体含量、微生物的存在等都对金属腐蚀的严重程度产生影响。

防止腐蚀的方法很多，主要有投加缓蚀剂、电化学保护、涂料覆盖等。最普遍采用的仍为投加缓蚀剂。它可以大大降低腐蚀反应的速率，因而延长水系统设备和管线的使用寿命，并可减少设备检修的次数和时间。

优良的缓蚀剂应符合下列条件：

① 经配制后必须能保护所有水系统的金属；

② 在水系统可能波动的水质状态、pH 值、水温及热流量下都能发挥良好缓蚀作用；

③ 不能在金属表面造成影响热传导的沉积现象；

④ 当排放水或蒸发时，不会对环境造成污染。

2.1.2.2　常用缓蚀剂

（1）铬酸盐

铬酸盐是循环冷却水系统中最为有效的一种缓蚀剂，最常用的是铬酸钠（$Na_2CrO_4 \cdot 4H_2O$）。

铬酸盐的强氧化性可使钢铁表面生成以 $\gamma\text{-}Fe_2O_3$ 为主的钝化膜，膜的外层主要是高价铁氧化物，内层是高价铁和低价铁的氧化物，而铬酸盐本身被还原成 Cr_2O_3。

在敞开式循环冷却水系统中，单独使用铬酸盐的起始浓度为 $500\sim1000mg/L$，随后可逐渐降低到维持浓度 $200\sim500mg/L$。由于铬酸盐毒性较大，另外，高浓度使用水处理成本太高，所以用铬酸盐作缓蚀剂时，常与其他缓蚀剂复配使用。

适于铬酸盐使用的 pH 值范围较宽（pH 值 $6.5\sim9$），而且对多种金属都有缓蚀作用，如，铜、锌、铝及其合金。其中碳钢的腐蚀速度可低于 $0.025mm/a$。但由于铬酸盐具有强氧化性，遇到还原性物质（如 H_2S、NH_3 等）易失效。

（2）锌盐

锌盐被认为是一种阴极性缓蚀剂，能对金属迅速起到保护作用，可使金属表面腐蚀微电池中阴极区附近溶液中的局部 pH 值升高，生成氢氧化锌沉淀物，抑制了腐蚀过程的阴极反应而起到缓蚀作用。

常用的锌盐为硫酸锌，单独使用缓蚀效果不好，与其他缓蚀剂（如铬酸盐、聚磷酸盐、磷酸酯、有机膦酸盐等）联合使用时，效果显著。由于锌是两性元素，在 pH＞8.0 时锌离子易沉淀析出，失去缓蚀作用。

锌盐对水生生物有毒，排放水的含锌量受到严格限制。

（3）硅酸盐

用作冷却水缓蚀剂的硅酸盐是以 $Na_2O \cdot SiO_2$ 为主的水玻璃。硅酸盐在冷却水中可在槽清洁金属或生锈的金属表面形成多孔保护膜。硅酸盐浓度低时，金属有形成点蚀的倾向。所以硅酸盐须在冷却水中含有氧时，才能有效保护金属。

硅酸盐对钢铁、铜合金、铝合金、镀锌层、镀铅层的腐蚀都可起抑制作用，特别对控制黄铜脱锌的效果较好。

硅酸盐的缓蚀效果远不及聚磷酸盐和铬酸盐，而且建立保护作用的过程很慢，一般需要 3～4 周。此外，在镁硬度高的水中，易生成硅酸盐垢。

硅酸盐缓蚀剂无毒、成本低。使用时一般选用 SiO_2 与 Na_2O 之比（模数）为 2.5～3.0 的水玻璃，如控制非铁合金的腐蚀，则需要选用更高模数的水玻璃。在直流冷却水中使用浓度为 8～20mg/L（以 SiO_2 计），在循环冷却水中使用浓度为 40～60mg/L，最低为 25mg/L，最佳 pH 使用范围是 7.5～10.0。

（4）钼酸盐

钼酸盐中常用作缓蚀剂的是钼酸钠（$NaMoO_4 \cdot 2H_2O$），属非氧化性或弱氧化性的低毒药剂。

钼酸盐适用的 pH 值范围为 7.5～10.0，并需要在合适的氧化剂（如水中溶解氧或亚硝酸钠等氧化性物质）的配合下，才能形成金属表面的保护膜。如果单一使用钼酸盐，则需要较高浓度才能达到缓蚀效果。

（5）亚硝酸盐

亚硝酸盐也是一种氧化性缓蚀剂，能使钢铁表面生成以 $\gamma\text{-}Fe_2O_3$ 为主的钝化保护膜而起缓蚀作用，最常用的是亚硝酸钠。

冷却水中亚硝酸盐的使用浓度为 300～500mg/L。由于亚硝酸盐可被铬酸盐还原，所以不能和铬酸盐系缓蚀剂复配使用。

亚硝酸盐有毒，可被细菌分解，容易促进冷却水中微生物生长，还可能被还原为氨，使铜和铜合金产生腐蚀。所以亚硝酸盐一般用作冷却设备酸洗后的钝化剂，很少在敞开或直流式冷却水系统中使用。

（6）磷酸盐

磷酸盐在中性或碱性条件下需要与水中溶解氧共同完成对金属的保护作用。当溶解氧使碳钢表面形成很薄层的 $\gamma\text{-}Fe_2O_3$ 氧化膜时，在氧化膜间隙处金属电化学腐蚀继续进行，磷酸盐与铁离子生成的沉淀物——磷酸铁可将间隙堵塞，使碳钢得到保护。

磷酸盐与水中的钙离子易生成磷酸钙垢，所以需加入能抑制磷酸钙垢生成的药剂复配使用，如丙烯酸和丙烯酸羟丙酯的共聚物等。

磷酸盐无毒，价格便宜。但由于磷是生物营养元素，容易促进冷却水中藻类的繁殖，因此受到环保排放标准的限制。

（7）聚磷酸盐

聚磷酸盐是目前应用广泛、且经济实惠的冷却水缓蚀剂之一，最常用的是六偏磷酸钠和三聚磷酸钠。聚磷酸盐在冷却水中既含有溶解氧又含有钙离子的情况下才能有效地保护碳钢。除了具有缓蚀作用外，磷酸盐还有阻止冷却水中碳酸钙和硫酸钙结垢的低浓度阻垢作用。

在敞开式循环冷却水系统中，当 pH 值为 6.0～7.0 时，单独使用聚磷酸盐的浓度通常为 20～50mg/L。

聚磷酸盐易水解，水解后与水中的钙离子生成磷酸钙垢，而且对铜及铜合金有侵蚀性，如果与铬酸盐、锌盐、钼酸盐、有机膦酸盐等联合使用，可提高聚磷酸盐的缓蚀效果。

（8）有机多元膦酸

有机多元膦酸及其盐类与聚磷酸盐类似，都具有低浓度阻垢作用，对钢铁都有缓蚀作用，而且能在高硬度、高 pH 值和高温下使用。

有机多元膦酸单独使用浓度为 15～20mg/L，在与铬酸盐、锌盐、钼酸盐或聚磷酸盐等缓蚀剂联合使用时，浓度还可降低。

有机多元膦酸的价格较贵，对铜及铜合金有较强的侵蚀性。

（9）有机唑

冷却水系统中有铜制设备时，需用铜缓蚀剂。有机唑即为常用的铜缓蚀剂，但三种有机唑药剂的价格均较高。

① 巯基苯并噻唑

巯基苯并噻唑（Merceptobenzothiazole，MBT），是一种对铜和铜合金腐蚀控制比较有效的缓蚀剂，使用很小浓度（约 2mg/L）就可使腐蚀速率降得很低。巯基苯并噻唑容易被氯和氯胺氧化失效。

② 苯并三唑和甲基苯并三唑

苯并三唑（Benaotriazole，BTA）和甲基苯并三唑（Tolyltriazole，TTA）对铜和铜合金缓蚀效果都较好，尤其是苯并三唑，还可防止铜在钢、铝、锌及镀锌铁等金属上的沉积和黄铜的脱锌，并且对镁、锌、锡和镉也有缓蚀作用。

苯并三唑和甲基苯并三唑在 pH 值为 6～10 时的缓蚀率最高，并且在冷却水中含有游离氯时，也具有一定的缓蚀作用，如果有机唑类与磷酸盐复配缓蚀作用更显著。

（10）硫酸亚铁

含有硫酸亚铁的冷却水经过铜管制成的凝汽管时，可使管内壁生成一层含有铁化合物的保护膜，从而防止铜管的腐蚀。

硫酸亚铁造膜处理的方法是在凝汽器新铜管投入运行之前，先通入流速为 1～2m/s 的清洁水，用胶球将铜管表面清洗干净。然后加入硫酸亚铁，使冷却水中 Fe^{2+} 浓度保持在 2～3mg/L，每间隔 6～8h 用胶球进行一次清洗，每次 30min。在凝汽器正常运行后，间隔 24～48h 往冷却水中加入硫酸亚铁，维持水中含 Fe^{2+} 质量浓度在 1～2mg/L。

硫酸亚铁形成的保护膜为黑色或棕色。生成以 Fe_2O_3 为主的保护膜与铜管紧密结合，可有效防止铜管的冲刷腐蚀、脱锌腐蚀和应力腐蚀，而且对已发生轻微腐蚀的铜管，也有一定保护作用。

据统计，硫酸亚铁造膜后的凝汽器铜管，在用海水作冷却水运行时，可使铜管每年的事故率从 5.68% 降到 0.32%。

硫酸亚铁作缓蚀剂有价格便宜、用量小的优点，但其造膜技术复杂。如果冷却水污染严重，并含有硫化氢或还原物质时，硫酸亚铁不能形成保护膜。

（11）有机硅缓蚀剂

有机硅缓蚀剂是缓蚀剂发展的一个新领域，它具有缓蚀、阻垢及净化等性能，并且能稳定硅酸盐。用做缓蚀剂的有机硅化合物有：①有机硅烷或有机氧硅烷；②硅氮烷（含 Si—N 键）；③对有机硅烷偶联剂 $Y(CH_2)SiX_3$ 进行改性。例如，0.5mg/L 的 N-β-氨乙基（γ-氨基丙三乙氧）硅烷与 $NaNO_2$、$NaMoO_4$ 等复配，发现金属不生锈面积占 99.2%。

（12）螯合基表面活性剂

螯合基表面活性剂分子结构中具有两个有效基团，能与金属作用形成环状化合物，吸附在金属表面起保护作用。这类化合物有：肉豆蔻肌氨酸、n-9 丙氨酸、n-12 烷酰肌氨酸、儿茶酚类化合物等。

如：儿茶酚类化合物与金属作用，可组成五元或六元环，在金属表面形成保护膜。美国专利报道具有 Q—(Ar)—$(OH)_2$ 分子式的儿茶酚类化合物，其中 Ar 为芳香化合物，如：苯、萘、蒽等；Q 为：$-SO_3H$、$-SOR$、$-NO_2$、$-F$、$-Cl$、$-Br$、$-CHO$、$-CH_2CH_3$、$-COR$、$-CONH_2$、$-CONHR$、$-CONR_2$、$-CO_2H$、$-PO_3H$ 等基团。

这些化合物单独使用时有较好的缓蚀效果，与其他缓蚀剂复配后效果尤为显著。例如：使用 50mg/L 的儿茶酚-4-磺酸。腐蚀速度为 0.101mm/a，缓蚀率为 93%；15mg/L 儿茶酚-4-磺酸与 15mg/L HEDP 及 1.5mg/L Zn^{2+} 复配后，腐蚀速度为 0.076mm/a，缓蚀率为 97%。

（13）2-羟基膦基乙酸

2-羟基膦基乙酸（简称 HPAA）是国外 20 世纪 80 年代推出的一种新型缓蚀剂。实验证明，加入 HPAA 作缓蚀剂，可以和 Ca^{2+} 在碳钢上形成保护膜，若与锌盐同时使用生成的保护膜更均匀致密。此时可减少 HPAA 药剂量的 1/2 至 2/3，其中 Zn^{2+} 浓度以 1～3mg/L 为佳。

在钙硬度为 52～104mg/L 的水中，当 HPAA 浓度小于 10～15mg/L 时，缓蚀率随浓度的增加而增大，超过 10～15mg/L 后浓度的增加对缓蚀率影响不大。

（14）膦酰基羧酸（POCA）

由美国开发的膦酰基羧酸（POCA）是将膦酸盐和聚合物有机结合在一起。POCA 对碳酸钙、磷酸钙垢的抑制、颗粒分散以及对铁金属的缓蚀均具有良好效果，且不与氯作用，对钙有较高的容忍度，是一种兼具阻垢和缓蚀的多功能低磷化学品，同时也是一种有效的锌盐稳定剂。

2.1.2.3　复合缓蚀剂

从上述药剂性能看，每一种药剂都有其特定的使用范围，而且价格、使用效果亦有差别。往往同时加入两种或多种缓蚀剂，会比单独加入同样浓度的某种缓蚀剂效果更好，所以在水处理中更多使用的是复合缓蚀剂。

常用的复合缓蚀剂是以一种缓蚀剂为主，添加另一种或几种其他缓蚀剂、水质稳定剂配制而成，这样可提高缓蚀、防腐效果，降低成本。如：单独用铬酸盐作缓蚀剂，使用浓度为 200～500mg/L，而配以 1～5mg/L 的锌盐联合使用，浓度只需 15～30mg/L，即可得到很好的缓蚀效果。表 2-3 提供了循环冷却水中常用的复合缓蚀剂种类和主要成分供参考。

表 2-3　循环冷却水中常用的复合缓蚀剂种类和主要成分

种　　类	复合缓蚀剂的主要成分	种　　类	复合缓蚀剂的主要成分
铬酸盐类（铬系）	铬酸盐类-锌盐 铬酸盐类-锌盐-有机膦酸盐 铬酸盐类-聚磷酸盐 铬酸盐类-聚磷酸盐-锌盐	锌盐类（锌系）	锌盐-有机膦酸盐 锌盐-膦羧酸-分散剂 锌盐-多元醇膦酸酯 锌盐-单宁
磷酸盐类（磷系）	聚磷酸盐-锌盐 聚磷酸盐-有机膦酸盐-锌盐 聚磷酸盐-有机膦酸盐-巯基苯并噻唑 聚磷酸盐-有机膦酸盐-正磷酸盐-丙烯酸三元共聚物 聚磷酸盐-有机膦酸盐	硅酸盐类（硅系） 钼酸盐类（钼系） 全有机类	硅酸盐-有机膦酸盐-苯并三唑 钼酸盐-有机膦酸盐-唑类 钼酸盐-正磷酸盐-唑类 有机膦酸盐-聚羧盐-唑类 有机膦酸盐-芳香唑类-木质素 有机膦酸-聚羧酸

2.1.2.4　碱性冷却水使用的缓蚀剂

碱性冷却水 pH 值一般在 8.0～9.5 之间，为弱碱性。在这种水质中，除了碳酸钙沉积物增多外，还能使有些缓蚀剂失效（如：冷却水 pH 值升高使聚磷酸盐易水解生成磷酸钙垢，锌离子易形成氢氧化物沉淀析出等），所以必须选择适合碱性冷却水中使用的缓蚀剂。

碱性冷却水缓蚀剂除了具有缓蚀作用外，还应具有阻垢的性能，并且性质稳定，不影响其他缓蚀剂的使用效果。所以碱性冷却水缓蚀剂通常是几种药剂复配而成，含有的成分有：阻垢缓蚀剂〔羟基亚乙基二膦酸（HEDP）、氨基三亚甲基膦酸（ATMP）、乙二胺四亚甲基膦酸（EDTMP）、多元醇膦酸酯（POE）等〕、阻垢分散剂及缓蚀稳定剂等。下面介绍几种在碱性冷却水条件下经常使用的复合缓蚀剂供参考。

（1）聚磷酸盐-锌盐-膦酸盐-分散剂

该水处理剂以聚磷酸盐和锌盐为缓蚀剂，膦酸盐为阻垢缓蚀剂，这些药剂之间具有协同作用。膦酸盐是高聚物分散剂，它能使聚磷酸盐分解后生成的磷酸钙以及加入的锌盐在高 pH 值下，以溶解状态保持在冷却水中而不析出，因而又是缓蚀剂的稳定剂。

（2）聚磷酸盐-正磷酸盐-膦酸盐-三元共聚物

该水处理剂以磷酸盐（聚磷酸盐、正磷酸盐）为主。为了控制在高 pH 值时生成磷酸钙垢和碳酸钙垢，加入了能稳定磷酸钙的三元共聚物和能稳定碳酸钙的膦酸盐。这种复合水处理剂对于碳钢和不锈钢换热器腐蚀控制都有很好的效果。

（3）有机多元膦酸-聚合物分散剂-唑类

该复合水处理剂是一组全都由有机化合物组成的水处理药剂。是以聚合物分散剂为主剂，以有机多元膦酸为缓蚀剂和阻垢剂，以有机唑为铜缓蚀剂。

这种全有机配方不存在聚磷水解问题，无磷酸钙垢产生，不需加酸调 pH，适用于高 pH、高碱度、高硬度和高浓缩倍数的水质。但形成的金属保护膜抗腐蚀性较弱，不适用于腐蚀性水质，而且处理费用比磷系高。

（4）多元醇膦酸酯-丙烯酸系聚合物

该水处理剂采用了既对钢铁有缓蚀作用，又对碳酸钙有阻垢作用的多元醇膦酸酯作主剂，有利于降低水解产生的正磷酸根离子浓度和降低碳酸钙沉积结垢的倾向。丙烯酸系聚合物则对磷酸钙和碳酸钙有进一步的阻垢作用，防止了垢下腐蚀。

（5）HEDP-HPMA

该水处理剂由羟基亚乙基二膦酸（HEDP）和阻垢分散剂水解聚马来酸酐（HPMA）组成，也是全部采用有机化合物复配而成。其组分中不含聚磷酸盐，也不含盐，从而既可避免在碱性条件下生成磷酸钙垢的缺点，又可以避免易于生成氢氧化锌沉淀的麻烦。HEDP 和 HPMA 还具有防止垢下腐蚀的优良的阻垢性能。

2.1.3　复合水处理药剂

与单一水处理剂相比，复合水处理剂具有以下一些优点：

① 复合剂中的缓蚀剂与缓蚀剂之间、缓蚀剂与阻垢剂之间往往存在协同作用或增效作用；

② 可以同时控制多种金属材质的腐蚀；

③ 可以同时控制腐蚀、水垢、污垢的形成；

④ 可以简化加药的操作。

因此，人们在水处理中选择使用各种复合水处理药剂，亦可达到控制给水系统中腐蚀和沉积物的目的。

2.1.3.1　典型的复合水处理剂

（1）铬-锌系

铬-锌系指用铬酸盐和锌盐复配的水处理剂。铬酸盐是一种阳极、氧化膜型缓蚀剂，当它与成膜迅速、阴极型缓蚀剂锌盐复合使用时，可以加快成膜，并且能保持膜的耐久性。常用的铬酸盐有铬酸钠、铬酸钾、重铬酸钠或重铬酸钾等；锌盐有氯化锌、硫酸锌及硼酸锌。

铬-锌系复合缓蚀剂是敞开式循环冷却水中最有效的复合缓蚀剂之一。铬酸根离子或锌酸根离子的组成在 20%～80% 时的缓蚀作用最佳，具体情况如图 2-1 所示。图中的实线代表碳钢的腐蚀速度随 CrO_4^{2-} 组成的变化情况；虚线则表示《工业冷却水处理设计规范》中允许的碳钢腐蚀速度的上限。

把含 Zn^{2+} 3～10mg/L 的锌盐加入含 CrO_4^{2-} ≤20mg/L 低浓度的铬酸盐溶液中，就可产生显著的增效作用，有效减轻碳钢的局部腐蚀。铬-锌系复合缓蚀剂能降低多种金属的均匀腐蚀和电偶腐蚀，可对铜合金、铝合金和镀锌钢材等多种金属起到保护作用。

铬-锌系复合缓蚀剂能在较高的温度下使用，在冷却水中推荐的使用条件如下。

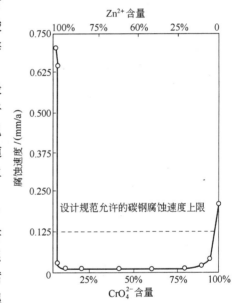

图 2-1　Zn^{2+} 与 CrO_4^{2-} 的含量对碳钢腐蚀速度的影响

Zn^{2+} 质量浓度：3.0～3.5mg/L；CrO_4^{2-} 质量浓度：20～25mg/L；

pH 值：6.5～7.5（敞开式循环冷却水运行的 pH 值范围为 5.5～7.5，一般采用 7.0）；

钙硬度：≤800mg/L（以 $CaCO_3$ 计）。

铬-锌系复合缓蚀剂的缺点是对碳酸钙和硫酸钙等水垢没有低浓度阻垢作用，而且必须对清洗干净的金属设备才能发挥其缓蚀作用，而本身没有清洗作用。在 pH>7.5 以上，药剂中的锌离子将沉淀失效。

（2）锌-膦系

锌-膦系指锌盐与膦酸盐复配使用，该种系列配合可以提高膦酸盐对碳钢及铜、铜合金的缓蚀作用。该水处理剂组分中的膦酸盐具有低浓度阻垢作用，但单独加入膦酸盐能与铜离子结合生成稳定的可溶性螯合物，对铜合金有腐蚀性。添加锌离子可以与膦酸盐生成更稳定的螯合物，减轻了膦酸盐对铜的腐蚀。

这种复合水处理剂的缓蚀作用与锌离子的含量有关，当药剂中锌离子的含量在20％～70％范围内，碳钢的腐蚀能得到较好的控制，当锌离子的含量在30％～60％时，控制效果最佳。

锌-膦系复台缓蚀剂对冷却水中电解质的浓度和水温的变化不敏感，能适用的水质条件范围很宽，使用的pH值上限可达9.0。

（3）铬-锌-膦系

这种复合缓蚀剂中的膦酸盐能抑制碳酸钙和硫酸钙的形成，提高锌盐的稳定性，使冷却水运行的pH值范围扩展到9。膦酸盐还具有清洗作用，可使金属设备表面保持清洁状态。

复合缓蚀剂中的铬酸盐和锌盐还可减少微生物产生的黏泥，减轻微生物引起的金属腐蚀。加入氨基三亚甲基膦酸（ATMP）后，在高pH值时可以保持锌离子的稳定，同时锌离子可以降低ATMP被氯氧化的趋势。

（4）聚磷-锌系

该系列复合水处理剂中的聚磷酸盐和锌盐均是阴极型缓蚀剂，其中的锌离子不但可阻止聚磷的水解并可加速膜的形成，生成的膜比单独使用聚膦时的膜更致密。

锌盐与聚磷酸盐的协同作用，随着锌离子加入量增多，碳钢的腐蚀速度迅速下降。这种复合水处理剂使用的pH值范围在6.8～7.2之间，加入的Zn^{2+}宜小于4.0mg/L，否则锌盐易形成沉积物析出。

聚磷酸盐-锌盐水处理剂对冷却水中电解质浓度和水温的变化不敏感，对碳酸钙和硫酸钙垢有低浓度阻垢作用，既能保护碳钢又能保护有色金属，而且对被保护的金属具有清洗作用。

（5）锌盐-膦羧酸-分散剂

在锌盐-膦羧酸-分散剂（高聚物）联合组成的复合水处理药剂中，锌离子是一种阴极型缓蚀剂，膦羧酸是一种阳极型缓蚀剂，再加入高聚物作为分散剂，形成了一种高效混合型缓蚀剂。这种复合缓蚀剂既能降低金属阳极溶解过程的速度，又能降低溶解氧阴极还原的速度。高聚物分散剂具有的分散和晶格畸变作用，使其在高pH值的冷却水中运行仍能使金属表面保持清洁，由此产生的缓蚀作用，极大地降低了金属的腐蚀速度。这类复合水处理剂是近年来为在高pH值下运行的循环冷却水而开发的锌系复合水处理剂。如果要使锌系复合水处理剂有效地控制冷却水中金属腐蚀，冷却水中锌离子浓度至少要维持2mg/L以上，但在冷却水的pH＞8.0时，一般的锌系复合水处理剂（如锌-膦系复合水处理剂）往往由于锌离子的沉淀，而不能有效地控制金属的腐蚀。锌盐-膦羧酸-分散剂组成的复合水处理剂在冷却水pH值达到9.5时，仍能使冷却水中的锌离子保持较高的浓度。图2-2显示出不同膦羧酸配方和pH值对冷却水中锌离子浓度的影响。图中显示，在pH＝9.5时，冷却水中锌离子的保持浓度。因而锌盐-膦羧酸-分散剂组成的水处理剂的效果远远高于锌-膦系组成的水处理剂。

（6）锌盐-多元醇膦酸酯-磺化木质素

在锌盐-多元醇膦酸酯-磺化木质素复合水处理剂中，锌盐是缓蚀剂，多元醇膦酸酯除了有阻垢和缓蚀作用外，还能使锌离子稳定在水中不析出。磺化木质素是污垢和铁垢的分散剂。

该复合水处理剂在碱性条件下能有效地控制冷却水中的水垢和污垢，通常使用浓度为30～50mg/L，pH值为7.8～8.3。图2-3图显示了在严重结垢条件下，多元醇膦酸酯与有机膦酸盐控制结垢能力的对比情况。从对比情况看到，多元醇膦酸酯与膦酸盐对于减少换热器管子上的析出物，都有很好的控制效果。锌盐-多元醇膦酸酯-磺化木质素如果与聚丙烯酸联合使用，可以更好地控制冷却水系统中的硬垢和污垢。

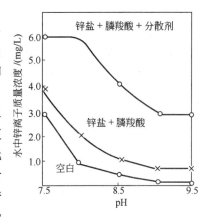

图 2-2 不同膦羧酸配方和 pH 值
对冷却水中锌离子浓度的影响

（7）聚磷酸盐-膦酸盐-聚羧酸盐

聚磷酸盐-膦酸盐常与羧酸的均聚物或共聚物联合组成复合水处理剂使用。其中的膦酸盐不但有缓蚀作用，而且还有阻垢作用；羧酸的均聚物或共聚物［如丙烯酸（AA）、丙烯酸羟丙酯（HPA）］主要起分散作用，克服了聚磷酸盐易水解的问题。这种复合水处理剂可以在较宽的 pH 值范围内使用，尤其能在碱性条件下有效地阻止碳酸钙和磷酸钙的沉淀。

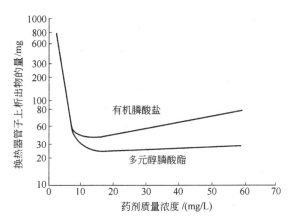

图 2-3 多元醇膦酸酯和有机膦酸盐
控制结垢能力的对比

（8）膦酸盐-聚羧酸盐-唑类

膦酸盐-聚羧酸盐-唑类是一种全有机型水处理剂，以唑类为缓蚀剂，膦酸盐为阻垢剂，聚羧酸盐为阻垢分散剂组合而成，该类型药剂对铜和铜合金设备缓蚀效果好。

这种复合水处理剂对金属腐蚀的控制是依靠两个方面来实现，一是依靠药剂的缓蚀作用；二是依靠提高水的 pH 值、利用冷却水的高硬度和高碱度来降低水的腐蚀性。因此，该水处理剂对冷却水的水质有较高要求。

膦酸盐-聚羧酸盐-唑类在使用时不需要向冷却水中加酸调节 pH 值，可以消除冷却水运行中发生低 pH 值漂移带来的隐患。该水处理剂为液态，使用、操作方便简单。但在金属换热器表面无热负荷，冷却水系统处于低浓缩倍数时，该水处理剂缓蚀效果差。

（9）钼酸盐-正磷酸盐（或膦酸盐）-唑类

钼酸盐系的复合缓蚀剂在高温下稳定性好，能适用较宽的 pH 值和多种水质条件，对多种金属起缓蚀作用，对抑制点蚀有良好的效果，并可与多种药剂一起使用。该水处理剂既可用于敞开式循环冷却水的处理，也可用于密闭式循环冷却水的处理。

已开发的钼酸盐系复合水处理剂有：钼酸盐-正磷酸盐-唑类、钼酸盐-膦酸盐-唑类、钼酸盐-HEDP-唑类-锌盐、钼酸盐-膦酸盐混合物-唑类、钼酸盐-葡萄糖酸钠-锌盐-膦酸盐-聚丙烯酸钠等。其中钼酸盐、正磷酸盐和锌盐是碳钢的缓蚀剂，唑类是铜和铜合金的缓蚀剂，而膦酸盐则是阻垢缓蚀剂,它们之间有明显的协同作用。

研究发现,在低离子浓度和高离子浓度的碱性冷却水中,以钼酸盐-正磷酸盐-唑类复合水处理剂的缓蚀作用最强,而在高离子浓度的碱性冷却水中(pH 为 8.0~9.5),则钼酸盐-正磷酸盐-唑类、钼酸盐-HEDP-唑类、钼酸盐-HEDP-唑类-锌盐、钼酸盐-膦酸盐混合物-唑类四种钼酸盐复合缓蚀剂对碳钢和海军黄铜都有较好的缓蚀作用。

(10) 缓蚀阻垢剂的复合配方

缓蚀阻垢剂的复合配方详见表 2-4。

表 2-4　缓蚀阻垢剂的复合配方

序号	配　　方	加药量/(mg/L)	pH 值控制范围	备　　注
1	铬酸盐+聚磷酸盐	40~60	7.0~7.5	对各种水质适应性强 缓蚀效果好,对碳钢、铜及其合金、铝都有缓蚀效果
2	铬酸盐+聚磷酸盐+锌盐	10~15	6.0~7.0	对各种水质适应性强 金属保护膜形成快,缓蚀效果好
3	聚磷酸盐+锌盐	—	中性 7.0~7.5	金属保护膜形成快,且较牢固
4	三聚磷酸钠+EDTMP+聚丙烯酸钠	—	7.0~7.5	使用效果稳定,操作方便
5	HEDP+聚马来酸酐	—	不调节	缓蚀效果好、加药量少,成本低、药剂稳定,药剂停留时间长,没有因药剂引起的菌藻问题
6	钼酸盐+葡萄糖酸钠+锌盐+聚丙烯酸盐	—	8.0~8.5	对不同水质适应性强,有较好的缓蚀阻垢效果,耐热性好,克服了因聚磷酸盐存在而促进菌藻繁殖的缺点。要求 $Cl^- + SO_4^{2-}$ 量为 400mg/L
7	硅酸钠+聚丙烯酸钠(30%)	—	不调节	减少对环境的污染,价格便宜
8	钼酸盐+聚磷酸盐+锌盐+聚丙烯酸盐+BZT	—	不调节	对不同水质适应性强,操作简单、价格便宜

2.1.3.2　复合水处理剂的选择

(1) 选择依据

① 冷却水系统中换热器的结构、材料、预膜及涂料的处理情况;

② 对冷却水进行水质分析,判断水质类型;

③ 根据水质类型,确定水处理药剂是以缓蚀剂为主,还是以阻垢分散剂为主;

④ 搞清复合水处理剂中各种组成药剂的相容性及各组成药剂的供应问题;

⑤ 运行设计的浓缩倍数;

⑥ 冷却水运行的水处理费用包括水处理费用以及污水排放的处理费用;

⑦ 当地环保部门规定的污水排放标准。

(2) 用实验的方法选择药剂

采用冷却水系统运行现场用水、动态模拟试验装置,按照设计的换热管材料、水流速、水温、浓缩倍数及 pH 值等运行参数进行试验运行操作,并通过试验挂片进行观察。待试验结束后,取出挂片和试验换热管,进行后处理和腐蚀速率、污垢系数及黏附速率的计算,为正确选择药剂提供可靠依据。

① 腐蚀速率的计算

挂片及试验换热管腐蚀速率用失重法进行计算,计算公式:

$$F = C\Delta W / A\tau d \tag{2-1}$$

式中　F——腐蚀速率，mm/a；

　　　C——计算常数，当 F 以 mm/a 表示时，C 值为 8.76×10^4；

　　ΔW——试验前后挂片及换热管质量差，g；$\Delta W = W_1 - W_2$，其中，W_1 为原试验挂片或试验换热管质量，W_2 为经过试验后，酸洗烘干的试验挂片或试验换热管质量；

　　　A——腐蚀试件的面积（挂片面积及试验换热管面积），cm^2；

　　　τ——腐蚀时间，h；

　　　d——试件密度，碳钢 $d = 7.86 g/cm^3$。

② 黏附系数计算公式

$$黏附系数 = 7.2 \times 10^5 \Delta W / A\tau \tag{2-2}$$

式中　ΔW——试验前后挂片及换热管质量差，g；$\Delta W = W_1 - W_2$，其中，W_1 为试验换热管取出后带有黏附物质量，W_2 为试验换热管取出后去掉黏附物质量。

其他符号意义同上。

③ 污垢系数

换热器的污垢系数即污垢热阻，首先求出传热系数 K：

$$K = 4.184 G c_p (t_1 - t_2) / A \Delta t_m \tag{2-3}$$

式中　G——水的质量流率，500kg/h；

　　　c_p——水的比热容，kJ/kg·℃；

　　　t_2——换热管出口温度，℃；

　　　t_1——换热管进口温度，℃；

　　　A——换热管传热总面积，cm^2；

　　Δt_m——试验换热器中冷却水和蒸汽之间的平均温应差，℃。即：

$$\Delta t_m = \frac{(T - t_2) - (T - t_1)}{\ln \dfrac{T - t_2}{T - t_1}}$$

将热态运行（正态运行）第一天的原始数据分别计算出 K 值，则为初始传热系数 K_0。换热器的污垢系数即污垢热阻：

$$R_t = \frac{1}{K_t} - \frac{1}{K_0} \tag{2-4}$$

式中　R_t——换热器在 t 时刻的污垢系数；

　　　K_t——换热器在 t 时刻的传热系数。

获得上述计算结果后，尚需对试验换热管进行剖视，对垢样进行化学分析，确定腐蚀类型，从而对所选择的水处理剂是否合适得出试验结论。

（3）根据水质条件选择水处理剂

根据冷却水的水质情况，分析预测冷却水系统可能产生的问题，进行水处理药剂的选择。

2.1.4　杀生剂

2.1.4.1　杀生剂的分类

杀生剂是一类十分常用的水处理药剂。在循环冷却水系统中，经常可以看到微生物（菌藻）大量生长繁殖的情况。微生物的大量繁殖将使冷却水系统中的金属设备（主要是换热器）发生腐蚀及事故，影响生产的正常运行。微生物的大量繁殖还会使冷却水中产生大量的微生物黏泥沉积在换热器管子的表面上，降低冷却的效果。一旦微生物黏泥大量生成，会导致冷却水水质迅速恶化，缓蚀阻垢药剂失效，由此直接危害生产。因此，对冷却水系统中的微生物生长应加以控制。

控制冷却水系统中微生物生长最有效和最常用的方法之一，是向冷却水中添加杀生剂。另外，杀生剂还用于油田水处理、空调水处理中控制微生物生长，以及用于饮用水处理、污水处理中消毒等。

杀生剂的种类繁多，除了具有良好的杀生作用外，一个优良的杀生剂还需要具备以下特性：广谱性、剥离黏泥和藻层的能力、不污染环境、抗氧化性、与其他水质稳定剂的相容性和宽广的 pH 值适应范围。其中要特别强调的是应具备强有力的剥离黏泥和藻层的能力。因为许多微生物是在黏泥的内部或藻层的下面繁衍生长，而一般的杀生剂较易到达黏泥或藻层的表面而不易到达黏泥或藻层的内部，即一般的杀生剂易于杀灭黏泥或藻层表面的微生物，但不易杀灭其内部的微生物。一旦条件变得对微生物生长有利时，这些没有被杀灭的微生物又可繁衍生长。

人们根据多年的经验，从性能、环境、安全与经济四个方面综合考虑，提出了理想的杀生剂应符合以下标准。

（1）性能

① 对总体目标有效（包括细菌、真菌和藻类）。

② 使用范围较宽：在一定 pH 值下有效；抗氨/胺污染；抗有机物污染。

③ 能防止生物污垢（包括贝类的生物附着）。

④ 有剥离作用。

⑤ 无腐蚀性。

（2）环境影响

① 其残余物有高的 LD_{50} 值。

② 其氧化副产物有高的 LD_{50} 值。

③ 其氧化反应产物有高的 LD_{50} 值。

④ 残余物在环境中易分解。

（3）安全

① 使用安全。

② 容易操作。

（4）价格

经济而负担得起。

根据化学成分杀生剂可以分为无机杀生剂和有机杀生剂两大类。氯、次氯酸盐、二氧化氯、溴化物、臭氧和过氧化氢等属于无机杀生剂；季铵盐、氯酚、二硫氰基甲烷、过氧乙酸、异噻唑啉酮、戊二醛等则属于有机杀生剂。

人们通常根据杀生机理把杀生剂分为两大类：氧化性杀生剂和非氧化性杀生剂。常用的氧化性杀生剂有：氯、次氯酸盐、溴和溴化物、氯化异氰尿酸、二氧化氯、臭氧和过氧乙酸等。常用的非氧化物杀生剂有：季铵盐、氯酚类化合物、有机硫化合物、有机锡化合物、有机溴化合物、异噻唑啉酮、戊二醛等。

2.1.4.2　常用杀生剂

（1）氧化性杀生剂

氧化性杀生剂一般都是较强的氧化剂，能够使微生物体内一些和新陈代谢有密切关系的酶发生氧化而杀灭微生物。除了杀死微生物之外，也会对其他水处理药剂产生氧化分解作用，特别是在循环冷却水系统中会影响缓蚀剂、阻垢剂的处理效果。因此，在使用中要特别注意其加入方式、加入位置以及与缓蚀阻垢剂的加入时间间隔和先后顺序等方面的问题，避免产生相互影响。

① 氯　氯是人们最常用的消毒剂，它有很强的杀菌能力，而且价格便宜，来源方便，至今仍是应用最广泛的一种杀生剂。

氯之所以有极强的杀菌力是因为在水中有如下反应：

$$Cl_2 + H_2O \Longrightarrow HCl + HClO$$
$$HClO \Longrightarrow H^+ + ClO^-$$

氯在水中首先水解成盐酸和次氯酸，然后次氯酸继续电离出 H^+ 与 ClO^-。次氯酸（HClO）不稳定，且氧化性极强，易穿透细胞膜，杀生效率比次氯酸根离子（ClO^-）高 20 倍。

水中 HClO 和 ClO^- 的含量与 pH 有关，图 2-4 显示了它们之间的关系。当 pH＝5.0 时，次氯酸几乎不电离，杀生效果也最好；当 pH＝7.5 时，水中次氯酸（HClO）和次氯酸根（ClO^-）基本达到浓度平衡；而当 pH≥9.5 时，次氯酸几乎全部电离成次氯酸根离子，此时杀生效果最差。虽然低 pH 值有利于提高氯的杀生效果，但却加快了冷却水系统金属的腐蚀速度。为此，选择用氯作杀生剂时 pH 值控制在 6.5～7.5 为宜。

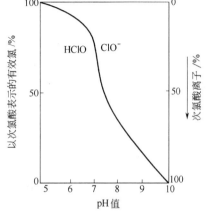

图 2-4　pH 对有效氯存在的影响

为保证杀生效果，在冷却水系统中要保持一定的余氯量和维持一定的接触时间。一般情况余氯量保持在 0.5～1.0mg/L，维持接触时间在 4h 左右即可。当有蓝绿藻时，由于有非常紧密的黏液荚膜，难于杀死，须适当延长接触时间才能有效。

如系统中有大量的好氧性假单孢杆菌或厌氧性硫酸盐还原菌时，它们对氯有较强的抗药性，需和其他非氧化性杀生剂联合使用才能有较好效果。

由于氯是一种强氧化剂，在杀菌的同时，也常常与其他物质发生一些副作用，如氯能不同程度地氧化某些有机阻垢剂和缓蚀剂。当冷却水中有氢、硫化氢、二氧化硫、烃类等一些还原性物质存在时，还会增加余氯的消耗量。此外，用氯杀菌对金属有一定的腐蚀性。

② 次氯酸盐　常用作杀生剂的次氯酸盐有：次氯酸钠（NaOCl）、次氯酸钙 [Ca(OCl)$_2$] 和漂白粉 [CaCl(OCl)]。在日常生活中，次氯酸盐作为杀菌消毒剂常用于小规模生活饮用水的处理。现在人们发现，使用高浓度的次氯酸钠剥离循环冷却水系统中管道和设备上的黏泥，同样具有良好的效果。

次氯酸盐和氯的杀生作用类似，溶解在水中也能生成次氯酸根离子和氧化性很强的次氯酸，都是依靠 HOCl 杀菌的，故而杀生作用也较好，但使用时的缺点和适用范围与氯相似。

③ 氯胺　氯胺（NH_2Cl）本身有杀菌作用。另外，氯胺在水中水解生成的次氯酸也有杀菌作用。其特点是水解反应速率较慢，维持水中余氯时间较长，因此杀菌持续时间较长，

23

并可以抑制细菌、藻类和真菌的后期生长。其缺点是比氯的杀菌力差，且价格贵。

④ 氯化异氰尿酸　氯化异氰尿酸（Chlorinated Isocyanuric Acids），又称为氯化三聚异氰酸。与氯和次氯酸盐相似，氯化异氰尿酸在水中也能生成次氯酸，因而也属一种氧化性杀生剂。与前两种不同的是性质更为稳定，在水中可逐渐地释放出次氯酸或有机氧化物，并且溶解性好，但价格偏高。

⑤ 二氧化氯　二氧化氯（ClO_2）是近年来新兴的一种水处理药剂，物理性质与氯极为相似，是一种黄绿色的、具有强烈刺激性气味、不稳定的气体。二氧化氯溶解在水中，不与水起反应。因此，水的 pH 值对二氧化氯杀生效果影响不大，在 pH 值 6～10 范围内均有很强的杀生能力，所以在高 pH 值时，二氧化氯的杀生效果比氯有效。当 pH 值从 7 增加到9.5 时，氯的杀菌效率大大降低，但二氧化氯的杀菌效率却变化不大。与氯相比，二氧化氯不会因为与水中的氨和胺反应而降低杀生效果，并且在 pH＝6～10 的较广范围内都具有杀菌作用，克服了有些杀生剂在碱性条件杀生效果差的缺点，适合于循环冷却水在碱性条件下运行。对于合成氨厂、炼油厂等行业的冷却水处理，用二氧化氯代替氯更为合适。

二氧化氯具有剂量小，作用快，杀菌力强等特点。用 1.0ml/L 左右的二氧化氯作用30min 就能杀死近乎 100％ 的微生物。二氧化氯还可将微生物残留的细胞结构分解掉，控制黏泥累积。二氧化氯随浓度与温度的升高，其杀生能力增强。对大肠杆菌 0.25mg/L 的ClO_2 在 2min 内可以 100％ 地杀死试验菌种，而 0.15mg/L 的 ClO_2 在 2min 内的杀菌率却只有 96％，又如 0.25mg/L 的 ClO_2 在 5℃ 对大肠杆菌 99.9％ 的杀菌率需 190s，而在 30℃ 时仅需 10s。

二氧化氯毒性低，消毒不产生气味和有毒物质，为微毒性广谱杀菌消毒剂，半致死量LD_{50} 为 8600mg/kg，蓄积毒性实验小白鼠蓄积系数 75。当水中含有酚类物质时，用二氧化氯消毒不会产生氯酚的气味；与水中腐殖酸及有机物反应，不会生成有致癌作用的三氯甲烷，对人体没有危害。而且，它可以把致癌的稠环化合物如 3,4-苯并芘降解成无致癌作用物质。

然而，不论是气体的还是制成液体的二氧化氯，都很不稳定，沸点只有 11℃，不易运输。因此，使用时需现场配制。另外，二氧化氯的使用成本比氯高。

⑥ 臭氧　臭氧（O_3）是一种气体，具有氧化性而且又不稳定。臭氧的氧化杀生机理与其他氧化性杀生剂类似。由于臭氧分解后生成氧，不增加水中任何物质，所以当冷却水排放时，不会造成环境污染。

臭氧的杀菌能力取决于浓度及接触时间，表 2-5 表明了它们之间的关系。

表 2-5　达到 99％ 灭菌率条件下臭氧浓度和接触时间的关系

臭氧浓度/(mg/L)	0.05	0.14	0.2	0.6	0.9
最小接触时间/min	14	5	3.5	1.2	0.8

注：试验条件为 pH7.0，温度 25℃，起始菌数 10^5～10^6 个/mL。

此外臭氧的杀菌能力还与 pH 值和温度有关。表 2-6、表 2-7 表明了不同实验条件下使灭菌率达到 99％ 所需的臭氧浓度。

表 2-6　不同 pH 条件下使灭菌率达到 99％ 所需臭氧浓度

pH 值	7.0	7.5	8.0	8.5	9.0
最低臭氧浓度/(mg/L)	0.14	0.13	0.13	0.15	0.13

注：试验条件为温度 25℃，接触时间 5min，起始菌数 10^5～10^6 个/mL。

表 2-7　不同温度条件下使灭菌率达到 99％所需臭氧浓度

温度/℃	15	20	25	30	35
最低臭氧浓度/(mg/L)	0.14	0.13	0.15	0.15	0.14

注：试验条件为 pH7.0，接触时间 5min，起始菌数 $10^5 \sim 10^6$ 个/mL。

⑦ 溴及溴化物　在长期使用氯作杀生剂之后，人们除了发现氯只适合在 pH<6.5 时使用外，而且在杀菌的同时，易和其他物质发生反应。产生一些副作用，从而削弱其杀生作用。因此，在开发各种新型杀生剂的同时，研究出用溴及溴化物作为杀生剂，以适应更广泛的需要。

与氯相比，溴作杀生剂具有以下优点：在同样的条件下，溴的杀生速度大于氯。浓度相同时，在 pH=8.2 的冷却水中，氯对金属的腐蚀速度比溴高 2~4 倍。在相同环境中，溴胺的衰减速度比氯胺快数倍，并且溴胺的杀生效果与游离溴接近。

除溴以外，可用于冷却水杀生剂的溴化物有：卤化海因（溴氯二甲基海因、二溴二甲基海因、溴氯甲乙基海因等）、活性溴化物和氯化溴（BrCl）三大类。

(2) 非氧化性杀生剂

大部分氧化性杀生剂由于其氧化性强，导致化学性质不稳定，在保存和使用时不方便，与之相比，非氧化性杀生剂更为有效而方便。但是，需注意微生物的抗药性以及杀生剂残留物与分解产物对环境的污染问题。

① 季铵盐　季铵盐是一种有机铵盐，具有阳离子化合物的性质，易溶于水，不溶于非极性溶剂。季铵盐由于有表面活性作用，穿透性强，能够改变细胞壁的渗透性，使菌体破裂。此外，杀菌剂吸附到菌体表面后，使酶失去活性和蛋白质变性。国内使用较多的是洁尔灭（十二烷基二甲基苄基氯化铵）和新洁尔灭（十二烷基二甲基苄基溴化铵）。这两种虽然不是季铵盐中杀生力最强的药剂，但二者都因具有杀生力强、毒性小、使用方便和成本低的特点，得到广泛的应用。此外，这两种药剂还具有剥离黏泥、除臭及缓蚀作用。

洁尔灭和新洁尔灭对灭藻的效果最好，对异养菌的杀生效果次之，而杀霉菌的效果则较差。在使用时适宜的 pH 值为 7~9，使用浓度为 50~100mg/L。洁尔灭的阴离子是氯离子，新洁尔灭的阴离子是溴离子，溶解度比洁尔灭大，所以它的灭菌效果比洁尔灭好，但价格昂贵。

季铵盐具有表面活性，易起泡沫，可以把剥离下来的微生物浮起排出，如不需要起泡时，可加消泡剂一起使用。季铵盐在被油类、灰尘和碎屑污染的冷却水系统使用时，会使其杀生效果降低，甚至失效。季铵盐杀真菌效果较差，当系统中霉菌、真菌较多时，应与杀菌效果好的药剂共同使用。此外，季铵盐和阴离子表面活性剂共用时，会产生沉淀失效。但与非离子型活性剂共用时，无不良影响。

② 有机硫化合物　有些有机硫化合物如：二硫氰基甲烷（二硫氰酸甲酯）、双-三氯甲基砜、二甲基二硫代氨基甲酸钠等，由于其对真菌、黏泥形成菌和硫酸盐还原菌杀生作用显著，又具有低毒、易溶于水及使用方便等优点，常作为循环冷却水系统杀生剂使用。

二硫氰基甲烷是一种广谱性杀菌剂，对于抑制藻类生长，抑制真菌、嗜氧菌、厌氧菌尤其是杀硫酸盐还原菌十分有效。更由于其价格低、特别是水解后的化合物毒性低、对环境无污染，常常被优先使用于对排放有严格限制的水处理系统和那些主要需控制黏泥细菌的冷却水系统。用量为 50mg/L 时，连续投加 20h，杀菌率在 98％~99％。

二硫氰基甲烷不易溶于水，单独使用杀生效果不好，在加入分散剂和渗透剂复配后使用，可以增大药剂对藻类和细菌黏液层的穿透性。渗透剂与二硫氰基甲烷复配后，不但可促进药剂渗入细胞内和真菌的黏液层内、发挥后者的杀生作用，并且还可减少药剂的用量。二硫氰基甲烷与季铵盐复配使用具有更广泛的增效杀生作用，并且还能有效防止黏泥的增长。

二硫氰基甲烷使用时对水的 pH 值要求较严格，如果 pH 值＞7.5，就会迅速水解失效。二硫氰基甲烷适宜的 pH 范围为 6.0～7.0。该药剂对鱼类毒性大，外排水时应采取处理措施。

二甲基二硫代氨基甲酸钠（Sodium dimethyldithiocarbamate）和次乙基双-二硫代氨基甲酸二钠（Disodium ethylene bisdithiocarbamate）也是杀生性能较好的有机硫化合物，易溶于水，并且在 pH＞7.0 时使用效果最好，适宜在碱性条件下应用。

双-三氯甲基砜（Bis-trichloromethylsulfone）和四氢-3,5-二甲基-1,3,5-硫代二嗪-2-硫酮（Tetrahydro-3,5-dimethyl-1,3,5-thiadiazine-2-thione）也都是在碱性条件使用的有机硫杀生剂，前者在 pH＝6.5～8.0 时有效，后者则在 pH 更高时有效。

③ 异噻唑啉酮　异噻唑啉酮（Isothiazolone）是一类较新型的杀生剂，为带有微刺激性气味的液体，可与水任意比例混溶。通常使用异噻唑啉酮的衍生物。如：2-甲基-4-异噻唑啉-3-酮（2-Methyl-4-isothiazolin-3-one）和 5-氯-2-甲基-4-异噻唑啉-3-酮（5-Chloro-2-methyl-4-isothiazolin-3-one）。异噻唑啉酮是一类使用范围很广的杀生剂，能对冷却水中种类繁多的藻类、真菌和细菌起到控制和杀生作用。

异噻唑啉酮的杀生机理是：对微生物的细胞膜有极强的穿透能力，能够通过破坏细菌、藻类与蛋白质的结合键而起杀生作用。经异噻唑啉酮处理过的微生物就再不能合成酶，也不能再分泌出生物膜类的黏性物质，从而防止黏泥的产生。因而异噻唑啉酮深度处理、渗透冷却水设备表面黏附的物质，对覆盖物下面的微生物也可有效控制。

在较宽的 pH 值范围内异噻唑啉酮具有优良的杀生性能，并在通常的使用浓度下，异噻唑啉酮与氯、缓蚀剂和阻垢剂在冷却水中彼此相容，故能和一些药剂复配使用，而且一次投加后，在较长时间内仍有很强杀菌能力。如：在有 1mg/L 游离活性氯存在的冷却水中加入 10mg/L 的异噻唑啉酮经过 69h 后，仍有 9.1mg/L 的异噻唑啉酮保持在水中，损失很小；投加 20mg/L 异噻唑啉酮后，48h 仍可维持杀菌率 90% 以上。

在正常使用浓度下，异噻唑啉酮是一种低毒的杀生剂，与其他药剂相比，异噻唑啉酮是市场上一种较好的杀生剂。因该药剂为 pH≤3 的酸性液体，加药设备应用耐酸性腐蚀材料。

④ 氯酚　在循环冷却水系统中，使用最多的是三氯酚和五氯酚。其中五氯酚的应用最广泛，它是易溶解的稳定化合物，并与循环水中大多数化学药品不起反应，它们的杀菌灭藻效果非常好。

氯酚杀生效果随 pH 值的增加而降低，因为 pH 值上升，酚将变成活性较低的酚盐，使其降低了穿透细胞壁的能力。尽管 pH 较高时，氯酚的活性下降，但它仍具有杀生效果，并有较好的持久性。

通常用氯酚喷洒凉水塔，以增加木材对真菌破坏的抵抗能力。直接加进冷却水中，其杀生效果也很好。氯酚的使用浓度为 60～100mg/L，pH 值 6～8，根据系统菌藻情况，15～30 天投加一次。

⑤ 铜盐　用作杀菌剂的铜盐主要是硫酸铜和氯化铜。铜盐中的铜离子能凝结菌体的胶

体物质，破坏细胞的呼吸和代谢作用，致使细胞死亡。硫酸铜控制菌、藻有效浓度不仅比氯气低，而且杀生速度也快。在冷却水设备使用中，常用铜的一些有机物与某些涂料混合涂抹凉水塔，可防止藻类大量繁殖。硫酸铜可以杀死大部分藻类，对各种藻类的致死浓度为：硅藻 $0.15\sim0.5mg/L$；绿藻 $0.2\sim1.0mg/L$；蓝藻 $0.15\sim0.5mg/L$；原生动物 $0.2\sim0.5mg/L$。如果与氯一起使用，除藻杀菌效果更好。使用时可采用冲击式投加硫酸铜 $0.2\sim1.0mg/L$，如需防止污泥形成可投加 $2.0mg/L$。

但由于铜盐对水生生物的毒性较大，排放易造成环境污染。而且冷却水中的铜离子发生化学反应在碳钢表面析出，形成电化学腐蚀的阴极，引起冷却水设备的电偶腐蚀，所以一般不单独使用。目前，铜盐正在被一些杀生作用强、副作用小的新型药剂所取代。

⑥ 丙烯醛　丙烯醛对微生物中的酶有抑制作用，对植物无害，杀菌效果好，极易挥发，故可以作为氯的替代品，以克服长期使用氯而产生的抗氯性。

使用浓度：连续处理为 $0.2\sim1.5mg/L$，间断处理为 $3\sim5mg/L$。如使用 $1.5mg/L$ 连续投加，可达到95％的杀菌率。

使用注意事项：此药品存放时应避免与酸性或碱性物质接触，以免发生化学反应。加药时通过带压氮气进行投加，如为铜制管道，流速应大于 $1m/s$。流速较低时易堵塞管道。

2.1.4.3　水处理杀生剂的发展方向

开发具有广谱、高效、低毒、性能/价格比高、对环境友好型的水处理杀生剂是今后发展的必然趋势。随着人们环境意识的增强和可持续发展的要求，正确解决环境安全与杀生效果之间的矛盾是水处理杀生剂领域所面临的挑战。

（1）开发与氯协同效果好的杀生剂

目前循环冷却水系统仍然是以氯作为主要的控制微生物药剂，辅以冲击式投加其他的非氧化性杀生剂，所以在研制开发新的杀生剂时，总是希望它能与氯产生很好的协同效应，有效地弥补氯的不足之处。此类产品有 Ciba-Geigy 公司的 Belclene329（一种三嗪类化合物）杀生剂与氯协同杀藻效果较好；Nalco 公司的 N-7348 是氯的增效剂，配合氯使用可增加氯杀生效果，减少氯的用量。因此，开发与氯协同效果好的杀生剂，是近年来杀生剂发展的趋势。

（2）开发抗污染的杀生剂

工艺物料泄漏引起循环冷却水系统污染是导致冷却水处理失败的重要原因。泄漏物住往先与杀生剂反应，使菌藻与微生物黏泥失控，从而引起缓蚀阻垢剂失效。目前使用的杀生剂中，氯的抗污染能力最差，戊二醛最强。戊二醛可以抵抗大部分的污染物，但对于有些污染物如氨与丙烷等还是难以解决。因此，开发抗污染的杀生剂，具有很高的实际应用价值。

（3）杀生剂复配增效

单一组分的杀生剂具有投加量大、杀生品种单一、杀生效果差、易产生抗药性等缺点。具有协同作用的复配杀生剂，相对其中的单一组分都有增效作用，从而克服了单一组分杀生剂的弱点，还能降低使用成本。因此，复合型杀生剂是很有开发前途的，特别是非氧化性杀生剂之间的复配已成为近年来的一个发展趋势。

（4）生物处理技术

采用特殊的微生物或投加生物制剂的方法，控制工业水处理系统的微生物障碍，是生物技术进步在水处理工艺中的体现。生物处理技术目前尚处于试验阶段，而一旦投入使用，经济效益和环境效益显著，因此这种技术代表了水处理杀生剂发展的一个方向。

生物表面活性剂是一种生物体系新陈代谢产生的双亲媒体化合物，具有良好的抗菌性能。日本 Itoh 实验室从 Pseudomonas sp. 得到的鼠李糖脂具有一定的抗菌、抗病毒和抗支原体的性能。Besson 实验室从 Bacillus sp. 中分离出一种脂肽，具有良好的溶菌和抗菌作用。另外，还有生物分散剂，它是能防止生物膜形成或能从表面去掉生物膜的分散剂。这类化学品的生物活性有限，但它与杀生剂复合使用效果很好，这是正在研究与开发中的一个新方向。

另一个值得注意的发展方向是酶处理技术。微生物能产生细胞外聚合物并与细胞一起形成一层生物膜，起到一种屏蔽作用，使杀生剂难以向细胞内渗透。而酶可以催化水解这些细胞外聚合物，使之变成非聚合物类物质而易于去除。酶用于杀生和处理黏泥是 20 世纪 70 年代提出的新方法。美国 1977 年公布的专利，用 RhoZyme HP-150 处理冷却塔内黏泥，用量 10mg/L，1h 内黏泥量减少 64.8%。1984 年，Pedersen，Danied 等公司用降解糖酶与杀生剂复合处理黏泥的专利，提高了处理效果，但杀生剂本身的毒性使其应用受到限制。鉴于此，Nalco Chemical 公司用多种酶的混合物处理工业黏泥，并于 1990 年取得了专利。利用纤维素酶或葡萄糖酶与 α-淀粉酶、蛋白酶的混合酶，投加剂量 2～10mg/L 即能有效去除黏泥。机理是 α-淀粉酶首先破坏葡萄糖分子的 α 键，使黏泥外部产生裂纹，从而使葡萄糖酶进入其中破坏所含的碳水化合物；蛋白酶则破坏细胞外的蛋白质分子。酶处理技术是生物处理技术中最有发展前途的方向，也是当今控制微生物技术中最热点的研究方向。

噬菌体是一种能够吃掉细菌或藻类的微生物。它又称为细菌病毒，与动物或植物病毒不同，它只对细菌或藻类的细胞发生作用。它靠寄生在叫做"宿主"的细菌或藻类中进行繁殖，繁殖的结果是将"宿主"吃掉，此过程称为溶菌作用。噬菌体的溶菌作用不会影响生态环境，而且由于自身能够繁殖，用量少，时效长，用于防止和消除冷却水系统中的生物黏泥是一种颇有前途的生物方法。但是，噬菌体的杀生范围普遍狭窄，专一性强，难以全面控制水中复杂多样的微生物。因此，应该加强这方面研究，寻找对循环冷却水中的细菌或藻类敏感的噬菌体，并解决冷却水流速、温度等工艺因素对噬菌体影响的问题。

2.1.5 清洗剂

应用于水处理中化学清洗的各种类型的化学品称为水处理清洗剂。主要有酸性清洗剂、碱性清洗剂，络合清洗剂、表面活性清洗剂和杀生清洗剂等类型。

2.1.5.1 酸性清洗剂

酸性清洗剂为最常用的一类清洗剂，由于具有酸性，对于金属氧化物及一些水垢、污垢有较好的效果。

（1）盐酸

盐酸是一种强酸，用盐酸清洗碳酸钙类的硬垢和氧化铁类的腐蚀产物特别有效。酸洗时盐酸与水垢或金属的腐蚀产物反应生成金属氯化物，由于绝大多数的金属氯化物易溶于水，因而盐酸对于各种水垢均有较高的溶解速度和清洗能力。但氯离子对不锈钢设备容易引起点蚀和缝隙腐蚀，甚至应力腐蚀破裂，所以在一般情况下，不宜用盐酸去清洗不锈钢设备。盐酸酸洗操作简单安全，清洗后设备的表面状态良好，清洗的成本较低。因此在各种酸洗药剂中，盐酸仍居首位。盐酸酸洗液的浓度应视被清洗设备中垢层厚度而定，一般应用 5%～15%HCl 溶液，酸洗温度从常温至 60℃。

为了减轻盐酸酸洗时金属设备发生腐蚀和氢脆，必须向盐酸溶液中加入一些高效的盐酸酸洗缓蚀剂。可供使用的缓蚀剂已有很多品种，如各种吡啶衍生物、硫脲及其衍生物、有机胺类及胺-醛缩合物。

（2）硝酸

对不锈钢、铝及其合金制造的设备，水垢的清洗则以采用硝酸作清洗剂为宜。由于硝酸是强氧化性无机酸，能与硬垢和腐蚀产物形成可溶性的硝酸盐，而硝酸盐在水中都可溶解，故硝酸有很强的清洗能力。硝酸清洗时没有渗氢现象，是一种很好的清洗剂。低浓度硝酸对大多数金属均有强烈的腐蚀作用，高浓度的硝酸对金属不腐蚀并有钝化作用。一般的缓蚀剂易被硝酸分解失效，目前加有 lan-5 或 lan-826 作缓蚀剂的硝酸清洗液已成功地应用于碳钢、铜、黄铜、碳钢-不锈钢焊接设备和碳钢-黄铜组合设备的酸洗。硝酸清洗液中硝酸的浓度通常为 $3\% \sim 14\%$。

（3）其他酸

① 硫酸　硫酸也是强酸，能与金属的腐蚀产物形成可溶性的化合物，故可用于清洗金属设备上的腐蚀产物，但硫酸不宜作为冷却设备上碳酸钙和磷酸钙垢的清洗剂，因为反应后生成的硫酸钙的溶解度很小。此外，硫酸在酸洗时易产生氢脆，还能使脂肪族有机缓蚀剂失效，故使用时有很大的局限性。

② 氨基磺酸　氨基磺酸（H_2NSO_2OH）是一种有机酸，不挥发，水溶性好，清洗时生成的盐易于溶解。氨基磺酸对金属的腐蚀性小，加入相应的缓蚀剂后即可清洗碳钢、铜及不锈钢等各种金属及合金设备，适用于清洗由钙、镁等金属的碳酸盐或氢氧化物等物质组成的硬垢。氨基磺酸的缺点是价格偏高，清洗金属氧化物的能力差。

③ 氢氟酸　氢氟酸是一种弱无机酸，在空气中发烟，其蒸气具有强烈的腐蚀性和毒性。氢氟酸作清洗药剂的特点是对铁的氧化物及硅垢溶解速度快。氢氟酸对金属的腐蚀能力低于硫酸和盐酸，对奥氏体不锈钢不会引起应力腐蚀。在清洗硅垢时，氢氟酸通常以 NH_4HF 的形式与盐酸或硝酸溶液复配使用，而不单独使用。

2.1.5.2　碱性清洗剂

常用的碱洗药剂有氨、氢氧化钠、碳酸钠、磷酸氢二钠和硅酸钠。由于这类清洗剂具有碱性，可疏松、乳化、分散设备中的沉积物，一般在碱洗的药剂中要添加表面活性剂用于润湿油脂、污垢和微生物等沉积物，以提高清洗效果。

（1）氨

当水垢中含有大量铜时，可以用氨来清洗，因为它可以和铜生成络合物，而且在溶剂中含有氧化剂时，对铜有较强的溶解能力，但由于它的挥发性，因此在高温（>60℃）使用存在困难。

（2）氢氧化钠

氢氧化钠可以用来溶解硅，也可以溶解植物油和脂肪。

（3）碳酸钠

碳酸钠的作用是将酸不溶解的硫酸钙等水垢转变成酸可溶解的碳酸钙，它也可以与氢氧化钠一起使用。在清洗中它和硬度主成分螯合而阻止不溶解的金属皂的生成。它也可用来控制清洗液的 pH 值，并由于它的缓冲作用而稳定清洗的效果。

2.1.5.3　络合清洗剂

络合清洗是利用各种络合剂（其中包括螯合剂）对各种成垢离子的络合作用或螯合作

用，使之生成可溶性的络合物（配位化合物）或螯合物而被去除。

络合剂清洗中常用的无机络合剂有聚磷酸盐，常用的有机螯合剂有柠檬酸、乙二胺四乙酸（EDTA）和氮三乙酸（NTA）等。

络合剂以其溶垢效率高、对设备腐蚀性低的优点，被应用于循环冷却水系统的不停车清洗中，但络合清洗剂价格高，并要在较高温度下才能清洗有效。

（1）柠檬酸

与其他有机酸相比较，柠檬酸与水垢的反应产物有较大的溶解度。柠檬酸的优点是即使在碱性溶液中它也不会与氢氧化铁生成沉淀。因为它和铁离子发生反应生成络合盐，这对于它用于清洗大型锅炉是一个优点。

柠檬酸的铁盐约在 4.9×10^{-3} mol/L 浓度时才趋向沉淀，要阻止其沉淀，可以通过加氨和柠檬酸的中和作用生成柠檬酸铵。因为它和其他无机盐如盐酸等比较，溶解水垢的能力较弱，因此通常要加热至 80~100℃ 以增加它的溶解能力。

柠檬酸也可以是固体，而且没有危险，容易贮存，因此通常作为清洗剂中的主剂，但它应用时也有局限性，因为它和钙盐的溶解度低。

（2）草酸

草酸与其他有机酸相比对于氧化铁也有很强的溶解能力，可以用于较低的温度（约60℃），然而用于清洗时，由于生成的盐如草酸铁和草酸钙的溶解度低而生成沉积物。

（3）葡萄糖酸

葡萄糖酸是弱酸，无毒性，可与铁、铜、钙金属等螯合。它可以在碱性溶液中溶解铁锈，因而通常用于金属电镀或涂装的预处理剂。

（4）EDTA

EDTA（乙二胺四乙酸）可以在很广的 pH 值范围内与多种金属生成稳定的络合物，因此，它可以在广泛的 pH 值范围内作为清洗剂，但其费用高于其他有机酸。用它作清洗剂的优点是产生的废液量少并可在 150℃ 下应用。它的热分解温度为 155℃，故清洗时可用于锅炉燃烧管的直接加热。

2.1.5.4 表面活性清洗剂

表面活性剂能分散冷却水中的油类、脂类和微生物产生的沉积物，故被用于清洗冷却水系统中含油或胶状的沉积物。

用作清洗剂的表面活性剂通常是一些低泡的、非离子型的表面活性剂。加入的浓度视冷却水系统中含油沉积物的情况而定，一般为 10~100mg/L（以活性物质计）。

2.1.5.5 杀生清洗剂

当冷却水系统中有微生物黏泥时，清洗时将水的 pH 值继续维持在 6~7 之间，同时加入非氧化性杀虫剂（如二硫氰基甲烷）和氯气，进行循环清洗。

2.1.5.6 化学清洗方法和条件

化学清洗时只有针对清洗的对象，了解化学清洗剂的性质，选择适宜的清洗剂，才能得到有效清洗效果。现将一些常用化学清洗药剂的使用方法及用途列于表 2-8，供参考。

清洗过程中每 2h 分析一次循环水的浊度、总铁及钙离子，当循环水中这三项指标达到平衡后，化学清洗结束。此时可使系统排污，同时补充新鲜水，也可采用全部排空清洗液，重新注水的方法。当浊度小于 10mg/L 时，即可转入预膜处理。

表 2-8 设备清洗方法和条件

清 洗 目 的	清洗方法	清 洗 条 件			
		清洗剂组成/%		处理温度/℃	时间/h
去除油脂	溶剂清洗	碳系溶剂、氯系溶剂		常温~100	2~10
	乳化清洗	乳化清洗剂或酸、碱混合液		常温~80	6~8
	碱清洗	Na_2CO_3	0.1~0.2	60~90	12~24
		Na_3PO_4	0.1~0.2		
		表面活性剂	0.1~0.2		
去除 SiO_2 有机聚合物	碱煮	Na_2CO_3	0.2	150~220	10~24
		Na_3PO_4	0.2		
		亚硫酸钠	0.03~0.1		
	润化处理	Na_2CO_3	1~5	>80	10~24
		NaOH	1~5		
		表面活性剂	0.1~0.3		
去除铁氧化物	盐酸清洗	HCl	5~10	50~60	4~8
		缓蚀剂	0.3~0.5		
		(铜溶解剂)	0.5~3		
		(溶解促进剂)	0.5~2		
	有机酸清洗	有机酸	2~5	80~90	4~8
		缓蚀剂	0.3~0.5		
		还原剂	0.1~0.3		
	络合清洗	络合剂(EDTA)	1~10	120~150	6~12
		缓蚀剂	0.3~0.5		
		还原及其他	0.10~3		
去除铜垢	氨清洗	氨水	3~10	40~60	4~6
		铜溶解剂	0.1~1		
去除泥渣	剥离泥渣、排泥处理	过氧化氢系药剂	1~3	常温	3~15
		抑制剂、氧化剂			
		还原剂			

2.1.6 钝化处理剂和预膜处理剂

2.1.6.1 钝化处理药剂

常用的钝化液为碱性溶液,配方为:

$1\%Na_2CO_3 + 0.5\%NaNO_2$

$1\%Na_2CO_3 + 0.25\%Na_2HPO_4 + 0.25\%NaH_2PO_4$

钝化时间:钝化操作过程在270℃以上进行,可在几小时内完成;若在270℃以下进行,可将钝化液加入欲钝化的设备中停留几天,以产生钝化效果。

2.1.6.2 预膜处理药剂

(1) 预膜目的

新的冷却水设备或清洗后的冷却水设备,在正式运行之前,需要进行预膜处理。因为缓蚀剂的防腐作用是通过成膜而实现的。不管是氧化膜、沉淀膜,还是吸附膜,膜的均匀性、致密性对腐蚀效果影响都很大。为了使金属表面在活性较大的初期形成一层相对较厚、较致密均匀的膜,常常进行预膜处理,或叫基础投加。预膜处理时,投加正常剂量6~7倍的药剂,在清洗之后的干净活性金属表面形成缓蚀膜。正常投加时的缓蚀剂起到补膜的作用。实践证明,有无预膜和预膜成功与否,对后期的防腐蚀效果影响极大。因此在新设备系统开车前或老设备停车检修后再开车前都应进行预膜,加入药剂使金属表面预先生成一层完整耐腐蚀的保护膜。

（2）预膜药剂

预膜剂与缓蚀剂成分类似，前者用药量大，后者投药量少。由于缓蚀剂种类繁多，所以预膜剂的种类也很多。一般在预膜剂中添加一定量的锌盐，有的还加入少量分散剂，如高分子聚合物或膦酸盐等，以使预膜剂兼有对金属表面的清洗功能。

使用聚磷酸盐作预膜剂形成的膜，质地多孔较厚，属于水中离子型的沉淀膜。以硅酸盐、钼酸盐、铬酸盐或硝酸盐作预膜剂处理时，形成的膜致密且薄，与金属表面结合较牢固，属于氧化型膜。

目前预膜方法有两类，一类可选用专用配方来预膜，配方的组成与冷却水处理药剂不同；另一类可采用冷却水系统正常运行所使用的水处理药剂来进行预膜，但在使用时需要提高其浓度，待预膜完成后再降低浓度，恢复正常运行。

这种提高浓度预膜的方法，因操作和管理较简单，得到广泛应用。一般是先将冷却水系统日常运行的水处理药剂配方浓度提高 2～4 倍，作为预膜浓度。在这一浓度下运行几天或 1～2 周，然后把药剂浓度降低至正常运行的维持浓度。

（3）影响预膜效果的因素

① 影响预膜效果的因素　有水的流速、温度、pH 值、浊度、钙离子含量和重金属离子质量浓度等。

a. 流速　预膜时水流速度稍大些为好，以利于氧和预膜剂的扩散，对成膜有利，但水流速不能太高，以免冲刷已成膜的膜层。流速以 1～2.5m/s 为佳。

b. 温度　水温对预膜的影响很大，较高的温度可以加速成膜，温度过低膜的成长慢，需要延长预膜时间。最适宜的温度为 25～50℃。这在夏天是容易达到的，但在冬天，北方地区冷态运行时就难达到，可以采用蒸汽加热或延长预膜时间来解决。

c. pH 值　预膜时，水系统的 pH 值在 5.5～6.5 为佳。pH 值过低造成膜的溶解，过高则易使成垢物质沉积，影响膜的质量。

d. 浊度　水中浊度过高，形成的膜不致密，因此要求浊度在 10 mg/L 以下。

e. 钙离子含量　水中钙离子质量浓度不能低于 50mg/L，最好大于 100 mg/L，不然达不到预膜效果。如果钙离子含量低时，可以增加锌的浓度，或者补钙。

f. 重金属离子　Fe^{3+}、Al^{3+}、Cu^{2+} 等对预膜也能产生不利影响，加 Cu^{2+} 质量浓度应小于 0.7mg/L。

② 预膜方案　以聚磷酸盐-锌盐预膜方案为例。

a. 清扫和用水冲洗冷却水系统，必要时加清洗剂，使需预膜的冷却设备有一个清洁的金属表面。

b. 预膜。加入 640 mg/L 六偏磷酸钠、16 mg/L 一水硫酸锌预膜剂，同时放入腐蚀试片。在 50℃ 水温下，使水循环 8h，如水温达不到 50℃，则延长预膜时间至 24～48h。

c. pH 值控制在 6.5±0.5，钙离子浓度在 50mg/L 以上。

d. 预膜完成后，通过逐渐排放，使冷却水转入日常运行。

③ 预膜效果的评定　预膜效果的评定目前尚无有效的定量测试方法，但可以采用下面三个方法进行定性评定。

a. 硫酸铜溶液法　称取 15g NaCl 和 5g $CuSO_4$ 加入 100mL 水中，将配制好的 $CuSO_4$ 溶液滴于预膜和未预膜的挂片上。同时测定两个挂片上出现红点所需的时间，二者的时间差越大，表示预膜的效果愈好。如成膜均匀、孔率小，则 $CuSO_4$ 溶液不易与膜下的铁起反应，出现红点的时间就长。也可以将挂片浸入 0.1% $CuSO_4$ 溶液中，若 15min 不析出铜，即认为预膜成功。

b. 亚铁氰化钾溶液法　称取 15g NaCl 和 5g 亚铁氰化钾溶于 100mL 水中，将预膜和未预膜的挂片浸入配制好的亚铁氰化钾溶液中，测定出现蓝点所需时间。二者时间差越大，表示预膜效果愈好。蓝点的出现是由于 Fe^{3+} 与亚铁氰化钾反应生普鲁士蓝沉淀的结果。

c. 肉眼测定　如果预膜效果好，在挂片上会有一层均匀彩色膜或发蓝光或发彩虹光，且挂片无腐蚀，呈金属光泽。

2.2　废水处理化学药剂

2.2.1　概述

工业用水的原水和排放废水的水体中存在的各种悬浮杂质和呈溶胶状态的胶体颗粒，由于布朗运动和静电排斥力的作用而呈现相对的沉降稳定性和聚合稳定性。为环境排放的要求，一般在预处理中采用混凝沉淀法，即向水中投加混凝剂或絮凝剂以破坏溶胶的稳定性，使水中的胶体和悬浮物颗粒絮凝成较大的絮凝体，以便从水中分离出来，达到水质净化的目的。

几千年前人类就会利用向水中投加一种或几种物质使水净化的方法。早在公元前 2000 年印度人就采用某些植物的汁液来澄清水；公元前 16 世纪，古埃及人采用甜扁桃汁作絮凝剂，中国云南民间也有用仙人掌汁净水的历史。明矾是较早而又广泛地应用于净水的无机絮凝剂。公元 1597 年明代王士性所著的《广志绎》中已有用明矾净水的记载。欧洲人在 1827 年第一次用硫酸铝作净水试验。我国上海杨树浦水厂早在 1883 年就已采用硫酸铝进行絮凝处理城市用水。1884 年美国人海亚特取得了用硫酸铝进行絮凝处理水的专利权。20 世纪以来，随着工业用水和废水处理规模的迅猛发展，对絮凝剂的质量和品种需求也越来越大，人们也不断地研究和开发新的能够满足工业技术和文明进步要求的絮凝剂。

凡能使水溶液中的溶质、胶体或者悬浮物颗粒产生絮状物沉淀的物质都叫絮凝剂（或统称混凝剂）。目前，对用于混凝沉淀过程的药剂的定义一般有两种。一是根据水体中胶体颗粒脱稳凝聚过程的不同阶段的作用机理，将主要通过表面电荷中和或双电层压缩而使胶体颗粒脱稳的药剂称作凝聚剂，而将使在脱稳后的胶体颗粒之间产生架桥作用以及在沉降过程中产生卷扫作用的药剂称作絮凝剂。二是行业习惯统称，如在工业用水处理的混凝沉淀过程中，常将所用的药剂统称为絮凝剂；而在废水处理过程中，则将起凝聚作用的药剂统称混凝剂（或凝聚剂），絮凝剂或助凝剂特指主要起架桥作用的有机高分子化合物。在同一水体中，用两种或两种以上的化学物质使其中胶体颗粒产生絮状沉淀时，又把这两种或两种以上的物质称作复合絮凝剂。

水处理中常采用絮凝技术，这是一种处理效率高、经济又简便的物化处理技术。该技术的关键是絮凝剂的选择。按化学成分，絮凝剂可分为无机、有机和微生物三类；视相对分子质量大小，又可分为高分子絮凝剂和低分子絮凝剂；根据官能团的性质及离解后荷电情况还可分为阳离子型、阴离子型及非离子型絮凝剂。高分子絮凝剂中的有机高分子类，又有天然与合成之分。

近年又开发出一些新型多功能复合药剂，诸如有机与无机复合药剂、无机与无机复合药剂、有机与有机复合药剂及微生物絮凝剂等。

2.2.1.1 无机化学药剂分类

无机药剂主要是铁、铝盐及其水解聚合产物。无机高分子絮凝剂的生产和应用，在国外已具有相当规模，种类繁多，它们都是铝盐和铁盐水解过程的中间产物与不同阴离子的结合体，即羟基多核络合物或无机高分子化合物。国内生产应用低分子无机絮凝剂、高分子无机聚合絮凝剂及复合絮凝剂。

（1）无机低分子絮凝剂

无机低分子絮凝剂是一类低分子的无机盐，主要有无水氯化铝、硫酸铝、硫酸钾铝、硫酸亚铁及三氯化铁。其絮凝作用机理为无机盐溶解于水，电离后形成阴离子和金属阳离子，由于胶体颗粒表面带有负电荷，在静电的作用下金属阳离子进入胶体颗粒的表面，中和一部分负电荷而使胶体颗粒的扩散层被压缩，使胶体颗粒的 Zeta 电位降低，在范德华力作用下形成松散的大胶体颗粒沉降下来。无机低分子絮凝剂相对分子质量较低，造成它在使用过程中投入量大，产生污泥量很大，絮体松散，含水率很高，污泥脱水困难。无机低分子絮凝剂对溶液的 pH 值的要求较高，若处理不当则造成絮凝效果下降。由于其自身的缺点有逐步被取代的趋势。表 2-9 是一些常见的无机低分子絮凝剂。

表 2-9 无机低分子絮凝剂

类型	药剂名称	分子式	代号	pH 值	用途
铝盐	硫酸铝	$Al_2(SO_4)_3 \cdot H_2O$	AS	6.0～8.5	絮沉
	氯化铝	$AlCl_3 \cdot 6H_2O$	AC	6.0～8.5	絮沉
	硫酸铝铵	$(NH_4)_2 \cdot Al_2(SO_4)_3 \cdot 24H_2O$	AA	6.0～8.5	絮沉
	硫酸钾铝（明矾）	$K_2SO_4 \cdot Al_2(SO_4)_3 \cdot 24H_2O$	KA	6.0～8.5	絮沉
	铁-铝混盐	$Al_2(SO_4)_3 + Fe_2(SO_4)_3$	MICS	6.0～8.5	絮沉
铁盐	硫酸亚铁	$FeSO_4 \cdot 7H_2O$	—	8.0～11	絮沉脱水
	硫酸铁	$Fe_2(SO_4)_3$	FS	4.0～11	絮沉脱水
	氯化铁	$FeCl_3 \cdot H_2O$	FC	4.0～11	絮沉脱水
	氯化绿矾	$FeCl_3 + Fe_2(SO_4)_3$	—	4.0～11	絮沉脱水
其他	氯化锌	$ZnCl_2$	ZC	9.0～10.5	絮沉
	硫酸锌	$ZnSO_4$	ZS	9.0～10.5	絮沉
	氧化镁	MgO	—	9.5	絮沉脱水
	碳酸镁	$MgCO_3$	—	9.5	絮沉
	电解铝	$Al(OH)_3$	—	6.0～8.5	絮沉
	电解铁	$Fe(OH)_3$	—	4.0～11	絮沉
	水解硅酸	$Si(OH)_4$	—	—	絮沉

（2）无机高分子絮凝剂

无机高分子絮凝剂的研究与开发始于 20 世纪 60 年代后期，发展至今正逐步取代无机低分子絮凝剂而广泛应用于水处理工艺中。该药剂具有比无机低分子絮凝剂更强的电中和能力，更高的相对分子质量，更强的吸附性和更高的稳定性。无机高分子絮凝剂的水溶液对酸碱具有一定的缓冲作用，对被处理水的 pH 值要求较低，投加量较少，成本相对较低，因此有逐步成为主流药剂的趋势。表 2-10 为无机高分子絮凝剂。

2.2.1.2 有机高分子絮凝剂分类

有机高分子絮凝剂分为天然和人工合成两大类。人工合成有机高分子絮凝剂均为水溶性聚合物，大分子中常含带电基团，因此亦被称为聚电介质。聚电介质又有阴阳离子型，两性型及非离子型之分。阴离子型聚电介质其重复单元中带有—COOM（M 为 H^+ 或金属离子基团或—SO_3H 基团）；阳离子型聚电介质的重复单元中带有氨基（—NH_3^-）或亚氨基（—CH_2—NH_2^+—CH_2—）或季铵基（N^+R_4）。合成高分子絮凝剂主要有聚丙烯酰胺及其同系物、衍生物等线型高分子物质。

表 2-10 无机高分子絮凝剂

类 型	药 剂 名 称	代 号	pH 值	用 途
阳离子型	聚合氯化铝	PAC	6.0～8.5	絮沉泥脱水
	聚硫氯化铝	PACS	6.0～8.5	处理河水
	聚合硫酸铝	PAS	6.0～8.5	絮沉
	聚合磷酸铝	PAP	6.0～8.5	絮沉
	聚合硫酸铁	PFS	6.0～8.5	絮沉脱水
	聚合氯化铁	PFC	6.0～8.5	絮沉脱水
	聚合磷酸铝	PAP	6.0～8.5	絮沉
阴离子型	活化硅酸	AS	约 9.0	助凝
	聚合磷酸	PA		
无机复合型	聚合氯化铝铁	PAFC	4～10.0	絮沉
	聚合硅酸铝	PASI	—	絮沉
	聚合硅酸铝铁	PAFSI	—	絮沉
	聚合硫酸铝铁	PAFS	—	絮沉
	聚合硅酸铁	PFSI	7.0～8.2	絮沉
	聚合磷酸铝铁	PAFP	—	絮沉
无机有机复合型	聚合铝·聚丙烯酰胺	PAS·PAM	—	絮沉
	聚合铝·甲壳素	PAC·PAM	—	絮沉
	聚合铝·阳离子高分子	—	—	絮沉
	聚合铁·聚丙烯酰胺	PFS·PAM	—	絮沉
	聚合铁·甲壳素	PFC·PAM	—	絮沉
	聚合铝·铁离子高分子	—	—	絮沉

天然高分子絮凝剂主要品种有淀粉类、蛋白质类、多聚糖类、动物骨胶甲壳质（壳聚糖）及藻类等。天然高分子絮凝剂比人工合成高分子絮凝剂使用量少，其原因是天然高分子絮凝剂电荷密度小，相对分子质量较低，加之其易发生生物降解失去活性，故应用受到局限。其中，由于甲壳质（壳聚糖）具有独到的处理功能，故受到环境界的关注，国外已建立了甲壳质生产厂，这类絮凝剂也得到了广泛应用。

有机高分子絮凝剂分类详见表 2-11 及表 2-12。

表 2-11 天然高分子絮凝剂

类 型	药 剂 名 称	化学分子式或带电性	代 号	pH 值	用途
淀粉类	玉米粉, 糊精	阴离子型	—	—	絮沉
蛋白质类	明胶（碱性）	阴离子型	—	—	絮沉
	明胶（酸性）	阳离子型	—	—	絮沉
	骨胶	非离子型	—	—	絮沉
藻类	海藻酸钠	$(NaC_6H_7O_6)_x$	SA	—	絮沉
多聚糖类	番叶, 楠木叶, 石青粉, 白胶粉	阴离子型	—	—	絮沉
甲壳类	甲壳质（壳聚糖）	—	—	—	絮沉

表 2-12 合成高分子絮凝剂

名　　称	离子型	符　号	说　　明
聚丙烯酰胺	非	PAM	助凝
聚氧化乙烯	非	PEO	絮沉
聚乙烯吡咯酮	非		絮沉
部分水解聚丙烯酰胺	阴	HPAM	絮沉，胶体稳定剂
聚乙烯胺	阳	—	电荷与 pH 值有关
聚乙烯磺酸盐	阴	PSS	负电性强，电荷对 pH 值不敏感
聚二甲基二烯丙基氯化胺	阳	PDADMA	正电性强，电荷对 pH 值不敏感
聚二甲基氨基甲基丙烯胺	阳	—	电荷与 pH 值有关
聚二甲基氨基甲基甲基丙烯酰胺	阳	—	水解后形成稳定的阳离子聚丙烯酰胺衍生物
羟甲基纤维素	阴	CMC	絮沉
甲（或乙）基纤维素	非	—	絮沉
碱性淀粉	阴	—	絮沉
羟甲基淀粉	阳	—	絮沉
二甲基淀粉	阳	—	絮沉

2.2.2　微生物絮凝剂

2.2.2.1　概述

　　微生物絮凝剂（MBF）是利用生物技术，从微生物体或其分泌物中提取、纯化而获得的。它是一种无毒的生物高分子化合物，包括机能性蛋白质或机能性多糖类物质。微生物絮凝剂具有生物可降解的独特性质，应用该种絮凝剂对环境和人类无毒无害。微生物絮凝剂具有较高的热稳定性，其中有些微生物絮凝剂源于土壤。微生物絮凝剂对多种细微颗粒及可溶性色素物质都有优良的凝聚能力。

　　（1）微生物絮凝剂的研究概况

　　20 世纪 70 年代，日本学者在研究肽酸酯生物降解过程中发现了具有絮凝作用的微生物培养液。80 年代后期，研究和开发了第三代絮凝剂，即生物絮凝剂。1976 年，J. NaKamura 等对能产生絮凝效果的微生物进行了研究。即从霉菌、酵母菌、细菌、放线菌等 214 种菌株中筛选出 19 种具有絮凝能力的微生物（其中霉菌 8 种，酵母菌 1 种，细菌 5 种，放线菌 5 种），发现其中以酱油曲霉（Aspergillus sojae）AJ7002 产生的絮凝剂最好。

　　1985 年，H. Takagi 等研究了拟青霉属（Paecliomyce sp. Ⅰ-Ⅰ）微生物产生的 PF101。PF101 对枯草杆菌、大肠杆菌、啤酒酵母、血红细胞、活性污泥、活性炭、氧化铝等有良好的絮凝效果。1986 年 R. Kurane 等采用从自然界分离出的红球菌属微生物 Rhodococcus erythropolis 的 S-1 菌株制成絮凝剂 NOC-1，并且把它用于畜产废水处理、膨胀污泥处理、砖厂生产废水处理，还有废水的脱色处理，都取得较好的效果，被认为是目前发现的最好的微生物絮凝剂。

　　在此之后的研究中，比较有代表性的是 1997 年 Suh H-H 等发现的 DP-152 絮凝剂，首次发现了杆状细菌也能产生絮凝剂。

　　（2）微生物絮凝剂的特点

　　与无机或有机高分子絮凝剂相比，微生物絮凝剂具有许多独特的性质。

① 具有比表面积大、转化能力强、繁殖迅速、分布广等特点 由于微生物絮凝剂的来源广，这样，微生物絮凝剂的生产周期会非常短且效率高。

② 高效 同等用量下，与现在常用的铁盐、铝盐、聚丙烯酰胺相比，微生物絮凝剂对活性污泥的絮凝速度最高，而且絮凝沉淀容易过滤。

③ 无毒 微生物絮凝剂是微生物菌体内菌体外分泌的生物高分子物质，属于有机高分子絮凝剂，它安全无毒。

④ 消除二次污染 微生物絮凝剂是微生物的分泌物，自然不会危害它自身，不会影响水处理效果，且絮凝后的残渣可被生物降解，对环境无害，不会造成二次污染。

⑤ 应用范围广泛，脱色效果独特 微生物絮凝剂能处理的对象有活性污泥、木炭、粉煤灰、墨水、泥水、河底沉积物、高岭土、印染废水等。而且，微生物絮凝剂对悬浊液絮凝速度快、用量少，对胶体、溶液均有较好的絮凝效果，对富含有机质的屠宰废水和血水也有较好的去色效果。

⑥ 生物絮凝剂价格较低 无论从生产成本还是处理技术总费用，微生物絮凝剂的价格都低于化学絮凝剂的价格。

不足之处是微生物絮凝剂的效果容易受到有毒物质的干扰，因此，被处理的废液中必须无妨害菌体生长的因素。

（3）微生物絮凝剂的种类

微生物絮凝剂包括直接利用微生物细胞的絮凝剂、从微生物细胞提取的絮凝剂和微生物细胞代谢产生的絮凝剂。

① 直接利用微生物细胞的絮凝剂 如某些细菌、霉菌、放线菌和酵母，它们大量存在于土壤、活性污泥和沉积物中。

② 微生物细胞是天然有机高分子絮凝剂的重要来源 如酵母细胞壁的葡聚糖、甘露聚糖、蛋白质和 N-乙酰葡萄糖胺等成分均可作为絮凝剂。丝状真菌细胞壁多糖除葡聚糖、甘露聚糖外，还有壳聚糖。壳聚糖含有活性氨基和羟基，对微生物菌体及其他带负电的粒子有较强的絮凝作用，因而近年来在环保中备受青睐。

③ 利用微生物细胞代谢产生的絮凝剂 微生物细胞分泌到细胞外的代谢产物，主要是细菌的荚膜和黏液质，除水分外，其余主要成分为多糖及少量的多肽、蛋白质、脂类及其复合物，其中多糖在某种程度上可作为絮凝剂。

2.2.2.2 微生物絮凝剂的絮凝机理

（1）桥联作用机理

这是目前被普遍接受的一种理论。该机理认为絮凝剂大分子借助离子键、氢键和范德华力，同时吸附多个胶体颗粒，在颗粒间产生"架桥"，从而形成一种网状的三维结构而沉淀下来。它可以解释大多数微生物絮凝剂所引起的絮凝现象。N. Levy 等以吸附等温线和ξ电位测定表明，环圈 PCC-6720 所产絮凝剂确实是以桥联为基础的。电镜照片显示的聚合细菌间由细胞外聚合物搭桥相连，正是这些桥使细胞丧失了胶体的稳定性而紧密地聚合成凝聚体沉淀。"架桥"的必要条件是颗粒上有空白的表面，一般来说，相对分子质量大的微粒对架桥有利，絮凝效率高，但因为架桥过程中也会发生链段间的重叠，从而产生一定的排斥作用；若相对分子质量过高，则会削弱架桥作用，使絮凝效果变差。另外，如果 MBF 的带电符号与微粒相反，则絮凝剂的解离程度大，电荷密度高，分子越易扩展，越有利于架桥。

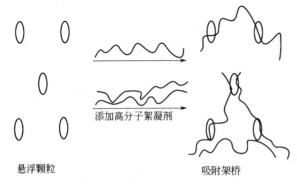

左图是桥联作用机理的简单示意。

（2）电性中和机理

水中胶体一般带有负电荷，当带有一定正电荷的链状生物大分子絮凝剂或其水解产物靠近它时，就中和其表面部分电荷，使胶体脱稳，胶粒之间、胶粒与絮凝剂分子之间互相碰撞，通过分子间作用力凝聚而沉淀。许多实验中加入金属离子或调节 pH 即可影响其絮凝效果，这主要通过影响带电性而起作用。

悬浮颗粒　　　　　　　　吸附架桥

（3）化学反应机理

生物大分子中某些活性基团与被絮凝物质相应的基团发生了化学变化，聚集成较大分子而沉淀下来。通过对生物大分子改性处理，使其添加或丧失某些活性基团，絮凝活性将大受影响。有些学者认为这些絮凝剂絮凝活性大部分依赖于活性基团，温度影响絮凝效果，主要是通过影响其化学基团的活性来影响其化学反应的。

2.2.2.3　影响微生物絮凝剂絮凝作用的因素

微生物絮凝性主要由遗传因素决定，絮凝剂的基因控制是一个复杂的过程，涉及到调节基因与抑制基因的相互作用、结构基因的表达、絮凝剂的合成和分泌。迄今人们已发现十几个絮凝基因。值得注意的是，凡具有絮凝性的酵母菌体细胞中均可分离到相对分子质量37000的多肽，凡具有 FLOCI 基因与絮凝性细胞中均含有 121 个氨基酸，相对分子质量为12000 的多肽，而非絮凝性的细胞中均无这两种多肽。不过含有相对分子质量为 37000 与12000 的多肽细胞未必有絮凝性。这可能是由于生物絮凝性受分子结构、相对分子质量、活性基因等多种因素影响所致。

一般地讲，絮凝剂的相对分子质量越大，絮凝活性越高；线性分子比非线性分子絮凝性高；分子交联越多或支链越多，絮凝性越差。絮凝性还与细胞表面的疏水性有关，指数生长后期的细胞表面疏水性强。聚合阳离子因可增强细胞表面的疏水性而提高了细胞的絮凝性。化学处理因为降低了絮凝生物表面的吸水性而引起絮凝性下降。絮凝物质是存在于细胞表面的机能性蛋白和多糖类化学物质，具有明显的乳化作用，使胶体脱稳，这也反映出细胞在具有明显疏水性的同时，也具有高絮凝性的特征。

由絮凝基因表达的相关酶水平的絮凝素中暴露的羧基数量较多，水体中的阳离子，尤其是 Ca^{2+} 能显著改变胶体中的 Z 电位，降低其表面电荷，促进大分子颗粒的胶体颗粒的吸附和架桥。由于絮凝基因编码的多肽在细胞壁上能发挥这类酶的功能，增加羧基的暴露量，就能增大活性，而且高浓度的 Ca^{2+} 还能保护絮凝剂不受降解酶的作用。

另外，胶粒的表面结构也会对絮凝效率产生影响。尽管生物絮凝剂对胶粒有广泛胶粒絮凝作用，但对不同的颗粒表现出不同的絮凝活性。伴刀豆蛋白 A 处理 Bakers 酵母细胞后丧失活性的原因，在于豆球蛋白与细胞表面的甘露糖结合，覆盖了细胞表面，阻止了细胞与F-1 的结合。

有的生物絮凝剂因高温而破坏了结构变性和功能。Kurane 报道 S-1 产生的含蛋白质的絮凝剂在开放条件下，100℃下加热 1s 使活性下降 50%。不过也有的生物絮凝剂不含高温变性成分或所含的高分子对高温不敏感。

38

影响絮凝性的因素很多。目前的架桥机理还不完善，絮凝剂的吸附机理也可能不是单一的，这些问题都有待进一步研究。

2.2.2.4 微生物絮凝剂的应用

微生物絮凝技术涉及最早的领域是废水处理，将其与好氧厌氧发酵处理废水工艺相结合，是目前废水处理的发展趋势。它主要包括水解-好氧生物处理法（H/O 法）、生物除磷脱氮技术和间歇式活性污泥法（SBR 法）。为了提高常规活性污泥法（AR 法）的处理能力和降解效果，对其进行微生物强化处理已成为环境微生物技术发展的一个主要方向。主要强化方法有高浓度活性污泥法、微生物铁法和微生物-活性炭法。采用微生物强化技术处理废水，能有效脱磷脱氮和解毒。目前欧美约有 70% 的污水处理采用微生物膜反应器法，例加美国夏威夷污水处理厂日处理污水 2.2 万吨，由于产生臭气受到居民投诉。利用 PX 净水剂处理该废水，加量为百万分之一，便使臭味得到控制，BOD 去除率 80%～90%，SS 去除率 80%～92%。又如某酒店污水处理站日处理量 300 吨，水质 COD＝300mg/L，BOD＝150mg/L，油 500mg/L，站内臭气四逸，且其他各项指标均不达标。利用 PX 高效生物净水剂处理这种废水，加量 1g/t，3 天后臭味消失，7 天后出现明显效果，隔油池积油消除，出水 BOD 为 20mg/L；COD 为 80mg/L；油为 0.004mg/L。这种方法管理方便、运行费用低，但造价很高。加拿大、丹麦、美国已先后开发出新型生物膜反应器，其发展的总趋势是最大限度地增加反应体系中微生物量和微生物类群，尽可能发挥微生物降解污染物的活性。由于微生物絮凝剂具有降解性好、应用广泛、成本低等优点，已越来越受到关注。

2.2.3 天然高分子絮凝剂

2.2.3.1 甲壳质（壳聚糖）

甲壳质，英名 CHITIN，又称甲壳素，壳多糖，是一种含氮的多糖物质。

化学名 (1,4)-2 乙酰胺-2-脱氧-β-D-葡萄糖。

分子式，结构式如下：

在结构上，甲壳质是 N-乙酰基-D-葡萄糖胺，通过 β-1,4 苷键联结的直链多糖，它与纤维素颇相似，只是 2 位的—OH（羟基）被—NHCOCH₃（乙酰胺）所置换。如果将甲壳质分子中的 N-乙酰基脱除，即得脱乙酰基甲壳质，俗称壳聚糖。壳聚糖的化学名为：

(1,4)-2-脱氧-β-D-葡萄糖（味甜爽）。

由于甲壳质分子中—O—H…O—键型及—N—H…O—的强氧化作用，分子间存在着有序结构，使结晶致密稳定，所以一般化学反应比纤维素困难。这是这类氨基多糖至今不能得到广泛利用的主要原因。而当甲壳质分子中脱去 N-乙酰基后其溶解性有了改善，为甲壳质的开发应用创造了可行的条件。

脱去乙酰基以后的壳聚糖只能溶解于酸和酸的水溶液内，并不能直接溶解于水中，这仍在很大程度上限制了它的开发利用。因此，进一步制备水溶性壳聚糖及其衍生物，是开辟这类物质得以在水处理领域中广泛应用的关键。

2.2.3.2 甲壳质和壳聚糖的理化性质

甲壳质外观为白色或灰白色半透明片状固体，不溶于水、稀酸、碱液和一般有机溶剂。可溶于浓无机酸，同时其分子中主链随之降解。甲壳质还可溶于 N,N-二甲基乙酰胺和 LiCl 混合液中。

壳聚糖外观为白色或灰白色，略带有珍珠光泽的片状物或结晶型粉末（未精制前为片状物）。

(1) 水解反应

甲壳质和壳聚糖与无机酸类可以进行水解反应。在稀盐酸中水解时 β-(1,4) 甙键断裂生成氨基葡萄糖：

(2) 酰化、氧化反应

酰化反应在甲壳质和壳聚糖的羟基上进行时为：（O-酰化），在氨基上反应时为：（N-酰化）。甲壳质和壳聚糖在酰化反应后可大大增进产物的溶解性。

甲壳质和壳聚糖还可进行氧化反应，氧化反应时同样导入新的官能团。如将 C_6 壳聚糖氧化引入新官能团羧基，得到 O-羧甲基甲壳质和 O-羧甲基壳聚糖。利用这个性质可以制取很多甲壳质和壳聚糖的衍生物，继而制备一系列水处理混凝剂。

(3) 接枝和交联反应

在拥有双官能团的交联剂存在时，甲壳质和壳聚糖可以与乙烯基单体、丙烯酸单体等进行接枝交联反应，反应后的产物为改性多糖半合成聚合物。这是一种类似螯合树脂的物质，可以用来作离子交换树脂使用，有一定强度。

(4) 羟乙基化、氰乙基化

甲壳质和壳聚糖还能进行羟乙基化和氰乙基化反应，与某些无机酸进行硝化、磷酸化、黄原酸化及脱氮化等反应。N-黄原酸化壳聚糖钠盐是一种性质优良的多功能、高效水处理药剂，对重金属废水的处理有独到的功能。

(5) 甲壳质和壳聚糖的螯合作用

甲壳素，特别是壳聚糖，能通过分子中的—NH_2、—OH 基团与金属离子反应形成稳定的金属螯合物。壳聚糖对过渡金属离子的螯合容量示于表 2-13。

表 2-13　壳聚糖对过渡金属离子的螯合容量　　　　　　　　单位：mmol/L

金属离子	Hg^{2+}	Cd^{2+}	Zn^{2+}	Ni^{2+}	Cu^{2+}	Ag^+	Au^{3+}	Pt^{4+}	Pb^{2+}
螯合容量	5.60	2.78	3.70	3.15	3.12	3.26	5.84	4.52	6.28

甲壳质和壳聚糖对金属离子（特别是二价离子）有很强的螯合性能。利用这个特性可以回收废水中的重金属。

(6) 甲壳质和壳聚糖的化学吸附性

甲壳质和壳聚糖分子能通过络合、离子交换等作用对非金属离子、蛋白质、氨基酸、核酸、卤素、染料色离子等进行化学吸附作用。

上述吸附作用在作为水处理药剂时，是一种很重要的功能。

（7）甲壳质和壳聚糖的吸湿性

壳聚糖本身有相当好的吸湿性，仅次于甘油。甲壳质和壳聚糖经醚化可以制得水溶性衍生物（CM—CH），如上面提到的 O-酸甲基甲壳质，O-羧甲基壳聚糖和 N-羧甲基壳聚糖，O-N-酸甲基壳聚糖等。这些衍生物（CM—CH）上的羧基及胺基是亲水基团，所以有较强的吸湿性。这个性质用来作污泥脱水剂是非常理想的。

2.2.3.3　甲壳质和壳聚糖的质量指标

关于甲壳质和壳聚糖质量标准，国内尚未统一。这里参照市场的商业化标准和相关的企业标准列出了几个指标参数，如表 2-14 所示，仅供参考。

表 2-14　甲壳质和壳聚糖的质量指标

名　　称	甲　壳　质	壳　聚　糖	名　称	甲　壳　质	壳　聚　糖
外观	白色或灰白色固体	白色半透明片状物	溶解性	—	溶解
脱乙酰基度	—	≥70%	水分	<8%	<8%
黏度	—	>100Pa·s	pH 值	—	约 4
灰分	<1%	<1%	含氮量	6.5%	8%

2.2.3.4　甲壳质和壳聚糖在水处理中的应用

（1）电镀废水处理

电镀废水是严重污染环境的一种污染源，废水中含铝、镉、铜、铅、镍、锌、铜一类的重金属以及毒性较大的氰化物等。目前，我国对电镀污水的治理一般采用化学沉淀法，使废水中的重金属离子经化学转化后生成不溶性金属盐除去。如 Cr^{6+} 经 $FeSO_4$ 还原转为 Cr^{3+}，然后再用石灰中和生成 $Cr(OH)_3$，沉淀后除去。处理后排放水虽能达标，但沉淀污泥量太大，且污泥脱水困难，同时还不能回收金属。若改用有强螯合力和吸附性的壳聚糖和它的衍生物来处理电镀废水就可以一步到位进行处理。工艺中不必采用化学转化和单独的破氰措施。省投资、省运行费用，而且过程中的污泥量大大减少。

例如某小型电镀厂氰化镀铜与氰化镀铬，每天废水量 20t，其中含铬、含铜污水 10t/d（其中含铬废水 6t/d），含氰废水 4t/d，其余 6t/d 为酸碱废水；水质，总铬 150mg/L，总铜 50.5mg/L。处理方法先将 6t 酸碱废水分流后另作中和处理。含铬、铜、氰废水流进调节池经混合后提升到反应池，投药搅拌，加药量 0.3%（废水量按含铬废水 6t/d 计），药剂由固体壳聚糖和 1% 醋酸溶液配制而成。废水经调节、絮凝吸附、沉淀、过滤后排放。排放口的水质为：总铬 1.2mg/L，铜 0.2mg/L。

（2）印染废水处理

印染废水特点是排放量大，水质成分复杂，水质变化大。我国对各类印染废水的处理主要以生化法为主，但随着织物中化纤成分的增多和化学助剂、浆料的使用，使废水中 BOD_5 与 COD_{Cr} 的比值发生变化，废水的可生化性变差。为使废水处理达到预期的效果，不少地方已逐渐转向以物化方法为主的处理技术。物化法的核心是寻求一种高效混凝剂。近来，人们已注意到天然高分子混凝剂的作用。有人将 PAC·PAN 和壳聚糖衍生物羧甲基壳聚糖按不同比例适当复配后制成了一种所谓"高效混凝剂"，在江苏某地用于印染废水治理，取得较好的效果，工艺一步到位，缩短了流程。

羧甲基壳聚糖的分子因为引入了—COONa 基团，使之成为溶于酸、碱的两性混凝剂，故适应性较强。杭州化工研究所曾用于印染废水的脱色处理，其效果比较理想。

（3）食品废水处理

利用壳聚糖及其衍生物的强力吸附作用用于食品废水治理时，有其独到之功效。食品生产行业有罐头、饮料、味精、肉类加工、蛋类加工、面食加工等。食品废水中多为可溶的和不溶的有机物，故而 SS 特高。以往对食品废水处理也是以生化法为主，如采用厌氧、好氧、SBR 等工艺。造成构筑物复杂，能耗高，其处理效果并不理想。利用强吸附性的天然高分子混凝剂做物化吸附处理，设备简单，操作方便，而且效果好。甲壳质类混凝剂本身无毒，且易降解，用它吸附了废水中的有机物后污泥可以直接作肥料，纯度较好的吸附体甚至可以作为鱼类、鸟类饲料。

杭州味精厂曾对该厂味精废水治理做过试验，废水经壳聚糖投加吸附后，COD_{Cr} 可以降低 40%。当然味精废水比较复杂，有机物含量高，一般 COD_{Cr} 和 BOD_5 均为几万，所以当前都以回收饲料酵母和综合利用方法治理，工艺已比较成熟。

据报道壳聚糖用于干酪加工厂、蛋类加工厂、禽类加工厂、肉类加工厂及果蔬加工厂的废水处理时，固体悬浮物的脱除率较高。上述废水 SS 去除率依次为 90%、70%~90%、82%、89% 和 >90%，COD_{Cr} 去除率均在 55%~75%。

（4）重金属废水处理和给水净化

壳聚糖及其衍生物对金属离子有较大的螯合力，特别是回收废水中的过渡金属和一些二价金属效果较佳，对铜离子的回收更有奇效。

取 10% 浓度的 N-黄原酸化壳聚糖 1.8mg/L，处理 200mL，pH3.5，含 Cd^{2+} 为 100mg/L 的金属废水。投药后，在 25℃ 下搅拌 30min，过滤。处理后废水含 Cd^{2+} 量 <0.05mg/L，去除率为 99.95%。

将粒度为 60~80 目的壳聚糖和活性炭、沸石按 1:5:1 的质量比复配混合后装于过滤容器中，可直接用来作生活和工业给水的净化处理。去除 Cl^- 和 Fe^{3+} 的效果优于单独使用活性炭。

（5）其他

壳聚糖可用于湿法冶金废水中回收 Co^{2+}、核工厂废水中回收 ^{60}Co 及海水中捕获铀。

壳聚糖对医院废水中的相关放射性物质的捕集也是十分有效的。这些应用都有待于进一步开发。

2.3　水处理药剂制备及其特点

2.3.1　无机絮凝剂的制备及其特点

2.3.1.1　铁系絮凝剂

（1）聚合硫酸铁制备

① 制备方法　聚合硫酸铁的制备方法有下述三种。

方法 1　原料为硫酸亚铁、硫酸和催化剂。采用不同的催化剂可形成不同的制造工艺。工艺方法是将硫酸洗液浓缩，调整酸和亚铁比例，在密闭压力容器内，加入定量的亚硝酸钠，再通入氧气，在定温、定压的搅拌条件下，经反应便得到聚合硫酸铁。

方法 2　原料为钛白粉厂的副产品 $FeSO_4$ 和废 H_2SO_4。制备工艺是确定 $FeSO_4 \cdot H_2O$ 中铁的含量，再通入热空气脱水，当含有 1~2 个结晶时，通冷空气，在有氧化剂的条件下使之成为氧化物料，此时加废硫酸和固化剂进行固化反应，待固化完成聚铁产品已形成。生产过程控制 SO_4^{2-} : Fe^{2+} (mol) = 1.30 : 1.45。

方法3　原料为浓硫酸和硫酸亚铁。制备工艺是浓硫酸直接加到硫酸亚铁中，再加适量的催化剂 MnO_2（或30％稀酸加到亚铁中再加入催化剂 $NaNO_2$）后，通入空气进行氧化，水解和聚合反应后即制备出聚合硫酸铁。

② 聚铁特点　聚铁有固体和液体之分，液体为红褐色黏稠液体；固体是红色颗粒状易溶于水的物质。其主要特点是聚铁水解后产生大量的 $[Fe_4(H_2O)_6]$，$[Fe_2(H_2O)_6]$，$[Fe(OH)_2]$ 等多核络合物，通过吸附、架桥、交联等作用，能使水中的胶体微粒凝聚在一起。与此同时还发生了一系列的物理化学变化，并使得它们具有很强的电中和能力，从而降低了胶团的 ξ 电位，破坏了胶团的稳定性，促使胶粒快速凝聚沉淀；由于聚铁碱化度低（10％～13％），故凝聚力大；生成的絮体大，沉降快。此外，相对密度小，在气浮中应用效果更好；pH 值适用范围广（4～11），除 Mn 外，对其他重金属均有较好的去除效果；对 SS、COD、BOD、色度及恶臭等均有良好的去除效果；具有破乳功能，故对乳化油的去除有一定效果；制造简单，原料价格低，易得，腐蚀性小；药剂投加量少，污泥较其他药剂生成量小。

（2）聚合氯化铁制备

① 制备方法　聚合氯化铁的制备方法有下述两种。

方法1　碱法。原料为三氯化铁、氢氧化钠。制备工艺是 Fe^{3+} 浓度控制在 0.01～0.75mol/L，OH^-/Fe^{3+} = 0～2.5。将 100mL 0.5mol/L 的 $FeCl_3 \cdot 6H_2O$ 溶液稀释到 2000mL 快速搅拌，并缓慢加入 500mL 10.25mol/L 的 NaOH，此时便制备出聚合氯化铁。

方法2　加热法。用自来水稀释三氯化铁，浓度控制在（Fe^{3+}）0.75～0.70mol/L，溶液温度在 100℃ 左右，快速搅拌条件下加注自来水。此药剂不宜久放，随用随制备。

② 特点　混凝沉淀速度快，用量比三氯化铁少20％，沉泥量少；混凝沉淀颗粒大，便于过滤；生产工艺简单，原料易得，该絮凝剂腐蚀性小。

2.3.1.2　聚合氯化铝

（1）制备原料

制备聚合氯化铝的原料有铝灰、铝屑、铝矿石、煤矸石、粉煤灰及盐酸等。

（2）制备方法

① $Al(OH)_3$ 一步法　氢氧化铝与盐酸适当配比，在合适的温度、反应时间及压力条件下，进行化学反应后，上清液即为聚合氯化铝，工艺流程如下图所示。

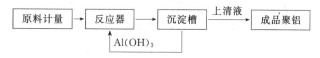

② 酸溶铝灰法　该法是采用不足量酸溶法，原料是铝灰和盐酸。利用盐酸（质量数低于溶出铝的质量数）和铝灰进行溶出反应，被溶出的铝在水解时，又产生部分酸，这部分酸可补充酸量不足，重复使用，于是便生成聚合氯化铝。其碱化度为45％～60％。此法简单，成本低，产品质量稍差，有三废产生。

③ 煤矸石法　煤矸石破碎后在高温 700℃ 下焙烧 1h，加注19％盐酸反应生成氯化铝溶液。将溶液蒸发增浓，使之结晶，在沸腾床反应器中，再把结晶 $AlCl_3$ 加热，使其部分分解变成颗粒状、具有一定碱化度的聚合单体（碱式氯化铝），然后加入适量水进行处理，此时

便可生成树脂状固体聚铝。

产品呈深黄或深褐色树枝状固体，有效成分（Al_2O_3）为 22%～24%。碱化度为 70%～75%，不溶物微量。

④ 酸溶粉煤灰法　鉴于粉煤灰中的 Al_2O_3 是以非活性富铝玻璃体红柱石（$3Al_2O_3 \cdot SiO_2$）的形式存在，故很难用酸直接溶出，需加助溶剂 NH_4F。具体工艺是当溶剂为 HCl 时，浓度为 6mol/L，灰∶溶剂＝1∶2.5，溶出时间 2h；当溶剂为 H_2SO_4 时，浓度为 9mol/L，灰∶溶剂＝1∶2，溶出时间 2h。Al_2O_3 溶出率约为 38%～48%。溶出液经净化处理后即为聚合氯化铝。产品为红褐色的液体，盐基度约为 85%，产品 pH＝1～4.9。

⑤ 高岭土尾矿法　高岭土又称瓷土，Al_2O_3 含量 20% 左右，苏州贮量大。这种土是一种水合硅酸铝矿物质。利用高岭土制备碱式氯化铝有酸法、碱法及中和法三种方法，尤以酸法为宜。酸法亦称酸溶二段法。即将高岭土粉碎到 60 目，650～750℃ 焙烧 0.5～1h，加 20% 盐酸，其浓度应控制在 1.0mol/L，反应 1～2h 即得产品。

（3）聚铝的特点

聚合氯化铝的絮凝效果优于硫酸铝、硫酸亚铁、三氯化铁；絮体形成快、沉速大、反应时间短，可提高处理单元的生产强度；泥渣脱水性能好；对废水的 pH、温度、浊度、碱度等适应范围广；处理后出水 pH 改变小，铝与盐分残留小，利于回用；成本低，用量少，且适用各种工业废水的处理。

2.3.1.3　无机复合絮凝剂

（1）制备原料

制备无机复合絮凝剂的原料有工业废渣、铁、铝盐、铝灰、铁屑、废酸等。

（2）制备工艺方法

① 铝铁复合絮凝剂　以煤矸石为原料，经过破碎、焙烧、酸浸及中和等工艺过程，便生产出聚合铝铁盐絮凝剂。该产品由于选择性地控制铝铁含量及存在形态，使之同时具有铝盐和铁盐的特性，故处理水过程中，矾花紧密，沉速快，沉渣易脱水。另外，也可用铁盐和铝盐复配而成。

② 复合高效絮凝剂　这种絮凝剂集聚铝与聚铁于一体，并掺有无机絮凝促进剂。只要按适当比例配制便可用于不同的水处理。矾花形成快且大，易于固液分离，沉泥压缩性好，易于脱水。另外，在水处理过程中可单独使用无需加助凝剂。

（3）特点

无机复合絮凝剂的特点是加药量少，絮凝反应快，絮体大而密实，易沉不破碎，重聚性好，泥渣脱水性好；对水的 pH 无影响，适用范围广，pH 值 4～11，无腐蚀性，长存质不变，安全无毒；适用多种工业废水的处理，处理高浊度废水，其浓度高达 $50kg/m^3$，而且不用外加助凝剂。

2.3.2　有机絮凝剂的制备及其特点

2.3.2.1　天然有机高分子絮凝剂的制取

大多数天然有机高分子絮凝剂很少单独使用，往往与其他带有特殊官能团的化合物接枝共聚后再用来进行水处理。下面介绍几种絮凝剂的制取方法。

（1）含胶植物及其改性絮凝剂

从 20 世纪 70 年代末开始对天然高分子絮凝剂进行化学改性研究，其中对 F691、F703、F991 等絮凝剂的制备方法、应用技术条件、效果及经济性作了较多的研究。

含胶植物除含水溶性多聚糖外，尚含有纤维素、木质素、单宁等物质。对含胶植物中的水溶性多聚糖进行离子化改性，对不溶性纤维素进行化学改性，便可制成多功能缓蚀剂或阻垢剂。天然高分子物质首先进行醚化反应，使纤维素和多聚糖分子引入羧甲基，然后在氧化剂存在条件下，使木质素进行磺化反应，生成木质素磺酸盐等衍生物，于是便制得絮凝-缓蚀剂（GMT-A）。产品中含有$-COO^-$、$-SO_3^{2-}$、$-CONO_2$等活性基团。采用上述方法，在有催化剂存在下，对含胶植物接枝聚合，在分子键上引入$-COOPO_5$、$-CONH_2$等活性基团，可制得絮凝-阻垢剂（JFS-A）。F691中的多聚糖系由许多单糖分子组成，每个单糖分子中均含羟基，在碱性条件下，用甲醛、丙烯酰胺、一氯醋酸、丙烯等对F691进行醚化反应，便可制得FN-A、CG-A、CGP-A等系列化学改性絮凝剂，即不同类型阴离子絮凝剂。

（2）淀粉阳离子交换剂

该交换剂是羧甲基交联淀粉（CCMS），此药剂处理重金属和苯胺废水效果很好。其制造过程是要首先进行高交联淀粉制备。将玉米淀粉、NaCl与环氧氯丙烷混合在一起，搅拌10min，慢慢滴加5%KOH，常温反应16h，最后用2%盐酸溶液中和，经过滤干燥便得到高交联淀粉。然后进行CCMS合成。即将高交联淀粉和9.5%的乙醇混合，再加适量的氯乙酸，搅拌10min，然后缓慢加入3%KOH溶液，水浴加热，温度控制在60～65℃，反应结束后用10%HCl溶液中和，经过滤、洗涤，干燥即制得成品。

（3）天然高分子改性阳离子絮凝剂（SFC）

SFC的制备过程是以F691为原料，$Fe^{2+}+H_2O$作为催化剂，接上活性基团聚合而成。具体原料配比是F691：铵盐单体为1：2，催化剂加量0.8%，反应温度控制在65℃，聚合90min，活化20～25s。SFC外观为灰色胶状体，相对密度1.40，pH值8.0。具有较强的吸附架桥与中和功能。

（4）甲壳质（壳聚糖）絮凝剂

甲壳质又称甲壳素、甲壳胺、几丁质、壳聚糖，学名为无水氨基葡萄糖三维聚体（$-N-$乙酰基$-D$），存在于昆虫和甲壳类动物的外壳中。

甲壳质絮凝剂的制备。甲壳动物的外壳由角质层和甲壳质层组成，坚硬的外壳主要成分是钙质。首先用酸溶去钙质，然后在碱作用下，使甲壳质转化为可溶的壳聚糖。甲壳质制备流程如下图所示。

甲壳质不溶于水。可溶性甲壳素（壳聚糖）制备工艺是：将甲壳素在5%的盐酸中浸泡48h，再在8%～10%碱液中浸泡48h后，加热煮沸1～2h，再用0.2%的高锰酸钾液（$KMnO_4$）浸泡1h氧化脱色，还原漂白后，用1%的$NaHSO_3$液浸泡10min，加盐酸使之呈酸性，再浸泡20min，到此制出不溶性甲壳素；不溶性甲壳素放入50%的烧碱溶液中，加热60～80℃，浸泡24h，开始每1h翻动一次，以后5～6h翻动一次，最后可制得可溶性壳聚糖。

这种絮凝剂含有羟基和氨基，具有与多种金属离子螯合的能力，很适合处理重金属废水。属阴离子絮凝剂。

（5）聚氨基葡糖和葡聚糖复合净水剂

原料为薯干粉，直接在深层发酵，生产柠檬酸。深层发酵的菌株为黑曲霉，柠檬酸生产废渣是由黑曲霉菌丝体组成，其细胞壁中含有大量的聚氨基葡糖和葡聚糖。如何把这两种物质提出，制成净水剂是生产关键。具体生产方法是将新鲜柠檬酸废渣置于反应釜中，加入"助解剂"使蛋白质等水解成聚氨基葡糖和葡聚糖复合物。控制适当温度和压力恒置5h，使之充分水解，然后过滤得固体物，用去离子水洗至中性，干燥破碎后即得产品。

2.3.2.2 人工合成有机高分子絮凝剂

人工合成有机高分子絮凝剂在我国应用历史较短，应用比较多的是非离子型的聚丙烯酰胺，约占80%，阴阳离子絮凝剂应用范围正在扩大。人工合成有机高分子絮凝剂均是水溶性聚合物，重复单元中引入带正电基团的为阳离子型絮凝剂，引入带负电基团的为阴离子絮凝剂，合成制备中，不引入带电基团的为非离子型絮凝剂。

（1）聚丙烯酰胺（PAM）

以丙烯腈为主要原料，将它与水按一定比例混合，经过水合、提纯、聚合、干燥等工序，便可生产出PAM。水合时温度控制在80～140℃，并在有铜催化剂的条件下完成；聚合时要加注引发剂（过氧化物、有机偶氮化合物、过硫酸盐等）。工艺框图如下图所示。

PAM既可作为絮凝剂，亦可用作助凝剂强化混凝剂沉淀效果。

（2）丙烯酸二乙基乙酯（DEAEA）的共聚物TXE（污泥脱水剂）

共聚物TXE是阳离子型污泥脱水剂，它的生产过程分两步。其一是单体丙烯酸二乙基乙酯（DEAEA）的合成，其二是在第一步的前提下再合成，生产出共聚物TXE。具体工艺是先制取丙烯酸二乙基乙酯（DEAEA）。即将原料丙烯酸、二乙氨基乙醇、二甲苯、铜粉按一定比例放入装有搅拌、回流分水装置的反应器中反应12h后，减压分馏制得液体产品。然后进行共聚物TXE的合成。即把原料DEAEA、丙烯酰胺、硫酸二甲酯、过硫酸钾、亚硫酸氢钠按比例加到合成转化釜中，温度控制在60～80℃，搅拌反应6h便得到黏稠凝胶产品，转化率为98%。这种药剂很适合作污泥脱水之用。

（3）ST絮凝剂

该絮凝剂利用二烯丙基二甲基氯化胺与丙烯酰胺（AM）共聚而成。适用于低浊度水处理和饮用水处理，基本无毒。

2.3.2.3 有机复合絮凝剂的制备

复合絮凝剂是由几种无机或有机药剂配伍而成，下面介绍一些有机复合絮凝剂。

（1）复合高分子絮凝剂（PHM-y）

复合高分子絮凝剂是由几种高分子有机物与无机物（如PAM、铁、铝盐等）按需要以一定比例，经过物理混合和化学反应，形成的聚电解质絮凝剂。它易水解，水解后主要产生高价羟基金属络合物、高价离子以及亲油性和活性致浊物质等。适宜含油废水处理。

PHM-y具有较强的破乳和高效絮凝的功能，能使在水中呈胶体状态存在的细分散油和乳化油迅速脱稳和凝聚，且与水分离时矾花密实，去除率高，污泥体积小。

（2）PPAMSC复合絮凝剂

PPAMSC复合絮凝剂所含主要成分Al_2O_3约24%～36%，MgO约2%～8%，有机高分子物质约2%～5%，SO_4^{2-}为9%。具体制备工艺是将无机高分子絮凝剂（铝、镁盐等）

及有机高分子絮凝剂按一定比例，控制定温定压，通过化学反应合成一体即为产品。此絮凝剂具有聚合铝、聚合镁和有机高分子物质三种絮凝剂的功能，应用广泛。

2.3.3 微生物絮凝剂的制备

制备微生物絮凝剂需要有碳源、氮源、合适的温度及 pH 值，同时还要不断的给氧以培养出高效微生物絮凝剂。下面介绍 NOC-1 的制备。

2.3.3.1 制备条件

（1）碳源

以葡萄糖、果糖、山梨糖醇等水溶性糖类作为碳源培养基，培养的细菌数量和絮凝活性均很高，也有用非水溶性碳源（如橄榄油）作培养基的，细菌繁殖快，但活性低。

（2）氮源

用尿素和硫酸胺作为氮源对细菌繁殖最为有利，且生产出的絮凝剂活性高。硝酸胺与氯化胺作为氮源生产出的微生物絮凝剂活性仅为上述二者的 60%～70%，其中酵母浸液、酪蛋白氨基酸是最有效的有机氮源。

（3）工艺参数

培养最适宜的温度是 30℃，pH 值控制在 8.5～9.5，采用 30L 发酵罐时，搅拌速率约 100r/min，鼓气量在 0.5L/（L 培养基·min）。

2.3.3.2 培养基

微生物絮凝剂要在培养基中培养，其基体组成如下：

葡萄糖 0.5%、果糖 0.5%、K_2HPO_4 0.5%、KH_2PO_4 0.2%、$MgSO_4 \cdot 7H_2O$ 0.02%、NaCl 0.01%、酵母浸液 0.05%、尿素 0.05%、初始 pH 值为 8～8.5。

在生产中要不断加氮源，特别是加入酵母浸液很有效。但该浸液的成本占整个培养基液成本的 80%，因此要想降低微生物絮凝剂的生产成本，就必须开发低成本的培养基或代用品。已开发出的代用品有大豆饼与水产废水。

① 大豆饼培养基。大豆饼作为培养基的有机氮源，可得很高的细菌产率和絮凝活性，用其作培养基代用品成本可降到原来的 1/3。

② 水产废水培养基。与酵母液相比，絮凝活性提高 2～3 倍。

2.4 絮凝剂应用技术

2.4.1 絮凝机理

2.4.1.1 胶体表面电化学

无论什么样的水均含有多种杂质，而这些杂质由于尺寸大小不同在液相中基本以三种状态存在，粒径小于 1nm 的属溶解态；粒径在 1～100nm 之间的属胶体态；粒径大于 1μm 的为悬浮态。这种划分是相对界限，絮凝对象主要是胶体等细小的颗粒物。大的悬浮颗粒在水中可自然沉淀除去。胶体颗粒拥有巨大的表面积，可吸附水中离子或极性分子，形成胶体双电层结构，如图 2-5 所示。根据顾义-查普曼（Coug-Chapman）理论，吸附在胶核表面的离子称"电位形成离子"，与其他电荷符号相反的离子称"反离子"。由于胶核和离子在水中均作布朗运动，反离子扩散到液相中，距胶核表面近处反离子浓度高，远处反离子浓度低。紧靠胶核表面的一层离子被吸附的比较牢固，形成吸附层，厚度约为一个或数个离子的尺度。

吸附层外侧为扩散层，其厚度理论上为无限大。吸附层和扩散层反离子总电荷与胶粒表面电位形成离子的电荷相等，故胶体应为中性。运动中的胶粒与溶液的界面称"滑动面"，滑动面与吸附表面不一定重合。

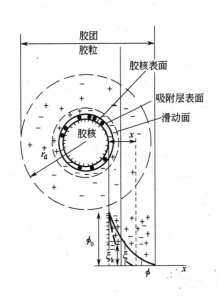

图 2-5　胶体双电层结构

图 2-6　胶核双电层 ξ 电位

胶核表面电位称"总电位"或"热力学电位"，以 ϕ_0 表示；滑动面上的电位称"动电位"或"Zeta"电位，以 ξ 表示，见图 2-6。

胶体扩散层中任意位置的电位 ϕ 与反离子浓度、离子价态及水温等因素有关，可用下式计算：

$$\phi = \phi_0 \exp(-kx) \tag{2-5}$$

式中　ϕ_0——胶核表面总电位；

　　　ϕ——距胶核 x 处的电位；

　　　x——到胶核表面的距离；

　　　k——系数（与反离子浓度、价态、温度有关）。

由上式可看出，$x \to 0$　$\phi = \phi_0$；$x \to \infty$；$\phi = 0$

双电层厚度在常温下（25℃），可用下式确定：$r_d = \dfrac{3}{Z\sqrt{C}}$ 　　　　　(2-6)

式中　r_d——双电层厚度；

　　　Z——反离子价态；

　　　C——反离子浓度。

式（2-6）表明，反离子价态愈高，双电层厚度愈小。在浓溶液中投加大量电解质（反离子）时，r_d 可缩小为 10^{-10} m。相反在稀溶液中，反离子量少，r_d 可达到数百微米，变化幅度达到几个数量级。不同反离子浓度、不同离子价态双电层计算厚度如表 2-15 所示。

这里要说明的是，胶体总电位 ϕ_0 及 x 处电位 ϕ 均无法测定，且对研究混凝并不是重要参数，但要建立起概念，以加深对絮凝理论的理解。ξ 电位（滑动面上的电位）通过电泳或电渗法可以测定，ξ电位是研究胶体稳定性及凝聚原理重要参数。

表 2-15　不同反离子浓度、不同离子价态双电层计算厚度

反离子浓度/(mol/L)	反离子价 $Z=1$	反离子价 $Z=2$
1×10^{-9}	$9.5 \times 10^{4}\,nm$	$4.75 \times 10^{4}\,nm$
1×10^{-5}	$9.5 \times 10^{2}\,nm$	$4.75 \times 10^{2}\,nm$
1×10^{-2}	$30\,nm$	$15\,nm$

注：水的热力学温度 $T=298K$；水的介点常数 $\varepsilon=78.5$。

ξ电位对亲水胶体显得不重要，其稳定性主要决定于表面水化作用。而对憎水胶体ξ电位直接表征胶体稳定性。利用电泳法测出胶粒（体）迁移率后可用下式计算ξ电位。

$$\xi = \frac{6\pi\mu u}{H\varepsilon} \tag{2-7}$$

式中　μ——水的动力黏度，Pa·s；

　　　H——电位梯度，V/cm；

　　　ε——水的介电常数；

　　　u——胶体电泳迁移率，$\mu m/(s \cdot V \cdot cm)$。

黏土胶粒ξ电位约为$-30mV$以上。

2.4.1.2　胶体的稳定性

胶体颗粒保持分散悬浮状态的特性称为胶体的稳定性。带电的胶粒与反离子均能与周围的水分子发生水化作用，形成水化层。ξ电位越高，扩散层中的反离子就越多，水化作用也越强。因此水化层越厚，胶体就越稳定。稳定性分为动力稳定性和聚集稳定性。

（1）胶体颗粒动力稳定性

水分子由于热运动撞击胶粒而形成布朗运动，阻碍胶粒聚集下沉，使其长期保持悬浮状态。胶粒受布朗运动影响平均位移，符合爱因斯坦（Einstein）和斯莫鲁霍斯基（Smoluchowaki）的理论，其位移可用下式计算。

$$\overline{X} = \sqrt{\frac{RT}{N}\frac{\Delta t}{3\pi\mu r}} \tag{2-8}$$

式中　$\overline{X}$——平均位移；

　　　Δt——观察的间隔时间；

　　　R——气体常数；

　　　N——阿伏加德罗常数；

　　　μ——水的黏滞系数；

　　　r——胶粒半径。

式（2-8）表明，胶粒半径越大，布朗运动的摆幅（平均位移）越小，当粒径为$3\sim 5\mu m$时，每秒内平均位移在 1mm 以下；而粒径大于 $5\mu m$ 时，平均位移趋近于 0，布朗运动消逝。这种由于布朗运动停止，胶体在重力作用下下沉的现象称为动力学不稳定；而小颗粒受重力影响小，主要受控布朗运动能长期悬浮水中的现象称为动力学稳定。

（2）胶体颗粒聚集稳定性

同性电荷的胶粒之间由于静电斥力或水化层的阻碍相互不能聚集的现象称为"聚集稳定性"。若胶粒失去聚集稳定性，在布朗运动作用下碰撞聚集，动力稳定性亦随之消失，沉淀就会产生。这说明胶体稳定性，关键在于聚集稳定性。憎水胶体的聚集稳定性主要受ξ电位影响，DLVO 理论对此作了论述。

DLVO 理论是由前苏联的德加根（Derjaguin）、兰道（Landon）和荷兰的伏维（Verwey）、奥优贝克（Overbeck）各自独立创建的胶体相互作用的理论，故简称 DLVO 理论。该理论认为，两个胶体相互接近乃至双电层发生重叠时，便产生了静电斥力，如图 2-7 所示。两个颗粒间还存在范德华引力。斥力和引力均与胶粒间的距离有关。用势能表示斥力和引力，其势能随颗粒间距而变化，变化曲线详见图 2-7。

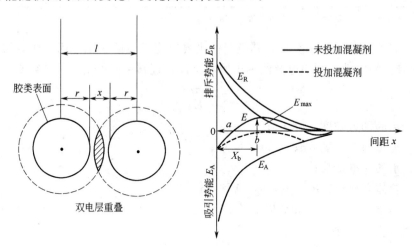

图 2-7　相互作用势能与颗粒间距的关系

引力势能还可近似用曲线方程表示：

$$E_A = -\frac{A}{6}\left[\frac{2r^2}{L^2 4r^2} + \frac{2r^2}{L^2} + \ln\frac{L^2 - 4r^2}{L^2}\right] \qquad (2-9)$$

当胶粒表面间的距离很小时

$$E_A = -\frac{Ar}{12x} \qquad (2-10)$$

式中　L——两胶粒间中心距；

　　　x——两胶粒表面距离；

　　　r——胶粒半径；

　　　A——哈玛克（Hamaker）常数，表征颗粒与介质特征，一般 $A = 1 \times 10^{-14} \sim 1 \times 10^{-12}$ 尔格（exg）。

当胶粒球表面间距远小于半径时，静电排斥势能 E_R 可表示成下式：

$$E_R = \frac{\varepsilon\phi_0^2}{2}\ln[1 + \exp(-kx)] \qquad (2-11)$$

式中　ε——介电常数，余者符号同前。

由式（2-9）～式（2-11）不难看出，引力势能与颗粒中心间距 L 的二次方成反比关系，颗粒表面间距很小时，引力势能 E_A 与 x 一次方成反比关系；当 $x \to 0$ 时排斥势能 E_R 具有极大值，此时 $E_R = 0.35\varepsilon r\phi_0^2$。随着 x 的增大，E_R 按指数函数急剧减小。此外，由于反离子浓度和价态增加，使 k 值增大，因此，斥势能 E_R 亦按指数急剧减小。这个事实说明，按 DLVO 理论，向废水中投加高价电解质，可有效减小胶粒间的排斥势能，利于破坏胶体的稳定性。

胶体颗粒间相互作用总势能 E 可表示如下：

$$E=E_A+E_R=\frac{\xi r\phi_0^2}{2}\ln[1+\exp(-kx)]-\frac{A}{6}\left[\frac{2r^2}{L^2\,4r^2}+\frac{2r^2}{L^2}+\ln\frac{L^2-4r^2}{L^2}\right] \qquad (2-12)$$

若其他参数均确定，对上式微分，并令 $dE/dx\rightarrow0$ 即可求出最大排斥势能 E_{max}。它是阻碍两个胶粒相互凝聚的位垒。当 $E_{max}<E_B$（布朗运动的动能），该位垒被破坏，两胶粒便会凝聚，然而胶粒在作布朗运动时，所获得动能很小，可用下式估算：

$$E_B=15K_BT \qquad (2-13)$$

式中　K_B——波茨曼常数；

　　　T——水的热力学温度。

通常黏土等胶粒间的最大斥势能 E_{max} 很大，故水中的胶粒始终保持稳定状态。

废水中的胶体稳定性静电排斥是其主要原因，但与胶体颗粒水化作用亦有密切关系，DLVO 理论尚不能对水化作用影响胶粒稳定性作出解释。胶体水化作用与胶体种类有关，亲水胶体水化层的形成是由于胶体表面未饱和价键与极性基团吸引极性水分子所致。憎水胶体的水化与其表面电荷有关，但与亲水胶体相比，憎水胶体水化作用弱得多。据有关资料表明，亲水胶体表面所结合的水量是憎水胶体结合水量 30 倍以上。基于此，亲水胶体的稳定性主要源于水化层而非 ξ 电位。实践证实，亲水胶粒 ξ 电位为零，仍然保持分散稳定状态；憎水胶体则不然，一旦 ξ 电位降为零，水化层消失，亦失去稳定性。

2.4.1.3 混凝机理

在胶体化学中应用 DLVO 理论论述胶体的稳定和凝聚是合适的。但在水处理工程中，对复杂的体系（废水），单纯的理论论述混凝机理已不够。就混凝而言有几种机理，了解这些机理，对应用混凝沉淀处理工业废水是相当重要的。

（1）双电层压缩机理

胶粒双电层的构造表明其表面反离子浓度最大，距离胶粒表面越远，反离子浓度越低，最终与溶液浓度相等。当向溶液中投加絮凝剂，增加水中反离子，使胶粒扩散层压缩，ξ 电位随之降低，斥势能也下降。假设投加絮凝剂后，胶体动电位由 ξ 降到 ξ_k（图 2-5），此时，相应的总势能曲线位移到图 2-7 的虚线位置，总势能曲线的斥能峰恰好降到零（$E_{max}=0$），使 $E_{max}=0$ 所投加的絮凝剂浓度，称为"临界浓度"，动电位 ξ_k 称为"临界电位"。根据上述分析，ξ 电位达到临界电位时，胶体便会失去稳定性，胶粒间碰撞凝聚下沉，水则得到净化。理论上可定义"临界电位"就是斥能峰（E_{max}）为零的电位。

絮凝剂投加量增加，ξ 电位降到零，胶粒间斥能消失，此点称为"等电点"。此时，液相中的浓度称为临界浓度。胶粒亦容易发生凝聚沉淀。根据 DLVO 理论，压缩双电层不仅与絮凝剂加量有关，还与絮凝剂中金属离子价态有关，因为价态高，双电层厚度小，所以压缩双电层更有效。叔采-哈代（Schulze - Hardy）理论还表明，一价、二价、三价反离子混凝剂临界浓度比为 $1:(1/2)^6:(1/3)^6=1:0.016:0.0014$。这只是理论结果，仅供参考，但实际情况并非如此单一，特别是含有高价金属的混凝剂，往往还发生水解聚合反应形成聚合物，也起到凝聚作用，双电层作用机理说明高价离子的凝聚作用比较大。

（2）吸附电中和机理

所谓吸附电中和作用是指胶粒表面对异号离子有强烈的吸附作用。由于这种作用，中和了胶粒部分电荷，降低其静电斥力，ξ 电位亦随之减小，因此容易与其他颗粒接近而相互吸附失去稳定性。但与此相反，异号离子投加量过大，会使原来带负电荷的胶粒变为带正电荷的胶粒，胶粒间会出现斥力和 ξ 电位增加，此时便发生再稳现象。

压缩双电层与吸附中和均使 ξ 电位降低，但两者作用性质不同，前者依靠溶液中反离子（简单离子）浓度增加，使胶体扩散层减薄，导致 ξ 电位降低；不是异号离子吸附在胶核表面，胶粒表面总电位 ϕ_0 保持不变，不改变胶粒荷电符号。吸附电中和则是异号电荷聚合离子或高分子直接吸附在胶粒表面，引起总电位变化，甚至改变胶核荷电符号。

（3）吸附架桥机理

吸附架桥作用是离子物质与胶粒的吸附与桥联，亦可说成两个同号胶粒，中间由一个异号小胶粒电性相吸而连接在一起。高分子絮凝剂具有线性结构，它们带有能与胶粒表面某些部位起化学变化的化学基团。当二者相互接触时，基团能与胶粒表面发生特殊反应而吸附；高聚物的其他部分则伸展至溶液中，可以和另一个胶粒发生吸附，这样高分子聚合物就起到桥梁作用，使絮体长大脱稳。若高分子絮凝剂加量过大，相应的胶粒少，上述高聚物的伸展部分粘连不上第二个胶粒，则时间一长就会被原胶粒吸附在其他部位上，这个高聚合物失去架桥功能，使胶粒处于稳定状态。此时，胶粒产生了再稳现象。众所周知，过量投加药剂会使处理效果恶化正是这个原因。此外，还应注意已架桥失稳的胶粒，不可再长时间剧烈搅拌，避免高聚物从另一胶粒表面脱开，重又卷回原胶粒表面，造成再稳现象发生。

高聚合物被吸附在胶粒表面是由于理化作用（诸如"范德华引力"、静电引力、氢键、配位键等），还取决于聚合物和胶粒表面的化学结构特点。

（4）沉析物网捕机理

当金属盐类（铁或铝盐）、金属氢氧化物与石灰等作为絮凝剂时，经水解后形成大量的氢氧化物固体从水中析出、下沉，它们可以网捕卷带水中胶粒形成絮状物。这种作用基本是一种机械作用，絮凝剂投加量与被除去的胶粒质量成反比，即胶粒越少，投加絮凝剂越多，反之则少。

四种混凝机理，在水处理中往往不是孤立现象，经常同时存在，只是在一定情况下，以某种机理为主，解释絮凝较为恰当些，在另外情况下，又寻求其他种解释。

2.4.1.4　絮凝剂与水的混合及絮凝反应

（1）絮凝剂的配制

絮凝剂的投配分为干法与湿法，中国大都用湿法。块状、粒状药剂则要加以溶解，配成一定浓度的溶液，再往水中投加。药剂配制过程中可采用水力、机械或压缩空气搅拌，溶液池一般设两个，其池容 W 可按下式确定：

$$W = \frac{24 \times 100 aQ}{1000 \times 1000 bn} = \frac{aQ}{417bn} \tag{2-14}$$

式中　a——药剂最大用量，mg/L；

　　　Q——处理水量，mg/h；

　　　b——溶液质量分数，$b = 10\% \sim 20\%$；

　　　n——24h 配制次数，一般为 $3 \sim 4$ 次。

（2）药剂混合

混合作用需要迅速、均匀地使药剂扩散到水中，药剂产生的胶体与水中胶体、悬浮物等接触后，形成小的矾花，这一过程水流要形成激烈的湍流，其混合时间通常不超过 2min，混合器所消耗的功率按每立方米设备容积需 0.75kW 来设计。

（3）絮凝反应

药剂与水混合，水中微小胶体已经产生初步絮凝现象，并有细小矾花形成，其尺寸达

5μm，不再产生布朗运动，但还没达到靠重力下沉的尺寸（0.6～1.0mm）。而反应设备的功能就使细小矾花长大，使其沉淀。反应设备需达到以下要求。

① 水流要达到适当的紊流度，以使细小矾花有相互接触和吸附的机会，并防止较大矾花下沉。紊流太烈容易打碎矾花。

② 为使矾花逐渐长大，需要有适宜的反应时间，矾花尺寸与反应时间的关系详见表 2-16。

表 2-16 矾花尺寸与反应时间的关系

反应时间/s	30	60	300	600	25～30/min
粒度	40μm	80μm	0.3mm	0.5mm	0.6mm

絮凝反应的好坏，可用搅拌强度和时间表征，这也是反应器设计的主要参数。

搅拌强度常用相邻两水层中两个颗粒的速度梯度表示，如图 2-8 所示。速度梯度 G 可用下式表示：

$$G = \mathrm{d}u/\mathrm{d}y \tag{2-15}$$

式中 $\mathrm{d}u$——颗粒在水流垂直方向 $\mathrm{d}y$ 距离内的速度增量；

　　　$\mathrm{d}y$——水流垂直距离。

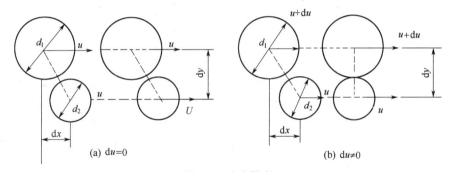

图 2-8 速度梯度

图 2-8（a）表示在 $\mathrm{d}y$ 距离内，颗粒流速没有增量，即 $\mathrm{d}u=0$ 的情况，两个颗粒继续前进时，仍然保持 $\mathrm{d}x$ 间距。因此不能相撞。图 2-8（b）表示 $\mathrm{d}y$ 距离内颗粒流速增量 $\mathrm{d}u \neq 0$ 的情况，d_1 颗粒的速度为 $u+\mathrm{d}u$，$\mathrm{d}u>0$，因此当它们继续前移时，d_1 颗粒便会追上 d_2 颗粒，但欲使两个颗粒发生碰撞现象，尚需具备 $\mathrm{d}y \leq 1/2(d_1+d_2)$ 的条件。

正是由于有这个速度差，才会引起相邻两颗粒的相撞。速度差越大，速度快的颗粒越易赶上速度慢的颗粒。两颗粒间距越小越易相碰。可以说速度梯度实质上反映了颗粒碰撞机会的次数。

下面介绍 G 的求解公式。

根据水力学原理，两层水流间的摩擦力为 F，水层接触面积为 A，则二者间有如下关系：

$$F = \mu A \mathrm{d}u/\mathrm{d}y \tag{2-16}$$

单位体积液体搅拌功率为：

$$P = F\mathrm{d}u \times 1/(A\mathrm{d}y) \tag{2-17}$$

将式（2-16）代入式（2-17）即得：

$$G=\sqrt{\frac{P}{\mu}} \tag{2-18}$$

式中　P——单位体积水流所需搅拌功率，$kg \cdot m/(s \cdot m^3)$；

　　　μ——水的动力黏滞系数，$kg \cdot s/m^2$；

　　　G——水流速度梯度，s^{-1}。

当用机械搅拌时，P 为单位体积液体所耗机械功率，式中 P 亦可按水压力损失计算。

$$P=\frac{rQh}{V} \tag{2-19}$$

式中　Q——池中流量，m^3/s；

　　　r——水的容量，kg/m^3；

　　　h——水流过池子的压力损失，m；

　　　V——池容积，m^3。

根据目前给水处理与工业废水处理的经验，混凝反应平均速度梯度 G 值约在 $10 \sim 100 s^{-1}$ 范围内。有时也用 GT 值间接表示整个反应时间 T 内颗粒总碰撞次数，以此控制反应效果，当 G 已确定的情况下，适当增加 T 以改善反应效果。GT 值较佳范围是 $10^4 \sim 10^5$。

2.4.2　药剂投加量的影响因素

2.4.2.1　混凝剂种类的影响

混凝剂品种不同，投加量和凝聚效果也不同。因此，在水处理时应根据不同的水质选用合适的处理剂。

2.4.2.2　水质的影响

混凝剂的凝聚机理与溶液的 pH 值有关，因而水的碱度是影响凝聚的主要因素之一。悬浮颗粒含量对絮凝、凝聚阶段均有影响。利用吸附或电中和来完成凝聚时，混凝剂的投加量与悬浮颗粒含量成正比。但当投加量过大时，将使胶体系统的电荷变号而出现再稳。沉析物网捕所需混凝剂的投加量与悬浮颗粒的浓度成反比，且不出现再稳。

根据水中的碱度和悬浮物含量，大致可分为下述 4 种处理类型。

（1）悬浮物含量高而碱度低

当水中悬浮物含量高而碱度低时，加入混凝剂后，系统 pH<7，此时水解产物主要带正电荷，可通过吸附与电中和来完成凝聚。对 Al(Ⅲ) 最好的 pH 值应在 6～7 之间；对 Fe(Ⅲ) 则在 5～7 之间。

（2）悬浮物含量及碱度均高

当碱度高，以致加入混凝剂后 pH 值仍达 7.5 或 7.5 以上时，混凝剂的水解产物主要带负电，不能用吸附和电中和来达到凝聚，此时一般来用沉析物网捕的方法，需投加足量的混凝剂，或采用聚合氯化铝等也可获得较好效果。

（3）悬浮物含量低而碱度高

当水中悬浮物含量低而碱度高时，混凝剂的水解产物主要带有负电荷，故采用沉析网捕法达到混凝。由于混凝剂投加量与悬浮物浓度成反比，因而常需投加助凝剂（如活化硅酸、黏土颗粒等），以增大原水的胶体颗粒浓度，相应减少混凝剂投加量。

（4）悬浮物含量与碱度均低

水中悬浮物含量与碱度均低是最难处理的一种情况。此时，混凝剂可形成带正电荷的水解产物，但因悬浮颗粒浓度太低，碰撞聚集的机会极少，难以达到有效的凝聚。往往采用增加碱度或悬浮物浓度致浊的办法，使其转化为其他类型的水进行处理。

2.4.2.3 温度的影响

水温降低，凝聚效果相应降低。因为水温对絮粒形成的速度和最后的大小都有明显影响，即使增加混凝剂投加量，创造良好的反应条件等也不能弥补水温降低对混凝效果的影响。

在水温较低时，可以使用一种阴离子型无机高分子电解质——活化硅酸，对水中负电胶体起黏结架桥作用，可以提高凝聚效果。

2.4.3 投药方式及过程

2.4.3.1 投药方法

常用药剂投加方法有干投法和湿投法两种，其优缺点的比较见表2-17。

表 2-17 药剂投加方法优缺点比较

投加方法	优　　点	缺　　点
干投法	① 设备占地少 ② 设备被腐蚀的可能性小 ③ 当要求加药量突变时,易于调整投加量 ④ 药剂较为新鲜	① 当用药量大时,需一套破碎混凝剂的设备 ② 混凝剂用量少时,不易调节 ③ 劳动条件差 ④ 药剂与水不易混合均匀
湿投法	① 容易与水充分混合 ② 不易阻塞入口 ③ 投量易于调节	① 设备占地大 ② 人工调节时,工作量大 ③ 设备容易受腐蚀 ④ 当要求加药量突变时,投药量调节较慢

2.4.3.2 投加方式

投药方式一般有重力投加与压力投加两种。

当采用水泵混合时药剂加在泵前吸水管或吸水池中，采用重力投加。为防止空气进入水泵吸水管内，需设一个装有浮球阀的水封箱。

当采用管道混合时，如果允许提高溶液池位置，也可采用重力投加，但较多的是采用水射器或计量泵压力投加。

两种投加方式的优缺点比较，见表2-18。

表 2-18 投加方式的优缺点比较

方　式		作　用　原　理	优　缺　点	使 用 情 况
重力投加		建造高位药液池,利用重力作用将药液投入池中	优点:操作较简单,投加安全可靠 缺点:必须建造高位药液池,增加加药间高度	① 投加量不大 ② 输液管线不宜过长
压力投加	水射器	利用高压水在水射器喷嘴处形成的负压,将药液吸入,并将药液射入压力水管	优点:设备简单,使用方便,不受药液池高程所限 缺点:效率较低,当药液浓度不当时,容易引起阻塞	各种投加规模均可适用
	加药泵	泵在药液池中直接吸取药液,加入压力水管内	优点:可以定量投加,不受压力管压力限制 缺点:价格昂贵,泵易引起阻塞,维护麻烦	适合投加量较大的情况

除传统的水处理药剂投加控制方式以外，美国 Nalco 公司在20世纪90年代开发了一种专利 TRASAR 控制技术。在循环冷却水系统中使用这项技术可以连续监测系统中水处

理药剂的浓度，并能自动准确地控制投加药量。这是一种很有潜力的水处理药剂投加控制方式。

2.4.3.3 投药系统的组成

（1）湿法投药系统

湿法的投药系统包括：药剂搬运搅拌溶解→提升→储液→计量→投加，此外，还应考虑设置排渣设施等。

（2）干法投药系统

干法投药系统包括：药剂搬运→粉碎→提升→计量→投加等。

（3）湿投药剂的调制

湿投药剂调制一般采用水力、机械、压缩空气等方法。其适用条件见表2-19。

表2-19　常用药剂调制方法的适用条件

调制方法	适　用　条　件	一　般　规　定
水力调制	① 中小规模和易溶解的药剂 ② 可利用水泵出水压力，节省机电等设备	① 溶药池容积约等于3倍药剂量 ② 水的压力约为100kPa
机械调制	各种不同药剂和各种规模，使用较普遍	① 拌机叶轮可用电机或水轮机带动，并根据需要考虑有转速调整装置 ② 搅拌设备必须采取防腐措施，尤其在使用三氯化铁药剂时更应注意
压缩空气调制	较大规模与各种药剂	不宜做长时间的石灰乳液连续搅拌

2.4.3.4 药剂的混合

混合是投加的絮凝剂或助凝剂与水进行充分混合的工艺过程。它是混凝沉淀处理的重要前提条件，要求迅速地完成混合过程。混合方式可分两大类，一是水力，二是机械，国外还有采用气动混合方式的。其比较见表2-20所示。

表2-20　混合方式的比较

方　式	优　缺　点	适　用　条　件
管式混合	优点：①设备简单；②不占地 缺点：①当流量较小时，可能在管中反应沉淀；②一般的管道混合效果较差，采用静态混合效果较好，但水头损失较大	适用流量较大的场合
混合池混合	优点：①混合效果好；②某些池型能调节水头高低，适应流量变化 缺点：①占地面积较大；②某些进水方式要带进大量气体	适用于大中规模的水处理
水泵混合	优点：①设备简单；②混合充分，效果较好；③不另消耗动能 缺点：吸水管较多时，投药设备要增加，安装、管理较麻烦	适用于一级泵房离处理建筑物120m以内的各种规模水处理系统
桨板式机械混合	优点：①混合效果好；②水头损失较小 缺点：①需耗动能；②管理维护较复杂	适用于各种规模

2.4.3.5 药剂的反应

水与药剂混合后进入反应池进行反应。反应池与混合池一样也分水力和机械两大类，其形式有往复式和回转式隔板反应池、旋流反应池、涡流反应池、折板反应池、孔板式反应池和机械反应池等。

2.5 国内外水处理药剂发展动向

2.5.1 絮凝剂

在工业废水及生活污水处理的研究中，絮凝沉淀法因其可以有效地降低处理水的浊度和色度，能去除多种高分子有机物和某些重金属离子（汞、镉、铅等），改善污泥的脱水性能而被广泛采用。近年来，絮凝剂的开发从传统无机絮凝剂发展到无机高分子、有机高分子絮凝剂和微生物絮凝剂。

2.5.1.1 无机絮凝剂

无机絮凝剂于1960年秋研制成功并在全世界广泛使用。在日本、俄罗斯、西欧和中国应用较多。无机低分子絮凝剂由于在水处理中存在许多问题，正逐渐被无机高分子絮凝剂所取代。这种絮凝剂比原有传统絮凝剂絮凝效果高，价格便宜。因此，已形成水处理主流药剂趋势。

目前，日本、德国、俄罗斯及西欧等国家或地区生产无机高分子混凝剂已达到工业化和规模化，流程控制自动化，产品质量稳定。聚合类絮凝剂生产已经占絮凝剂总产量的30％～60％。

中国生产聚铝与聚铁也有了相当的发展，并开发了各种原料和工艺制造方法，结合国情，建立了独具特色的工艺路线和生产体系，完全可以满足给水与废水处理需要。近年来，研制应用聚合铝、铁、硅及各种复合絮凝剂已成为热点。无机高分子絮凝剂在中国国内已逐步形成系列：阳离子型的有聚合氯化铝（PAC）、聚合硫酸铝（PAS）、聚合磷酸铝（PAP）聚合硫酸铁（PFS）、聚合氯化铁（PFC）、聚合磷酸铁（PFP）等；阴离子型的有活化硅酸（AS）、聚合硅酸（PS）；无机复合型的有聚合氯化铝铁（PAFC）、聚合硅酸硫酸铁（PFSS）、聚合硅酸铁（PFSI）；聚合硅酸铝铁（PAFSI）、聚合磷酸铝铁（PAFP）、硅钙复合型聚合氯化铁（SCPAFC）等。国内已有数十种专利，其中部分已被德温特的《世界专利索引》及美国《化学文摘》等刊物收录。目前，中国生产无机高分子絮凝剂的工厂有数百家，但多数厂家规模小、工业化程度低、产品质量不够稳定，进入国际市场的产品不多。

（1）铁系絮凝剂

铁系絮凝剂是无机絮凝剂的重要组成部分。传统的无机低分子絮凝剂存在腐蚀性强、稳定性差、运输与储存麻烦等缺点，已逐步被具有来源广泛、生产方法多、应用工艺简便等优点的铁盐高分子絮凝剂取代。

聚合硫酸铁（PFS）简称聚铁，20世纪70年代中期在日本首先研制成功，是一种无毒、高效的无机高分子絮凝剂。1983年中国化工部天津化工研究院研制成功，并在发电厂的水处理厂投入应用。聚合硫酸铁是一种碱式的、以羟基为架桥的多核配合物，其组成可表示为 $[Fe_2(OH)_n(SO_4)_{3-n/2}]_m$ $[n<2, m=f(n)]$。蒋晓芬等研究发现，当聚合硫酸铁的 OH/Fe 为 0～0.4 时表现出最佳的絮凝效果。制备聚合硫酸铁的方法很多，主要有直接氧化法、催化氧化法、一步法、两步氧化法、微生物氧化法等。

（2）聚硅酸硫酸铝

1989年汉迪化学品公司首先研制成功了新型絮凝剂——碱式硅酸硫酸铝（PASS），两年后在加拿大投产。PASS 的分子式为 $Al_A(OH)_B(SO_4)_C(SiO_x)_D(H_2O)_E$。式中 $A=1.0$，$B=0.2\sim0.75$，$C=0.30\sim1.12$，$D=0.005\sim0.1$，$1.5\leqslant X\leqslant4.0$，且 $3=B+2C+2D(X-$

2），$E>4$ 时产品为水溶液，$1.5<E\leq4.0$ 时为固态。PASS 具有矾花大、沉降快、生成絮体颗粒大、SS 去除率高、脱色效果好等优点，能处理含油污水、低温低浊水、印染废水、造纸废水等。李硕文等利用聚合硅酸硫酸铝处理染色废水时发现脱色效果良好。邵志勇等在PASS 的存在下进行造纸废水净化实验时，发现其浊度、色度和 COD 的去除率均高于聚合硫酸铝，但是处理效果要受原水 pH 值的影响。由于 PASS 很不稳定，贮存期只有 90 天左右。袁相理等在工业铝酸钠中添加稳定剂、表面活性剂、催化剂制成稳定性铝酸钠溶液，并与硫酸铝及工业水玻璃进行合成，产生的 PASS 在 150 天以后性质还是稳定的，并对其除浊和除 COD 性能进行测定，效果令人满意。

近年来，纳米技术得到了广泛应用，使得在与之相关的废水中含有或多或少的纳米颗粒。如何对其进行回收和减少对环境的污染则成了一个新的研究课题。周勤等用 PASS 进行去除纳米颗粒污染物时，发现能有效去除大于 1nm 的纳米颗粒。

2.5.1.2 有机絮凝剂

有机絮凝剂一般可分为合成有机高分子絮凝剂和天然高分子絮凝剂。此类絮凝剂主要是利用吸附架桥作用，使形成的絮粒大而密实，沉降性能好，处理过程时间短。近几年来大量应用于石油、印染、食品、化工、造纸等工业废水处理中。

（1）合成有机高分子絮凝剂

现阶段合成有机高分子絮凝剂主要是聚丙烯酰胺（PAM）及其衍生物。聚丙烯酰胺能溶于水且无腐蚀性，相对分子质量从几十万到一千万以上。它主要是通过两方面进行絮凝：①由于氢键结合、静电结合、范德华力等作用对胶粒有较强的吸附结合力；②因为高聚合度的线型高分子在溶液中保持适当的伸展状态，从而发挥吸附架桥作用，把许多细小颗粒吸附后，缠结在一起。聚丙烯酰胺在处理浊水、污泥脱水和废水等方面有显著的效果。章诗芳等在用 PAM 处理饮用水时发现，它能提高絮凝效果，克服枯水期絮体上浮，节约矾耗，降低净水成本，提高水质，去除色度、有机物和藻类，降低致突变性。但是一定要控制聚丙烯酰胺的质量和用量，因为聚丙烯酰胺中难免会含有微量的未聚合的丙烯酰胺单体，这些单体具有强烈的神经毒性和"三致效应"（致畸、致癌、致突变）。国内规定饮用水中含丙烯酰胺单体的最高浓度为 0.01mg/L。聚丙烯酰胺还经常作为助凝剂同其他絮凝剂一起使用，产生良好的絮凝效果。谢恒星等探讨了聚丙烯酰胺与无机絮凝剂 $FeCl_3$ 或 $AlCl_3$ 联合作用对混凝效果的影响。结果表明，它们的混合使用能改善磷精矿的沉降性能，并且得出最佳混合方案为$FeCl_3（AlCl_3）$ 2.0kg/t，PAM10g/t。陈立丰等研究了将 PAM 与无机高分子絮凝剂 PAC 复合处理不同浊度的污水（浊度：210～2300），发现絮凝效果好，沉降速度快，去除率高，且湿基污泥量少，便于后续处理。以淀粉为基材，采用 PAM 接枝共聚，经羟基化，胺化合成淀粉-接枝-叔胺型阳离子絮凝剂，再经季铵化得到季铵盐聚丙烯酰胺阳离子淀粉絮凝剂。此絮凝剂应用范围广、用量少、无二次污染。盘思伟等以丙烯酰胺、丙烯酰氧基乙基三甲基氯化铵、聚氧乙烯大单体和 N,N'-亚甲基双丙烯酰胺为单体，制备出阳离子聚丙烯酰胺微粒，并用其分别对针叶木纸浆和特种纸白水进行了助留和絮凝试验。结果表明：此絮凝剂具有可单独使用、絮凝效果好、抗剪切性能强等优点。如以乙聚丙烯氰和双氰为原料，合成的絮凝剂对印染废水的脱色效果显著。二甲基二烯丙基氯化铵与丙烯酰胺的共聚物在与无机絮凝剂PAC 复配使用下，对再生造纸废水进行处理，废水的 COD 去除率为 46.5%、透过率为91.2%、滤饼含水率为 71.5%，且形成的絮体大而韧，有利于脱水。

（2）天然高分子絮凝剂

天然高分子絮凝剂包括淀粉、纤维素、含胶物质、多糖素和蛋白质等的衍生物。改性后的天然高分子絮凝剂与人工合成的有机高分子絮凝剂相比具有安全无毒、易生物降解、原料来源广等优点。20世纪70年代以来，美、英、法、日和印度等国家结合本国天然高分子物质资源，重视化学改性有机高分子絮凝剂的开发研制。经改性后的天然高分子絮凝剂与合成有机高分子絮凝剂相比，具有选择性强、无毒、价廉等优点。在许多天然改性高分子絮凝剂中淀粉改性混凝剂的研制，尤为引人注目。这是因为淀粉来源广、价格便宜、产品完全可以生物降解，在自然界中形成良性循环。在国外水处理药剂市场，改性淀粉絮凝剂的市场占有率有相当大的比例。另外，甲壳质的开发，应用研究也十分活跃。

甲壳质是地球上最丰富的资源之一，在自然界的储量与纤维素相当。据不完全统计，在自然界每年由生物合成的甲壳质保守数约为100亿吨之多，总储量在1000亿吨以上。甲壳质广泛存在于节肢动物的外壳，如蟹壳、虾壳、甲壳类昆虫及霉菌的细胞壁、乌贼等软体动物的器官，含量可达30％～50％。

现在日本、美国、加拿大、意大利、瑞典、荷兰、比利时、挪威等国都已建成一定规模的甲壳质生产工厂，原料均以虾、蟹壳为主，主要用于制取水处理絮凝剂。这方面占领先地位的是日本和美国。

中国对甲壳质的研究始于20世纪50年代末，近十几年来发展较快，进行了较多的开发研究，并已取得相当成效。大连某单位采用意大利技术，以美国阿拉斯加的雪蟹壳为原料生产壳聚糖及其衍生物，产品大都返销国外，用来生产化工助剂和水处理絮凝剂。其他产地一般分布在沿海一带，如大连、青岛、舟山、南通、敖东、五环、厦门、龙海等地，不过多数产量不大，产品层次不深，而且以粗产品居多，设备简陋，工艺粗糙，质量不高，离实现工业化规模尚有一段距离。

如何使甲壳质（壳聚糖）及其衍生物的生产应用走上轨道，应该考虑以下几点。第一，怎样将技术难度不大，由简单的酸碱处理工艺与严格操作、自动化管理结合起来，以提高产品质量。第二，建议在水产虾、蟹加工厂和罐头厂附近建厂或以联合企业的形式建立虾、蟹加工和甲壳质生产一条龙工艺，这样既可解决原料分散难以组织和长途运输的困难，又可就地取材实现综合利用、变废为宝的环保型企业。

壳聚糖及其衍生物应用于工业污水处理和工业给水净化的实例，早在20世纪50年代国外就有报道，至今应用于各类废水处理的工程范例已很多。诸如对电镀废水、重金属废水、印染废水、食品废水、酿造废水及中药废水的治理已有不少先例。壳聚糖及其衍生物对医院的放射性废水捕集治理有特效，它还用于海水中捕铀。

中国海岸线漫长，拥有不少优良渔港，生产甲壳质的虾、蟹壳原料可谓取之不尽，用之不竭。相信只要通过科学管理和组合，甲壳质的生产，天然高分子混凝剂的开发、应用必将大有前途。

2.5.1.3　微生物絮凝剂

微生物絮凝剂作为一种高效、安全的新型絮凝剂成为目前絮凝剂研究的重要方向之一。自20世纪80年代日本的苍根隆一等从土壤中分离出红平红球菌（Rhodocokccus erythropolis）的S-菌株，并由此得到NOC-1絮凝剂后，已经相继开发出许多微生物絮凝剂，例如Pacilomycessp、Aspergillus Sojac等。它们是利用生物技术，通过生物发酵、抽提、精制得到的一种微生物高分子聚合物，包括机能性蛋白质和机能性多糖等成分，相对分子质量一般在10^5以上。微生物絮凝剂最大的特点是能够生物降解。能产生絮凝剂的微生物种类很多，有细菌、霉菌、放线菌、真菌以及藻类等，通常采用凝胶电泳，溶剂提取、碱提取等方法得到絮凝剂。微生物絮凝剂的合成受到许多因素的影响，主要有碳源、氮源、温度、pH 值等，外界条件直接影响到絮凝剂的产量及絮凝效果。譬如 I. LShih 等在培养 D. Cichenifomirmis CCRC1286 絮凝剂时就发现在碳源为谷氨酸和甘油，氮源为 NH_4Cl，pH 值在 5.4~6.4 之间，反应时间为 96h 时得到的产物絮凝效果最佳。胡筱敏等在进行酱油曲霉菌絮凝剂载体的培养时，得到的最佳条件是：蔗糖为碳源，$NaNO_3$ 为氮源，初始 pH 值为 6.0，温度为 28℃，转速为 140r/min。

目前，已开发研制出第三代絮凝剂——生物絮凝剂。这种药剂是利用生物技术通过微生物发酵抽提、精制而得到的一种新型、高效、价廉的水处理药剂。它与普通絮凝剂相比优点是易于固液分离、形成沉淀物少、易被微生物降解、无毒无害、无二次污染、适应性强、可除浊脱色。现在，深入研究方向有两个，应用对象研究及廉价培养基的开发研制。中国研究者也已涉足这一领域，研制出的生物絮凝剂处理染料生产废水，脱色率达 60% 左右。可以预料，生物絮凝剂将大部分或全部取代普通絮凝剂已指日可待，彻底消除污染不久将成为现实。

2.5.2　阻垢分散剂

自 20 世纪 70 年代以来，在冷却水处理中，由于磷系、锌系等非铬系配方在碱性条件下投入运行，使系统的结垢问题变的更加突出，高分子阻垢分散剂最初就是因为对 $Ca_3(PO_4)_2$ 垢具有良好的抑制能力而逐渐进入冷却水处理行列的。研究表明，含羧酸基的聚合物具有阻垢性能，特别在分子链结构中含有羟基、磺酸基、酰胺基或膦酸基的聚羧酸（盐）具有更优异的阻垢性能，于是人们又开发了一系列的、从二元到三元、四元乃至更多元的共聚物新产品。目前，人类已经拥有一批能够有效抑制钙垢的阻垢分散剂产品，而且还同时拥有一些同时抑制锌垢、铁垢和其他污垢，甚至同时兼具缓蚀、生物降解等功能新产品。

选择廉价原料，优化工艺，提高性能，开发低成本，高性能、多功能的阻垢分散剂；进一步提高阻垢效果，把冷却水的浓缩倍率由 2.0 提高到 2.5 甚至 3.2；研制海水代用淡水及污水回用作冷却水的阻垢分散剂，提高节水水平，都是近期阻垢分散剂的重要研究方向。

在多功能阻垢剂方面，含膦聚合物以其特有的阻垢和缓蚀双重功能引起研究者极大的关注。阎卫东等通过选用廉价的 C_9 石油馏分和 MA 为原料，将二者共聚合后磺化、皂化制得磺酸共聚物阻垢剂。当含 Na_2SO_3 的质量分数为 36.2% 时，对油田水及含 500mg/L 的 Ca^{2+} 的合成水均表现出良好的阻垢效果，在降低成本方面做了有益的探索。

研制开发可实现计算机控制的在线测定和自动而准确补加药剂的新型阻垢分散剂是又一个重要的研究方向。天津化工研究院研制的示踪型阻垢分散剂已投入使用，可以通过检测示踪基团而快速、准确、直接检测出冷却水系统中分散剂的含量。这种阻垢剂的结构新颖，复配性好，防止钙、镁、铁盐及氧化硅等水垢的性能优异，特别适用于高温、高硬度苛刻水质。

随着环保意识的日益加强和环保法规的逐渐严格，"绿色阻垢剂"概念已经被提出并且将成为 21 世纪阻垢分散剂的发展方向，在国外已经越来越成为新的研究热点。

国内熊蓉春等首次对一种无磷非氮而且具有良好生物降解性能的绿色阻垢剂聚环氧琥珀酸（PESA）进行了实验研究。他们采用马来酸酐作原料，先经水解再进行环氧化反应制得环氧琥珀酸，然后聚合得 PESA。研究结果表明，PESA 具有用量少，阻垢性能优异以及适用范围广等诸多优点，在高碱度和高硬度水中的阻垢效率相当高，其实用性能明显比

ATMP 和 HEDP 等阻垢剂都好。

2.5.3 缓蚀剂

在整个水处理化学品中缓蚀剂所占份额最大。经过半个多世纪的发展已经取得令人瞩目的成果，形成了铬酸盐、锌盐、硼酸盐、磷酸盐、硅酸盐、硝酸盐、亚硝酸盐、全有机膦系、钼酸盐、钨酸盐及有机羧酸、有机胺等系列缓蚀剂。并正朝着多品种、高效率、低毒性等方向发展。例如，近年来，美国立足于开发无毒、低毒、生物降解性好、易为环境接受的有机吸附膜型水处理缓蚀剂，使许多天然高分子，生物高分子材料得到较好的应用。如生物高分子聚天冬氨酸，缓蚀效果好，对环境无害，被誉为"绿色"水处理缓蚀剂。

水处理缓蚀剂发展方向是根据可持续发展战略，研究开发性能良好、无毒、无害、无污染的无铬、无锌、低磷乃至无磷缓蚀剂，其中更应重点发展如臭氧、共聚物缓蚀剂等兼具阻垢、杀生功能且能生物降解的多功能缓蚀剂。

2.5.4 水处理药剂新动向

近年来，水处理药剂的开发制备包括两方面，其一是药剂本身的开发，方向是复合型及无毒害生物型；其二通过基础理论研究开发制备高效低毒水处理药剂。

无机和有机药剂在水处理中各具特色，在生产和保护环境中均起了重要作用。伴随经济发展和人们对良好环境质量的渴求，开发高效低毒多功能絮凝剂势在必行。从国内外情况看，开发的复合高分子絮凝剂已商品化，并不断完善；天然高分子絮凝剂由于它无毒，对某些废水有独到的处理效果已被环境界所重视。为提高适应范围，施以人工改性，使开发出的产品应用于各种废水的处理。开发从两方面入手。其一是天然有机高分子物质的提取技术。根据天然基质化学结构特点，改变其性质，使之成为国内外科技工作者开发热点。其二是利用生物技术提取特殊菌种，培养训化成处理特定废水的微生物絮凝剂。国外已有定型产品，特别是美、日应用已很成熟，简化了处理流程，提高了处理效果。国内环境界也已开展了这方面的研究，有的已进行了中间试验研究，个别情况已用到工程上，实践表明，流程短、处理效率高，有逐渐代替其他类絮凝剂的可能性。

在研究水处理技术和药剂相关理论基础上，重点研究絮凝机理、缓蚀机理、阻垢机理、杀菌机理及药剂结构与性能之间的科学规律等，从而更科学、有效地开发新型药剂，扼制环境污染，保护人类生存环境。开发新型高效多功能的有机高分子絮凝剂已成为国内外共同关心的课题。国外已研制出兼具絮凝、缓蚀、阻垢、杀菌等多功能水处理药剂，例如聚季噻嗪、聚吡啶和聚喹啉的季胺衍生物，这就是未来的发展方向。

2.5.5 铝盐药剂对环境的影响

综观国内外水处理药剂的生产发展过程，虽然发展趋势已由低分子向高分子，单一型到复合型，单功能到多功能，但是水处理药剂的整体基调没有大改变，还是以铝系药剂为大宗。自 1884 年美国人发明了硫酸铝以来，硫酸铝是国内外水处理中使用最广泛又最具代表性的水处理药剂。现在，铝盐处理剂的毒性及其对整体环境的负效应已越来越引起了科技界的关注和重视。如铝金属离子对水生生物有严重的毒害。有文献报道，当水中含铝量超过 0.5mg/L 时即可将鲑鱼毒死；铝盐沉淀法产生的污泥如果直接施于土壤作肥料时，会使植物的根毛消失，根尖圆秃，直至枯萎死去；含铝土的土肥会使小麦、大麦、高粱的根茎、穗头受到危害；经铝盐净化过的水作为饮用时，人体将受到严重损害。铝对人体的危害临床表现有三种症状，即铝性脑病，铝性骨病和铝性贫血。有关医学文献报道，人们在长期摄入铝金属后致使体内大量积累（不易排出），最后有可能发生老年性痴呆，所以有人甚至主张取消所有的铝餐具。

以聚丙烯酰胺为主体的合成有机高分子水处理剂虽然有投加量少，絮凝体粗大，受水质影响小等诸多优点，但它们同样存在一定的毒性。首先聚丙烯酰胺的单体 AM 本身有毒，会或多或少地残留在聚合物内，这就影响到 PAM 在水处理时的安全性。美国明令禁止 PAM 用作饮用水的净化剂。

另外聚丙烯酰胺一般极少单独使用，它们总是与相关铝盐药剂配合着使用，因此铝盐药剂的毒性还是无法避免。

天然高分子混凝剂是采用自然界天然高分子物质为原料，经提取改性后制得的水处理药剂。它们无毒，具有一定养分，易降解。一般天然高分子物质的相对分子质量高达数百万，乃至上亿。它们具有较长的分子链和较多的官能基团，所以具有多功能的特性，有强烈的吸附性，能迅速吸附凝聚有机物颗粒，长成粗大的架桥絮凝体（矾花）很快下沉。

人们在很久以前就懂得利用有些植物汁液（如荆树叶汁）及某些动植物分泌的胶体物质来净化和清洁饮用水，这在公元前 2000 年的梵文中已有记载。中国也曾有人对淀粉、多糖类胶黏物、海藻酸钠、骨胶、酪素等进行过研究。所以开发天然高分子絮凝剂是发展和开拓水处理药剂的一个崭新课题。

2.6　水处理剂性能评定方法

2.6.1　缓蚀性能的测定方法

2.6.1.1　方法提要

工业循环冷却水处理系统，为寻找最佳的缓蚀剂或复合缓蚀剂配方，往往要进行实验室试验，以评定在给定条件下的缓蚀性能。可用来测定冷却水缓蚀性的方法之一是测定金属试片质量损失法（也称挂片法）。

挂片法是冷却水系统中经典测定金属腐蚀率的方法。简单、经济，实用。这是在腐蚀科学领域中最基本而普遍采用的方法。在实验室给定条件下，用试片的质量损失计算出腐蚀率和缓蚀率。

冷却水的线速度是影响腐蚀率的重要因素之一，故本方法采用旋转挂片法。

2.6.1.2　试剂和材料

① 正己烷。

② 无水乙醇。

③ 盐酸溶液：1+3 溶液。

④ 氢氧化钠溶液：60g/L。

⑤ 酸洗溶液：1000mL 盐酸溶液（1+3 溶液）中，加入 10g 六次甲基四胺，溶解后，混匀。该酸洗溶液适用于碳钢试片。

2.6.1.3　仪器和设备

(1) 试验装置（图 2-9）

试验装置必须符合以下要求：

① 水浴温度控制范围 30～60℃，精度±1℃；

② 旋转轴转速 75～150r/min，精度±3%；

③ 旋转轴、试片固定装置和试杯须用电绝缘材料制作；

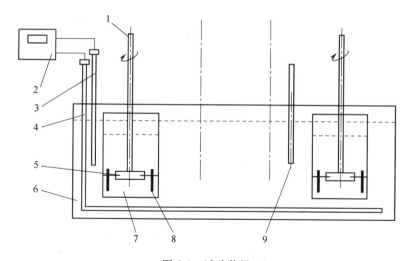

图 2-9 试验装置

1—旋转轴；2—控温仪；3—测温探头；4—电加热器；5—试片固
定装置；6—恒温水浴；7—试杯；8—试片；9—温度计

④ 能连续运行 200h 以上。

（2）试片

Q235 钢，根据实际需要也可选用其他材质的试片。

2.6.1.4　试验条件

① 试液温度：（40±1）℃。根据实际需要也可选用其他温度。

② 试片线速度：（0.35±0.02）m/s，根据实际需要也可选用其他速度（0.30±0.5）m/s。

③ 试液体积与试片面积比：30mL/cm²，根据实际需要也可选用其他比值（20～40mL/cm²）。

④ 试片上端与试液面的距离：应大于 2cm。

⑤ 重复试验数目：对每个试验条件，应有 4～6 片相同的试片进行重复试验。

⑥ 试验周期：72h。根据实际需要也可适当延长。

2.6.1.5　试验步骤

① 将试片用滤纸把油脂擦拭干净，然后分别在正己烷和无水乙醇中用脱脂棉擦洗（每 10 片试片用 50mL 上述试剂）用滤纸吸干，置于干燥器中 4h 以上。称量，精确到 0.0001g。保存于干燥器中，待用。

② 按试验要求，配制好水处理剂贮备溶液。贮备溶液浓度一般为运转浓度的 100 倍左右。贮备溶液应在当天或前一天配制。

③ 按试验要求，准备好试验用水。试验用水可为现场水、配制水或推荐的标准配制水（2.6.1.9 说明）。

④ 在试杯中加入水处理剂贮备溶液，精确到 0.01mL，加试验用水到一定体积（溶液总体积按试验条件中③之规定计算），混匀，即为试液。在试杯外壁与液面同一水平处划上刻线。将试杯置于恒温水浴中。

⑤ 待试液达到指定的温度时，挂入试片，启动电动机，使试片按一定旋转速度转动，并开始计时。

⑥ 试杯不加盖，令试液自然蒸发，每隔 4h 补加水一次。使液面保持在刻线处。

⑦ 在试验过程中，根据实际需要，可更换试液。

63

⑧ 当运转时间达到指定值时，停止试片转动，取出试片并进行外观观察。

⑨ 同时，做未加水处理剂的空白试验。

⑩ 将试片用毛刷刷洗干净，然后在酸洗溶液中浸泡 3～5min，取出，迅速用自来水冲洗后，立即浸入氢氧化钠溶液中约 30s，取出，用自来水冲洗，用滤纸擦拭并吸干。在无水乙醇中浸泡约 3min，用滤纸吸干，置于干燥器中 4h 以上，称量，精确到 0.0001g。

同时，做三片试片的酸洗空白试验。

⑪ 对酸洗后的试片进行外观观察，若有点蚀，应测定点蚀的最大深度和单位面积上的数量。

2.6.1.6 结果的表示和计算

① 以 mm/a 表示的腐蚀率 b 按式（2-20）计算：

$$b = \frac{87600(m-m_0) \times 10}{A\rho T} = \frac{87600(m-m_0)}{A\rho T} \tag{2-20}$$

式中　m——试片质量损失，g；

m_0——试片酸洗空白试验的质量损失平均值，g；

A——试片的表面积，cm^2；

ρ——试片的密度，g/cm^3；

T——试片的试验时间，h；

8760——与 1 年相当的小时数，h/a；

10——与 1cm 相当的体积。

② 以质量分数表示的缓蚀率 w 按式（2-21）计算：

$$w = \frac{b_0 - b}{b_0} \times 100\% \tag{2-21}$$

式中　b_0——试片在未加水处理剂空白试验中的腐蚀率［计算方法同式（2-20）］，mm/a；

b——试片在加有水处理剂试验中的腐蚀率，mm/a。

2.6.1.7 精密度

取三片以上试片平行测定结果的算术平均值作为测定结果；平行测定结果（试片质量损失）的偏差不超过算术平均值的 ±10%。

2.6.1.8 试验报告

试验报告包括表 2-21 所列内容。

表 2-21　缓蚀性能试验报告

项　目	内　容	备　注	项　目	内　容	备　注
试片材质			试片线速度/(m/s)		
试片表面积/cm^2			试验周期/h		
实验用水水质			腐蚀率/(mm/a)		
水处理剂名称			缓蚀率/%		
水处理剂用量/(mg/L)			最大点蚀深度/μm		
试液体积与试片面积比/(mL/cm^2)			点蚀密度/(个/cm^2)		
试液 pH 值			试片外观		
试液温度/℃			试液外观		

2.6.1.9 说明

(1) 推荐的标准配制水

① 试剂和材料

a. 二水氯化钙。

b. 硫酸镁 $MgSO_4 \cdot 7H_2O$。

c. 碳酸氢钠。

d. 氯化钠。

② 标准配制水的制备

称取 7.35g 二水氯化钙、4.93g 硫酸镁、6.58g 氯化钠溶于约 7L 水中。完全溶解后，混匀。另称取 1.68g 碳酸氢钠溶于约 1L 水中，完全溶解后，混匀并转移到上述溶液中，用水稀释到 10.0L，混匀。

(2) 腐蚀率换算系数

腐蚀率换算系数如表 2-22 所列。

表 2-22 腐蚀率换算系数

换算系数　　　　换算单位　　　　给定单位	毫米/年(mm/a)	克/米²·时 [g/(m²·h)]	毫克/分米²·天 [mg/(dm²·d)]
毫米/年(mm/a)	1	$0.114 \times \rho$[1]	$27.4 \times \rho$[1]
克/米²·时[g/(m²·h)]	$8.76/\rho$[1]	1	240
毫克/分米²·天[mg/(dm²·d)]	$3.65 \times 10^{-2}/\rho$[1]	4.16×10^{-3}	1

[1] ρ 为试片的密度，g/cm³。

2.6.2 阻垢性能的测定方法

2.6.2.1 概述

评定同类水处理剂相对阻垢性能，也是一项必要的工作。往往要进行实验室试验，以考察在给定条件下，水处理剂的阻垢性能。最常用的方法是以碳酸及其盐类的化学反应为依据。

冷却水中的结垢，通常是由于水中碳酸氢钙在受热条件下的反应：

$$Ca^{2+} + 2HCO_3^- \longrightarrow CaCO_3 + CO_2 + H_2O$$

从而生成难溶的碳酸钙在传热面上结晶出来。

测定水处理剂阻垢性能的方法，是以含有一定量碳酸氢根和钙离子的配制水和水处理剂制备成试液，在加热条件下，促成碳酸氢钙加速分解为碳酸钙，达到平衡后测定试液中的钙离子浓度。钙离子浓度愈大，则该水处理剂的阻垢性能愈好。此种方法，在国内外使用极多，是测定水处理剂阻垢性能的最基本的方法，也称为碳酸钙沉积法。

另外，还有一种方法，仍以上述基本方法为基础，但在加热过程中向试液中鼓入一定流量的空气，以模拟冷却水的曝气过程，并使试液迅速达到自然平衡 pH。这种方法称之为鼓泡法，以与常用的基本方法——碳酸钙沉积法相区别。

2.6.2.2 碳酸钙沉积法

(1) 方法提要

以含有一定量碳酸氢根和钙离子的配制水和水处理剂制备成试液。在加热条件下，促使碳酸氢钙加速分解为碳酸钙。达到平衡后测定试液中的钙离子浓度。钙离子浓度愈大，则该水处理剂的阻垢性能愈好。

（2）试剂和材料

① 氢氧化钾溶液：200g/L。

② 硼砂缓冲溶液：pH≈9，称取 3.80g 硼砂溶于水并稀释到 1L。

③ 乙二胺四乙酸钠（EDTA）标准溶液：$c(EDTA)$ 约 0.01mol/L。

④ 盐酸标准溶液：$c(HCl)$ 约 0.1mol/L。

⑤ 钙指示剂：称取 0.2g 钙指示剂与 100g 氯化钾混合研后均匀，贮存于磨口瓶中。

⑥ 溴甲酚绿-甲基红指示液。

⑦ 碳酸氢钠标准溶液：1mL 约含 18.3mg HCO_3^-。

a. 制备：称取 25.2g 碳酸氢钠置于 100mL 烧杯中，用水溶解，全部转移至 1000mL 容量瓶中，用水稀释至刻度。摇匀。贮存期 30d。

b. 标定：移取 5.00mL 碳酸氢钠标准溶液置于 250mL 锥形瓶中，加约 50mL 水、3～5 滴溴甲酚绿-甲基红指示液，用盐酸标准溶液滴定至溶液由浅蓝色变为紫色即为终点。

c. 计算：以 mg/mL 表示碳酸氢根离子（HCO_3^-）的质量浓度（ρ_1）按式（2-22）计算：

$$\rho_1 = \frac{V_1 c \times 0.0610 \times 10^3}{V} = \frac{61 V_1 c}{V} \tag{2-22}$$

式中　V_1——滴定中消耗的盐酸标准溶液的体积，mL；

　　　　c——盐酸标准溶液的实际浓度，mol/L；

　　　　V——所取碳酸氢钠标准溶液的体积，mL；

　0.0610——与 1.00mL 盐酸标准溶液 $[c(HCl)=1.000\text{mol/L}]$ 相当的以克表示的碳酸氢根离子（HCO_3^-）的质量。

⑧ 氯化钙标准溶液：1mL 约含有 6.0mg Ca^{2+}。

a. 制备：称取 16.7g 无水氯化钙置于 100mL 烧杯中，用水溶解，全部转移至 1000mL 容量瓶中，用水稀释至刻度，摇匀。

b. 标定：移取 2.00mL 氯化钙标准溶液置于 250mL 锥形瓶中，加约 80mL 水、5mL 氢氧化钾溶液和约 0.1g 钙指示剂，用乙二胺四乙酸钠标准溶液滴定至溶液由紫红色变为亮蓝色即为终点。

c. 计算：以 mg/mL 表示的钙离子（Ca^{2+}）的质量浓度（ρ_2）按式（2-23）计算：

$$\rho_2 = \frac{V_1 c \times 0.04008 \times 10^3}{V} = \frac{40.08 V_1 c}{V} \tag{2-23}$$

式中　V_1——滴定中消耗的乙二胺四乙酸钠标准溶液的体积，mL；

　　　　c——乙二胺四乙酸钠标准溶液的实际浓度，mol/L；

　　　　V——所取氯化钙标准溶液的体积，mL；

　0.04008——与 1.00mL 乙二胺四乙酸钠标准溶液 $[c(EDTA)=1.000\text{mol/L}]$ 相当的以克表示的钙离子（Ca^{2+}）的质量。

⑨ 水处理剂试样溶液：1.00mL 含有 0.500mg 水处理剂（以干基计）。

（3）仪器和设备

① 恒温水浴：温度可控制在（80±1）℃。

② 锥形瓶：500mL，配有装了 $d=5\sim10\text{mm}$，长约 300mm 玻璃管的胶塞。

（4）分析步骤

① 试液的制备　在 500mL 容量瓶中加入 250mL 水，再用滴定管加入一定体积的氯化钙标

准溶液，使钙离子的量为 120mg。用移液管加入 5.0mL 水处理剂试样溶液，摇匀。然后加入 20mL 硼砂缓冲溶液，摇匀。用滴定管缓慢加入一定体积的碳酸氢钠标准溶液（边加边摇动）。

② 空白试液的制备　在另一 500mL 容量瓶中，除不加水处理剂试样溶液外，按"试液的制备"步骤操作。

③ 分析步骤　将试液和空白试液分别移至两个洁净的锥形瓶中，两锥形瓶浸入（80±1）℃恒温水浴中（试液的液面不得高于水浴的浪面），恒温放置 10h。冷却至室温后用中速定量滤纸干过滤。各移取 25.00mL 滤液分别置于 250mL 锥形瓶中，加水至约 80mL，加 5mL 氢氧化钾溶液和约 0.1g 钙指示剂。用乙二胺四乙酸钠标准溶液滴定至溶液由紫红色变为亮蓝色即为终点。按式（2-23）分别计算试液和空白试液钙离子的浓度（mg/mL）。

（5）分析结果的表述

以百分率表示的水处理剂的相对阻垢性能 η 按式（2-24）计算：

$$\eta = \frac{\rho_4 - \rho_3}{0.240 - \rho_3} \times 100\% \qquad (2\text{-}24)$$

式中　ρ_4——加入水处理剂的试液试验后的钙离子（Ca^{2+}）质量浓度，mg/mL；

　　　ρ_3——未加水处理剂的空白试液试验后的钙离子（Ca^{2+}）质量浓度，mg/mL；

0.240——试验前配制好的试液中钙离子（Ca^{2+}）质量浓度，mg/mL。

（6）误差

取平行测定结果的算术平均值为测定结果，平行测定结果的绝对误差不大于 5%。

2.6.2.3　鼓泡法

（1）方法提要

冷却水中的结垢，通常是由于水中的碳酸氢钙在受热和曝气条件下分解，生成难溶的碳酸钙垢而引起的。其反应式可以表示为：

$$Ca(HCO_3)_2 \longrightarrow CaCO_3 \downarrow + CO_2 \uparrow + H_2O$$

本方法以含有 $Ca(HCO_3)_2$ 的配制水和水处理药剂制备成试液（模拟冷却水）。为了模拟冷却水在换热器中受热和在冷却塔中曝气两个过程。本方法在升高了的温度下，向试液中鼓入一定流量的气体，以带走其中的二氧化碳，使反应向右侧移动，促使碳酸氢钙加速分解为碳酸钙，试液迅速达到其自然平衡的 pH。然后测定试液中钙离子的稳定浓度。钙离子的稳定浓度愈大，则该水处理药剂的阻垢性能愈好。

（2）试剂和材料

① 氢氧化钾：200g/L 溶液。

② 乙二胺四乙酸钠（EDTA）标准溶液：$c(EDTA) = 0.01mol/L$。

③ 盐酸标准溶液：$c(HCl) = 0.1mol/L$。

④ 钙黄绿素-酚酞混合指示剂：称取 0.20g 钙黄绿素，0.07g 酚酞，置于玻璃研钵中，加入 20g 经 100℃烘干后的氯化钾研细混匀，贮于棕色磨口瓶中。

⑤ 溴甲酚绿-甲基红混合指示剂：3mL 1.00g/L 溴甲酚绿乙醇溶液与 1mL 2.00g/L 甲基红乙醇溶液混合。

⑥ 碳酸氢钠。

⑦ 碳酸氢钠溶液：约 25.3g/L 溶液。

a. 制备：称取 25.3g 碳酸氢钠于 100mL 烧杯中，用水溶解，定量转移至 1000mL 容量瓶中，用水稀释至刻度，摇匀。

b. 标定：移取碳酸氢钠溶液 5.00mL 于 250mL 锥形瓶中，加约 50mL 水、4 滴溴甲酚绿-甲基红混合指示剂，用盐酸标准溶液滴定至溶液由浅蓝色突变为淡紫色即为终点。记下所消耗盐酸标准溶液的体积 V_1。

⑧ 无水氯化钙。

⑨ 氯化钙溶液：约 16.7g/L 溶液。

a. 制备：称取 16.7g/L 无水氯化钙于 100mL 烧杯中，用水溶解，定量转移至 1000mL 容量瓶中，用水稀释至刻度，摇匀。

b. 标定：移取 2.00mL 氯化钙溶液于 250mL 锥形瓶中，加约 80mL 水、5mL 氢氧化钠溶液、约 300g 钙黄绿素-酚酞混合指示剂，在黑色背景下，用 EDTA 标准溶液滴定至溶液由黄绿色突然消失并出现红色时，即为终点。记下所消耗 EDTA 标准溶液的体积 V_2。

（3）仪器和设备

① 试验装置（图 2-10）

a. 气体转子流量计：16~160L/h；

b. 控温仪：0~100℃；

c. 恒温水浴：温度控制在（60±0.2）℃；

d. 玻璃冷凝器：内冷室，磨口 29mm/32mm，长 300mm；

e. 三颈烧瓶：磨口 29mm/32mm，500mL；

f. 温度计：50~100℃，分刻度 0.1℃；

g. 鼓泡头：砂芯，圆球形（直径 25mm）或圆柱形（直径 20mm，长 24mm）。

② 滴定管（酸式）：50mL。

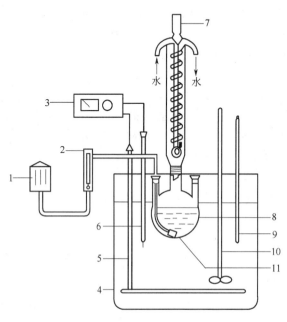

图 2-10 试验装置

1—鼓气装置；2—气体转子流量计；3—控温仪；4—恒温水浴；5—电加热器；6—测温探头；7—玻璃冷凝器；8—三颈烧瓶；9—温度计；10—搅拌器；11—鼓泡头

③ 滴定管（酸式）：10mL。

（4）水处理剂样品

水处理剂样品溶液：1.00mL 含有 0.500mg 水处理药剂（以干基计）；也可以根据需要，配成其他浓度。

制备：用减量法称取 α_1 克水处理剂样品（精确至 0.0002g）于 500mL 容量瓶中，加水溶解，用水稀释至刻度，摇匀。

α_1 值按式（2-25）计算

$$\alpha_1 = \frac{0.500 \times 500}{1000 w_1} = \frac{0.250}{w_1} \tag{2-25}$$

式中 w_1——样品中固体组分的质量分数，%。

（5）测定步骤

① 试液制备 用滴定管加入碳酸氢钠溶液 α_2/mL 于 500mL 容量瓶中。移入 5.0mL 水处理剂样品溶液。加 250mL 水，摇匀。用滴定管缓慢加入氯化钙溶液 α_3/mL，用水稀释至

刻度，摇匀，即制备成 1L 含有 5.00mg 水处理药剂、240mg（6.00mmol）钙离子（Ca^{2+}）和 732mg（12.0mmol）碳酸氢根离子（HCO_3^-）的试液。

α_2 和 α_3 的值可分别按式（2-26）和式（2-27）计算：

$$\alpha_2 = \frac{0.0120 \times 500}{V_1 c_1 / 5.00} = \frac{30.0}{V_1 c_1} \tag{2-26}$$

$$\alpha_3 = \frac{0.00600 \times 500}{V_2 c / 2.00} = \frac{6.0}{V_2 c} \tag{2-27}$$

式中　V_1——标定碳酸氢钠溶液时所消耗盐酸标准溶液的体积，mL；

　　　c_1——标定碳酸氢钠溶液时盐酸标准溶液的浓度，mol/L；

　0.0120——试液中称取碳酸氢钠溶液的浓度，mol/L；

　　5.00——标定时移取碳酸氢钠溶液的浓度，mol/L。

　　　V_2——标定氯化钙溶液时所消耗 EDTA 标准溶液的体积，mL；

　　　c——标定氯化钙溶液时 EDTA 标准溶液的浓度，mol/L；

　0.00600——试液中钙离子的浓度，mol/L；

　　2.00——标定时移取氯化钙溶液的体积，mL。

② 阻垢性能测定　量取约 450mL 试液于 500mL 三颈烧瓶中。将此烧瓶浸入（60±0.2）℃的恒温水浴中，按试验装置安装，同时，以 80L/h 的流量鼓入空气。经 6h 后，停止鼓入空气，取出三颈烧瓶，放至室温，此溶液即为钙离子稳定浓度溶液。移取 25.00mL 此溶液于 250mL 锥形瓶中，加约 80mL 水、除改用 10mL 滴定管外，按标定氯化钙溶液的方法测定钙离子的稳定浓度。记下所消耗的 EDTA 标准溶液的体积 V_3。

（6）分析结果的表述

水处理剂的阻垢性能以钙离子稳定浓度 ρ_{Ca}（mg/L）表示，按式（2-28）计算：

$$\rho_{Ca} = \frac{V_3 c \times 40.08}{25.00} \times 1000 = 1603 V_3 c \tag{2-28}$$

式中　V_3——测定钙离子稳定浓度时所消耗 EDTA 标准溶液的体积，mL；

　　　c——EDTA 标准溶液的浓度，mol/L；

　　25.00——移取钙离子稳定浓度溶液的体积，mL；

　　40.08——与 1.0mL EDTA 标准溶液 [c（EDTA）=1.000mol/L] 相当的以毫克表示的钙离子的质量。

所得结果应表示至二位小数。

2.6.3　冷却水动态模拟试验方法

2.6.3.1　方法提要

冷却水动态模拟实验法是除 2.6.1 节所介绍的挂片法外，可用来测定冷却水腐蚀性能的另一种方法。即是用金属材质间壁式换热器在实验室内进行模拟试验。在实验室给定条件下，用常压下饱和水蒸气或热水加热换热器，模拟生产现场的流速、流态、水质、金属材质、换热强度和冷却水进出口温度等主要参数。在经过一段时间之后，拆下试验管，检查其腐蚀和结垢情况，以评定水处理剂的缓蚀和阻垢性能。

该方法可用于冷却水系统的现场监测，也适用于敞开式循环冷却水系统中，金属材质间壁式换热器设备在实验室内进行小型动态模拟试验，也适用于中型动态模拟试验。

2.6.3.2　试验装置

试验装置见图 2-11。

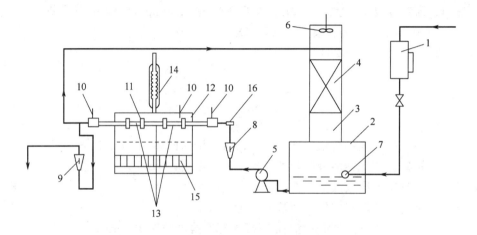

图 2-11　冷却水动态模拟试验装置

1—补充水槽；2—集水池；3—冷却塔；4—填料；5—水泵；6—轴流风机；
7—浮球阀；8—进水流量计；9—排污流量计；10—测温元件；11—连接接头；
12—换热器；13—试验管；14—冷凝管；15—电加热元件；16—试片架

（1）换热器系统

① 换热器

a. 由耐蚀的金属材料制造，外壁有良好的保温层。

b. 热介质为常压下饱和水蒸气。对于换热强度小的试验，热水也可参照使用。

c. 换热器的有效长度根据试验管长度而定，一般不小于 500mm。

② 试验管

a. 尺寸：直径为 10mm×1mm 无缝金属管多根组成（亦可根据需要选用其他尺寸），每根长度在 150～230mm 不等。

b. 材质：20 号优质碳素钢，亦可选用与所模拟现场设备相同的金属材料。

c. 内壁要求无明显的缺陷，如麻点、裂纹、锈蚀等，两端有正反扣螺纹（亦可采用其他连接方法），外壁镀硬铬。

③ 连接接头

a. 尺寸：外径不小于 23mm，内孔两头有正反扣螺纹。

b. 材质：耐磨填充聚四氟乙烯。

（2）冷却塔系统

① 集水池

a. 容积：一般按循环冷却水每小时用水量的 1/2～1/5 计算。

b. 材质：硬质塑料。

c. 液位应恒定，并能自动控制和加入补充水。

② 冷却塔

a. 尺寸：应根据当地气温、湿度和工艺上温差决定。通常直径为 220mm、高 1500mm，填料高度为其塔身的 3/4 左右，冷却幅度可达 10～15℃。

b. 材质：硬质塑料。

c. 填料：聚丙烯的鲍尔环，尺寸 20mm×20mm（或冷却效果相近的填料也可）。

③ 风机　全封闭轴流风机，一般功率约大于 100W。

④ 水泵　一般采用扬程 4m，流量 $1.32m^3/h$ 的离心式水泵。

（3）仪表系统

① 测温元件：铂电阻（BA_2）或其他材质的测温电阻，能自动打印或数字显示（分辨率在 0.1℃），亦可选用水银温度计（分度值 0.1℃）。

② 流量计：可用手控转子流量计，最小分度值小于控制值 ±2%，其手控阀采用针形阀，安装时应考虑便于拆卸清洗。亦可用自动调节流量计。

③ 过程控制和进口温度控制：试验过程中可用单片机控制和处理数据。进口水温波动不大于 ±0.2℃。

（4）管路系统

① 管道　用耐蚀管材，并有良好保温。

② 排污　用流量计或其他方式控制。

2.6.3.3　试验水质

① 试验水质采用实际工况用水，若无法采用时，可根据其水中主要成分自行配制。

② 配制水应对其主要成分含量进行分析，与原水相比相对误差 ±2.5%。

2.6.3.4　试验准备

（1）试验管前处理

① 选管　每组试验选择三根不同长度的试验管和相应的连接接头。连接好后的试验管其总长度不得大于换热器的长度。

② 表面处理　先用粗砂纸［通常粒度为 60（2 号）］将试验管内坑蚀、点蚀磨平，再用细砂纸［通常粒度为 150（2/0 号）］进一步打磨，然后按本方法 2.6.3.10 节"说明"第（4）条对试验管进行清洗。

③ 称量　碳钢及低合金钢称准至 1mg，耐蚀材料称准至 0.5mg。如用大口径试验管时，可称准至 5mg。

④ 装管和测量尺寸　将已称量过的不同长度试验管与接头连接。严格检查连接处是否漏水，然后测量其有效传热长度 l（m），准确至 1mm，见图 2-12。

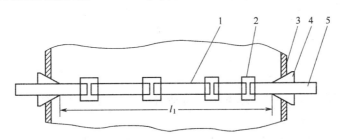

图 2-12　换热器内试验管有效传热长度示意图

1—试验管；2—连接接头；3—换热器壁；4—橡皮塞；5—接管

有效传热长度按式（2-29）计算：

$$l = l_1 - l_2 \tag{2-29}$$

式中　l——试验管有效传热长度，m；

　　　l_1——换热器有效长度，m；

　　　l_2——连接接头总长度，m。

⑤ 记录 将各试验管的质量、长度、腐蚀面积、传热面积和排列位置等分别记录在本方法"说明"第（1）条的表格中。

（2）仪表校正

应事先对流量、温度、pH 值等计量仪表进行校正。

（3）清洗

每次试验前用自来水进行系统清洗。需要时亦可用 5% 盐酸溶液（含 1% 六次甲基四胺）进行清洗，若管道材质是不锈钢，可用硫酸或硝酸溶液清洗。

（4）预膜及水处理剂投加方式

试验管若要预膜时，可待仪表校正和清洗工作完毕后，直接一次性投加预膜剂于集水池中。正常运行时，必须均匀地投加到水处理剂集水池中。

2.6.3.5 试验步骤

（1）开机

每次开机时，必须先开水泵，然后再通入蒸汽或加热产生的蒸汽。停机时应先停止加热（或蒸汽），30min 后再停水泵。

（2）清洁管热阻测定

待蒸汽温度和冷却水流量已达规定值，并稳定 2～6h 后，可每隔 15～30min 测量冷却水进出口温度和蒸汽温度共 8 次。测量时应严格地将流量、进口温度、蒸汽温度控制在规定值。用数理统计方法舍去其中异常值，求出其算术平均值。清洁管热阻 r 按式（2-30）计算。

$$r = \frac{\pi d_i l \times 3600}{4186.8 \times G}\left(\frac{T - t'_{进}}{t'_{出} - t'_{进}} - \frac{1}{2}\right) = \frac{0.86 \pi d_i l}{G}\left(\frac{T - t'_{进}}{t'_{出} - t'_{进}} - \frac{1}{2}\right) \tag{2-30}$$

式中　　r——清洁管热阻，$m^2 \cdot ℃/W$；

d_i——试验管内径，m；

G——冷却水流量，kg/h；

T——蒸汽温度，℃；

$t'_{进}$——冷却水进口温度，℃；

$t'_{出}$——冷却水出口温度，℃；

4186.8——水的比热容，$J/(kg \cdot ℃)$；

l——试验管有效换热长度，m；

（3）瞬时污垢热阻测定

测定清洁管热阻 r 后，可每隔 2h 按"清洁管热阻测定方法"测定瞬时污垢热阻，单位以 $m^2 \cdot ℃/W$ 表示，由式（2-31）计算。

$$r_{si} = \frac{0.86 \pi d_i l}{G}\left(\frac{T - t_{进}}{t_{出} - t_{进}} - \frac{1}{2}\right) - r = \frac{0.86 \pi d_i l}{G}\left(\frac{T - t_{进}}{t_{出} - t_{进}} - \frac{T - t'_{进}}{t'_{出} - t'_{进}}\right) \tag{2-31}$$

式中　　G——冷却水流量，kg/h；

r——清洁管热阻，$m^2 \cdot ℃/W$；

d_i——试验管内径，m；

T——蒸汽温度，℃；

$t'_{进}$——清洁管时冷却水进口温度，℃；

$t'_{出}$——清洁管时冷却水出口温度，℃；

l——试验管有效换热长度，m；

$t_进$——冷却水瞬时进口温度，℃；

$t_出$——冷却水瞬时出口温度，℃。

（4）浓缩倍数、极限碳酸盐硬度和蒸发水量的测定

在不排污情况下，每隔 2h 分别测定总碱度（M）、钾离子和（或）氯离子含量（无药剂干扰时可选用氯离子）。

① 总碱度（M）的测定　取水样，加入 10 滴溴甲酚绿-甲基红指示剂，用盐酸标准溶液滴定至溶液由绿色变为暗红色。煮沸 2min，冷却后继续滴定至暗红色，即为终点。以 mg/L（以 $CaCO_3$ 计）表示的水样的总碱度 M 按（2-32）计算。

$$M=\frac{(V_{HCl}c/2)\times 0.1001}{V}\times 10^6 \qquad (2\text{-}32)$$

式中　V_{HCl}——滴定消耗盐酸标准溶液的体积，mL；

$\quad\quad c$——盐酸标准溶液的浓度，mol/L；

$\quad\quad V$——水样的体积，mL；

$\quad$ 0.1001——与 1mL 盐酸标准溶液 $[c(HCl)=1.000mol/L]$ 相当的以克表示的碳酸钙（$CaCO_3$）的质量。

② 钾离子含量的测定　可采用火焰原子吸收分光光度法或火焰发射光谱法测定钾离子含量。

③ 氯离子含量的测定　分别介绍测定方法提要、试剂和材料、分析步骤及分析结果的表述。

a. 方法提要　以铬酸钾为指示剂，在 pH 值为 5～9 的范围内，用硝酸银标准溶液直接滴定。硝酸银与氯化物作用生成白色氯化银沉淀。当有过量的硝酸银存在时，则与铬酸钾指示剂反应，生成砖红色铬酸银，指示已到达终点。

反应式为：

$$Ag^+ + Cl^- \longrightarrow AgCl\downarrow（白色）$$

$$2Ag^+ + CrO_4^{2-} \longrightarrow Ag_2CrO_4\downarrow（砖红色）$$

b. 试剂和材料　测定所需试剂和材料如下所列。

i. 硝酸银标准溶液：$c(AgNO_3)=0.01410mol/L$，称取（24.000±0.002）g 预先在 280～290℃ 干燥，并将质量恒定过的硝酸银（工作基准试剂），溶于约 500mL 水中，定量转移至 1000mL 棕色容量瓶中，用水稀释至刻度，摇匀，置于暗处。

ii. 铬酸钾溶液：50g/L 溶液。

iii. 硝酸溶液：1+300。

iv. 氢氧化钠溶液：2g/L 溶液。

v. 酚酞指示液：10g/L 乙醇溶液。

c. 分析步骤　用移液管移取 100mL 水样于 250mL 锥形瓶中，加入 2 滴酚酞指示液，用氢氧化钠溶液和硝酸溶液调节水样的 pH 值，使红色刚好变为无色。

加入 1.0mL 铬酸钾溶液，在不断摇动情况下，用硝酸银标准溶液滴定，直至出现砖红色为止。记下消耗的硝酸银标准溶液的体积（V_1）。同时做空白试验，记下消耗的硝酸银标准溶液的体积（V_0）。

d. 分析结果的表述　以 mg/L 表示的氯离子含量 ρ 按式（2-33）计算：

$$\rho = \frac{(V_1 - V_0)c \times 0.03545}{V} \times 10^6 \qquad (2\text{-}33)$$

式中　V_1——滴定水样试验消耗的硝酸银标准溶液的体积，mL；

$\quad\quad\ V_0$——空白试验消耗的硝酸银标准溶液的体积，mL；

$\quad\quad\ \ V$——水样的体积，mL；

$\quad\quad\ \ c$——硝酸银标准溶液的浓度，mol/L；

0.03545——与 1mL $AgNO_3$ 标准溶液〔$c(AgNO_3)=1.000$mol/L〕相当的以克表示的氯的质量。

④ 浓缩倍数的计算　冷却水中浓缩倍数（N）可按式（2-34）计算。

$$N = \frac{\rho_{循}}{\rho_{补}} \qquad (2\text{-}34)$$

式中　$\rho_{循}$——循环冷却水中钾离子质量浓度，mg/L；

$\quad\quad\ \rho_{补}$——补充水中钾离子质量浓度，mg/L。

⑤ 极限碳酸盐硬度的计算　以 10^{-3} mol/L 表示的极限碳酸盐硬度（M）按式（2-35）计算。

$$M' = \frac{M'_{循}}{M'_{补}} \geq 0.2 \qquad (2\text{-}35)$$

式中　M'——循环冷却水瞬时的浓缩倍数；

$\quad\quad\ M'_{循}$——循环冷却水瞬时的总碱度，mg/L；

$\quad\quad\ M'_{补}$——补充水瞬时的总碱度，mg/L。

当 M' 值符合式（2-35）时，即为极限碳酸盐硬度 M。

⑥ 蒸发水量的计算　以 m³/h 表示循环冷却水蒸发水量（Q_e）可按本方法"说明"第（3）条计算。

（5）排污水量和补充水量的计算

以 m³/h 表示的排污水量（Q_b）和补充水量（Q_m）可按本方法"说明"第（3）条计算。

（6）分析测定项目

除钾离子、氯化物和碱度必须测定外，其余化学分析测定项目可根据工艺要求自行决定。

（7）试验周期

连续试验周期不得少于 15d。试验过程中若出现故障，冷却水循环中断次数不得大于 2 次，每次时间不得大于 6h。

2.6.3.6　试验后处理

① 试验结束后，将试验管取下，观察腐蚀和结垢情况，分别测定污垢化学成分、年污垢热阻 r''_{si}、污垢沉积率 mcm、平均垢厚 X、垢层密度 ρ 和腐蚀率 B 及局部腐蚀深度。

② 将试验管一端紧压在橡皮胶板上，另一端用滴定管加入蒸馏水量取体积为 V_1，将水放出后，试验管在 105℃鼓风烘箱中干燥至质量恒定，其质量为 G_2。

③ 用不锈钢匙轻刮烘干后管内污垢，可根据冷却水系统沉积物的一般分析方法测定污垢的成分（如：钙、镁、磷、铁、铝、锌、铜，硫酸盐，硫化亚铁，二氧化碳等）。

④ 上述试验管再按本方法"说明"第（2）条的方法进行处理。

⑤ 再按本方法"试验后处理"中第②条的方法量取体积和称量，其体积和质量分别 V_2 和 G_3。

⑥ 将试验管剖开，详细观察记录腐蚀形貌，典型的试样应进行拍照。

2.6.3.7　实验结果的表述

（1）腐蚀

① 以 mm/a 表示的年腐蚀率（b）按式（2-36）计算。

$$b = \frac{Km}{AT\rho} \tag{2-36}$$

式中　K——3.65×10^3；

　　　m——试样腐蚀后减少的质量，g；

　　　T——试验时间，d；

　　　A——试样腐蚀面积，m^2；

　　　ρ——金属密度，g/cm^3（碳钢 $7.85g/cm^3$，铜 $8.94g/cm^3$，黄铜 $8.65g/cm^3$，不锈钢 $7.92g/cm^3$）。

② 以 mm 表示的局部腐蚀深度，包括平均深度及最大深度，其测定方法见本方法"说明"第（3）条。

（2）污垢

① 以 $mg/(cm^2 \cdot 月)$ 表示的污垢沉积率（mcm）按式（2-37）计算。

$$b = \frac{30(m_2 - m_3)}{AT\rho} \tag{2-37}$$

式中　m_2——试验管试验后的质量，mg；

　　　m_3——试验管去除污垢后的质量，mg；

　　　A——试验管内表面的面积，cm^2；

　　　T——试验时间，d。

② 以 $(m^2 \cdot ℃)/W$ 表示的年污垢热阻（r''_{si}）按下列方法测定和计算。

a. 曲线法　按式（2-31）算出的瞬时污垢热阻 r_{si} 用数理统计方法舍去异常值，以 r_{si} 为纵坐标，相应的时间（d）为横坐标，用微机或人工绘制污垢热阻-时间曲线。然后取图中平滑曲线最高的 r_{si} 值乘 1.1 即为年污垢热阻 r''_{si}，如图 2-13 所示。

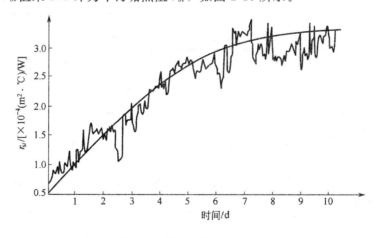

图 2-13　污垢热阻-时间曲线

b. **两点法** 从图 2-13 中选择既接近平滑曲线又靠近实测曲线的两个点。这两个点必须符合 d_3（天数）$=2d_1$（天数），然后按式（2-38）计算年污垢热阻 r''_{si}：

$$r''_{si} = \frac{r^2_{si}(d_1)}{2r_{si}(d_1) - r_{si}(d_3)} \tag{2-38}$$

式中　$r_{si}(d_1)$——运行 d_1 时间的瞬时污垢热阻，$(m^2 \cdot \text{℃})/W$；

　　　$r_{si}(d_3)$——运行 d_3 时间的瞬时污垢热阻，$(m^2 \cdot \text{℃})/W$。

c. 以毫米表示的平均垢厚（X）按本方法"说明"第（3）条计算。

d. 以克每立方厘米（g/cm^3）表示的垢密度（ρ）按本方法"说明"第（3）条计算。

e. 以百分数表示用一般分析方法测定的污垢化学成分含量。

2.6.3.8　允许误差

两次平行测定结果的允许误差见表 2-23～表 2-27。

表 2-23　腐蚀率测定的允许误差　　　　单位：mm/a

腐蚀率范围	管内允许误差	管间允许误差
0.80～0.40	0.13	0.43
0.41～0.10	0.07	—

表 2-24　污垢沉积率测定的允许误差　　　　单位：mg/($cm^2 \cdot$ 月)

污垢沉积率范围	管内允许误差	管间允许误差
150～50.0	25.8	25.8
50.1～15.0	17.2	14.6

表 2-25　平均垢厚测定的允许误差　　　　单位：mm

平均垢厚范围	管内允许误差	管间允许误差
1.00～0.20	0.15	0.19

表 2-26　垢密度测定的允许误差　　　　单位：g/cm^3

垢密度范围	管内允许误差	管间允许误差
2.00～1.00	0.11	0.17

表 2-27　年污垢热阻测定的标准偏差　　　　单位：$(m^2 \cdot \text{℃})/W$

年污垢热阻范围	标　准　偏　差
0.4×10^{-4}～2.0×10^{-4}	0.39
2.1×10^{-4}～4.0×10^{-4}	0.51

2.6.3.9　试验报告主要内容

① 试验管材质、牌号、尺寸和处理方式等。

② 工艺参数，如浓缩倍数，pH 值范围，水处理剂含量控制范围，传热面积，冷却水进出口温差，换热强度等。

③ 水质分析。

④ 试验结果。

2.6.3.10 说明

(1) 记录表格式

试验记录表格式如表2-28～表2-30所示。

表 2-28 水质及水处理剂成分分析报表 单位：mg/L

水质成分分析		水处理剂成分分析	
测定项目	含 量	测定项目	含 量

表 2-29 动态模拟试验原始数据记录表

测定项目 测定时间	蒸汽温度/℃	冷却水温度/℃		温差(Δt)/℃	流量/(kg/h)	浓缩倍数 N
		$t_出$	$t_进$			

表 2-30 动态模拟试验原始数据记录表

测定项目 试验管排列位置	1进	2中	3出
预膜条件			
试验管长度 L/m			
试验管腐蚀面积(内径)A/cm^2			
试验管原重 m_1/mg			
试验管试验后重 m_2/mg			
污垢增重(m_2-m_3)/mg			
试验管去污后重 m_3/mg			
腐蚀失重(m_1-m_3)/mg			
腐蚀率 b/(mm/a)			
试验管试验后体积 V_1/mL			
试验管去垢后体积 V_2/mL			
体积差(V_2-V_1)/mL			
传热面积 F/m^2			
垢密度 ρ/(g/cm^3)			
平均垢厚 X/mm			
污垢沉积率 mcm/[mg/(cm^2·月)]			

(2) 试验管表面后处理方法

① 钢 按下述步骤对钢制试验管表面进行后处理。

a. 将已刮去大部分污垢和腐蚀产物的试验管，一端紧压在橡皮胶板上，另一端用滴管小心加入盐酸溶液（配制方法：盐酸500mL，六次甲基四胺40g，加水至1L），直至除净污垢和腐蚀产物为止，但不得破坏试验管外镀铬层。并立即用自来水冲洗至中性。

b. 用 80g/L 氢氧化钠溶液中和后，再用自来水冲洗干净。

c. 放入无水乙醇中浸泡 1～2min。

d. 取出后及时吹干，放在干燥器中 1h 后称量。

② 不锈钢　操作步骤同钢的处理方法。但盐酸溶液改用硝酸溶液（配制方法：硝酸 100mL，加水至 1L），并在 60℃ 下浸泡 20min。

③ 铝和铝合金　操作步骤同钢的处理方法。但盐酸溶液改为磷酸溶液 [配制方法：磷酸 50mL，铬酐（CrO_3）20g，加水至 1L]。在 80～90℃ 下浸泡 10min。

④ 铜和铜合金　操作步骤同钢的处理方法，但盐酸溶液改为硫酸溶液（配制方法：900mL 水中加入 100mL 硫酸混匀）在室温下浸泡 1～3min。、

（3）试验结果和蒸发水量、补充水量、排污水量的计算

① 试验结果的表述

a. 平均垢厚：以 mm 表示的平均垢厚（X）按式（2-39）计算。

$$x = \frac{D}{2} \left[1 - \sqrt{\frac{V_1}{V_2}} \right] \qquad (2\text{-}39)$$

式中　D——去除污垢后的试验管内径，mm；

　　　V_1——试验后试验管的体积，mL；

　　　V_2——试验管去除污垢后的体积；mL。

b. 垢的密度：以 g/m^3 表示的垢的密度（ρ）按式（2-40）计算。

$$\rho = \frac{m_2 - m_3}{V_2 - V_1} \qquad (2\text{-}40)$$

式中　m_2——试验后试验管的质量，g；

　　　m_3——去除污垢后试验管的质量，g；

　　　V_1——试验后试验管的体积，mL；

　　　V_2——试验管去除污垢后的体积；mL。

c. 局部腐蚀深度的测定

i. 每根试验管选 5 个最深蚀坑。

ii. 用玻璃板作标准板（厚度均匀，其公差 ±0.01mm，尺寸 80mm×30mm）以千分表或点蚀仪进行测定。

iii. 三根试验管 15 个最大蚀坑深度的平均值为最大坑深值。

② 蒸发水量的测定　在系统不排污的情况下，记录补充水槽液位高度 H(cm) 和时间 t_1(h)。当待补充水槽液位下降至零，对应的时间 t_2(h)，则以 m^3/h 表示的蒸发水量（Q_e）按式（2-41）计算：

$$Q_e = \frac{AH}{10^6 (t_2 - t_1)} \qquad (2\text{-}41)$$

式中　A——补充水槽截面，cm^2；

　　　H——补充水槽液位高度，cm；

　　　t_1——开始时记录的时间，h；

　　　t_2——液位下降至零时记录的时间，h。

③ 排污水量和补充水量的计算　以 m^3/h 表示的排污水量 Q_b 和补充水量 Q_m 可分别按式（2-42）、式（2-43）计算：

$$Q_m = Q_e \frac{N}{N-1} \tag{2-42}$$

$$Q_b = Q_m - Q_e \tag{2-43}$$

式中　Q_e——蒸发水量，m^3/h；

　　　N——循环冷却水浓缩倍数。

（4）试验前试样表面清洗

① 铝及铝合金

a. 用有机溶剂除去试样表面油脂。

b. 在 $50 \sim 60^\circ C$、10%氢氧化钠溶液中浸蚀 $1 \sim 2min$。有包铝层的，除去包铝层厚度的 2 倍。

c. 取出，用自来水冲洗。

d. 浸入 30%硝酸中净化 $2 \sim 6min$。

e. 取出，用自来水冲洗。

f. 浸入于 $70 \sim 90^\circ C$蒸馏水中清洗。

g. 最后吹干并放在干燥器中保存备用。

② 钛、铜及不锈钢

a. 用有机溶剂除去试样表面油脂。

b. 用无水酒精清洗后吹干，放干燥器中保存备用。

③ 钢、铸铁

a. 用洗净剂或有机溶剂等除去表面油污。

b. 用自来水冲洗。

c. 放入无水酒精浸泡脱水。

d. 取出吹干，放在干燥器中保存备用。

2.6.4　水的混凝、絮凝杯罐试验

2.6.4.1　方法提要

天然水中含有胶体颗粒（系水中的尘埃、腐殖质、纤维素等与水形成的胶体状态的微粒），不能通过自然沉淀去除。必须投加一些药剂（絮凝剂）使水中难以沉淀的胶体颗粒脱凝结、聚集，絮凝成较大的颗粒而沉淀。若以天然水作工业用水，这是工业用水预处理的一个必须的环节。

为了确定水絮凝过程的工艺参数，如絮凝剂的种类、用量、水的 pH 值、温度以及各种药剂的投加顺序等，一般要作模拟试验。即在一定的水温与控制合适的搅拌强度与时间的条件下，用不同絮凝剂和投量，调节不同的水的 pH 值试验，看絮凝效果。

美国试验材料学会标准 ASTM D 2035—1980（1990 年修订确认）《水的混凝、絮凝杯罐试验方法》，是先进的方法。中国于 1997 年等效采用了 ASTM 的标准方法，发布了国家标准方法。

该方法包括快速搅拌、慢速搅拌和静止沉降三个步骤。投加的絮凝剂经快速搅拌而迅速分散并与水中的胶粒接触，胶粒开始聚集产生微絮体。通过慢速搅拌，微絮体进一步相互接触长成较大的颗粒。停止搅拌后，形成的胶粒聚集体依靠重力自然沉降至底部。

本方法适用于确定水的絮凝过程的工艺参数，包括：絮凝剂的种类、用量、水的 pH 值、温度，以及各种药剂的投加顺序等。

通过测定水样在试验后的浊度、色度，即可得知胶体脱稳聚集的程度。

2.6.4.2　装置

（1）多位搅拌器

多位搅拌器的转速可以在 20～150r/min 之间无级调节。搅拌桨片由轻质耐蚀材料制成，桨片尺寸为 60mm×40mm×2mm，形状为矩形。在多位搅拌器的底座或内侧正面有照明装置，通过它可以观察絮片的形成。多位搅拌器和搅拌桨片尺寸、浸入水中的位置示意参见图 2-14、图 2-15。

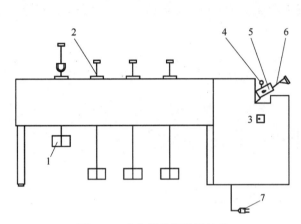

图 2-14　多位搅拌器装置示意

1—搅拌桨片；2—离合器；3—开关；4—调速拉钮；
5—转数窗；6—调速杆；7—插销

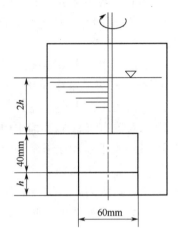

图 2-15　搅拌桨片尺寸及位置示意图

多位搅拌器具有以下的性能：

① 全部搅拌桨片的启动、运行和停车同步；

② 搅拌桨片的转速能在一定范围内连续变化，并在不停车的情况下，全部搅拌桨片能平稳地同步变速；

③ 当全部搅拌桨片在水样容积相等的容器中按几何尺寸相似的淹没条件下进行搅拌时，对每个水样的搅拌输入功率相等；

④ 搅拌器的搅拌功率应能对水样产生范围为 $10～150s^{-1}$ 的速度梯度；

⑤ 在整个杯罐试验的搅拌过程以及试验的观察测定过程中，搅拌桨片淹入水中部分的材质以及搅拌器的各种功能设计必须做到对水质成分、水温以及观察过程不产生影响。

（2）烧杯

烧杯尺寸、外形相同，容积不小于 1500mL。

（3）试剂架

试剂架示意参见图 2-16。

2.6.4.3　操作步骤

① 根据多位搅拌器所设置的烧杯数目，各量取 1000mL 水样装入烧杯中，并将烧杯定位。然后把搅拌桨片放入水中。桨片的轴要偏离烧杯中心，桨片与烧杯壁之间至少要留有 6.4mm 的间隙。记录试验开始时的温度。

② 把絮凝剂装入试剂架的试管中。投药前，用水将各试管中的药剂稀释到 10mL。若某种

药剂的投加大于 10mL，其他试管也应补水，直至体积与用量最大的药剂体积相等。添加悬浮液药剂时，应在投加前摇匀药剂。

③ 开动多位搅拌器，在 120r/min 转速下快速搅拌。按预定的药剂投加量同时向各个烧杯中投加药剂，搅拌 1min。

④ 降低转速至 20～40r/min，转速以能够保持烧杯内颗粒均匀悬浮起来为准。慢速搅拌约 20min。记录初始絮片产生的时间。

⑤ 完成慢速搅拌后，把搅拌桨从水中提出来，观察絮体的沉降，记录大部分絮体沉降所用的时间。但在某些情况下，沉降受到对流的影响，此时记录的沉降时间应是当向上与向下运动的未沉降絮体数量大致相等的时间。

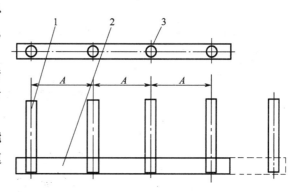

图 2-16 多位搅拌器试剂架示意
1—试管；2—固定螺丝；3—孔
A—多位搅拌器装置上杯罐间距离

⑥ 沉降 15min 后，记录烧杯底部絮片的外观。用移液管在烧杯中清液的 1/2 处吸取水样。测定水样的浊度、色度及水样的 pH 值。

2.6.4.4 实验结果的表述

按以下格式记录并报告结果。

水的混凝、絮凝杯罐试验结果记录

水样＿＿＿＿＿＿＿＿＿ pH 值＿＿＿＿＿＿＿＿＿ 浊度＿＿＿＿＿＿＿＿＿ FNU
日期＿＿＿＿＿＿＿＿＿＿＿＿＿＿＿＿＿＿＿＿＿＿＿＿＿＿＿＿＿＿＿＿＿＿＿＿＿
地点＿＿＿＿＿＿＿＿＿ 色度＿＿＿＿＿＿＿＿＿ 度 温度＿＿＿＿＿＿＿＿＿ ℃
体积＿＿＿＿＿＿＿＿＿ mL

项　目		杯　罐　号					
		1	2	3	4	5	6
加药顺序及剂量/(mg/L)	1						
	2						
	3						
沉淀试验	快搅速度/(r/min)						
	快搅时间/min						
	慢搅速度/(r/min)						
	慢搅时间/min						
	温度/℃						
	出现絮体时间及一般描述						
	絮体大小						
	沉降时间						
	浊度(FNU)						
	色度/度						
	pH						

2.6.4.5 重复性

为了验证重复性，建议采用成对操作，即每对烧杯同时加入同样品种、同样剂量的药剂进行处理。

参 考 文 献

1 郑淳之. 水处理剂和工业循环冷却水系统分析方法. 北京：化学工业出版社，2000

2 许保玖. 当代给水与废水处理原理. 北京：高等教育出版社，2000

3 陈复. 水处理技术及药剂大全. 北京：中国石化出版社，2000

4 陆柱，蔡兰坤，陈中兴等. 水处理药剂. 北京：化学工业出版社，2002

5 叶文玉. 水处理化学品. 北京：化学工业出版社，2002

6 严瑞瑄. 水处理剂应用手册. 北京：化学工业出版社，2003

7 兰文艺. 实用环境工程手册（水处理材料与药剂）. 北京：化学工业出版社，2002

8 何铁林. 水处理化学品手册. 北京：化学工业出版社，2000

9 许保玖. 给水处理理论. 北京：中国建筑工业出版社，2000

10 祁鲁梁，李永存，杨小莉. 水处理药剂及材料实用手册. 北京：中国石化出版社，2000

11 汪德生，张洪林，蒋林时等. 微生物絮凝剂发展现状与应用前景. 工业水处理，2004，24（9）：9

12 唐俊，徐章法，徐伯兴等. 循环冷却水系统缓蚀剂的现状及绿色化进展. 工业水处理，2004，24（6）：1

13 李峰，李济吾. 水处理絮凝剂的研究进展. 中国环保产业，2004，10：12

14 李茂东，吴从容. 工业锅炉锅内水处理药剂现状与发展. 工业水处理，2004，24（5）：5

15 邹龙生，王国庆. 有机絮凝剂的现状和未来. 化工技术与开发，2002，31（4）：22

16 李绍全. 循环冷却水用杀菌剂综述. 工业用水与废水，2000.31（2）：7

17 楚洁. 循环冷却水系统杀生剂的现状与发展. 泰安师专学报，2002，24（6）：69

18 陈烨，连宾. 微生物絮凝剂研究和应用进展. 矿物岩石地球化学通报，2004，23（1）：83

19 何慧琴，童仕唐. 水处理中絮凝剂的研究进展. 应用化工，2001，30（6）：14

20 贾成凤，立义久. 共聚物阻垢剂的研究进展. 精细石油化工进展，2002，3（9）：41

21 应宗荣，林雪梅. 高分子阻垢剂分散的研究进展. 石化技术与应用，2000，18（4）：226

22 酒红芳，高保娇. 多功能水处理剂的研究现状. 华北工学院学报，2001，22（6）：436

第3章 水处理基础

3.1 水的物理化学性质

3.1.1 水的性质

水是由两个氢原子和一个氧原子组成的简单化合物,分子式为 H_2O。在常温下是无色、无味、无臭透明的液体。日常所用的水是一种很平常的物质,但水作为化学物质,有极其重要的理化特性及意义,详见表 3-1。

表 3-1 水的物理化学性质及其意义

序号	性 质	环境温度/℃	数值及特点	意 义
1	状态	0~100	液态	具有流动性、提供生命介质
2	熔点/℃	—	0.00	—
3	沸点/℃	—	100.00	—
4	蒸气压/Pa	20	2337.801	—
5	密度/(mg/mL)	20	0.9982	—
6	黏度/Pa·s	20	1.009	—
7	导电率/(μs/cm)	20	82	—
8	折射率(D线)	20	1.333	—
9	熔解热/(J/mol)	—	6.008	使水处于稳定的液态,调节水温
10	汽化热/(J/mol)	—	40.692	对水蒸气的大气物理性有意义,调节水温
11	生成热/(J/mol)	20	286.168	生成热高,保持水的稳定性
12	离子积	25	1.0×10^{-14}	使酸碱保持平衡
13	偶极子能率/cm	气体	0.62×10^{-30}	强极性溶剂,高度溶解离子性物质并使其电离
14	最大密度时的温度/℃	—	4	水体冰冻始于表面,控制水体中温度分布,保护水生生物
15	密度/(mg/mL)	100	0.958	—
16	表面张力/(N/cm)	100	58.9×10^{-5}	生理学控制因素,控制液滴等表面现象
17	比热容/(J/kg·℃)	0	1.007	良好的传热介质,调节环境和有机体的温度
18	水合	—	非常广泛	是污染物的良好溶剂和载带体,改变溶质生物化学性质
19	离解	—	很小	提供中性介质
20	透明度	—	大	透过可见光和长波段紫外线,在水体深度可发生光合作用

水的比热容、熔解热及汽化热均非常大,见表 3-2。水的潜热用熔解热和汽化热表示,其值很高,潜热是物质发生相变时需要的热量,当质变还没有完全实现时,其温度保持不变。

表 3-2　常用化学物质及水的三热

内容　性质 类别	熔解热/(J/kg)	汽化热/(J/kg)	比热容/(J/kg·℃)(0℃时)
丙酮	23.4	124.5	0.506
乙醇	24.9	204.0	0.535
硫酸	24.0	122.1	0.270
水	79.7	539.6	1.007

　　水的显热和潜热是水相变化过程所需热量不同的表现形式。冰完全变成0℃的水所需的热为熔解热（79.7J/kg），在这一过程中，温度不变故为潜热，亦是吸热过程；相反，0℃水变成0℃的冰时要放热，释放热量为79.7J/kg，也没有温度变化，也是潜热。伴随有温度变化的吸热或放热为显热，如0℃水吸热升温到100℃，80℃的水放热降温到10℃，这都是显热变化。100℃水变成同温度的汽需热量40.60kJ/mol，相当于0℃水变成100℃水所需热量的5倍多，这说明水是难以蒸发的物质。关于水的相变、热量和温度变化间的关系如图3-1所示。

　　由于水分子间引力较其他同系物强，加之存在氢键，故水分子的形状如图3-2（a）所示（O—H原子间距离为0.96×10^{-10}m，键角$\angle HOH$为104°31'）。水以氧原子为中心，近似呈正四面体，如图3-2（b）所示。水分子中有2个正电荷和2个负电荷，四个电荷的位置对称，类似磁棒，见图3-2（c）。水分子由于具有偶极矩，其值为0.62×10^{-30}cm，故其介电常数很大。此外，与其他分子或离子相互作用强，因而水是强极性溶剂。

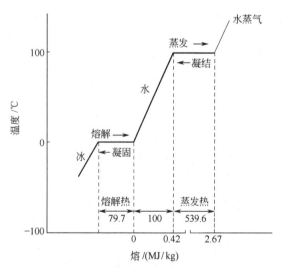

图 3-1　水的相变、热量和温度变化间的关系

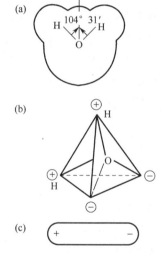

图 3-2　水分子结构图

　　水的相对密度在4℃时最大为1.00，这是由水的分子结构决定的。当冰的结晶角度$\angle HOH$成长为105°左右的正四面体时，水分子间便会产生空隙，所以冰浮于水面；当冰化成水，则间隙逐渐缩小，在4℃时，水只是按照氢键进行分子缔合，故体积最小，环境温度超过4℃时，水分子运动加快，液体膨胀，故水的相对密度小于1.00。

3.1.2　水的基础化学

3.1.2.1　水的化学反应

　　（1）水的制备

氢气在氧气中燃烧，即可得到水。其反应放出大量的热，故氢氧焰可达 2500～3000℃ 高温，其反应为：

$$2H_2(g)+O_2(g)\longrightarrow 2H_2O(l)；\Delta H^{\ominus}=-285.83kJ/mol$$

含有体积分数为 4%～94% 氢的氢-氧混合气称为爆鸣气。这种混合气体一经点燃，将以极快的速度进行链式反应而发生爆炸。含有体积分数为 9.5%～65% 氢的氢-空气也可以形成爆炸性气体。因此在点燃氢气或加热氢气时，必须确保氢气的纯净，以免发生爆炸事故。

（2）水的电解或光解

电解或光解水均可获得氢气和氧气，它是未来能源的发展方向。

$$2H_2O \xrightarrow[\text{或光解}]{\text{电解}} 2H_2+O_2$$

（3）水的配位

水分子中的氧原子具有孤对电子，有着良好的配位性，能与很多物质形成配合物，尤其是过渡金属离子。如：$CuSO_4 \cdot 5H_2O$，$FeSO_4 \cdot 7H_2O$，$ZnSO_4 \cdot 7H_2O$ 等。

（4）水的氧化还原反应

当水遇到强还原剂时，如：钾、钙、钠、镁、铝、锌、铁等，就会被还原而放出氢气。

$$2H_2O+2Na \longrightarrow 2NaOH+H_2\uparrow$$

当水遇到强氧化剂时，如：F_2、Cl_2 等，就会被氧化而放出氧气。

$$2H_2O+4F_2 \longrightarrow 4HF+O_2\uparrow$$

3.1.2.2　水的溶解作用

（1）溶液、溶质、溶剂

一种或几种物质分散到另一种物质里，形成均一的、稳定的混合物，叫做溶液。我们把能溶解其他物质的物质叫做溶剂；被溶解的物质叫做溶质。溶液是由溶剂和溶质组成的。糖水和盐水中，糖和盐是溶质，水是溶剂。水能溶解很多种物质，是最常用的溶剂。

（2）溶解度

我们把一定温度和压力下，100 克水中能溶解某种物质的最大克数叫做该物质的溶解度。各种物质在水里的溶解度是不同的，通常把在室温（20℃）时，溶解度在 10 克以上的，叫易溶物质；溶解度大于 1 克的，叫可溶物质；溶解度小于 1 克的，叫微溶物质；溶解度小于 0.01 克的，叫难溶物质。绝对不溶于水的物质是没有的，习惯上把难溶于水的物质叫做不溶于水的物质。

水随处可见，是一种很平常的物质，但是如果深入研究，却会发现它有许多奇妙的物理性质和化学性质。纯净的水是无色、无味、透明的液体，由于水具有较大的偶极矩，故水是强极性溶剂。它有极高的溶解能力，它不但能溶解各种固体、液体，还能溶解气体。由于水的氢键结合力，对于不电离的物质如酒精或糖，也有很好的溶解力。我们熟悉的许多物质都能以很大的比例溶解在水中。天然水和空气、土壤、岩石等物质接触时，许多物质就会溶进水中。大气中的气体如：氧气、NO、NO_2、CO_2、SO_2、SO_3 等也溶于水。因此，自来水、河水、井水、雨水等都不是纯水，而是含有许多溶解性物质和非溶解性物质的复杂混合物。

3.1.2.3　水的电离和水的 pH 值

（1）水的电离

用精密的电导仪测量，发现纯水有极微弱的导电能力。其原因是水有微弱的电离，使纯

水中存在极微量的 H^+ 和 OH^-。研究揭示，在纯水或水溶液中，存在着水的电离平衡：

$$H_2O = H^+ + OH^-$$

H^+ 和 OH^- 的摩尔浓度用 $[H^+]$ 和 $[OH^-]$ 表示。二离子浓度积一定，在 25℃时为：

$$K_w = [H^+] \cdot [OH^-] = 1 \times 10^{-14}$$

K_w 称为水的离子积。

（2）水的 pH 值

pH 值是水中氢离子浓度 $[H^+]$ 的负对数，是表明水的酸性与碱性强弱的指标。

$$pH = -\lg[H^+]$$

由于水的离子积在 25℃时为 1×10^{-14}，因此，当 $[H^+] = 1 \times 10^{-7} = [OH^-]$ 时水是中性的；当 $[H^+] > 1 \times 10^{-7} > [OH^-]$ 时水是酸性的；当 $[H^+] < 1 \times 10^{-7} < [OH^-]$ 时水是碱性的。

根据 $K_w = [H^+] \cdot [OH^-]$，则 $pH + pOH = pK_w = 14$。

3.1.2.4 酸碱盐

（1）酸

在水溶液中能电离出 H^+ 的物质称为酸。在水溶液中能电离出一个 H^+ 的物质称为一元酸，如盐酸、硝酸、醋酸等。能电离出二个 H^+ 的物质称为二元酸，如硫酸、氢硫酸、碳酸等。能电离出三个 H^+ 的物质称为三元酸，如磷酸、砷酸、柠檬酸等。

$$HCl = H^+ + Cl^- \qquad （一元酸）$$
$$H_2SO_4 = 2H^+ + SO_4^{2-} \qquad （二元酸）$$
$$H_3PO_4 = 3H^+ + PO_4^{3-} \qquad （三元酸）$$

（2）碱

在水溶液中能够电离出 OH^- 的物质叫做碱。

$$NaOH = Na^+ + OH^- \qquad （一元碱）$$
$$Ca(OH)_2 = Ca^{2+} + 2OH^- \qquad （二元碱）$$
$$Fe(OH)_3 = Fe^{3+} + 3OH^- \qquad （三元碱）$$

溶液中酸碱强度是由化合物在水中的电离度决定。电离度由下式计算：

$$电离度(a) = \frac{已电离的溶质的浓度}{溶质的总浓度}$$

a 值大的为强酸或强碱。典型的酸、碱水溶液的电离度示于表 3-3。

表 3-3 　酸、碱水溶液电离度　　　　　　　　单位：0.1mol/L 溶液

种　　类	电离度(a)	强　弱	种　　类	电离度(a)	强　弱
硝酸	0.92	强酸	氢硫酸	0.0007	弱酸
盐酸	0.91	强酸	硼酸	0.0001	弱酸
氢碘酸	0.91	强酸	氢氧化钾	0.89	强碱
硫酸	0.61	强酸	氢氧化钠	0.84	强碱
磷酸	0.27	次强酸	氢氧化钡	0.80	强碱
醋酸	0.013	弱酸	氨水	0.013	弱碱
碳酸	0.0017	弱酸			

（3）盐

各种盐类在水中的溶解度是各不相同的。在饱和溶液中，盐类的溶解已达到了饱和条件

下的最大限度，溶液浓度不再变化而保持恒定值，这一浓度称为该种盐类的溶解度。盐类的溶解度常以 100g 水中所能溶解的盐类的克数表示。每 100g 水中溶解度超过 1.0g 盐类称为易溶盐类；溶解度在 0.1～1.0g 之间的称做溶盐类；溶解度在 0.1g 以下的称为难溶盐类。一般情况下绝大多数盐类随温度升高溶解度增大。而碳酸钙，硫酸钙，碳酸镁等这些盐类，随着温度的升高，溶解度下降，这些盐类都属于难溶盐类。表 3-4 列出了一些钙、镁离子盐类在不同温度时的溶解度。

表 3-4 钙、镁离子盐类在不同温度时的溶解度

盐类	溶解度/(mg/L)			盐类	溶解度/(mg/L)		
	0℃	100℃	200℃		0℃	100℃	200℃
$Ca(HCO_3)_2$	2630	分解	—	$CaSO_4$	2120	1700	76
$Mg(HCO_3)_2$	54000	分解	—	$MgSO_4$	18.0%	33.5%	1.5%
$CaCO_3$	20	13	<5	Na_2CO_3	6.5%	30.7%	23.3%
$MgCO_3$	85	63	—				

从表 3-4 可以看出，$CaCO_3$、$MgCO_3$ 和 $CaSO_4$ 这些盐类的溶解度很小，并且随温度的升高溶解度下降，称为反常溶解度。这些盐类有两种结构形态，即酸式盐和碱式盐，当二氧化碳溶入水中时，使钙、镁盐类以酸式盐的形式溶于水中，而且酸式盐的溶解度都比较大。在工业冷却水的运行中，随着二氧化碳的脱吸和水的 pH 值的升高，钙、镁的酸式盐随之转化成溶解度很小的正盐或碱式盐。当酸式盐受热后，反常溶解度现象就加剧，它们便在容器表面沉析集聚形成污垢。为了防止工业循环冷却水或锅炉污垢的生成，钙、镁盐类是控制的重要指标之一。

3.1.2.5 中和与水解

（1）中和

酸碱中和反应生成盐和水，可分为四类：

① 强酸和强碱 $HCl + NaOH == NaCl + H_2O$（生成中性盐）

② 强酸与弱碱 $HCl + NH_3 \cdot H_2O == NH_4Cl + H_2O$（生成酸性盐）

③ 弱酸与强碱 $H_2CO_3 + 2NaOH == Na_2CO_3 + 2H_2O$（生成碱性盐）

④ 弱酸与弱碱 $H_2CO_3 + 2NH_3 \cdot H_2O == (NH_4)_2CO_3 + 2H_2O$（生成中性盐）

（2）水解

盐类的水解反应，是指盐的组分离子跟水电离出来的 H^+ 或 OH^- 结合成弱电解质的反应。它是中和反应的逆反应。

① 强碱弱酸盐   强碱弱酸盐水解后，溶液呈碱性，如碳酸钠水解：

$$Na_2CO_3 + H_2O == NaHCO_3 + NaOH$$

② 强酸弱碱盐   强酸弱碱盐水解后，溶液呈酸性，如氯化铵水解：

$$NH_4Cl + H_2O == HCl + NH_3 \cdot H_2O$$

③ 弱酸弱碱盐   弱酸弱碱盐电离出来的阴、阳离子均能发生水解，故水解较完全。如醋酸铵水解：

$$NH_4Ac + H_2O == HAc + NH_3 \cdot H_2O$$

3.1.2.6 氧化与还原

（1）氧化还原基本原理

在化学反应中，如果发生电子的转移，则参与反应的物质所含元素会发生价态变化，这种反应称为氧化还原反应。失去电子的过程称为氧化，即失去电子的物质被氧化。得到电子的过程称为还原，即得到电子的物质被还原。

(2) 氧化还原电位

氧化还原电位是衡量化合物在一定条件下氧化还原能力的指标，它能表明某种物质氧化态与还原态相互转化的难易程度。氧化还原电位通常采用电化学方法在原电池中测得，电位值 E 随氧化态与还原态相对浓度而变化，标准氧化还原电位以氢的电位值作为基准。

$$2H^+ + 2e = H_2$$

$$E^\ominus(H^+/H_2) = 0$$

H_2 是典型的还原性物质。某物质的标准氧化还原电位值越大，其氧化能力就越强，还原能力越弱，反之亦然。常用物质氧化还原标准电位值示于表 3-5。表中 $E^\ominus(V)$ 是标准电位值。

表 3-5　常用物质氧化还原标准电位值

电 对	半 反 应 式	$E^\ominus/V$	电 对	半 反 应 式	$E^\ominus/V$
Ca^{2+}/Ca	$Ca^{2+}+2e=Ca$	-2.87	Fe^{3+}/Fe^{2+}	$Fe^{3+}+e=Fe^{2+}$	$+0.771$
Mg^{2+}/Mg	$Mg^{2+}+2e=Mg$	-2.73	NO_3^-/NO_2	$NO_3^-+2H^++e=NO_2+H_2O$	$+0.79$
Al^{3+}/Al	$Al^{3+}+3e=Al$	-1.66	Hg^{2+}/Hg	$Hg^{2+}+2e=Hg$	$+0.854$
Mn^{2+}/Mn	$Mn^{2+}+2e=Mn$	-1.17	Hg^{2+}/Hg_2^{2+}	$2Hg^{2+}+2e=Hg_2^{2+}$	$+0.92$
OCN^-/CN^-	$OCN^-+H_2O+2e=CN^-+2OH^-$	-0.97	NO_3^-/HNO_2	$NO_3^-+3H^++2e=HNO_2+H_2O$	$+0.94$
SO_4^{2-}/SO_3^{2-}	$SO_4^{2-}+H_2O+2e=SO_3^{2-}+2OH^-$	-0.93	NO_3^-/NO	$NO_3^-+4H^++3e=NO+2H_2O$	$+0.96$
Zn^{2+}/Zn	$Zn^{2+}+2e=Zn$	-0.763	Br_2/Br^-	$Br_2+2e=2Br^-$	$+1.065$
Cr^{3+}/Cr	$Cr^{3+}+3e=Cr$	-0.74	O_2/H_2O	$O_2+4H^++4e=2H_2O$	$+1.229$
Fe^{2+}/Fe	$Fe^{2+}+2e=Fe$	-0.44	$Cr_2O_7^{2-}/Cr^{3+}$	$Cr_2O_7^{2-}+14H^++6e=2Cr^{3+}+7H_2O$	$+1.33$
Cd^{2+}/Cd	$Cd^{2+}+2e=Cd$	-0.403	Cl_2/Cl^-	$Cl_2+2e=2Cl^-$	$+1.36$
Pb^{2+}/Pb	$Pb^{2+}+2e=Pb$	-0.126	$HOCl/Cl^-$	$HOCl+H^++2e=Cl^-+H_2O$	$+1.49$
H^+/H_2	$2H^++2e=H_2$	0.000	MnO_4^-/Mn^{2+}	$MnO_4^-+8H^++5e=Mn^{2+}+4H_2O$	$+1.51$
S/H_2S	$S+2H^++2e=H_2S$	$+0.141$	H_2O_2/H_2O	$H_2O_2+2H^++2e=2H_2O$	$+1.77$
SO_4^{2-}/H_2SO_3	$SO_4^{2-}+4H^++2e=H_2SO_4+H_2O$	$+0.17$	$S_2O_8^{2-}/SO_4^{2-}$	$S_2O_8^{2-}+2e=2SO_4^{2-}$	$+2.01$
O_2/OH^-	$O_2+H_2O+4e=4OH^-$	$+0.401$	O_3/H_2O	$O_3+2H^++2e=O_2+2H_2O$	$+2.07$
I_2/I^-	$I_2+2e=2I^-$	$+0.535$	F_2/F^-	$F_2+2e=2F^-$	$+2.87$
O_2/H_2O_2	$O_2+2H^++2e=H_2O_2$	$+0.682$			

氧化态和还原态物质浓度均为 $1.0mol/L$ 时，氧化还原电位值等于标准电位 $E^\ominus$。而电极电势的大小，不仅取决于电对本性，还与反应温度、氧化型物质和还原型物质的浓度、压力等有关。氧化还原电位随浓度的变化规律可按能斯特（Nernst）方程式推导：

$$氧化型 + ne = 还原型$$

$$E = E^\ominus + \frac{RT}{nF}\ln\left[\frac{[氧化型]}{[还原型]}\right] \tag{3-1}$$

式中　　　　　　　　R——气体常数，$R=8.314$，$J/(mol \cdot K)$；

　　　　　　　　　　T——绝对温度，K；

　　　　　　　　　　F——法拉第常数，$F=96485$，C/mol；

　　　　　　　　　　n——电极反应中所转移的电子数；

[氧化型]、[还原型]——分别表示电极反应中在氧化型、还原型一侧各物种相对浓度幂的乘积。

若温度为 $25℃$，将 R、T、F 值代入式（3-1），则能斯特方程式可改写为：

$$E = E^{\ominus} + \frac{0.0592}{n}\lg\frac{[氧化型]}{[还原型]} \tag{3-2}$$

由式（3-2）可以看出，氧化还原电位随氧化态和还原态浓度比值而改变，只有当两者浓度均为 1mol/L 时，$E = E^{\ominus}$。

例：$KMnO_4$ 在强酸中的反应

$$MnO_4^- + 8H^+ + 5e = Mn^{2+} + 4H_2O$$

假定温度为 $25℃$，$[MnO_4^-] = 0.02mol/L$，$[Mn^{2+}] = 0.08mol/L$，$pH = 1$，则 $[H^+] = 0.1$，查表 3-5 得 $E^{\ominus} = 1.51V$，于是氧化还原电位（E）为：

$$E = E^{\ominus} + (0.0592/n)\lg\{[MnO_4^-] \cdot [H^+]^8/[Mn^{2+}]\}$$
$$= 1.51 + (0.0592/5)\lg\{(0.02) \cdot (0.1)^8/0.08\} = 1.41V$$

（3）氧化还原反应平衡常数

氧化还原反应服从化学平衡规律，因此，必然存在平衡常数，下面推导平衡常数的公式。

$$a[氧化态]_1 + b[还原态]_2 = a[还原态]_1 + b[氧化态]_2$$

$$K = \frac{[氧化态]_2^b[还原态]_1^a}{[氧化态]_1^a[还原态]_2^b}$$

若将氧化还原反应式写为两个半反应式：

$$a[氧化态]_1 + ne = a[还原态]_1$$
$$b[还原态]_2 = b[氧化态]_2 + ne$$

当处于平衡状态时，$E_1 = E_2$，推导可得：

$$\lg K = \frac{n'(E_1^{\ominus} - E_2^{\ominus})}{0.0592} \tag{3-3}$$

其中，n' 为氧化还原反应平衡方程式中的总电子转移数。

3.1.3 水中的杂质及天然水的特性

3.1.3.1 天然水中的杂质

工业用水所用的水源都来自天然水，这种天然水源无论是地表水还是地下水都含有很多不同的杂质。这些杂质种类繁多，一般按杂质粒度大小和存在状态的不同，分为三类（见表 3-6）。

表 3-6　天然水中的杂质分类

悬浮物		细菌	
		藻类及原生动物	
		泥沙、黏土	
		其他不溶物	
胶体物		溶胶，如硅酸及铁、铝的某些化合物等	
		高分子化合物，如腐殖质胶体	
溶解物	盐类	钙镁	重碳酸盐、碳酸盐、硫酸盐、氯化物
		钾钠	重碳酸盐、碳酸盐、硫酸盐、氯化物
		铁盐及锰盐	
	气体	氧、二氧化碳、硫化氢、氮	
		其他有机物	

(1) 悬浮物

凡颗粒粒径在 10^{-4} mm 以上的杂质称为悬浮物。天然水中悬浮物中泥沙、黏土是主要成分，其次还有动植物及其遗骸、微生物、有机物等。在静水中相对密度大于 1 者下沉水底，如泥沙；相对密度小于 1 者悬浮水中。在动水中，这些杂质均随水流悬浮游动。在给水工程的取水过程中，粗大的杂质已和水自然分离，因此一般水处理要去除的是那些粒径小于 0.1mm 的悬浮物颗粒。

(2) 胶体

凡颗粒粒径在 $10^{-6} \sim 10^{-4}$ mm 范围内的杂质称为胶体。胶体颗粒是许多分子或离子的集合体，这种细小颗粒具有较大的比表面积，从而使它具有特殊的吸附能力，而被吸附的物质往往是水中的离子，因此胶体微粒就带有一定的电荷。同种胶体带有相同的电荷，从而使它们之间产生了电斥力，这就使胶体微粒在水中不易聚沉。此外带电的胶体微粒还会吸引极性水分子，使其周围形成一层水化层，进一步阻止胶体微粒相互接触，使胶体在水中维持分散运动的稳定状态。天然水中的胶体主要为硅酸及铁、铝化合物，一些高分子化合物，如腐殖质等，也有一些在此粒径范围内的细菌、病毒等。天然水中的胶体一般均带负电荷。

悬浮物和胶体是使天然水产生浑浊的主要原因。

(3) 溶解物

溶解物的粒径在 10^{-6} mm 以下，它是以分子或离子状态存在的。又可分为三种。

① 盐类 又称矿物质，均以电离状态存在于水中。主要的阳离子是 Ca^{2+}、Mg^{2+}、Na^+、K^+，其次还有 Fe^{2+}、Mn^{2+} 等，主要的阴离子是 HCO_3^-、Cl^-、SO_4^{2-}，其次还有 CO_3^-、NO_3^-、$HSiO_3^-$ 和 PO_4^{3-} 等。这些离子大多来自地层中的矿物质，因此不同地区的水源含有离子成分和数量就各不相同。有些地区含有某种矿物质，其水源中就会有某种特定的离子，例如有些地区水中含氟量过高，会引起慢性氟中毒，饮用水处理，就要研究用什么方法来除氟。

② 气体 主要是氧气和二氧化碳。天然水中的溶解氧来源于空气中的氧气，含量与水温、气压及水中有机物含量有关。天然水体中氧的含量一般在 $5 \sim 10$ mg/L，污染严重的水体含氧量会减少，地下水含氧量比地表水低，深层地下水含氧量几乎为零。天然水中的二氧化碳来源于水中有机物的分解及地壳的化学反应，对于地表水也有些是空气中的二氧化碳溶解于水中。一般，地下水中 CO_2 含量较高，地表水中含量较低。

③ 有机物 天然水溶解的有机物主要为腐殖酸和富马酸，它们都是聚羧酸混合物组成的芳香族物质的大分子的有机酸群。其他还有有机碱、氨基酸、糖类等。

当水源受到工农业废水的污染时，水中的溶解物质的成分就更复杂了。

3.1.3.2 各种天然水源水的特性

随着水的存在环境的不同水质都不一样，大体上可分几方面来表示其特性的差异。

(1) 地下水

① 地下水中悬浮物和胶体含量较少，水质清澈透明，这是由于地下水流经地层时，地层土壤起了过滤作用。

② 地下水的水质和水温都较稳定，不受外界影响。

③ 地下水的硬度、含盐量、含铁量通常比地表水高，这是因为水流经岩层时溶解了其中的可溶性矿物质。地下水的溶解氧极低，甚至没有，所以 Fe^{2+} 能稳定存在于水中，但当地下水到地面与大气接触后，Fe^{2+} 会迅速氧化变为 Fe^{3+}，并形成絮状物沉淀。

（2）江河水

① 江河水中悬浮物和胶体含量较高，受地理环境和气候条件的影响差异很大，而且随季节波动。

② 江河水的含盐量和硬度较低，受水文、气象条件的影响，水质容易变化，不稳定。

③ 易受工农业废水、生活污水等的污染。

（3）湖泊与水库水

① 湖泊与水库水流动性小，长期的自然沉淀使水中悬浮物较少。

② 水质和河水类似，但由于蒸发浓缩，含盐量略高。

③ 出于流动性小，有利于藻类和浮游生物的生长，因而腐殖质的含量较高。

（4）海水

① 含盐量高，总含盐量为 35g/L 左右。

② 海水中各种盐类的质量比例基本稳定。其中氯化物含量最高，Cl^- 占离子总量的 55％ 左右。其次是 Na^+，约占 30％，其他盐类离子主要有 K^+、Mg^{2+}、Ca^{2+}、SO_4^{2-}、HCO_3^-、Br^- 等，还有微量元素、溶解气体和有机物等。

3.2　水污染及废水处理方法

3.2.1　水污染及污染源

水污染是指排入水体的污染物超过了该物质在水体中的本底含量和水体的自净能力，而导致水体物理、化学、生物及放射性等方面的特性的改变，从而影响水的有效利用、危害人体健康或者破坏生态环境，造成水质恶化的现象。

水体污染来源有三种形式：即点污染源、面污染源和扩散污染源。污染源中又以点污染源为主，点污染源中主要指工业污染源和生活污染源，其变化规律服从工业生产废水和城镇生活污水的排放规律。

工业废水是水体最重要的污染源。它量大面广，含污染物种类多，成分复杂，有些成分在水中不易净化，处理也比较困难。它具有以下特性：①悬浮物质含量高，最高可达 n×10^4mg/L 以上；②耗氧量高，有机物一般难于降解，对微生物起毒害作用，COD 及 BOD 每升从几百、几千甚至达几万毫克；③pH 值变化幅度大，pH 值 2～13；④温度较高，排入水体可引起热污染；⑤易燃，常含有低燃点的挥发性液体，如汽油、苯、甲醇、酒精、石蜡等；⑥含种类繁多的有毒有害成分，如硫化物、氰化物、汞、镉、铬、砷等。

生活污水是另一个大的污染源。生活污水主要源于日常生活，其中包括化粪池溢流水，厨房洗涤水以及其他洗涤用水等。生活污水的特性主要是：①氮、磷、硫含量高，在生活污水中含有大量纤维素、淀粉、糖类、脂肪、蛋白质和尿素等；②含有大量合成洗涤剂和磷，洗涤剂不易被生物降解，磷可引起水体富营养化；③含有多种微生物，如每毫升生活污水中就含几百万个细菌，并含有多种病原体。

农村污水和农灌用水是水体污染的主要面源。由于农田施用化肥和农药，灌溉后排出的水或雨后径流水中，常含有农药和化肥，在污水灌溉区、河流、水库和地下水等均会引起污染。

随大气而扩散的有毒有害物质通过重力沉降或降水过程等途径污染水体，即构成扩散污染源。

3.2.2　废水处理及其主要原则

废水处理是指通过各种技术方法，利用各种设备和构筑物将工业或生活废水中的污染物分离出去，或将其转化为无害物质，从而使废水得到净化，达到排放或回用的标准。

废水处理技术的研究及应用，应本着以下原则。

（1）力求减量化

无论生活用水还是工业用水，应首先从改革设备和生产工艺入手，尽可能减少废水的排放量和污染物量，以减轻处理站的负荷，从而节省基建费和运行费。

（2）提高回收利用与循环使用率

在废水处理，尤其是对高浓度废水处理的同时，应着眼综合利用，回收有利用价值的物质。例如：对于炼油厂的含油废水，必须考虑回收废水中的油；对于有色金属冶金废水，要考虑回收那些贵重或稀有金属等等。这种回收利用工艺应在整个生产工艺设计的同时加以考虑，并尽可能分车间、工段设置必要的处理设施，从而避免各种废水混合后所带来的复杂化与处理困难。综合利用不仅为国家节约了资源，而且也减轻了废水处理的负荷，显然是一举两得的措施。

废水处理的另一个重要举措是提高水的循环利用率，即将某一工序产生的废水，稍加处理再回用或作为另一工序生产用水，以大大减少废水的排放量。国内有些工厂，已实现闭路循环，使该厂少排甚至不排废水。提高水的循环利用率对一些用水大户尤为重要。例如冶金行业、造纸业，提倡废水再利用，效益显著。

（3）经济、合理、妥善地处理废水

生活废水含有大量的有机污染物，不经处理就直排江河，必将造成水体功能的降低和水环境恶化，以致危害居民的身体健康。工业废水经回收利用后，仍将产生一定数量的含有害污染物的废水。这些废水也将对环境构成威胁。因此，因地制宜地选择经济、合理的废水处理方法，对废水进行安全、妥善处理，至关重要。

水资源是一种极为宝贵的自然资源，是人类生存不可缺少的物质。在人民生活，城市建设、工农业生产中，水和其他资源一样是非常重要的经济资源，同属于国民经济的基础结构，已成为地区开发的中心问题和经济发展的主要制约因素。因此，为了确保经济的高速发展和人民生活水平的不断提高，必须保护水资源。1997年6月在纽约召开的联合国第二次全球环境首脑会议警告说："地区性的水危机可能预示着全球性危机的到来"。水资源短缺已向人类提出了挑战。所以，加强废水处理技术的研究，提高废水的再利用率和循环率以及提高废水处理的达标率有着重要的现实意义。

3.2.3　水质指标

为了反映水体污染的程度，以及反映废水的物理、化学和生物学等方面的特性，要用水质指标来表示。废水的水质指标也是对其进行监测、评价、利用及治理的主要依据。

国家对废水的水质分析监测指标有统一的标准。地方和行业根据水体的功能区别和行业特点，还有地方或行业规定的指标或标准。概括起来可以归纳为物理指标、化学指标、生物指标和放射性指标。

（1）物理指标

废水分析监测的物理指标一般包括固体物质、浊度、透明度、色泽和色度、温度、臭和味、电导率等项目。

固体物质包括悬浮固体物和溶解固体物。总残渣包括过滤性残渣（又称总溶解性固体物

TDS）和非过滤性残渣（又称悬浮物或悬浮固体物 SS）。溶解固体物是指水中溶解的各种无机物质和有机物质的总和。悬浮固体和溶解固体二者的总和又称为总固体。其中悬浮固体含量是一个常用的重要水质指标，单位为 mg/L。

浊度是在外观上判断水是否被污染的重要指标。1L 水中含 1mg SiO₂ 所构成的浊度为一个标准浊度单位，简称 1 度。

透明度与浊度意义相反，但二者同是反映水中杂质对透过光的阻碍程度。

色泽指废水的颜色。如废水呈深蓝色、桃红色等。色度是指废水所呈现颜色深浅程度。色度可以用以铂-钴为标准的比色法或稀释倍数法测定。

臭和味是判断水质优劣的感官指标之一。洁净的水没有气味，被污染的水则可能有各种臭味。如臭味、粪臭味、汽油味、氯气味等。对臭味种类多用文字描述，即用强、弱等字样描述臭的强度。比较准确的定量方法是臭阈法。

（2）化学指标

废水分析监测的化学指标一般包括：化学需氧量（COD）、生化需氧量（BOD）、总有机碳（TOC）、总需氧量（TOD）、有机氮、pH 值及其他有毒有害物质。

化学需氧量也称化学耗氧量，是指酸性条件下用化学氧化剂氧化水中有机污染物所消耗的氧化剂中折算成氧的量。通常采用的强氧化剂为重铬酸钾或高锰酸钾。我国规定的废水检测标准采用重铬酸钾为氧化剂，所以有时记作 COD_{Cr}，单位为 mg/L。

生化需氧量全称为生物化学需氧量，是反映废水中可生物降解的含碳有机物含量多少以及排入水体后产生耗氧影响的指标。用单位体积污水中有机污染物经微生物分解所需氧的量，单位以 mg/L 表示。BOD 小于 1mg/L 表示水是清洁的，如果 BOD>3mg/L，表示水体已受到有机物污染。

总需氧量指废水中能被氧化的物质，主要是有机物在燃烧中变成稳定氧化物的需氧量，以 O_2 的 mg/L 表示。

总有机碳是用燃烧法测定水样中总有机碳元素的量，用以反映水中有机物总量，以碳的 mg/L 数来表示。总有机碳和总需氧量，都是近年发展起来间接表示水中有机物含量的一种综合性指标，更多用于理论研究。

有机氮是反映废水中蛋白质、氨基酸、尿素等含氮有机物总量的一个水质指标。有机氮在有氧条件下进行生物氧化，可逐渐分解为多种形态，其中 NH_3、NH_4^+ 称为氨氮，NO_2^- 称为亚硝酸盐氮，NO_3^- 称为硝酸盐氮。这几种形态的含量均可作为水质指标，分别代表有机氮转化为无机物的各个阶段。总氮则是包括了从有机氮到硝酸盐氮等全过程含量的水质指标。

pH 值是反映废水酸碱度大小的指标。当 pH＝7 时，水呈中性；当 pH＜7 时，水呈酸性；当 pH＞7 时，水呈碱性。水的酸碱度对水生生物繁殖生长有很大影响，对废水处理技术与设备的选择也是重要因素，是废水的重要水质指标之一。

有毒有害物质是指废水中含有的某些物质达到一定浓度后，会危害人体健康和水生生物生长，及影响废水生物处理的物质。这些有毒有害物质可以分为无机有毒物和有机有毒物，如汞、镉、铬、铅、酚、砷化物、氰化物、农药等。

（3）生物指标

废水的生物指标一般用水中对人和其他生物体有害的细菌数来表示，主要有细菌总数、大肠菌群、藻类。

（4）放射性指标

总 α、总 β、铀、镭、钍等，生物体受过量辐照时（特别是内照射）可引起各种放射病或烧伤等，放射性也是废水的重要水质指标之一。

3.2.4 废水处理方法分类

废水处理是指通过各种技术方法，将工业或生活废水中的污染物分离出来，或将其转化为无害物质，从而使废水得到净化，达到排放或回用标准。

由于废水处理的目的不同，可按照沉淀均质、达标排放、循环回用等不同要求来确定不同的处理深度。根据废水处理深度的不同可以分为一、二、三级处理。

表 3-7　废水处理的基本方法

分类	处理方法		处理对象	适用范围
物理法	调节		使水质、水量均衡	预处理
	重力分离法	沉淀	可沉固体	预处理
		隔油	颗粒较大的油珠	预处理
		气浮	乳状油、相对密度近于 1 的悬浮物	中间处理
	离心分离法	水力旋流器	相对密度比水大或小的悬浮物，如铁皮、沙、油类等	预处理
		离心机	乳状油、纤维、纸浆、晶体、泥沙等	预处理或中间处理
	过滤	格栅	粗大悬浮物	预处理
		筛选	较小悬浮物	预处理
		砂滤	细小悬浮物、乳状油	中间或最终处理
		布滤	细小悬浮物、浮渣、沉渣脱水	中间或最终处理
		微孔管	极细小悬浮物	最终处理
		微滤机	细小悬浮物	最终处理
	热处理	蒸发	高浓度酸、碱废液	中间处理
		结晶	可结晶物质如硫酸亚铁、铁氰化钾等	最终处理
	磁分离		可磁化物质	中间或最终处理
化学法	投药法	混凝	胶体、乳状油	中间或最终处理
		中和	酸、碱	中间或最终处理
		氧化还原	溶解性有害物质如 Cr^{6+}、CN^-、S^{2-} 等	最终处理
		化学沉淀	溶解性重金属离子如铅、汞、锌、铜等	最终处理
	电解法		重金属离子	最终处理
物理化学法	传质法	蒸馏	溶解性挥发物质，如苯酚、氨	中间处理
		气提	挥发性溶解物质如挥发酚、甲醛、苯胺	中间处理
		吹脱	溶解性气体如 H_2S、CO_2 等	中间处理
		萃取	溶解物质如酚	中间处理
		吸附	溶解物质如酚、汞等	中间或最终处理
		离子交换	可离解物质如酸、碱、盐类等	中间或最终处理
	膜分离法	电渗析	可离解物质如盐类，去除盐类和有机物	中间或最终处理
		反渗析	相对分子质量较大的有机物	中间或最终处理
		超过滤	酸、碱废液	中间或最终处理
		扩散渗析		中间或最终处理
生物法	天然生物处理	氧化塘	胶体状和溶解性物质	最终处理
		土地处理	胶体状和溶解性物质如有机物、氮、磷	最终处理
	人工生物处理	生物膜法	胶体状和溶解性有机物	中间或最终处理
		活性污泥法	胶体状和溶解性有机物	中间或最终处理
		盐气消化	有机污水和有机污泥	中间或最终处理

根据废水中污染物在处理过程中的变化特性，又可分为分离处理、转化处理、稀释处理及对废水处理产生的污泥的处理。

不同的废水采用不同的处理方法，不同的处理方法有不同的原理、设备和工艺流程。废水处理中采用的技术方法，主要为：①物理处理方法；②化学处理方法；③物理化学处理方法；④生物化学处理方法。分离处理多属于物理处理方法或物理化学处理方法。转化处理以化学处理方法和生化处理方法为主，还包括消毒处理。废水的深度处理可以将不同的工艺组合成一定的处理系统，以求得到预定处理标准。详见表3-7所列。

3.3 废水的物理处理方法

废水处理的基本方法可以分为两类：一类是将污染物从废水中分离出去，如沉淀；另一类是将污染物转化为无害物质或转化为可分离物质后再予以分离，如生物处理等。前者以物理方法为主。

所谓物理方法，是指对天然水体或人类活动所排放的废水中，含有的一些不溶性悬浮物、油或漂浮物，利用机械力或其他物理作用将其从水中分离出去，在分离过程中不改变其性质，但达到了废水处理净化的目的。如重力分离、离心分离、筛滤截留、蒸发、结晶、冷凝加热处理过程都是物理处理方法。这种方法的设备大都比较简单，分离效果良好，应用极为广泛。可以单独使用，也常与其他方法结合使用。

3.3.1 重力分离法

废水的重力分离法是最常用、最基本的废水处理方法。它是利用重力作用把悬浮物与水分离开。由于废水中的悬浮物密度与废水密度不同，从而所受的重力也不同。当悬浮物的密度大于废水密度时，它在重力作用下发生沉降。当悬浮物密度小于废水密度时则上浮。对于呈乳化状态或密度与废水相近的物质，难于自然沉降或上浮，往往需要与其他方法相结合，迫使其沉降或上浮。

（1）沉淀法

沉淀法又叫澄清法。是利用废水中悬浮物密度大于废水密度的特点，借助于重力或惯性力形成沉淀物而达到固液分离的目的。这种处理方法虽然较为简单，但确是废水处理中采用甚广的重要方法，几乎是各类废水处理中不可缺少的工艺过程。这种处理工艺可以作为单一的处理方法用于废水处理，如在一级处理系统中，沉淀就是主要的处理工艺；但更多的是和其他处理方法配合，用于废水初级处理或废水处理的中间过程。如在生物处理前设有初级沉淀池，以减轻后续设备的处理负荷，保证后续工序的正常进行。在生物处理后设二次沉淀池，用以分离生物污泥，使处理水得到澄清。对于城市污水处理，无论是一级处理系统还是二级处理系统，都必须设置沉砂池，以去除砂粒类固体颗粒。

利用沉淀法处理废水，沉淀效率取决于废水在沉淀池中的流动速度、悬浮颗粒的沉降速度、沉淀池的结构、尺寸及水力条件等因素。悬浮颗粒的沉降速度 u(cm/s) 与粒径 d（cm）、颗粒密度 ρ_g（g/cm³）、废水密度 ρ（g/cm³）、废水动力黏滞系数 μ[g/(cm·s)] 等因素有关。故在自由沉淀中，单个颗粒在静水中的沉降速度可以用斯托克斯（Stoks）公式计算：

$$u = \frac{gd^2(\rho_g - \rho)}{18\mu} \tag{3-4}$$

显然，影响颗粒物分离的首要因素是颗粒物与废水的密度差（$\rho_g - \rho$）。但实际上，废水中所含的悬浮固体颗粒的粒径、形状十分复杂，沉淀过程也不可能是单个颗粒在静水中沉降，故上式所得的结果只能作为设计沉淀池的参考。真正采用的沉降速度一般通过静置实验来测定，然后经过修正，再作为设计构筑物或设备的依据。

　　沉淀池是利用沉淀法处理废水的主要构筑物。根据其构造可分为普通沉淀池和斜板斜管沉淀池两种，后者应用已十分普遍。

　　普通沉淀池按池内水流方式的不同又可分为平流式，竖流式和辐流式三种。

　　平流式沉淀池池面多呈矩形（如图 3-3 所示），长宽比以 4～5 为宜，长深比一般为 8～12。废水从池首的进水孔流入池中。进水孔后设有挡板使其稳流，以便废水能均匀分布。废水以水平方向缓缓流过池身，从池尾流出。在此过程中，需分离的悬浮物完成沉降过程，沉降到池底。由于可沉淀悬浮物大多沉降在沉淀池前部，因此，在池前部设置贮泥斗。当装有刮泥机时，池底坡度较小，靠刮泥机将池底沉泥推入贮泥斗。斗中的污泥通过排泥管排出池外。无刮泥机时，则池底多做成 45°～60° 的多斗形。每斗有一排泥管，及时排出沉淀污泥，使沉淀池正常运行是保证出水水质达到预期标准的一项重要措施。

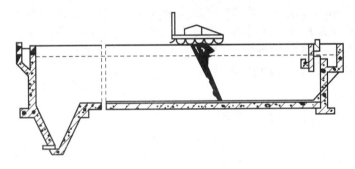

图 3-3　设刮泥机的平流式沉淀池

　　竖流式沉淀池平面形状多为圆形（如图 3-4 所示），也有方形或多角形。池子直径或边长多为 4～7m，池径与池深之比一般小于 3。废水从处于池中心的进水管下部流入池内，由反射板阻流而向四周均匀布水，然后沿竖直方向自下而上流动，到顶部从周边溢流堰槽排出。水中的悬浮物在此过程中发生沉降，沉到锥形贮泥斗中。污泥可以依靠静水压力排除，无需机械刮泥设备。其优点是排泥容易，不需机械设备刮泥。其缺点是池子深度大，施工较困难，造价偏高，水流分布不易均匀，废水量大时不适用。

　　辐流式沉淀池是一种水浅、直径大的圆形池子（如图 3-5 所示）。池径一般介于 20～30m 之间，但最大也可达百米。废水入口设在池中心。废水由池中心沿半径方向均匀向四周辐射流动，从中心到周边流速逐渐变缓。在此过程中，固体颗粒也随之沉降到池底。澄清水从池周边溢流堰

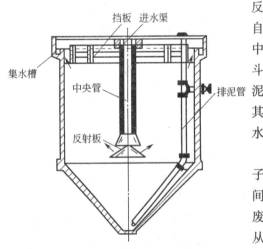

图 3-4　圆形竖流式沉淀池

槽排出。沉淀的污泥通过机械刮泥机将其刮到池中央的污泥斗中，再靠静水压力或泥浆泵排出池外。辐流式沉淀池也有采用从周边进水，中心排出式的结构。这一类沉淀池应用范围很

广，城市污水及各类工业废水都可以使用，既可以作为初次沉淀池，也可以作为二次沉淀池，一般适用于大型污水处理厂。其缺点是排泥设备庞大，造价高。

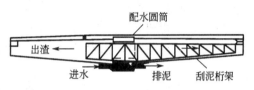

图 3-5　辐流式沉淀池

斜管或斜板式沉淀池是在沉淀池的澄清区设置平行的斜管或斜板，以提高沉淀池的表面负荷。

究竟选择哪种结构的沉淀池，要根据废水的流量、悬浮物性质和沉降特性，以及废水处理厂的总体布局和地质条件等多种因素决定。

（2）浮上法

浮上法是利用固体（或液体）与水之间的密度差进行分离的方法。浮上与沉淀过程不同，前者仅适用于颗粒的真密度或视密度低于水的场合。浮上分自然浮上和"诱发"浮上。自然浮上是利用固液相自然密度差，而不施加人工影响的浮上。"诱发"浮上通过人工措施，使固体或液体颗粒与气泡结合，形成"颗粒-气泡"复合体，其密度小于连续相的液体（水），作用力（重力、浮力、阻力）的合力使复合体上升，并集中在液体表面被清除。

浮上法经常用于处理含油废水。由于废水中油品相对密度多小于1，其中60%～90%的分散颗粒较大，以悬浮态存在，能够自然浮上液面，容易从废水中分离出去，称为浮油。其中10%～15%的分散颗粒较小，粒径一般在（0.05～25）μm 之间，呈乳化状态存在，上浮速度低于 0.001mm/s。不能靠其自然上浮分离，称为乳化油。对此多采用加压溶气、叶轮扩散、曝气、喷射等气浮法处理。特别是加压溶气，使乳状油粒黏附在细小的空气泡上迅速浮出水面。还有很小部分油品在废水中呈溶解状态，称为溶解油。含油废水处理的重点是去除浮油和乳化油。前者主要用隔油池分离，后者则需用气浮或混凝法破乳后除去。

隔油池是用自然浮上法分离去除含油废水中浮油的主要设备（构筑物）（如图 3-6 所示），

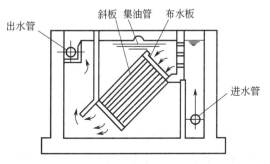

图 3-6　斜板式隔油池

其构造与沉淀池类似，一般池长与池宽之比不小于 4。国内多采用平流式矩形隔油池。废水自首端进水管流入，沿水平方向缓慢流动，从尾端流出。在流经隔油池的过程中，密度小粒径大的油品杂质浮出水面，由设在出水端水面的集油管收集，或由水面刮油机推送进入集油管回收并导出池外。密度大的固体杂质则下沉。沉泥经污泥斗或用刮泥机清除。隔油池表面要用盖板覆盖，以便防火、防雨、保温。这种隔油池构造简单，隔油效果稳定，便于管理，但池体大，占地面积较大。

除了平流式隔油池，还可以采用波纹板式隔油池。由于在池内设置了波纹板或斜板，提高了单位池容的分离表面。因此，油水分离的效果大大提高，而隔油池容积可大大减少。近年来，国内外对含油废水处理技术取得不少新的进展，如利用粗粒化装置、湍球塔及多层波纹板式隔油系统处理含微量油或乳化油的废水，获得较好的处理效果。

3.3.2　离心分离法

物体高速旋转会产生比其本身重力大得多的离心力。离心力的大小不仅与旋转半径和旋转圆周的线速度有关，还取决于旋转物体的质量。所以当含有悬浮物的废水高速旋转时，由于悬浮固体和废水质量不同会产生受力的差异。质量大的悬浮固体就被甩到废水外侧。这样就可以把悬浮物和废水分别通过各自的出口排出，达到固液分离的目的，使废水得以净化。这种借助于在设备内高速旋转形成的离心作用，使废水中的悬浮物与水分离的过程叫做离心分离。

水处理中常用的离心分离设备有离心分离机、水力旋流器、旋流池等。

离心分离机主要是利用惯性离心力，分离液态非均相混合物，要求悬浮物与废水有较大的密度差。其分离效果主要取决于离心机的转速以及悬浮物的密度和粒度。水力旋流器又称旋液分离器，是利用离心沉降原理从悬浮液中分离固体颗粒的设备，它的结构与操作原理和旋风分离器相类似。设备主体也是由圆筒和圆锥两部分组成，如图 3-7 所示。水力旋流器主要用于去除液体中密度较大的砂粒等悬浮物。悬浮液经入口管沿切向进入圆筒，向下作螺旋形运动，固体颗粒受惯性离心力作用被甩向器壁，随下旋流降至锥底的出口，由底部排出的增浓液称为底流，清液或含有微细颗粒的液体则成为上升的内旋流，从顶部的中心管排出，称为溢流。在旋转过程中，质量大的固体颗粒由于受到离心力作用而被抛至容器壁，并由于自身重力作用与壁面碰撞后下沉。质量小的则留在容器的轴心处，通过不同的排出口导出。

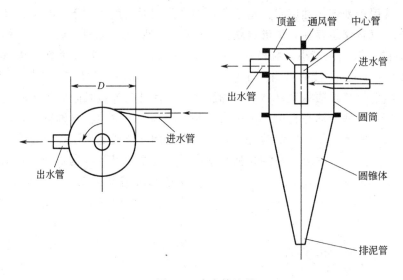

图 3-7　水力旋流器

离心机和旋流器在结构上最大的不同是后者无转动部分，而离心机的主要部件则是一高速旋转的圆筒——转鼓。转鼓固定安装在竖直或水平的轴上，由电动机带动旋转，同时也就带动了要处理的废水一起旋转。根据离心机的不同，甩出的悬浮固体或留在滤布上，或贴在转鼓内壁上，清液则从紧靠转轴的孔隙或导管排出。

离心机种类很多，按其离心因数（K_e）的大小可以分为常速离心机（$K_e < 3000$），包括低速离心机（$1000 < K_e < 1500$）和中速离心机（$1500 < K_e < 3000$），主要用于一般悬浮物分离和污泥脱水；高速离心机（$K_e > 3000$），主要用于分离细粒状悬浮液；超高速离心机（$K_e > 12000$），主要用于分离颗粒极细的乳化液、油类。按其操作原理可划分为过滤式离心机、沉降式离心机和分离式离心机。按离心机分离容器的几何形状不同，又可以分为转筒式离心机、管式离心机、盘式离心机和板式离心机等。离心机的使用比较普遍，究竟选用哪种离心机，要根据被分离物的性质和分离要求来确定。

3.3.3　过滤法

固液混合物通过多孔材料（过滤器）时，固体被截留而液体通过的工艺过程称为过滤。过滤又有表面过滤、体积过滤或滤层过滤。无论哪种过滤，液体通过多孔介质流动遵守达西定律，该定律表明压力损失 p 与过滤速度 U 成正比，可用下式描述。

$$U = p/(\eta R) = Kp \tag{3-5}$$

式中　U——滤速；

　　　p——水压损失（滤阻）；

　　　η——动力黏度；

　　　R——介质阻力。

（1）表面过滤

表面过滤时固体截留在滤料表面，形成滤饼，其厚度逐渐增加。此时，R 由两个阻力串联形成，即滤饼阻力 R_g 和滤膜初始阻力 R_m。

$$R_g = r(M/S) = r(WV/S)$$

式中　M——滤饼总质量；

　　　W——单位体积滤液所沉积泥饼的质量；

　　　V——给定时间 t 后滤液体积；

　　　S——过滤表面积；

　　　r——滤饼在压力差 p 下的过滤比阻力（可滤性系数）。

过滤速率 U：

$$U = \frac{1}{S}\frac{dV}{dt} = \frac{p}{\eta(rWV/S + R_m)} \tag{3-6}$$

将式（3-6）积分得 $t = aV^2 + bV$，又可写成：

$$\frac{t}{V} = aV + b \tag{3-7}$$

其中　　　$$a = \frac{\eta rW}{2pS^2}; \quad b = \frac{\eta R_m}{pS}$$

式（3-7）可作成图 3-8 所示的曲线。

这个方程的图像是一条直线，通过斜率公式可把 r 求出。

$$W = \frac{W_b}{1 - W_b/W_g}$$

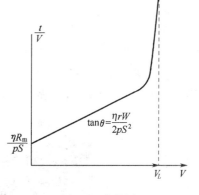

图 3-8　曲线图

其中　$W_b = \dfrac{\text{干固体的质量}}{\text{污泥的单位质量}}; W_g = \dfrac{\text{干固体的质量}}{\text{滤饼的单位质量}}$

需指出的是，整个过滤过程，只有 r 值恒定，式 (3-6)积分才是正确的。欲保证 r 值恒定，污泥须是不可压缩的。

比阻值 r 随压力增加而增大，可用下式估算：

$$r = r_0 + r'pS \tag{3-8}$$

式中　r_0——$p = 0$ 时的极限比阻；

　　　r'——p 为 1Pa 时的极限比阻；

　　　S——污泥压缩性系数，无量纲。

（2）厚滤料过滤

在利用多孔板过滤时，可能会发生两种现象，即板表面过滤和板内过滤。

为了确定过滤的类型（表面过滤或深部过滤），可通过下式（3-9）计算 ε 值大小来确定。

$$\varepsilon = \frac{18p}{R_m d^2 (S-e)} \tag{3-9}$$

式中　p——通过阻力为 R_m 滤层的压力损失；

　　　d——截留颗粒直径。

　　　e——压缩性指数；

　　　ε——滤层空隙率。若 $\varepsilon < 100$ 为膜过滤；$\varepsilon > 1000$ 滤层过滤；若 $100 < \varepsilon < 1000$ 为膜滤和滤层过滤。

（3）滤层过滤

水中的固体颗粒物被截留在滤料内部的过滤称为滤层过滤。滤速 U 按下式估算：

$$p = K_0 U \left[1 + \frac{a(e^{At}-1)}{F_0}(1-e^{-F_0 L}) \right] \tag{3-10}$$

式中　p——压力损失；

　　　U——滤速；

　　　F_0——初始过滤系数；

　　　L——滤池任一截面与进水口的距离；

　　　K_0——达西系数初始值；

　　　t——时间；

　　　A——过滤面积；

　　　a——系数，具体计算见式（3-7）。

过滤是一种简单、有效、应用普遍的方法，经常用于废水处理的预处理，目的是去除废水中粗大的悬浮颗粒，以防止其损坏水泵、堵塞管道和管件。根据悬浮颗粒的大小和性质，可以选择不同的过滤介质和设备。以格栅、筛网、滤布、滤料（砂、粉煤灰、炉渣）或微孔管为过滤介质的设备，都属于常用的过滤设备。下面仅就典型设备作一介绍。

① 格栅　格栅一般为 10～15mm 缝宽的金属丝网或一组平行的矩形栅条制成的金属框架（如图 3-9 所示）。栅条的间距随废水类型和水泵型号来确定，如城市污水一般采用 16～

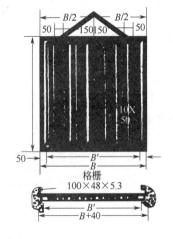

图 3-9　格栅

25mm 间距的格栅。中国目前采用的机械格栅的栅条间距大多在 20mm 以上。一般将格栅斜置在废水流经的渠道或泵站集水池进口处，用以截留渠道或泵站集水池进口处那些较粗大的固体悬浮物，保证后续处理构筑物或水泵机组等设备的正常工作。

格栅截留污染物的数量，因栅条间距、污水的类型不同而不同。根据格栅上截留物清除方法的不同，可以分为人工清理格栅和机械格栅。机械格栅又可分为固定的和活动格栅。如移动式伸缩臂机械格栅即为前者，钢丝索格栅和鼓轮格栅则属于后者。

② 筛网　筛网又称滤网，是用金属孔板、丝网、帆布、毛毡等带孔眼材料为介质制成的过滤装置。其孔眼直径在 0.5~5mm 范围内，用于处理隔滤含有大量细小纤维状悬浮物的工业废水。如毛纺、化纤、造纸等行业废水中含有大量细小纤维状悬浮杂质，不能用格栅截留，也难于用沉淀达到液固分离的目的。筛网则是截留此类悬浮物最适宜的过滤装量。

在废水处理中，根据筛网卸下截留污染物的方式，可以分为振动筛网和水力筛网。它们的共同点是利用运动的筛网，在污水流动过程中把水中纤维状污染物和其他悬浮固体截留下来。不同点是一个利用机械振动将运动筛网上的截留物卸到固定筛网上然后加以清除，一个由于筛网呈截圆锥形，在其运动中被截留的污染物靠水的压力，沿筛网的倾斜面卸到固定筛上并加以清除。

吸力自清洗过滤器（网式）（如图 3-10 所示）的工作原理是过滤介质首先经过粗滤网滤掉较大颗粒的杂质，然后到达细滤网将较小的颗粒杂质去除。由于过滤介质中的脏物、杂质在细滤网内侧积累，在细滤网的内、外两侧就形成了一个压差。当细滤网内外的这个压力差达到预设值时，自动清洗过滤被启动，其间系统的供水不中断。整个自清洗过程完全依靠系统管线内的压力完成，无需外接电源。

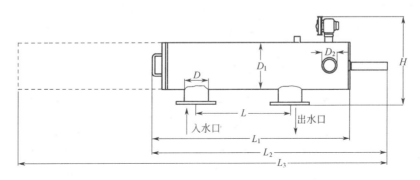

图 3-10　吸力自清洗过滤器（网式）工作原理

织物介质又称滤布，包括棉、毛、麻、化纤等制成的织物及由玻璃丝、金属丝织成的网，如转鼓式滤网可以用铜丝、铁丝、不锈钢丝或尼龙丝织成，板框压滤机的过滤介质可以用帆布、尼龙布。在废水处理中，利用筛网（滤布）为过滤介质制成的过滤设备有多种形式，如平板筛网过滤机、转筒真空过滤机、圆盘真空过滤机、板框式压滤机及微滤机等。

③ 砂滤　砂滤是以粒状介质滤除悬浮粒子的方法，其构筑物是滤池。由于砂滤能够去除废水中更细微的悬浮物质，所以常用作离子交换法、活性炭吸附法等物理化学处理法前的保护装置，对废水进行预处理，以防止交换剂或吸附剂被堵塞而影响废水处理效果。

砂石过滤器（多介质过滤器）是以成层状的无烟煤、砂、细碎的石榴石或其他材料为床层的机械过滤设备。其原理为按深度过滤水中不同颗粒度的颗粒，较大的颗粒在顶层被去除，较小的颗粒在过滤器介质的较深处被去除，从而使水质达到粗过滤后的标准，降低水的

SDI 值，满足深层净化的水质要求。

　　滤池的过滤作用是通过机械隔滤和吸附、接触凝聚两个过程来完成的。滤池的形式很多，根据其滤速大小，可以分为慢滤池、快滤池和高速滤池；按进水方式不同，可分为敞开式重力过滤器和密闭式压力过滤器；按滤粒布置可分为单层滤池，双层滤池和多层滤池；按滤料种类、水流过滤层的方向、进出水及反冲洗水供给方式等可以分成不同的形式和种类，但其基本构造是相同的。图 3-11 为某型号砂石过滤器结构示意。

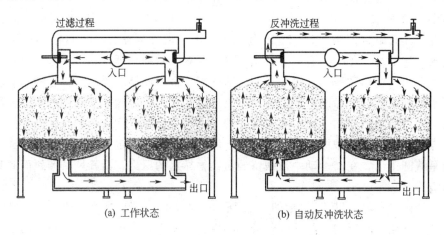

图 3-11　某型号砂石过滤器结构示意

　　滤料层是滤池的核心部分。滤料材质、滤料粒径、滤层厚度、层数及级配（滤料中粒径不同颗粒所占的比例）都会直接影响滤池的正常运行。如对大多数含酸含盐废水常用石英砂滤料；对废碱液则可采用大理石、石灰石滤料；对全胶状物废水大多采用骨灰、焦炭等滤料；对于单层滤料滤池多以石英砂、无烟煤、陶粒和高炉渣为滤料；对多层滤料多用无烟煤、石英砂、石榴石或钛矿砂为滤料。总之，除了考虑废水本身特点，滤料应选用粒径较大、强度较高、抗腐蚀性较强、抗冲击负荷能力较强且成本较低的物质。

3.4　废水的化学处理方法

　　废水的化学处理方法是利用化学反应的原理，通过中和、氧化还原、混凝等作用，使废水中的污染物发生化学性质或物理形态上的变化，以便能从废水中分离回收，或是由于改变了它们的化学性质而使其无害化的一类处理方法。此类处理方法的对象主要是废水中可溶解的无机物和难以生物降解的有机物以及有毒有害的胶状物质。经常与生物处理方法一起用于废水的二级处理或有机废水的三级处理。

　　废水化学处理中常用的方法有化学混凝法、中和法、化学沉淀法、氧化还原法和电解法。

3.4.1　化学混凝法

　　废水中较大的粗粒悬浮物可以用自然沉淀去除。但更微小的悬浮物，特别是胶体粒子沉降很慢，甚至能在水中长期保持分散的悬浮状态而不能自然下沉，难以用自然沉淀的方法从水中分离除去。化学混凝法原理是向废水中投加混凝剂以破坏这些细小颗粒的稳定性，使其互相接触而凝聚在一起，形成絮状物，并下沉分离。

　　化学混凝法综合了混合、反应、凝聚、絮凝等几个过程。由于混凝剂投入水中，大多可以提供大量正离子。正离子能把胶体颗粒表面所带的负电中和掉，使其颗粒间排斥力减小，从而容易相互靠近并凝聚成絮状细粒，实现了使水中细小胶体颗粒脱稳并凝聚成微小细粒的过程。微小的细粒通过吸附、卷带和架桥形成更大的絮体沉淀下来，达到了可从水中分离出来的目的。

目前常用的混凝剂主要有无机混凝剂、有机混凝剂和高分子混凝剂三类。无机混凝剂又可分为无机盐类、碱类、固体细粉类等；有机混凝剂有阴离子型和阳离子型的区别；高分子混凝剂既有无机类又有有机类的区别，也有低聚合度和高聚合度的不同。不同聚合度下的混凝剂又有阴离子型、阳离子型或非离子型。选用混凝剂的品种、数量应根据处理对象，即不同的废水的试验资料和条件而定，必须本着价廉、易得、用量少、效率高，且生成的絮状物易于沉淀分离的原则。在单用混凝剂效果不好时，还可以投加助凝剂。助凝剂本身不起混凝作用，但能够调节或改善混凝条件或改善絮凝体的结构。例如利用 CaO、$Ca(OH)_2$、Na_2CO_3、$NaHCO_3$ 等为助凝剂，可以调整 pH 值，以达到混凝剂使用的最佳 pH 值。利用 Cl_2 作氧化剂助凝，可以去除有机物对混凝剂的干扰，并将 Fe^{2+} 氧化为 Fe^{3+}。利用聚丙烯酰胺、活性硅酸等助凝剂，可以改善絮凝体结构，提高处理效果。

除了加入混凝剂的品种、数量会直接影响废水混凝处理效果外，还有多种因素也会对混凝效果产生重要影响。例如废水的 pH 值，各种药剂是否在适宜的 pH 值范围内产生混凝作用，直接影响到胶体颗粒表面电荷的中和及絮状物沉淀过程；由于水温影响水解速度，故温度升高将促进胶体脱稳而相互凝聚；搅拌是为了帮助混合反应和凝聚（絮凝），过于强烈的搅拌会打碎已凝聚（或絮凝）的矾花，反而不利于混凝沉淀，所以搅拌要适度，搅拌强度和水的流速应随絮凝体的增大而降低。此外，是否使用助凝剂、采用的投药方式，以及反应池的构造、管理人员的素质等都会对混凝处理的效果产生影响。

利用混凝法处理废水，除了去浊、脱色外，对高分子化合物、动植物纤维、部分有机物、油类、某些表面活性物质、农药、汞、镉、铅等重金属和放射性物质都有一定的清除作用。混凝法可以根据需要用于废水处理的预处理、中间处理和深度处理的各阶段，并且设备简单，维护操作易于掌握，处理效果好，所以在废水处理中应用非常广泛。缺点是由于不断向废水中投药，运行费较高，沉渣量大，且脱水困难。

3.4.2 中和法

工业废水中常含有一定量的酸性物质或碱性物质。其中含酸浓度大于 5% 和含碱浓度大于 3% 的废水为高浓度废水，常称为废酸液或废碱液。对于高浓度酸碱废水，应首先考虑重复使用或回收。对浓度低于 4% 的含酸废水和浓度在 2% 以下的含碱废水，在没有有效的利用方法时，又无回收利用价值，均应用中和法进行无害化处理，将废水的 pH 值调整到工业废水的允许排放标准（pH 为 6～9）后再排放。

常用的中和法有酸、碱废水自中和、加药中和与过滤中和。酸性和碱性废水混合后，使pH 值接近中性的过程称为均衡，故此法又称均衡法。加药或过滤中和是分别利用所投药剂或滤料作中和剂，通过中和反应调节 pH 值，故又称 pH 值控制法。

从理论上讲，中和处理所需要中和剂的理论用量可以按化学方程式计算得出，只要进行中和反应的酸碱当量数相等，应该完全中和。但由于废水成分复杂，会有一些干扰因素，所以中和剂的实际投加量一般应通过滴定试验得出的中和值确定。

（1）酸碱废水自中和

酸碱废水自中和，是以废治废的方法，既简单又经济，适用于各种浓度的酸碱废水。所用主要设备是酸碱混合反应池，但具体配置要根据酸碱废水排放的具体情况来设计。

当酸碱废水排出量稳定，含量也能相互平衡时，可以直接在管道内完成混合中和反应，不必再设中和池，但这种理想情况并不多见。若排出的酸碱废水浓度和流量经常变化，则应设置混合反应池（或称为中和池），必要时还需补加中和药剂。

（2）加药中和

加药中和是利用向酸性废水投加碱性物质或向碱性废水投加酸性物质以改变废水酸碱度的方法。加药中和在废水处理中是一种广泛应用的中和方法。

加碱中和酸性废水最常用的药剂是石灰，它能用于处理任何浓度的酸性废水。此外石灰石、电石渣、纯碱、烧碱等也经常使用。不同酸类废水常用的中和药剂如表3-8所示。

表3-8 不同酸类废水常用的中和药剂

不同酸类废水	常用中和药剂	不同酸类废水	常用中和药剂
硫酸废水 盐酸废水	石灰、纯碱、白云石 石灰石、电石渣	硝酸废水	白云石、熟料

酸性废水加药中和之前，有时需要对废水进行悬浮杂质的澄清、水质及水量的均和等预处理，以减少加药量，并创造稳定的处理条件。

碱性废水常用的中和剂有硫酸、盐酸和含有 H_2S、CO_2、SO_2 等成分的酸性废气。由于工业硫酸价格较低，所以加酸中和主要采用工业硫酸。而使用盐酸的最大优点是反应产物溶解度大、泥渣量少，但出水中溶解固体浓度高。用吹入烟道气处理碱性废水是一种经济适用的方法，但缺点是处理后的废水中，硫化物、色度和耗氧量会显著增加。

（3）过滤中和

过滤中和从设备上看是反应器中和方式，是将酸性废水通过反应器中具有中和能力的碱性滤料层进行中和反应，在过滤的同时达到了中和的目的。

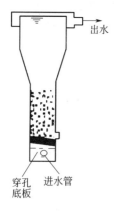

图 3-12 竖流式
中和滤池

过滤中和适用于含油和悬浮物少，含酸浓度低于2％～3％，并生成易溶性盐的各种酸性废水。滤料大多采用来源广、价格便宜的石灰石。大理石和白云石也经常用作滤料。

过滤中和所使用的设备为中和滤池，又叫中和反应器。按其设施或设备结构及运行方式可以分为普通中和滤池、升流式膨胀中和滤池和滚桶式过滤中和反应器。

普通中和滤池即固定床中和滤池。水的流向有平流和竖流式两种，目前多用竖流式（见图3-12）。竖流式又分为升流式和竖流式两种。这种滤池一般用于处理含盐酸、硝酸废水。对于含硫酸废水，宜用白云石做滤料并限制进池废水中的含硫酸浓度。当废水中含有可能堵塞滤料的物质时，应进行预处理。实践证明，这种滤池中和效果较差，处理后的废水pH值较低，往往需要补充处理或稀释后才能排放，且金属离子难于沉淀。

升流式膨胀中和滤池，又称流化床中和反应器，水流方向自下而上，处理效果较好，但它也限制进池废水的含硫酸浓度，处理后的废水往往也需补充处理。流化床滤池对滤料粒径要求比较严格，一般在0.5～3mm之间。滤池在运行中滤料会有所消耗，应定期补充。

滚桶式过滤中和反应器对滤料要求不严，滤料粒径一般不超过150mm即可。这种过滤方式可用于中和浓度较高的硫酸废水和其他酸性废水。含悬浮物或纤维素的废水可以不经沉淀池，直接进入滚桶中和处理。但这种设备较大，结构比较复杂，故投资较多。现在虽已有定型产品，但仍然存在运转噪声大和设备易腐蚀的问题。

3.4.3　化学沉淀法

各种物质在水中溶解度不同，用某些化学物质作为沉淀剂，使其与溶于废水中的污染物发生化学反应，生成微溶或难溶于水的化合物，从而能从废水中沉淀分离出去的水处理方法为化学沉淀法。该法多用于去除废水中的重金属离子。

化学沉淀法常用的沉淀剂有碳酸盐、石灰、氢氧化钠、硫化物、钡盐、钙盐、铁屑等。根据沉淀剂的不同可以分为硫化物沉淀法、中和沉淀法（氢氧化物沉淀法）、钡盐沉淀法和铁氧体沉淀法。

（1）硫化物沉淀法

硫化物沉淀法多选用硫化钠作沉淀剂。由于S^{2-}与金属离子有很强的亲和力，用硫化钠或硫化氢作沉淀剂生成的金属硫化物溶度积很小，可使金属离子沉淀完全，因而对废水中金属离子的去除率很高。特别是经中和沉淀处理后仍不能达标的含汞和镉的废水，采用该法几乎可使Hg^{2+}和Cd^{2+}完全去除。

硫化物沉淀法形成的沉淀物的处理和重金属回收比较容易，但是所用沉淀剂Na_2S价格高，生成的沉淀物由于颗粒细小而增加了回收分离的难度。

（2）中和沉淀法

中和沉淀法可用$CaCO_3$、Na_2CO_3、$Ca(OH)_2$、$NaOH$和电石渣等碱性物质为沉淀剂，以去除含酸性废水中的重金属离子。

由于石灰能和许多金属离子（如Cr^{3+}、Fe^{3+}、Hg^{2+}、Pb^{2+}、As^{3+}、Al^{3+}、Zn^{2+}等）发生反应，生成难溶于水的金属氢氧化物，且价格便宜，来源广泛，故成为国内外重金属废水处理普遍采用的沉淀剂。

中和沉淀法虽然经济有效，但产生污泥量较大，并需注意两性元素的废水。当废水中pH值过高或含较多氰、铵、氯等离子时，会形成络合物而影响沉淀效果。

苛性钠固体沉淀剂，虽然反应迅速，产生污泥量少，但由于价格较贵，限制了它的使用。

（3）钡盐沉淀法

利用钡盐如$BaCl_2$、$Ba(OH)_2$、$BaCO_3$做沉淀剂，主要去除含铬废水中的六价铬。其反应式如下：

$$CrO_4^{2-} + Ba^{2+} =\!=\!= BaCrO_4 \downarrow$$

此法能比较彻底去除Cr^{6+}，只是沉淀剂（钡盐）较贵，现已很少应用。

（4）铁氧体沉淀法

铁氧体沉淀法又称铁氧体共沉法。该法是向废水中投加铁盐，如向含铅废水中溶入一定量的$FeCl_3$并加入铁屑，在形成铁氧体过程中，重金属离子被结合混入形成的$FeO \cdot Fe_2O_3$晶格中，即形成铁氧体晶粒沉淀析出。铁氧体沉淀法处理印刷厂含铅废水具有良好的效果。

3.4.4　氧化还原法

氧化还原法的原理是利用向废水中投加强氧化剂或强还原剂，通过氧化还原反应，将溶于水中的有毒有害物质氧化、还原转化成无毒无害物质，或将其转变成难溶于水的物质而除去。

（1）化学氧化法

氧化法是最终除去废水中污染物的有效方法之一，对各种工业废水几乎都适用。化学氧化法能使废水中有机物、无机物氧化分解，特别适宜处理难以生物降解的有机物，如染料、酚、氰、大部分农药及臭味物质。由于各种氧化剂氧化能力不同，分别适用于不同情况下的各种废水的氧化处理。根据处理过程中所用氧化剂的不同，又可以分为空气氧化、氯氧化、臭氧氧化及光氧化等方法。

① 空气氧化法　空气氧化法是直接利用空气中的氧气为氧化剂的处理方法。空气中的氧气虽然是最便宜的氧化剂，但氧化能力较弱，仅能氧化容易被氧化的物质。有时为了提高氧化效果，虽将空气直接吹入废水中，但氧化要在高温高压下进行，或使用催化剂。故空气氧化法主要用于处理含还原性较强物质的废水。例如含硫量在 $1\sim2mg/L$ 以下的炼油厂废水，利用空气氧化法在空气氧化塔内，可将无机硫化物氧化成无毒或微毒的硫代硫酸盐或硫酸盐，有机硫化物则与氧生成难溶于水的二硫化物从水中分离出来。

② 氯氧化法　氯是一种使用最普遍的氧化剂，而且氧化能力较强。氯气、液氯、次氯酸（钠）及漂白粉等都可以作为氯氧化法中使用的氧化剂，用以氧化处理废水中的酚类、醛类、醇类及洗涤剂、油类、氰化物等有机物和无机物，同时还有杀菌、除臭、脱色、消毒等作用。在化学工业上，主要用于处理含氰、含酚、含硫化物的废水和染料废水。在电镀行业用于处理含氰废水，将氰化物完全氧化为氮和二氧化碳是氯氧化法的典型应用。自来水厂则常用氯氧化法对饮用水进行消毒。

③ 臭氧氧化法　臭氧（O_3）是一种强氧化剂，在水中的溶解度比氧大 10 倍。臭氧在水中分解得很快，温度较低时逐渐分解，在 27℃ 时立即分解为氧和新生态氧。故对各种有机基团有较强的氧化能力，能与废水中大多数有机物及微生物迅速作用。因此，在废水处理中，臭氧用于除臭、脱色、消毒、杀菌、去酚、去氰、去铁、去锰和降低 BOD、COD 等，具有显著效果。

臭氧是不稳定的，所以废水处理所用的臭氧要在处理现场发生，臭氧对废水的氧化处理也必须在反应器内进行。这种混合反应器是气液接触装置，要保证臭氧与废水在反应器内接触时间不少于 30min。由于臭氧极具腐蚀性，所以与之接触的设备、管路都必须采用耐腐蚀材料或进行防腐处理。

目前，中国对臭氧处理废水的研究，已有了一些较为成熟的技术，但由于其耗电多，处理成本高，单独使用臭氧处理废水消耗量大，效果也差，故一般用于处理水量不大的场合，或是与其他处理方法配合用于废水深度处理。

④ 光氧化法　其原理是利用光照强化氧化剂的氧化作用。诸如氯氧化剂投入水中后产生次氯酸，在无光照条件下离解成次氯酸根，但在紫外光照条件下，次氯酸分解，产生新生态 [O]，这种新生态氧极不稳定，具有极强烈的氧化能力。实践表明，有光照的氯氧化能力比无光照高 10 倍以上，处理过程中一般不产生沉淀，可处理有机物和能被氧化的无机物。光氧化法中采用的氧化剂有氯、次氯酸盐、过氧化氢、空气和臭氧等。光源多用紫外光，针对不同的污染物可选用不同波长的紫外光，以便更充分发挥光氧化的作用。

近年来，研究人员在寻求一种光催化氧化法，利用光催化剂降解水中有机污染物。最有前途的一种光催化剂就是二氧化钛，它能将有机物彻底分解为二氧化碳和水，并逐渐向可见光化发展。

（2）化学还原法

化学还原法是利用一些物质作还原剂，使其与废水中的污染物发生反应，把有毒物质转变成低毒或无毒物质，或把废水中的有害物置换出来，或转变成难溶于水的物质分离出来。化学还原法包括利用各种化学药剂的还原法和用金属原子置换的金属还原法。

采用一些化学药剂的还原法，目前主要用于处理含六价铬和汞化合物的废水。常用的还原剂有 $FeSO_4$、H_2S、$NaHSO_4$、$Na_2S_2O_3$、SO_2、甲醛等。

对含汞废水可以用硼氢化钠、甲醛等作还原剂，也可以在废水中加入比汞活泼的金属铁、锌、铜、锰、铝等作还原剂，使汞被置换出来，然后再加以分离。而作为金属还原剂应用较多且效果较好的是铁和锌。

3.4.5 电解法

电解法又称电化学法，是指应用电解的基本原理，使废水中有害物质通过电解过程，在阴-阳两极分别发生氧化还原。当直流电通过电解槽时，在阳极与溶液界面处发生氧化反应，在阴极与溶液界面处发生还原反应，使废水中的有毒有害物质转化成无害物质，而实现废水的净化。

电解法处理废水大致可归纳为四种过程：电极表面处理、电极氧化还原、电凝聚和电解浮选过程。前两者为电化学——化学法处理过程，后两者为电化学——物理法处理过程。

（1）电极表面处理过程

废水中可溶性污染物通过在电极表面得到或失去电子，即在阳极发生氧化和在阴极发生还原反应，生成不溶性的沉淀物或气体，将有毒化合物变成低毒无毒物质，而使废水得到净化。含氰废水电解氧化处理是这类过程的典型实例。

电解法利用电化学氧化还原反应破坏废水中的氰化物。废水中的氰化物离子电解时在阳极上失去电子氧化成氰酸盐、碳酸盐和氮气或铵，废水中的一些阳离子在阴极上还原。为防止电解过程产生氰化氢气体污染操作场所，电解法在 $pH \geqslant 10$ 条件下进行。

电解法破坏氰化物的电化学反应如下：

$$CN^- + 2OH^- - 2e \Longrightarrow CNO^- + H_2O$$

$$CNO^- + 2H_2O \Longrightarrow NH_3 + HCO_3^-$$

为了提高破坏氰化物的效果，可向废水中投加氯化钠，电解过程氯离子被电解为活性氯；一般电解电压控制在 $6 \sim 6.5V$。电压高，电耗必然大。反应式如下：

$$2Cl^- - 2e \Longrightarrow Cl_2$$

$$Cl_2 + CN^- + 2OH^- \Longrightarrow CNO^- + 2Cl^- + H_2O$$

电解法的好处是处理高浓度氰化物废水时电效率高，处理成本低于其他氧化法，而且用电能不像用药剂那样有库存短缺问题。废水中铜等金属还以单质或合金形式得以回收。

电解法的优点：一是不向废水中加入新的有毒化学物质，排水水质好；二是处理高浓度氰化物废水时电效率高，处理成本低于其他方法；三是设备可以随时运行，电力用量大小自如，不存在库存问题，不像次氯酸钠易于降解；四是设备简单投资小；五是操作和控制容易。电解法的缺点是处理低浓度氰化物废水时电效率随氰化物浓度的降低而大幅度降低，虽然加入少量的氯化钠可以提高电解效果，但处理成本仍高于其他氧化法。

目前应用较多的电解法设备是平行板状电极电解槽，用石墨板做阳极，用钢板做阴极，采用回流式或翻腾式或空气搅拌方式来增加传质速率。

电解槽分间歇式和连续式两种。数量小、氰化物浓度变化大的废水适宜用间歇式电解槽处理，通过调整电解时间达到较满意的处理效果。电解法除氰工业装置工艺流程如图 3-13。

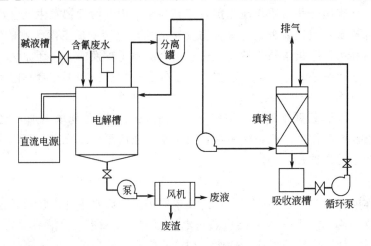

图 3-13　电解法除氰工业装置工艺流程

对于平行板状电解槽来说，根据电解质流动方式可将电解设备分为回流式和翻腾式两种，具体见图 3-14。根据电极与直流电源连接方式不同可分为单极式和双极式两种，单极式即电解槽中每个极板只有一种电功能，或是阳极或是阴极。双极式即电解槽中一个极板两端电功能相反，一面为阳极另一面为阴极，而电解槽的两端才与直流电源的正负极相接。

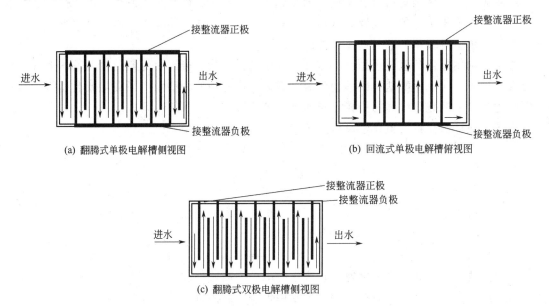

图 3-14　电解槽内水流形式

在单极式电解槽内，可以阴、阳相间地放置多个极板，每个极板要与相对应的直流电源一极相接，因此连接比较麻烦，而且只要有一组极板短路，就会影响其他各组极板的工作。如果生产中仅用一台电解槽，由于电解电压仅 3.5～4V，只能使用小电压大电流的直流电源（整流器），如果生产中需要几台电解槽串联，则可以使用同样电流的高电压直流电源，这就可以大大降低直流电源的投资。

双极电解槽的优点是只有两端的电极才与直流电源的两极连接，即使中间的电极发生短路，也不会严重影响其他电极的正常工作，因此可以缩小相邻两电极的距离，使单位电解槽容积内极板的总面积提高。而且双极式电解槽使用高电压小电流电源，直流电源设备投资小。双电极电解槽电解质流动方式一般为翻腾式。

（2）电极氧化还原过程

电极氧化还原过程是在电解过程中采用可溶性电极，使电极本身生成的氧化或还原物质，与废水中污染物产生氧化还原反应，形成沉淀物得以除去，使废水得到净化。电解含六价铬废水时采用铁板为阳极即为这种反应过程。

（3）电凝聚处理过程

电凝聚处理过程是指利用"可溶性"电极在电解过程中溶蚀、水解聚合形成活性凝聚体（例如铁或铝制金属阳极由于电解反应，会形成氢氧化铁或氢氧化铝等溶于水的金属氢氧化物活性凝聚体——絮凝剂），因而能对废水中的污染物进行抱合（吸附）凝聚，形成絮状颗粒后沉淀分离，使废水净化。该法多用于处理含油及表面活性剂物质的废水。

（4）电解浮选过程

电解浮选过程中，采用不溶性材料组成阴、阳电极。当电解电压达到一定程度时，电极上会析出大量小气泡。例如水的电解产生初生态氧和氢气，对污染物能起到氧化还原作用，同时在两极产生氧气泡和氢气泡。有机物和氯化物电解氧化也会产生 CO_2、N_2、Cl_2 等气体。这些小气泡能吸附废水中细小絮凝物，并将其夹带浮升到水面，使污染物得到去除。

用于废水处理的电解法，是利用电极将电能转变成化学能进行废水电化学处理的方法。而电解过程都是在电解槽中进行的，因此电极材料的选择甚为重要。此外，槽电压、电流密度、废水 pH 值及对废水的搅拌方式对于电解历时和电能消耗都会产生影响。

这种处理方法适应性强，处理效果好，设备简单，处理费用不高，所以电解法处理废水是一种有发展前途的方法。

3.5 废水的物理化学处理法

利用物理和化学的综合作用净化工业废水的方法称为物理化学处理法。其中常用的方法有吸附、离子交换、浮选、萃取、气提、吹脱、电渗析、反渗透等。由于工业废水种类多，水质复杂，废水中存在着多种重金属、难降解有机物及有毒有害物质，使处理的难度加大。但是随着科学技术的进步，物理化学方法得到了迅速发展。

3.5.1 吸附法

吸附法是一种界面现象，是发生在固-液或固-气两相界面上的一种复杂过程。广义而言，一切固体表面都有吸附作用，但实际上只有多孔物质或磨得极细的物质，由于具有很大的表面积，才有明显的吸附作用，才能成为吸附剂。

吸附剂和吸附质之间的吸附机理大略可分为阳离子吸附、阴离子吸附和分子吸附。

根据吸附剂在吸附过程中作用力的性质，可以将吸附过程分为三类，即物理吸附、化学吸附和交换吸附。

（1）物理吸附

物理吸附中的吸附质一般是中性分子，固体表面分子与吸附质分子间的吸附力是范德华力。所以物理吸附是非选择性的，且能形成多层重叠的分子吸附层。物理吸附又是可逆的，在温度上升或介质中吸附质浓度下降时发生解吸。

（2）化学吸附

固体表面分子与气体分子间的吸附力是化学键力，吸附过程中可以有电子的转移，原子的重排，化学键的破坏与形成等。所以，化学吸附类似于气体分子与固体表面分子发生化学反应。通常在化学吸附中只能形成单分子吸附层，且吸附质分子被吸附在固体表面的固定位置上，不能再做前后左右方向的迁移。化学吸附一般是不可逆的，但在超过一定温度时也可能发生解吸。

（3）交换吸附

交换吸附是由呈离子状态的吸附质与带异电荷的吸附剂表面间发生静电引力而引起。离子交换作用也可归入交换吸附这一类。显然，吸附质离子带电量愈大或其水合离子半径愈小，则这种静电引力愈大。

废水处理过程是上述三类过程的综合作用，但其中主要是物理吸附，所以大多数过程是可逆的。当吸附剂达到饱和后，必须用一定的方法进行解吸再生，即在吸附剂结构不发生变化或稍微变化的情况下将被吸附的物质由吸附剂表面除去，以恢复其吸附功能。

废水处理中常用的吸附剂有活性炭、白土、硅藻土、焦炭、矾土、沸石、磺化煤、硅胶及树脂等天然或人工物质。

在废水处理中，吸附法主要用于处理用生化法难于降解的有机物或一般氧化法难于氧化的溶解性有机物，去除某些重金属和有毒有害物质。例如用活性炭作吸附剂，处理炼油、含酚、印染、氯丁橡胶及腈纶等生产废水；将活性炭吸附法与其他方法配合，置于二级处理后作为废水的深度处理，处理重金属废水，可去除汞和六价铬等。活性炭是目前废水处理中普遍采用的吸附剂。

吸附法处理废水可分为间歇式和连续式。间歇式是静态的，吸附剂和欲处理废水混合搅拌后静置，沉淀后过滤分离，反应过程在池子或槽等容器内完成。连续或半连续的吸附过程是动态的，废水在流动条件下完成吸附过程，常用设备有固定床、移动床和流化床三种。

3.5.2　离子交换法

离子交换法是借助于离子交换剂上的无害离子和废水中的有害离子进行交换反应而除去废水中有害离子的方法。离子交换是一种特殊的吸附过程，主要吸附水中离子化物质，也可视作固相离子交换剂与液相（废水）中电解质之间的化学置换反应。在废水处理中，离子交换法主要用于回收和去除废水中金、银、铜、镉、锌、铬等金属离子，对于净化放射性废水和有机废水也有应用。

3.5.2.1　基本理论

离子交换剂通常是一种不溶性高分子化合物，如树脂，纤维素，葡聚糖，醇脂糖等，它们的分子中含有可解离的基团，这些基团在水溶液中能与溶液中的其他阳离子或阴离子起交换作用。虽然交换反应都是平衡反应，但在层析柱上进行时，由于连续添加新的交换溶液，平衡不断按正方向进行，直至完全。因此可以把离子交换剂上的原子离子全部洗脱下来，同理，当一定量的溶液通过交换柱时，由于溶液中的离子不断被交换而浓度逐渐减少，因此也可以全部被交换并吸附在树脂上。如果有两种以上的成分被交换吸着在离子交换剂上，用洗脱液洗脱时，其被洗脱的能力则决定于各自洗脱反应的平衡常数。蛋白质的离子交换过程有两个阶段——吸附和解吸附。吸附在离子交换剂上的蛋白质可以通过改变 pH 使吸附的蛋白质失去电荷而达到解离，但更多的是通过增加离子强度，使加入的离子与蛋白质竞争离子交换剂上的电荷位置，使吸附的蛋白质与离子交换剂解开。不同蛋白质与离子交换剂之间形成电键数目不同，即亲和力大小有差异，因此只要选择适当的洗脱条件便可将混合物中的组分逐个洗脱下来，达到分离纯化的目的。

3.5.2.2 离子交换剂的分类及常见种类

（1）分类

离子交换剂分为两大类，即阳离子交换剂和阴离子交换剂。各类交换剂根据其解离性大小，还可分为强、弱两种，即阳离子交换剂（强酸型、弱酸型）；阴离子交换剂（强碱型、弱碱型）。

① 阳离子交换剂　阳离子交换剂中的可解离基团是磺酸（—SO_3H）、磷酸（—PO_3H_2）、羧酸（—COOH）和酚羟基（—OH）等酸性基。

某些交换剂在交换时反应如下：

强酸性：$\qquad\qquad R—SO_3—H + Na^+ \Longrightarrow R—SO_3—Na + H^+$

弱酸性：$\qquad\qquad R—COOH + Na^+ \Longrightarrow R—COONa + H^+$

国产树脂中强酸型如上海树脂＃732 和国外产品 Dowex 50、Zerolit 225 等都于强酸型离子交换剂。

② 阴离子交换剂　阴离子交换剂中的可解离基团是伯胺（—NH_2）、仲胺（—$NHCH_3$）、叔胺 [—$N(CH_3)_2$] 和季铵 [—$N^+(CH_3)_3$] 等碱性基团。

强碱性＃201 号国产树脂和国外 Dowex1、Dowex2、Zerolit FF 等都属于强碱型阴离子交换剂。

（2）种类

离子交换中应用的离子交换剂是带有可交换离子的不溶性固体，分为无机和有机两大类。天然（或人工）沸石是无机离子交换剂，磺化煤和各种离子交换树脂是有机离子交换剂。工业废水处理中应用较多的是离子交换树脂。

离子交换树脂的种类很多。各种树脂对不同离子的吸附交换能力不同、亲和力各异，树脂再生时难易程度也不同，这种特性称为树脂选择性。离子交换树脂按其选择性能可分为阳离子交换树脂和阴离子交换树脂，按其结构可分为微孔型和大孔型。离子交换树脂的交换能力，除了受自身选择性、树脂结构的影响外，废水的水质（悬浮物、油脂、高分子有机物、高价金属离子、pH 值、水温）及废水中的氧化剂等都会影响树脂的离子交换能力。

① 纤维素离子交换剂　阳离子交换剂有羟甲基纤维素（CM-纤维素），阴离子交换剂有氯代三乙胺纤维纱（DESE-纤维素）。

② 交联葡聚糖离子交换剂　是将交换基团连接到交联葡聚糖上制成的一类交换剂，因而既具有离子交换作用，又具有分子筛效应，是一类广泛应用的色谱分离物质。常用的 Sephadex 离子交换剂也有阴离子和阳离子交换剂两类。阴离子交换剂有 DEAE-Sephadex A-25，A-50 和 QAE-Sephadex A25，A50；阳离子交换剂有 CM-Sephaetx C-25，C-50 和 Sephadex C-25，C-50。阴离子交换剂用英文字头 A，阳离子交换剂的英文字头是 C。英文字后面的数字表示 Sephadex 型号。

③ 琼脂糖离子交换剂　是将 DESE-或 CM-基团附着在 Sepharose CL-6B 上形成，DEAE-Sephades（阴离子）和 CM-Sepharose（阳离子），具有硬度大，性质稳定，凝胶后的流速好，分离能力强等优点。

离子交换法处理废水，交换方式可以分为静态交换与动态交换两种。静态交换设备常用固定床。动态交换设备采用移动床和流化床。由于离子交换设备简单，离子去除率高，故在锅炉给水、电子工业纯水制备及放射性废水处理方面都得到广泛应用。但利用离子交换法处理废水时，需进行预处理，且要求较高。离子交换剂再生及再生液处理时会带来其他问题，加之交换剂品种、产量及成本等原因，在一定程度上限制了它的应用。

3.5.3 膜分离技术

利用具有选择透过性的"隔膜"——半透膜，使水与溶解物质或微粒分离的技术，称为膜分离技术。它广泛应用于海水淡化、废液中有价值物质回收及废水深度处理等。

欲实现膜法分离物质必须有能量作为推动力，根据所施加的能量形式的不同，膜法分离也就有了不同名称，如表 3-9 所示。

表 3-9 推动力与膜分离技术的名称

能量形式	推动能	膜分离技术名称	
		渗 析	渗 透
力学能	压力差	压渗析	反渗透、超滤、微滤
电能	电位差	电渗析	电渗透
化学能	浓度差	自然渗析	自然渗透
热能	温度差	热渗析	热渗透、膜蒸馏

3.5.3.1 膜的各种类型

① 微孔膜 可截留粒子粒径为 $0.1\sim10\mu m$。

② 反渗透膜 可截留粒子粒径为 $0.5\sim60\mu m$ 或截留相对分子质量在 500 以下的物质的粒子。

③ 超滤膜 可截留粒子粒径为 $0.5\sim1\mu m$ 或相对分子质量大于 500 的物质的粒子。

④ 离子交换膜 可迁移传递阴、阳离子功能的膜，电渗析和隔膜电解均选用此膜。

⑤ 液态膜 是由 $3\sim5\mu m$ 的液滴组成的膜。该膜镶嵌在支撑体上称为支撑体膜；若以乳化状态存在液相中，名为乳状液膜。根据处理对象不同又有油包水型膜和水包油型膜之分，前者溶剂为油，膜内包裹的液体是水，处理对象为水相中杂质；后者溶剂为水，膜内包裹的是油，处理对象是油相中的物质。所处理的溶液通过液膜与膜内溶液进行传质作用，从而达到处理水的作用。

⑥ 生物酶膜 是将某种生物菌体或具有催化能力的酶镶嵌在膜上或用膜包裹而形成的膜，可应用到生物工程中。

⑦ 压渗膜 膜本身带有阴阳离子，靠压力使溶液中的阴阳离子分离，从而使水得到处理。

⑧ 气体分离膜 是具有选择透过某种或几种气体的反渗透膜，诸如氮氧分离膜，让氧透过膜，氮被截留，从而使两种气体分离。

⑨ 蒸馏膜 是利用膜两侧的温度不同和水蒸气分压不同作为推动力，使水蒸气由高温一侧向低温一侧传递，达到分离使废水净化。

3.5.3.2 膜分离技术特点

利用膜技术处理废水，不发生相变化及化学反应，因而不消耗相变能，所以能耗少。在膜分离过程中，一种物质得到分离，另一种物质被浓缩，浓缩与分离同时并存，可回收有价值物质。

膜分离技术处理废水，不需要从外界投加药剂等，可节省原材料。膜分离技术不会损坏对热敏感或热不稳定的物质，可常温分离，这一特性使该技术在制药、饮料等行业得到广泛应用。由于膜具有选择透过性，且膜孔径可以按人的意愿改变，故能把粒径不同、大小各异的物质分离开，使欲回收的物质既纯化，又不改变其性质。

3.5.3.3 膜分离技术分类

（1）微滤

微滤不改变溶液化学性质。待处理的液体，通过微滤器，悬浮颗粒积累在微滤膜上，使用一段时间后清洗或换膜。

（2）电渗析

电渗析是在直流电场作用下，利用阴阳离子交换膜对溶液中阴、阳离子选择透过性（即阳膜只允许阳离子通过，阴膜允许阴离子通过），使溶质与水分离，从而达到水处理的目的。

实用电渗析器两电极之间要放置 200～300 对膜，甚至上千对，阴阳膜交替排列，用特殊隔板将两种膜隔开形成许多隔室，组成浓淡水两个系统，其中离子减少的隔室为淡水室，反之为浓水室。与极板接触的隔室是极室，出水为极水。水中离子的带电性和离子交换膜选择透过性是电渗析除杂的基本条件。

电渗析操作中的主要问题有浓差极化和腐蚀问题。

由于电流大 OH^- 参与导电，在阴膜浓水室内的滞流层内富集了 OH^- 及 HCO_3^- 离子，Ca^{2+}、Mg^{2+} 在电场作用下亦向阴极迁移，被阻挡在阴膜滞流层内，便产生 $Mg(OH)_2$、$Ca(OH)_2$、$MgCO_3$、$CaCO_3$ 沉积导致阴膜板极化；同理阳膜也可发生浓差极化，参与导电的是 H^+，没有沉淀发生。

控制极化的措施有：

① 控制操作的极限电流，使之在极限电流密度的 70%～90% 条件下运行；

② 倒换电极；

③ 增加浓淡水室水流速度，使膜面边界层保持薄层状态；

④ 定期酸洗。

电渗析器运行时，在阴极上发生还原反应，在阳极上发生氧化反应，伴随反应会生成大量的 O_2 与 Cl_2，具有很强的腐蚀性。为抑制腐蚀可采用抗腐蚀电极与离子膜；也可提高极室水流速度，使反应产物快速移出。

（3）反渗透

渗透现象在自然界是常见的，比如将一根黄瓜放入盐水中，黄瓜就会因失水而变小。黄瓜中的水分子进入盐水溶液的过程就是渗透过程。如果用一个只有水分子才能透过的薄膜将一个水池隔断成两部分，在隔膜两边分别注入纯水和盐水到同一高度。过一段时间就可以发现纯水液面降低了，而盐水的液面升高了。我们把水分子透过这个隔膜迁移到盐水中的现象叫做渗透现象。盐水液面升高不是无止境的，到了一定高度就会达到一个平衡点。这时隔膜两端液面差所代表的压力被称为渗透压。渗透压的大小与盐水的浓度直接相关。

渗透及反渗透达到平衡后，如果在盐水端液面上施加一定压力，此时，水分子就会由盐水端向纯水端迁移。液体分子在压力作用下由浓溶液向稀溶液迁移的过程这一现象被称为反渗透现象。如果在盐水的一端施加超过该盐水渗透压的压力，就可以在另一端得到纯水，这就是反渗透净水的原理。反渗透设施生产纯水的关键有两个，一是有选择性的膜，称之为半透膜；二是有一定的压力。简单地说，反渗透半透膜上有众多的孔，这些孔的大小与水分子的大小相当，由于细菌、病毒、大部分有机污染物和水合离子均比水分子大得多，因此不能透过反渗透半透膜而与透过反渗透膜的水相分离。在水中众多杂质中，溶解性盐类是最难清除的，因此，经常根据除盐率的高低来确定反渗透的净水效果。反渗透除盐率的高低主要决定于反渗透半透膜的选择性。目前，较高选择性的反渗透膜元件除盐率可以高达 99.7%。图 3-15 为反渗透工作原理图。

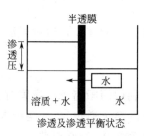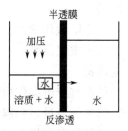

图 3-15　反渗透工作原理

反渗透是目前应用规模最大、技术相对最成熟的膜技术，其应用在整个膜分离领域中约占一半，是膜技术发展的一个最大的突破。反渗透是通过反渗透膜把溶液中的溶剂分离出来。反渗透的应用从海水淡化、硬水软化等发展到维生素、抗菌素、激素等的浓缩，细菌、病毒的分离以及果汁、牛乳、咖啡的浓缩等许多方面，应用极广。

反渗透分离的进行，必须先在膜-溶液界面形成优先吸附层。优先吸附的程度取决于溶液的化学性质和膜表面的化学性质，只要选择合适的膜材料，并简单地改变膜表面的微孔结构和操作条件，反渗透技术就可适用于任何分离度的溶质分离。

在生产中有各种各样的反渗透膜（半透膜）以满足不同的分离对象和分离方法的要求。根据膜的材质，从相态上可分为固态膜和液态膜。从来源上可分为天然膜和合成膜，后者又可分为无机膜和有机膜。根据膜断面的物理形态，可将膜分为对称膜、不对称膜和复合膜。依照固体膜的外形，可分为平板膜、管状膜、卷状膜和中空纤维膜。按膜的功能，又可分为超滤膜、反渗透膜、渗析膜、气体渗透膜和离子交换膜。

目前，广泛用于工业分离的膜，主要是由高分子材料制成的聚合物膜。用于制膜的高分子材料很多，如各种纤维素酯、脂肪族和芳香族聚酰胺、聚砜、聚丙烯腈、聚四氟乙烯、聚偏氟乙烯、硅胶等。其中最重要的是纤维素酯系膜，其次是聚砜膜，聚酰胺膜。

任何溶液都有渗透压，但只有半透膜存在时才能表现出来，具体可表述如下：

$$\Pi = iRTC \tag{3-11}$$

式中　Π——渗透压，Pa；

　　　R——理想气体常数，Pa·L/mol·K；

　　　T——绝对温度，K；

　　　C——溶液浓度，mol/L；

　　　i——范特霍夫系数，（电解质溶液完全电离），i＝阴离子数＋阳离子数，对非电解质溶液 i＝1。

由式（3-11）不难看出，渗透压与溶液的性质、浓度、温度有关，与膜无关。在反渗透过程中，工作压力必须高于渗透压，且随温度的增高而加大，否则反渗透将停止。

膜单位面积的水通量可利用下式估算：

$$F_W = A(\Delta p - \Delta \Pi) \tag{3-12}$$

式中　F_W——膜的水通量，$cm^3/cm^2·s$；

　　　A——水的渗透系数，$g/cm^2·s·Pa$；

Δp——压力差，$\Delta p = p_g - p_d$，Pa；

$\Delta \Pi$——渗透压差 $\Delta \Pi = \Pi_g - \Pi_d$，Pa；

p_g，p_d——浓、淡液压力，Pa；

Π_g，Π_d——浓、淡液渗透压，Pa。

式（3-12）表明，工作压力大于渗透压，便可制出淡液，即进行水处理，但工作压力的设计，除考虑渗透压外，还应考虑反渗透过程中由于溶液浓缩渗透压增高的因素，故实际使用的工作压力是渗透压差的 4～10 倍。膜单位面积盐通量与浓度有关，可用下式估算：

$$F_S = D_S \frac{C_g - C_d}{\delta} = \beta \Delta C \qquad (3\text{-}13)$$

式中　F_S——盐（溶质）通量，g/cm² · s；

　　　D_S——膜的盐扩散系数，cm²/s；

　　　δ——膜的有效厚度，cm；

　C_g，C_d——浓、淡水中盐的质量浓度，g/cm³；

　　　β——膜的盐渗透系数，表示特定膜的透盐能力 $\beta = D_S/\delta$，cm/s。

正常的盐通量与压力无关。若增加反渗透系统的工作压力，水通量增加，盐通量仍以固定的速率进行，结果会得到更多的纯水。膜的除盐率：

$$f = \frac{C_g - C_d}{C_g} \qquad (3\text{-}14)$$

除盐率与浓度差有关，浓度差越大，透盐率（或除盐率）越高。除盐率与压力差无关。

常用的反渗透装置有管式、螺旋卷式、中空纤维式及板框式。

（4）超滤

被处理的溶液在外界压力作用下，以一定流速沿着具有一定孔径的超滤膜面上流动，溶液中的无机离子、低相对分子质量的物质透过膜，而溶液中的高分子、大分子物质、胶体微粒、细菌及微生物等截留下来，实现分离与浓缩的目的。膜表面微孔的机械筛分、膜孔阻滞及膜面与膜孔对粒子的一次吸附，三者的综合作用就构成了超滤净化水的机理。

超滤膜有 30～40 种，最常用的膜是二醋酸纤维膜和聚砜膜两种，使用条件有温度、压力与 pH 等。国内外各种膜上述条件的适应值为：温度为常温～100℃；压力为 0.2～2.0MPa，pH 为 1～13；截留相对分子质量在 1000～200000。

超滤膜应用领域很广泛。比如超滤可应用于如下废水的处理：电泳漆废水、造纸废水、乳化油废水、洗毛废水、还原性染料废水、聚乙烯醇退浆废水及纤维浸渍油剂废液等；在工业生产上应用于食品的精制与提纯，从乳制品加工废料液中回收蛋白质等；在医疗医药方面可应用于血液处理及细胞色素内脱盐处理等。

在膜组件进行溶液分离时，在膜的高压侧一面，由于溶剂（或低分子物质）不断透过膜面，使得膜的表面溶质浓度不断提高，产生膜表面浓度与溶液浓度的梯度差，这种现象称之为浓差极化。膜面附近溶质高浓度层称为浓差极化层。

超滤由于水通量大，很容易发生浓差极化，此时，水通量下降，且高分子物质与胶体物质在膜面附近形成凝胶层。为提高水通量就要增加外压，其结果会导致凝胶层的加厚，影响超滤经济效率。为控制浓差极化，可采取提高处理液的流速，使溶液处于紊流状态，以便使膜面处高浓度溶液与主流液充分混合，使凝胶层难于形成；另外，应清洗膜面，消除已形成的凝胶层。

（5）隔膜电解

用膜隔开电解装置的阴阳极进行电解处理废水称为隔膜电解法。隔膜电解又分为离子非选择性透过膜电解和离子选择性透过膜电解。

生产应用中，选择不同性质的隔膜将两个电极室隔开，使两个电极反应物不互相混淆。

该法已应用于多种废液，如重金属废水和镀铬废液等的处理。

例如，隔膜电解用于镀铬废液再生。镀铬液大都以铬酐为主要药剂。电镀过程中，由于杂质离子（阳离子）的蓄积，Cr^{6+} 浓度降低，Cr^{3+} 浓度增加，当杂质和 Cr^{3+} 浓度达到一定水平，电镀液就不好利用了，此时，必须把 Cr^{3+} 转化为

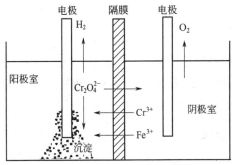

图 3-16　隔膜电解法活化镀铬废液示意

Cr^{6+}，再去除金属杂质，以恢复镀液活性。完成镀铬废液活化的有效处理方法是隔膜电解法，图 3-16 为隔膜电解法活化镀铬废液示意。

在隔膜电解过程中，两电极室的电极上分别发生以下反应：

阳极：　　　　　　　$2H_2O + 2e \Longrightarrow 2OH^- + H_2 \uparrow$

阳极室：　　　　　　$Fe^{3+} + 3OH^- \Longrightarrow Fe(OH)_3 \downarrow$

阴极：　　　　　　　$Cr^{3+} - 3e \longrightarrow Cr^{6+} \longrightarrow Cr_2O_4^{2-}$

阴极室：$Cr_2O_4^{2-}$ 被富集

在上述电解过程中，金属杂质（Fe^{3+}）以沉淀被去除，而 Cr^{3+} 被氧化成 Cr^{6+} 后回收利用。

3.5.4　高梯度磁分离方法

高梯度磁分离方法采用高梯度磁分离器。该装置如图 3-17 所示，它能产生强磁场，分离水中微细的磁性物质。分离器由激磁线圈、过滤筒体、钢毛滤层、导磁回路、上下磁极与进出水管路等组成。直流电通过激磁线圈，使滤筒上下磁极产生强磁场，同时钢毛亦受到磁化，并使磁场中的磁力线疏密不均造成紊乱，形成很高的磁场梯度。水中磁性粒子在磁场力 F_m 的作用下，克服重力和水流阻力等而被吸附在钢毛表面，从水中分离出来。当钢毛吸附饱和，切断直流电源，磁场力消失，把捕集在钢毛上的杂质冲洗下来，高梯度磁分离装置又可继续处理水。该装置处理水的流程示于图 3-18。

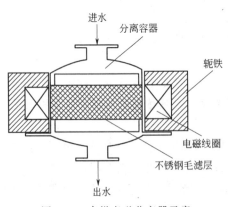

图 3-17　高梯度磁分离器示意

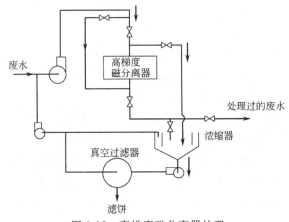

图 3-18　高梯度磁分离器处理
废水的流程示意

$$F_{\mathrm{m}} = XVH\frac{\mathrm{d}H}{\mathrm{d}L} \tag{3-15}$$

式中　V——磁性粒子的体积，m^3；

　　　X——磁化粒子的磁化率；

　　　H——磁场强度，A/m；

　　　L——距离，m；

$\mathrm{d}H/\mathrm{d}L$——磁场梯度，A/m^2。

高梯度磁分离法在钢铁废水处理上得到应用，并取得较好效果。如钢铁废水含悬浮物2500mg/L，用高梯度磁分离法处理，工艺参数：废液流速2m/min，磁场强度为2000（G），处理后出水悬浮物降到5～15mg/L。此技术在饮用水去除污染方面也作了试验研究，并获得可喜进展，不久将发挥很好的作用。

3.5.5　萃取、气提和吹脱

萃取、气提和吹脱都是化工生产中常用的工艺方法，目前也被广泛用于处理各种废水。

（1）萃取法

废水萃取处理是利用向废水中投加不溶于水或难溶于水的特定溶剂（萃取剂），并使之与废水充分混合接触，借助萃取剂对废水中某些污染杂质具有更高的亲和力而使其重新分配，溶解于废水中的某些污染物质经萃取剂和废水两液相间的界面转入萃取剂中，然后把萃取剂与脱除污染物的废水分离，从而达到了净化废水和回收污染物的目的。

用于废水处理的萃取法是液-液萃取法。在液-液萃取中，选择合适的萃取剂至关重要。它不仅影响废水的处理效果，影响萃取产物的产量和组成，而且还直接影响被萃取物质的分离程度和萃取过程的经济性。所以，萃取剂应具有良好的选择性，易于回收和再生，并具有化学稳定性，且价廉易得。

萃取法废水处理中采用的操作方式依废水和萃取剂接触情况分为间歇式和连续式萃取。间歇式一般采用分段逆流萃取，在萃取槽内进行，或在萃取罐内经搅拌，使废水与萃取剂充分接触后，进入分离罐静置分离。连续萃取也采取逆流接触方式，多用塔式逆流形式，常用的设备有填料塔、筛板塔、喷淋塔、脉冲塔、转盘塔和离心萃取机等。

在国内，萃取法多用于含酚废水处理。

（2）吹脱法

如果废水中溶解的气体浓度小于某条件下的平衡浓度，气相中的气体就会溶于废水中，这个过程称为吸收过程。相反，如果废水中溶解的气体浓度大于某条件下平衡浓度，则废水中气体就转入气相，这个过程称为解吸过程。把空气通入废水，改变与废水相平衡的气相组成，废水中溶解的气体，加 H_2S、NH_3、HCN、CO_2、SO_2 等易挥发的污染物会随空气一起逸出，转入气相得以分离。这种靠吹入空气促成的解吸过程，又称为吹脱过程。利用吹脱原理来处理废水的方法称为吹脱法。经过生化处理的生活污水中氨的吹脱已被作为一种去除氮的方法。

废水处理中常用的吹脱设备有吹脱池和吹脱塔。在吹脱过程中，废水温度、气液比、pH 值、废水中所含油类物质及表面活性剂都会影响吹脱效率。

（3）气提法

气提法的原理就是利用水蒸气蒸馏的过程。把水蒸气通入废水，蒸汽以气泡形式穿过水层时，被处理的易挥发性污染物质在蒸汽和废水中浓度不同，挥发性杂质将在两相间进行传递，由液相挥发转入气相，随蒸汽逸出液面。而且当废水的蒸气压大于外界压力时，废水会沸腾，就加速了挥发性物质从液相转入气相的过程。这种方法主要用于处理含挥发性物质的废水。废水中所含污染物的挥发性越强，越适宜用气提法进行处理。焦化厂含酚废水处理、炼油厂含硫废水处理都有气提法的应用实例。气提法还可以与其他方法相结合，在处理废水的同时回收有用物质，如利用加酸气提法处理含氰废水，回收氢氰酸；利用气提吸收法处理焦炉煤气洗涤水，制取黄血盐等都是"三废"综合利用的较好办法。

气提法处理废水一般采用动态连续逆流操作，常用的设备有填料塔、浮阀塔、泡罩塔、筛板塔等。

3.6　废水的生物处理法

废水的生物化学处理法简称为生物处理法或生化法。该法的处理过程是使废水与微生物混合接触，利用微生物在自然环境中的代谢作用，即微生物体内的生物化学作用分解废水中的有机物和某些无机毒物，如氰化物、硫化物，使不稳定的有机物和无机毒物转化为稳定无毒物质的一种污水处理方法。

生物处理主要适用于含有机污染物的废水。废水中可降解的有机污染物可以是可溶性的，也可以是不溶性固态物质。用于废水处理的微生物有藻类、细菌、真菌，也有原生动物和后生动物，其中细菌是废水处理中最重要的一类微生物。

活细菌细胞能制造分泌一种生物催化剂——酶。酶的基本成分是蛋白质，是具有高度催化专一性的特殊蛋白质。不同的细菌分泌不同的酶，每一种酶只能专门催化一种反应或一类相似的反应。酶不仅能推动分解作用，而且也可以推动合成作用，也就是说，酶的作用是可逆的。但实际上，由于热力学条件的影响，作用常趋向一个方向。微生物依靠特定的酶使有机物氧化分解，并在分解氧化有机物过程中获得能量，排出废物，即在其自身完成同化、异化过程中使有机物变成较简单的有机物或无机物，使废水得到净化。

生化法处理废水的类型可以根据细菌对氧的反应来划分。一些细菌只能在有氧存在的环境中生长，称需氧细菌，或称好氧细菌。利用这类微生物作用来处理废水称为好氧生物处理。一些细菌只能在无氧的环境中生长，称为厌氧细菌。利用此类微生物处理废水则称为厌氧生物处理。介于两者之间的还有一些兼性微生物，但在废水处理中不起重要作用。活性污泥法和生物膜法是典型的人工好氧生物方法。此外，还有利用农田和池塘的天然的好氧生物处理方法，即污水灌溉和生物塘处理。厌氧生物处理则有消化、接触、过滤等方法。好氧生物处理广泛应用于处理城市污水和有机工业废水。

3.6.1　活性污泥法

活性污泥法是用好氧微生物处理废水的重要方法，适用于处理含悬浮固体小于1‰的有机废水，在城市污水和有机工业废水处理中应用普遍而有效，不适用于处理浆液、焦油或黏滞性废液。

（1）基本原理

活性污泥是用该方法净化污水的主体材料。所谓活性污泥，是往混有菌种、营养成分的污水中连续通入空气，经一段时间后生成一种形似污泥的褐色絮状体。由于"污泥"是由多种具有活性的好氧细菌为主要组分的微生物群体，并被其胶质分泌物所包裹而成的黏性"菌胶团"，故具有生物化学活性。这种"菌胶团"不仅具有巨大的表面积，而且表面上含有多糖类黏性物质。它悬浮在废水中，在供氧充分的条件下，与新进入的废水混合时，对废水中的有机物和某些特定的无机毒物有很强的吸附作用，能迅速将废水中的悬浮有机物和胶体物质吸附，氧化分解而使废水得到净化。

活性污泥法处理废水的原理，实质上是以存在于污水中的有机物作为培养基，在有氧条件下，对各种微生物群体进行混合、培养，通过凝聚、吸附、氧化分解、沉淀分离过程去除水中的有机污染物或某些特定的无机毒物。

（2）基本流程

活性污泥法处理废水的基本流程如图 3-19 中所示，主要由预处理、初次沉淀、混合曝气、二次沉淀等步骤组成。

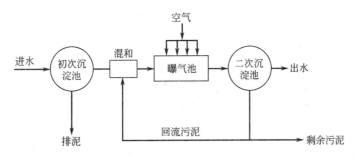

图 3-19　活性污泥法处理废水的基本流程

① 预处理　废水中往往含有一些有毒有害物质，根据后续工艺的要求，预处理步骤应能去除那些危害微生物生长和繁殖的有机与无机毒物。是否设置预处理单元要根据废水的性质和后续处理要求来确定。

② 初次沉淀　经过预处理的废水进入初次沉淀池进行沉淀，主要除去泥沙及大颗粒悬浮物。

③ 混合　利用专用设备使活性污泥和待处理废水均匀混合。经常是将来自初沉池的要处理污水与回流活性污泥同时送入曝气池，使之成为混合液。

④ 曝气　是活性污泥法处理废水的主要步骤。由于活性污泥法处理废水是利用了好氧微生物，所以必须曝气向混合液提供充足的空气或氧气，以便促进好氧微生物正常繁殖和发挥氧化分解的作用。

曝气过程是在曝气池中完成的。曝气池池型可以是圆形或长方形。它和二次沉淀池都是活性污泥法处理废水的主要构筑物。

根据曝气方法，曝气池又可分为压缩空气曝气池和机械曝气池。压缩空气曝气池由鼓风机通过输气管路供气。空气被送入池底的空气扩散装置，然后以气泡形式扩散进入混合液。机械曝气池按曝气设备又有转刷和叶轮两种。采用转刷曝气时，有廊道式曝气池和环槽式曝气池；采用叶轮式曝气时，是利用安装在池面的叶轮转动，剧烈扰动水面，使液体循环流动，不断更新液面，使空气中的氧气与水面充分接触，是完全混合式曝气池。

活性污泥法在长期应用中有了许多改进和发展，如延长曝气池内废水停留时间的延时曝气法；用纯氧代替空气的纯氧曝气法；利用静水压提高水中溶解氧的深水曝气法；投加粉末活性炭或具有强活力细菌的粉末炭——活性污泥法和投菌活性污泥法等。

⑤ 二次沉淀　是指在二沉池内对已处理的废水进行固液分离。截留的污泥大部分送回曝气池与新进入的污水混合，称为回流污泥，多余的部分作为剩余污泥排出。澄清的水作为

处理达标的水排出。

（3）改进活性污泥法

① 间歇式活性污泥法　间歇式活性污泥法又称序批式活性污泥法（SBR法），近年来得到了较快发展，它的运行方式优于传统的活性污泥法。由于它具有工艺系统简单、建设和运行费用较低、易于维护管理及在单一的曝气池内具有能够脱氮和除磷等特点，从而得到了广泛的应用。该方法的工艺流程如图3-20所示。

图3-20　间歇式活性污泥法工艺流程

间歇式活性污泥法与传统活性污泥法相比，主要区别在于组成曝气池运行操作的五个工序以间歇方式完成。即：

流入工序——反应工序——沉淀工序——排放工序——闲置工序

其中以反应工序最为关键。当废水流满曝气池后，根据待处理废水的性质，采取相应的技术措施。根据反应槽要达到的程度，决定反应的延长时间，或投加需要的药剂。

② AB法　AB法废水处理工艺即吸附-生物降解处理工艺。它由A、B两段组成。一级处理系统（即A段）由吸附池和中间沉淀池组成；二级处理系统（即B段）由曝气池和二次沉淀池组成。图3-21给出了AB法废水处理工艺流程。A、B两段各自拥有独立的污泥回流系统和独特的微生物群体，从而有利于功能稳定。

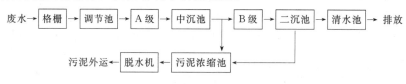

图3-21　AB法废水处理工艺流程

A级运行方式有好氧和兼性之分。通常在废水生物降解性较好时，采用好氧运行，控制溶解氧≥0.5mg/L，有机物去除率高，A级产生的污泥沉降性能好，有利于固液分离；当废水进水水质可生化性差时，或对A级有反消化要求时，可采用兼性运行，溶解氧控制在0～0.2mg/L。A级兼性运行时，尽管A级去除率有所下降（BOD去除率约25%～45%），但仍能保持较高的总去除率。但A级兼性运行时，曝气池易产生臭味，且中间沉淀池泥量较大。A级用穿孔管（小气泡）曝气较好，运行比较安全，功率消耗约0.24kW·h/kg（BOD_5）。

A级脱落的生物膜相对密度大，沉降性能好，但是由于A级溶解氧控制在1mg/L以下，冲击负荷时，溶解氧（DO）常降至0.1mg/L，因而A级产生的污泥如不能从中沉池排出，很容易造成厌氧上浮，影响B级运行和出水水质。因此，中沉池的设计和运行是AB法工艺的关键之一，设计的HRT宜在1.0～1.5h，并在高峰流量进入A级时，必须相应加大污泥回流量。

AB法的BOD_5和COD去除率比相应的一级活性污泥法高，特别是COD去除率的提高更显著。A级的COD去除率是可变的，根据污泥负荷和运行工况可进行调节，COD去除率的范围为50%～80%，而B级的COD去除率比较稳定，变化小，通常在80%～85%之间。

120

考虑到 B 级在后，A 级的去除率须加以控制，以 60％左右为好。

B 级工艺可用活性污泥法，也可用生物膜法，但必须注意此时中间沉淀池的沉淀时间必须适当延长，一般大于 2h。如有天然池塘可利用，B 级可用氧化塘代替，这时氧化塘可将中间沉淀池剩余污泥排入池塘底，可省去污泥处理系统。当 B 级采用活性污泥工艺时，混合液溶解氧浓度应控制在 2～4mg/L。

A 段的污泥产率较高，重金属、难降解物以及氮、磷等植物性营养物质都可能通过污泥的吸附作用而被去除。AB法处理工艺脱氮效果约为 30％～40％；除磷效果可达50％～70％，优于常规的活性污泥法。该方法在国内已有应用。

③ 氧化沟　氧化沟也称氧化渠，又称循环曝气池。氧化沟的应用较早，它实际上是活性污泥法的一种变形。氧化沟构筑物狭长，由数十米到上百米长，深度较浅，一般在2m 左右。多采用表面曝气。由于水的流速较大，当废水进入沟内后，很快就和沟内混合液相混合。氧化沟对水质、水量、水温适应性较强，处理水质良好，排泥量较少，而且具有脱氮的功能。

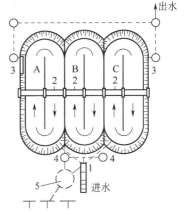

图 3-22　三沟交替氧化沟

1—沉沙池；2—转刷曝气池；

3—溢流堰；4—排泥井；5—污泥井

氧化沟的构造有多种形式，诸如平行多渠型氧化沟、同心沟型氧化沟、交替工作式氧化沟、曝气沉淀一体化氧化沟等。图 3-22 为三沟交替工作的氧化沟。氧化沟在国内已得到了广泛的应用。

3.6.2　生物膜法

生物膜法和活性污泥法一样都是利用微生物来去除废水中有机物的方法。但在活性污泥法中，微生物处于悬浮生长状态，所以活性污泥系统又称为悬浮生长系统。而生物膜中的微生物则附着生长在某些固体物的表面，所以生物膜处理系统又称为附着生长系统。

3.6.2.1　生物膜的构造与性能

微生物附着在介质表面上，为微生物提供附着介质的材料称为滤料（或载体）。废水在与滤料（或载体）流动接触的过程中，其中的有机物被微生物同化并在滤料（或载体）的表面上逐渐形成生物膜。生物膜是微生物高度密集的物质，是由好氧菌、厌氧菌、兼性菌、真菌、原生动物等组成的生态系统。另外，在一些生物膜处理的构筑物中还会有藻类出现。对于不同的废水、不同的工作条件和环境，不同的处理设施及部位，构成生物膜的微生物种类和数量是不相同的。图 3-23 为生物膜的构造示意。

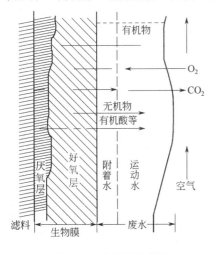

图 3-23　生物膜的构造

生物膜首先吸附附着水层中的有机物，然后由生物膜外侧的好氧菌将其分解。随着微生物的生长，生物膜的厚度不断增加，当达到一定厚度时，氧气不能透入深部，使得在靠近滤料或载体表面的薄层中造成厌氧环境而形成厌氧膜层。

生物膜的内外进行着多种物质的传递，其过程为：

空气中的氧溶于流动水层中，并通过附着水层传给生物膜，供微生物呼吸用；污水中的有机物则由流动水层传递给附着水层，再进入生物膜被降解，微生物的代谢产物则沿着相反的方向排除。

随着厌氧层厚度的增加，其代谢产物也逐渐增多。当这些代谢产物透过好氧层逸出时，破坏了好氧层生态系统的稳定状态，也减弱了生物膜在滤料或载体上的固着力，此时的生物膜呈老化状态。在流动水的冲刷下，老化的生物膜脱落，新的生物膜又开始生长，它具有较强的净化功能。

3.6.2.2 生物膜法的类型

生物膜法也是一种典型的用好氧微生物处理废水的方法。它是利用附着在多孔固体滤料或固定支承物表面上微生物生长繁殖形成的微生物膜吸附、氧化有机物，使污水净化。生物膜法有多种工艺和设施。根据其装置或构筑物的不同，生物膜法又可分为生物滤池、生物转盘、生物接触氧化池和生物流化床等方法。

（1）生物滤池

生物滤池是以土壤自净原理为依据，由过滤田和灌溉田发展而来。20世纪初，洒滴滤池处理废水得到公认，逐渐出现各种形式的生物滤池。

生物滤池按其结构可以分为普通生物滤池和塔式生物滤池。它们都是由滤床、布水设备和排水系统三部分组成。

① 普通生物滤池 普通生物滤池又称滴滤池，一般呈圆形、正方形或矩形。在滤池中装填粒径合适的滤料共同构成生物滤池的主体部分——滤床。滤料可以采用碎石、炉渣、焦炭及特制的塑料滤料。滤料对生物滤池的净化功能影响很大，应该根据废水特征正确选择。

废水长期以滴状洒布在块状滤料上。在废水流经的滤料表面会形成生物膜。生物膜成熟以后，栖息在生物膜上的微生物就会摄取废水中的有机物作为营养，在微生物代谢过程中有机物降解，废水得以净化。供氧是影响生物滤池净化功能的重要因素之一，这又取决于滤池的通风状况，而滤料的形式对滤池通风起决定性作用，所以列管式塑料滤料为最好，块状滤料则以拳状者为宜。

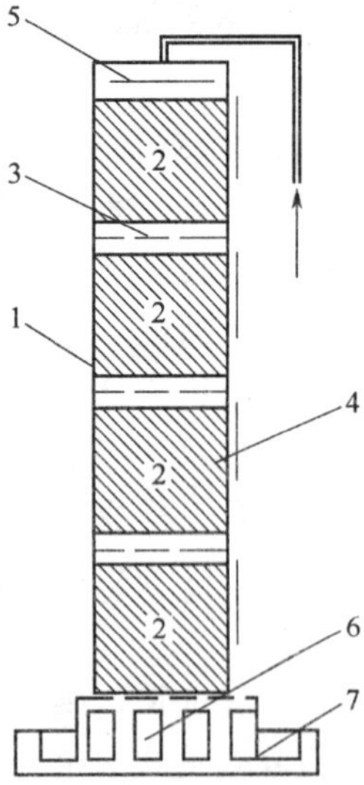

布水设备很重要，只有布水均匀，才能够充分发挥每一部分滤料的作用，提高滤池处理能力。废水从顶部通过布水设备均匀喷洒在整个滤床上层面，然后沿覆盖在滤料表面的生物膜成滴流形式下落，穿过滤料层。在此过程中得到净化的废水由池底的排水系统排出。设在池底的排水设备，不仅用于排出滤水，而且起到保证滤池通风的作用。

生物滤池运行稳定、易于管理、节省能源、处理效果也好，BOD去除率可达90%～95%。但处理负荷低，占地面积大，滤料容易堵塞，故只适于处理水量较小的场合。

② 塔式生物滤池 塔式生物滤池（如图3-24所示），简称塔滤，是一种高负荷滤池。其废水处理的原理与普通生物滤池一样，但在结构和净化功能上有一定特征。

塔式生物滤池外形呈塔状，可高达20m以上。其断面有圆有方。塔身起到围挡滤料的作用，可以是钢筋混凝土结构、砖结构或钢框架与塑料板面混合结构等。滤料沿塔身高度分层设

图 3-24　塔式生物滤池

1—塔身；2—滤料；3—格栅；
4—检修孔；5—布滤器；
6—通风孔；7—集水槽

置，除了使用天然滤料外，还可以用塑料压制成的蜂窝及波纹板。由于废水自上而下流动，强化了生物膜接触时间和使生物膜经常保持较好的活性，因此，可用于处理各种高浓度工业有机废水，也适用于处理生活污水。

（2）生物转盘

生物转盘又称旋转式生物反应器，是从传统的生物滤池演变来的。其工作原理与生物滤池工作原理基本相同，只是设备构造不同。

生物转盘结构如图 3-25 所示，它是由许多同直径的塑料、金属玻璃钢等材料制成的圆盘代替固定的滤料，并被平行固定在可转动的横轴上。圆盘下半部浸在氧化槽里的废水中，上半部敞露于空气中。生物转盘在工作之前，首先用人工方法或自然方法"挂膜"，使转盘表面上形成一层生物膜。当圆盘缓缓转动时，浸入废水中的微生物吸附污染物；当盘片转出水面与空气接触时，从空气中吸氧，由于生物酶的催化作用，对有机物进行氧化分解，同时排出氧化分解过程中产生的代谢产物。微生物还以有机物为营养进行自身的繁殖。在圆盘随轴旋转过程中，盘片上的生物膜不断交替地和废水、空气接触，从而交替从废水中吸附有机物和从空气中吸收氧气。圆盘每转一周，生物膜完成一次吸附、吸收-吸氧-氧化分解、再生过程。这一过程不断循环交替，使废水得到净化。

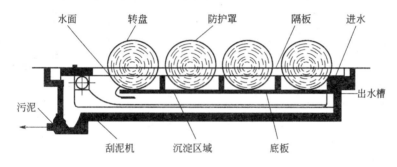

图 3-25　生物转盘结构

生物转盘是一种较新型的生物膜法废水处理设备，国外使用比较普遍。国内在化工、造纸、制革、化纤等行业多应用于处理高浓度有机废水。

（3）生物接触氧化池

生物接触氧化池又称浸没式曝气生物滤池，其主要设施为池体、填料、布水和布气装置。

生物接触氧化法是在曝气池内填充软性填料、半软性填料及硬性填料等，组成栖附着生物膜的轻质填料床层，并被废水所淹没。分流式接触氧化池即废水充氧和与生物膜接触是在不同的格内。废水在单独的格内充氧，而在填充填料的另一格内，废水缓慢流经填料与生物膜接触。直流式接触氧化池是直接在填料底部进行鼓风充氧。这种完全淹没与鼓风曝气相结合的方法，实际是利用生物膜和悬浮活性污泥联合作用来净化污水。

生物接触氧化法兼具生物膜法和活性污泥法二者的特点，有较高的净化能力和多种净化功能，是一种很有前途的处理方法。缺点是布水、布气不均，填料容易发生堵塞。

（4）生物流化床

生物流化床是从 20 世纪 70 年代初开始发展起来的一项相对较新的污水处理工艺，由于它具有细胞浓度高，传质条件好，占地面积省等诸多优势，因而颇有发展前途。

生物流化床是以小粒径固体颗粒作为生物膜的载体。当废水自下而上，以一定速度上升

123

时，使小颗粒上下翻动形成流体化状态。由于小颗粒载体表面生有一层稳定的生物膜，不仅大大提高了流化床单位容积载体表面积，而且液、固接触充分，所以效率高，占地面积小。由于生物膜剥落很少，所以不需要二次沉淀或污泥回流，故大大减少设备投资和动力消耗。中国目前在石油化工废水、制药废水处理中均有采用生物流化床的实例。

内循环三相生物流化床是一种高效低耗的生化处理工艺（如图 3-26）。内循环三相生物流化床在绿色生态小区生活污水处理回用工程中应用，处理过程无异味。处理后出水可用于灌溉绿地、冲洗道路和景观用水、消防、洗车等，实现水的 100％ 循环利用，达到了绿色生态的需要。

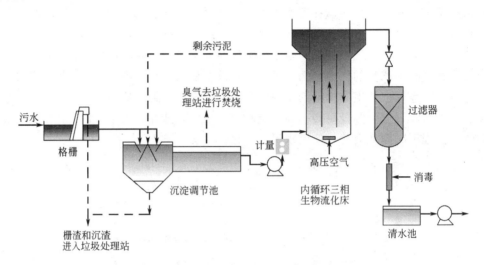

图 3-26　内循环三相生物流化床处理流程

3.6.3　生物塘法

生物塘法又称氧化塘或稳定塘，是一种古老的污水处理方法。它可以利用天然河道、池塘、洼地，也可以人工修成浅水池，构造简单，易于维护管理。废水在塘内作长时间停留并得到净化，与水的自净过程十分相似。

污水处理塘是一些适宜的自然池塘、经人工改造的自然池塘，或是人工修建的池塘。这些池塘通过不同的工作原理和净化机理，诸如厌氧、好氧、兼性生物处理、水生生物净化、水生态系统净化、封闭式贮留、调贮控制排放等，以保证其排水的水量水质不超过受纳水体的自净容量。

大多数污水处理塘，因为是利用水塘中的微生物和藻类对污水和有机废水进行需氧生物处理，所以又称生物塘。这是一种古老的废水处理方法，特别是作为小城镇的废水处理方法已有多年的历史。据美国的资料，在 20 世纪 60 年代初，美国用作家庭生活污水处理的生物塘已超过 1000 多个，而用作工业废水处理的生物塘也超过 800 个。近年来，考虑到节能和污水的深度处理，各国更加重视利用生物塘处理污水。美国在 1972 年已有生物塘 4000 多个，占美国城市污水厂总数的 1/3。

中国从 20 世纪 50 年代初就开展了应用生物塘处理城市污水和工业废水的探索性研究。据有关资料说明，到 1984 年，国内已有 38 座生物塘。过去，生物塘主要用于处理人口较少的城镇污水，现在已发展到每天可处理 10 万吨以上污水量。澳大利亚墨尔本市生物塘每天可处理 35 万吨污水。

根据氧化塘内溶解氧的来源和有机污染物的降解形式以及污水处理塘的净化机理,可以分为好氧塘、兼性生物塘、厌氧生物塘、曝气氧化塘、塘田和鱼塘等类型。各种氧化塘的特性如表 3-10 所示。

表 3-10　各种氧化塘的特性

名　称	深　度	特　性
好氧塘	池子较浅,深度小于 1m	日光可透过水层到达塘底,藻类生长旺盛,塘内维持好氧条件
厌氧塘	池子较深,池深 2～4m	接纳的有机物负荷较高,塘处于厌氧条件
兼性塘	池子的深度一般在 1～2m	塘底为厌氧区,上部靠藻类供氧和大气复氧,能维持好氧状态。在夜间,光合作用停止,塘表面的大气复氧低于塘内的耗氧,上层水的溶解氧可接近零
曝气氧化塘	—	一般利用藻类的光合作用供氧和水面的自然复氧,也可通过人工曝气的方式补充氧
塘田和鱼塘	—	塘田可培植莲藕、水浮莲等水生植物,鱼塘可放养鱼、鸭等,形成菌、藻、水生植物、浮游动物、鱼、鸭共同构成的水生生态系统

好氧塘净化有机污染物的原理如图 3-27 所示。

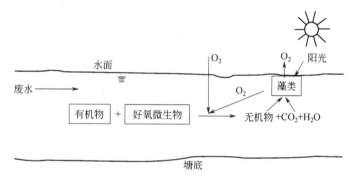

图 3-27　好氧塘净化有机污染物的原理

（1）好氧塘

好氧生物塘水深一般不超过 1m,多在 0.2～0.4m。阳光可以透过水层,直射到池底。塘内生长有藻类、好氧细菌等微生物。水中的溶解氧主要依靠藻类的光合作用提供,其次是水面大气复氧,整个塘容积都处于充分供氧状态。好氧微生物通过自身的代谢活动将有机污染物氧化分解,代谢产物 CO_2 可以作为藻类的碳源。藻类还可以利用水中的 N、P 合成体内物质。因此,氧化塘在净化废水中有机物时,还具有脱 N 和除 P 的作用。但由于很难控制藻类生长,处理后的水中常含有大量藻类,出水还需做除藻处理。

好氧塘的处理效果受到有机负荷、pH 值等多种因素影响,要求有良好的光照、适宜的温度、足够的容积、低有机负荷、1m 以下的水深,并要严格控制过量的有毒有害物质进入塘内。

（2）兼性塘

兼性生物塘水深一般可在 1～2m 之间,多为 0.6～1.5m。它介于好氧塘和厌氧塘之间,并具有两者的特点。

兼性塘净化废水,是利用它在不同深度的水层分别进行好氧反应和厌氧反应。在塘的上部水层,阳光可以透射进去,藻类能够生长,进行光合作用,使上层处于好氧状态,发生的生化反应与好氧塘相同。在塘的中层，由于阳光透入深度所限，溶解氧不足，为兼性活动区。到塘的下层及塘底污泥，由于缺氧，成为厌氧微生物活动区。沉淀的固体有机物及老化的藻类在厌氧层被厌氧微生物进行厌氧发酵分解。

兼性塘对某些难降解的有机物，如洗涤剂、农药、ABS 等有较好的去除作用，是各类生物塘中应用最广泛的一种。它可以单独运行，也可以与其他类型的生物塘串联运行，以提高处理效果。

（3）厌氧塘

厌氧塘水深一般在 2.4～3m 以上，多为 2.5～4m。表面往往形成浮渣层，使水体透光和表面复氧都很困难，塘中基本没有藻类生长，塘内溶解氧极低，使整个塘处于厌氧状态。

在厌氧塘中主要靠厌氧微生物的活动，使有机物分解成 CH_4 和 CO_2。由于厌氧分解过程中会产生臭气，使出水水质色黑有臭味，所以一般不单独使用，而是和其他类型的塘串联使用，用于污水的预处理。

厌氧塘比较适用于处理高浓度有机废水。

（4）曝气氧化塘

为了解决氧化塘中溶解氧不足的问题，在塘面安装人工曝气设备强化氧气溶解过程，可以使其在一定深度维持好氧状态，而不靠藻类供氧。由于强化了供氧，使之对水质、水量有更大的适应性。

曝气氧化塘水深可达 5m，一般多在 3m 左右。根据其曝气强度可以分为好氧曝气氧化塘和兼性曝气氧化塘。

（5）水生生物氧化塘

水生生物氧化塘是在普通氧化塘内养殖具有净水功能的水生植物或水生动物，以强化氧化塘的净化功能。

水生植物氧化塘种植最多的典型植物是水葫芦、芦苇、水葱，它们都有较强的吸收、分解有机物的能力。

在普通好氧塘和兼性塘内养殖水生动物和鸭、鹅等家禽，可以形成多条食物链，与塘环境形成复杂的生态系统。污染物在微生物作用下生化降解，在食物链中进行迁移转化，同时实现污水净化并资源化。但由于食物链的存在，污水中不能含有重金属及其他有毒有害物质，以免在生物体内富集，给人体健康造成潜在危害。

3.6.4 厌氧生物法

厌氧生物处理是在极度缺氧或无氧条件下，利用兼性厌氧菌和专性厌氧菌，分解有机物的一种生物处理方法，较早用于处理以有机成分为主的污泥和废渣。大分子的有机物首先被水解成低分子化合物，然后被转化成甲烷和二氧化碳等。生物处理技术发展至今，证明厌氧生物处理方法不仅适于污泥的稳定处理，也适于有机工业废水的处理，而且处理效果明显优于好氧生物法。

3.6.4.1 厌氧消化机理

在厌氧生物处理方面，其有机物的分解过程可分为酸性（酸化）阶段和碱性（甲烷化）阶段，如图 3-28 所示。

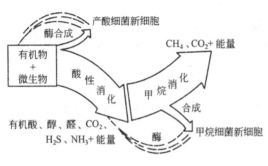

图 3-28　两阶段厌氧消化

（1）酸性消化阶段

在厌氧条件下，由于产酸菌（异养型兼性细菌群）分泌的外酶的作用，含碳有机物被水解成单糖，蛋白质被水解成肽和氨基酸，脂肪被水解成丙三醇、脂肪酸。这些水解产物再进入各类产酸菌的细胞体内，被代谢成更简单的丁酸、丙酸、乙酸和甲酸等有机酸以及醇类、醛类、氨、二氧化碳、硫化物、氢等，同时释放出能量。

在酸性消化阶段，由于有机酸的形成与积累，pH 值可下降至 6 以下。此后，随着有机酸和溶解性含氮化合物的分解，酸性逐渐减弱，pH 值回升到 6.5～6.8 左右。

（2）碱性消化阶段

经过酸性消化阶段的代谢产物，在甲烷细菌的作用下，进一步分解成生物气。其产生的生物气（消化气）的主要成分是甲烷、二氧化碳及少量氨和硫化氢等。

甲烷细菌是专性厌氧的。它与产酸菌相比，甲烷细菌对温度、pH 值、有毒物质等更为敏感。甲烷细菌对温度的变化很敏感，因此要保持温度的恒定。通常采用的厌氧处理的温度一般选择在中温（35～38℃）或高温（52～55℃）。甲烷细菌要求的 pH 值严格控制在6.8～7.2 之间。由于甲烷菌具有上述特点，而且又是专性厌氧菌，因此，甲烷消化阶段基本上控制着厌氧消化的整个过程。

虽然厌氧消化可分为酸性消化和碱性消化两个阶段，但在连续消化的过程中，二者是同时进行的，并且保持着某种程度的动态平衡。这一动态平衡一旦被 pH 值、温度、有机物负荷等外加因素所破坏，则碱性消化阶段（甲烷消化）往往即行停止，其结果将导致低级脂肪酸的积存和厌氧消化进程的失常。

3.6.4.2 厌氧生物处理技术分类

目前，厌氧生物处理技术已形成三个重要分支，即厌氧消化、生物脱氮和厌氧水解酸化。厌氧消化（或称厌氧发酵）是普遍存在于自然界的微生物过程。凡是有水和有机物存在的地方，只要供氧条件不好或有机物含量高，都会产生厌氧消化现象，使有机物分解产生 CH_4、CO_2 和 H_2S 等气体。这是一个多菌群、多层次混合发酵过程。

利用厌氧消化技术处理工业废水，已成为水污染控制工程中一项重要治理技术，并出现了多种功能不尽相同的工艺方法和组合系统。但决定消化过程的都是以群体形式存在的厌氧微生物。这些微生物群体可以结合成泥粒状，也可以结合成泥膜状。微生物和溶液中的有机和无机悬浮物絮凝成肉眼可见的泥状絮凝体。当这种絮凝体悬浮于消化液中，称其为泥粒，当其附着在特设的挂膜介质上时，称其为泥膜或生物膜。根据微生物在反应器中存在的状态，可以把厌氧消化工艺区分为：厌氧活性污泥法，厌氧生物膜法和综合法三大类。

（1）厌氧活性污泥法

厌氧活性污泥法的基本特征是厌氧微生物群体以聚集成泥粒的形态存在于生物反应器内。在不同形式的反应器中和不同的操作条件下，由于不同成分泥粒自身密度不同，黏附的气泡产生的浮载力也不同，故泥粒分层存在，或沉于器底，或悬浮于液中，或漂浮于液面。

这类处理方法中应用最广的反应器是普通消化池和上流式厌氧污泥床。传统的厌氧消化反应器如图 3-29 所示。

① 普通消化池　普通消化池也称完全混合

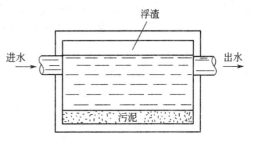

图 3-29　传统的厌氧消化反应器

127

式消化池（CMD），是一种应用十分广泛的厌氧生物法处理废水的构筑物。其池体有圆桶形的，也有卵形的，池顶有固定顶盖和浮动顶盖的。池容可分为大型、中型或小型，运行方式上有一级消化池和二级消化池之分。被处理的废水（或污泥）都是从池子上部或顶部投入，经与厌氧污泥混合接触，通过厌氧微生物的吸附、吸收和生物降解作用，使有机物转化为 CH_4 和 CO_2 为主的气态产物。污泥从底部排出，经沉淀分层的水从液面下排出。

普通消化池是处理悬浮固体浓度很高的有机废水和生活污水的典型污泥消化池。主要用于处理城市污水污泥、人畜粪便、植物残体、发酵废渣，也可以用来处理某些挥发性悬浮固体（VSS）含量高的有机废水。

② 上流式厌氧污泥床反应器 上流式厌氧污泥床（Upflow Anaerobic Sludge Blanket 简称 UASB）反应器是处理悬浮物含量少的高浓度有机废水的消化装置（其工作原理如图 3-30 所示）。进水由下而上，穿过污泥床上升，实现微生物与废水中有机物质的接触，以达到对废水中可生化性有机污染物进行有效的吸附、吸收、降解的目的。

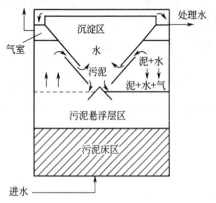

图 3-30 UASB 反应器工作原理

这种反应器的处理对象很多，如制药废水、酒精废水、造纸黑液、屠宰及罐头生产废水等。其工艺特点是不需要搅拌，废水在穿过污泥床层过程中实现基质与微生物接触，与其他厌氧处理装置相比，优点是处理能力大、效率高、运行性能稳定、构造简单。

③ 厌氧接触法 厌氧接触工艺是由普通消化池简单改造发展而来的。其特点是在消化池后另设一个沉淀池，废水经消化池厌氧消化后的混合液进入沉淀池，在沉淀池进行泥水分离。清水自上部排出，污泥部分回流到消化池，以弥补消化污泥的流失。

这种处理系统由于实现了消化池进水连续化和污泥回流，从而改善了混合效果，提高了处理能力。它除了能处理城市污水污泥外，也可处理悬浮固体稍低的高浓度有机工业废水。在国外，这种处理方法初期用于处理肉类加工厂废水，后来发展到用于各种食品工业和其他高浓度有机废水处理。中国南阳、烟台等地酒厂废水处理均有采用厌氧接触工艺的实例。这是一种具有广泛推广前途的处理方法。

（2）厌氧生物膜法

厌氧生物膜法是利用以厌氧微生物细胞为主，依靠附着于载体表面的生物膜来净化废水中有机物的一种生物处理方法。其基本特征是厌氧微生物群体以泥膜形式固着或黏附于池内特设的挂膜介质上。挂膜介质在设备结构中所处的状态可以是固定的、转动的、或是流动的。根据介质的状况可以将这类方法的主要设备（设施）分为厌氧生物滤池、厌氧生物转盘、厌氧附着膜膨胀床（AAFEB）和厌氧流化床（AFB）。图 3-31 是厌氧膨胀床和流化床的工艺流程。

这类方法由于设有挂膜介质，容易引起填料或盘片间的堵塞，只适用于悬浮固体含量不高的高浓度有机废水。其构造及运

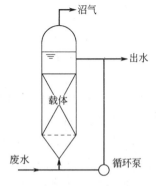

图 3-31 厌氧膨胀床和流化床的工艺流程

128

行也比较复杂，因此实际应用远少于上流式厌氧污泥床。

（3）综合法

综合型厌氧生物法是反应器内既存在厌氧活性污泥，又存在厌氧生物膜，形成厌氧生物污泥-厌氧生物膜综合处理方式。在这种处理法中，两种处理过程可以是在同一反应器中混合存在，也可以在前后两个反应器中分别存在。究竟采用何种形式，要根据实际需要确定。

3.6.4.3　厌氧处理的应用

最早的厌氧生物处理法主要用于居住房屋和公用建筑的生活污水处理，这在20世纪初是很流行的，在中国的某些城市至今仍在使用。它的构筑物也比较简单，基本上分为二个室。生活污水先进入第一室，水中的悬浮物或沉于池底、或浮于池面，使水得到初步澄清和厌氧处理。然后，污水进入第二室，进一步澄清和处理，经处理后的水从出水管引出。池水一般分为三层，上层为污泥壳（浮在水面的浮渣层），下层为污泥层，中间为水流。污水在池的停留时间一般为12～24h。污泥在池底进行厌氧消化，消化后的污泥一般在半年左右清除一次。由于污水在池内的停留时间较短、温度较低（不加温，与气温较接近）、污水与厌氧微生物的接触也较差。因此，这一构筑物的主要用途是将生活污水和粪便污水中的悬浮固体（粪便等）加以截流并消化，而对污水中溶解和胶态的有机物则去除率很低，远不能达到国家规定的"工业废水和城市污水的排放标准"。近年来，随着能源危机，结合高浓度有机废水的处理，开发了不少新的厌氧处理的构筑物和工艺。其主要改进是，增加构筑物中的微生物浓度并改善微生物与废水的接触条件；控制合适的反应温度；根据厌氧消化分阶段的原理设计工艺流程等。这类厌氧处理工艺主要有升流式污泥床、升流式厌氧滤池、厌氧流化床和接触氧化工艺等。升流式厌氧污泥床和升流式厌氧滤池的工艺如图3-32所示。

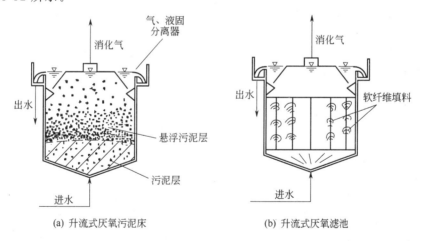

(a) 升流式厌氧污泥床　　　　　　(b) 升流式厌氧滤池

图 3-32　厌氧处理工艺示意

参 考 文 献

1　郑淳之. 水处理剂和工业循环冷却水系统分析方法. 北京：化学工业出版社，2000

2　许保玖. 当代给水与废水处理原理. 北京：高等教育出版社，2000

3　陈复. 水处理技术及药剂大全. 北京：中国石化出版社，2000

4 陆柱. 水处理药剂. 北京：化学工业出版社，2002

5 叶文玉. 水处理化学品. 北京：化学工业出版社，2002

6 许振良. 膜法水处理技术. 北京：化学工业出版社，2001

7 冯逸仙. 反渗透水处理. 北京：中国电力出版社，1997

8 叶婴齐. 工业水处理技术. 上海：上海科学普及出版社，1995

第4章 常用水处理剂

4.1 缓 蚀 剂

添加到水中抑制或降低金属和合金腐蚀速度、改变金属和合金蚀电极过程的一类添加剂称为缓蚀剂。缓蚀剂又叫腐蚀抑制剂或阻蚀剂。缓蚀剂的加入应当是少量的，因此有些物质虽然大量加入水中时也能起到抑制金属腐蚀的作用，但这类物质并不能被称为缓蚀剂。另外通过加入某些物质降低水中的氧化剂含量时，也能明显降低金属的腐蚀速度，习惯上也不把这些物质称为缓蚀剂。这些例子包括，常温下硝酸水溶液的浓度提高到 40% 时，硫酸水溶液的浓度提高到 80% 时，可明显降低碳钢的腐蚀速度，但一般不把硝酸或硫酸称为缓蚀剂；向水中加入亚硫酸钠和肼等物质以后，通过去除水中的溶解氧可减缓金属腐蚀的速度，亚硫酸钠和肼也不能称为缓蚀剂。

根据缓蚀剂的属性，缓蚀剂可分为无机缓蚀剂、有机缓蚀剂；根据缓蚀剂在水中抑制金属腐蚀的电化学过程，缓蚀剂又可分为阳极过程缓蚀剂、阴极过程缓蚀剂和阴阳极混合过程缓蚀剂（又称为双极缓蚀剂）。阳极缓蚀剂有铬酸盐、亚硝酸盐、钼酸盐、钨酸盐、苯甲酸盐等；阴极缓蚀剂有六偏磷酸钠、三聚磷酸钠、硅酸盐；铵盐则属于阴阳极混合过程缓蚀剂。缓蚀剂通过与金属反应，在金属表面形成一层沉淀，或者缓蚀剂分子直接吸附在金属表面形成一层保护膜，从而把金属和水隔开，达到减缓金属腐蚀的目的。氧化性缓蚀剂对在水中可钝化的金属（如碳钢、铝、不锈钢）表面形成氧化膜，达到缓蚀的目的。

4.1.1 六偏磷酸钠

（1）性状

作为水处理缓蚀剂的聚磷酸盐有多个品种，但最常用的主要是六聚偏磷酸钠和三聚偏磷酸钠。

六偏磷酸钠（Sodium hexametaphosphate）别名玻璃状聚磷酸盐、格来汉氏盐、四聚磷酸钠、六聚偏磷酸钠。分子式不清楚，通常用 $(NaPO_3)_6$ 或 $Na_{n+2}P_nO_{3n+1}$，$n=10\sim16$（平均值）表示。相对分子质量也不清楚，通常认为是 611.77。原来认为该化合物为六元环状结构而不正确地将之称为六偏磷酸钠。实际上，它是链状结构而不是偏磷酸钠所特有的环状结构。X 射线研究表明，六偏磷酸钠实际上是由 PO_4 四面体构成的长链组成的聚磷酸阴离子盐的混合物，其中至少有 90% 是高链状聚磷酸盐，含有的三偏及四偏磷酸盐量通常为 5%～10%。

六偏磷酸钠是无色透明玻璃状粉末、鳞片状固体或白色粒状结晶。20℃时其相对密度为 2.484，熔点为 616℃（分解）。在空气中潮解，吸湿性强，吸水后变为黏胶状物。易溶于水，但溶解速度慢。水溶液呈酸性，1% 溶液的 pH 为 5.5～6.5。20℃时在水中的溶解度为 973.2g/L。不溶于有机溶剂。六聚偏磷酸钠的熔体黏度为 0.01～1.0Pa·s。玻璃体密度为 2.1～2.3g/cm³。六聚偏磷酸钠可与钙、镁等大多数金属离子生成可溶性络合物，尤其对钙离子的络合能力特别强。六偏磷酸钠在水中逐渐水解生成正磷酸盐。

除了具有缓蚀作用外，聚磷酸盐还有阻止冷却水中碳酸钙和硫酸钙结垢的低浓度阻垢作用。

聚磷酸盐的优点有：①缓蚀效果好；②用量小，成本低；③同时具有缓蚀和阻垢作用；④还原性物质不影响其缓蚀效果；⑤无毒。缺点有：①易于水解，水解后与水中的钙离子生成磷酸钙垢；②易促进藻类生长；③对铜及铜合金有腐蚀性。

（2）用途

聚磷酸盐是应用最早、最广泛、最经济的冷却水缓蚀剂之一。六聚偏磷酸钠在水处理中主要用作锅炉用水和工业用水的软水剂、工业循环冷却水的缓蚀和阻垢剂。当聚磷酸盐与其他药剂配合使用时可有效地保护铝金属免受冷却水中铜离子的腐蚀。从缓蚀效果来看，六偏磷酸钠优于三聚偏磷酸钠，因此前者使用更广泛。

（3）使用方法

要使聚偏磷酸盐能有效地保护碳钢，冷却水中既要有溶解氧，也需要有适量的钙离子。使用聚磷酸盐的关键是尽可能避免其水解成正磷酸盐以及生成溶度积很小的磷酸钙垢。单独使用时，在敞开式循环冷却水系统中聚磷酸盐的使用浓度通常为 $20\sim25mg/L$，pH 值 $6.5\sim7.0$，在 pH 值为 6 时使用效果最佳。为了提高其缓蚀效率，常与铬酸盐、锌盐、钼酸盐、有机膦酸盐等缓蚀剂复合使用。

作为软水剂使用时，$1mg/L$ 的六聚偏磷酸钠可抑制 $100\sim200mg/L$ 的碳酸钙。

预膜用聚磷酸盐的浓度推荐为 $60\sim200mg/L$，pH 范围为 $5\sim7$，水温应稍高于常温，水流速度以不低于 $1m/s$ 为宜。若有适量的锌离子存在，可与聚磷酸盐起协同作用。

单独使用时，在 pH6.0～7.0 时，使用浓度为 $20\sim40mg/L$；在 pH7.5～8.5 时，使用浓度为 $10\sim20mg/L$；浓度低于 $10mg/L$ 会加大腐蚀速度。为了提高缓蚀效果和降低聚磷酸盐的用量，通常与锌盐、钼酸盐、有机膦酸盐等缓蚀剂复合使用。磷系配方要求冷却水中应有一定浓度的钙离子，从缓蚀角度来考虑不宜小于 $30mg/L$（以碳酸钙计），从阻垢角度来考虑不宜大于 $200mg/L$（以碳酸钙计）。水中溶解氧要求在 $2mg/L$ 以上。对敞开式循环冷却水系统，水中溶解氧已达到饱和，可以满足这一要求。

由于聚磷酸盐易水解而与水中的钙离子生成磷酸钙垢，因此，最好与具有阻磷酸钙垢能力的共聚物联合使用。

（4）作用原理

六偏磷酸盐属于阴极沉淀膜型缓蚀剂。与水中的钙、镁、锌、铁（Ⅱ）等二价金属离子形成胶溶状态的络合离子，依靠腐蚀电泳沉积于金属阴极表面形成电沉积层保护膜，抑制阴极反应来降低腐蚀速度而起到缓蚀作用。

聚磷酸盐除作为缓蚀剂使用外，还可作为阻垢剂使用。其阻垢机理在于：聚磷酸盐可向生长着的晶体晶格中引入一种杂质而抑制晶体生长。研究表明，在有六偏磷酸钠存在时，碳酸钙形成的不是正常菱面体的方解石，而是一种畸变的晶体。

（5）注意事项

大鼠经口的 $LD_{50}=4g/kg$，小狗静脉注射的 $LD_{50}=0.14g/kg$，水处理用的六聚偏磷酸钠经口能引起严重的中毒，症状为休克、心律不齐、心跳过缓、身体强直等。急救方法：用白垩粉洗胃，并静脉注射葡萄糖酸钙。

贮藏于阴凉、通风、干燥、清洁的库房内，勿使受潮变质。

（6）质量指标

六聚偏磷酸钠的化工工业标准（HG/T 2837—1997）如表 4-1。

表 4-1　六聚偏磷酸钠的化工工业标准

指 标 名 称		指　　标		
		优等品	一等品	合格品
外观		白色细粒状物		
总磷酸盐（以 P_2O_5 计）含量/%	$\geqslant$	68.0	67.0	65.0
非活性磷酸盐（以 P_2O_5 计）含量/%	$\leqslant$	7.5	8.0	10.0
水不溶物含量/%	$\leqslant$	0.05	0.10	0.15
铁（Fe）含量/%	$\leqslant$	0.05	0.10	0.20
pH 值		—	5.8～7.3	—
溶解性		合格	合格	合格
平均聚合度（$\bar{n}$）		10～16	—	—

（7）制备方法

① 磷酸氢二钠法　纯碱溶液与磷酸在 80～100℃下反应，生成磷酸二氢钠溶液，经过蒸发浓缩、冷却结晶，制成二水磷酸二氢钠，加热到 110～250℃，脱去二个结晶水，生成偏磷酸钠，继续加热至 620℃，将生成的偏磷酸钠熔融并聚合成六聚偏磷酸钠。

② 五氧化二磷法　五氧化二磷与纯碱按一定的摩尔比（$P_2O_5/Na_2CO_3 = 1：0.8$）混合、加热脱水，进行高温（750～850℃）聚合反应，然后迅速骤冷，制得玻璃状的六聚偏磷酸钠。

4.1.2　铬酸钠

（1）性状

铬酸钠（Sodium chromate）分子式为 Na_2CrO_4（无水物）、$Na_2CrO_4 \cdot 4H_2O$（四水物）、$Na_2CrO_4 \cdot 10H_2O$（十水物），相对分子质量分别为 161.97、234.03、342.13。无水铬酸钠呈黄色粉末状结晶，相对密度为 2.723g/cm^3，熔点为 792℃，易溶于水，水溶液呈碱性。微溶于乙醇。铬酸钠在 19.52℃以下时自水溶液中结晶出十水物，十水物是单斜晶体，相对密度为 1.483，极易吸潮，且不稳定。在 19.52～26.6℃（25.9℃）范围内结晶出六水物（$Na_2CrO_4 \cdot 6H_2O$），在 26.6～62.8℃之间结晶出四水合物，62.8℃以上则生成无水的斜方晶体 α- Na_2CrO_4。

（2）用途

铬酸钠是最常用的铬酸盐类无机缓蚀剂。铬酸钠可在金属表面形成一层致密的钝化膜，对碳钢有良好的缓蚀作用。

（3）使用方法

使用浓度随水温、盐类等条件变化。在冷却水处理中，当铬酸钠以较高的质量分数（250～700mg/kg）单独使用时，对钢材的缓蚀效果极好。如用量不足，在沉积和缝隙处会有加速腐蚀的趋势。与阴极缓蚀剂配合使用有增效作用。

此外，由于铬酸盐的毒性，其应用近年来受到严格限制。

（4）作用原理

铬酸钠是一种阳极缓蚀剂（氧化性缓蚀剂），能有效地抑制以下半反应的进行：

$$Fe \longrightarrow Fe(II) + 2e$$

其结果是将产生的亚铁离子氧化为含有少量 Cr_2O_3 的 γ-Fe_2O_3 的保护膜，同时使铁的腐蚀电位上升到钝化范围，从而防止了钢材的进一步腐蚀。铬酸盐浓度太低时应补充锌离子，以防止发生点蚀。铬酸盐与锌盐的最佳质量比为 6～8，并最好与阻垢剂和分散剂复配使用，以增加效果。

（5）注意事项

六价铬化合物及其盐类是铬化合物中毒性最大的。家兔皮下注射的 $LD_{50}=243mg/kg$，生产环境中铬酸盐粉尘的最高容许浓度为 $0.1mg/m^3$。

铬酸盐玷污皮肤，产生红色丘疹，及至形成溃疡，黏膜会受到严重伤害。据认为，铬酸盐是一种可疑的致癌物质。如溶液或粉末溅到皮肤上，应立即用大量清水冲洗；如溅入眼睛内，应立即用大量清水冲洗 15 min 以上，并滴入鱼肝油和 30％磺胺乙酰溶液进行处理。

应贮藏于干燥、通风处，运输过程中应注意防潮、防雨、装卸时应防止包装破损。

失火时可用水、砂土、二氧化碳灭火器扑灭。

（6）质量指标

表 4-2 和表 4-3 为铬酸钠质量参考标准。

表 4-2 美国联邦标准 FSO-S-588C—85（工业无水铬酸钠）

指 标 名 称	指 标		指 标 名 称	指 标	
	最小	最大		最小	最大
主含量（以 Na_2CrO_4 计）含量/％	99.3	98.0	水分/％	—	0.5
硫酸盐（以 SO_4^{2-} 计）含量/％	0.20	0.40	外观	粉状物质	—
氯化物（以 Cl^- 计）含量/％	10	0.20			

表 4-3 印度标准 IS 6507—1972（工业级铬酸钠）

指 标 名 称		指 标	指 标 名 称		指 标
总水分（游离水与结合水）/％	≤	31.25	硫酸盐（以 Na_2SO_4 计）含量/％	≤	1.00
铬酸钠（以 Na_2CrO_4 计）含量/％	≥	98.00	氯化物（以 NaCl 计）含量/％	≤	0.50

注：指标为干基。

（7）制备方法

以铬铁矿（Fe、Mg）O·（Cr、Al、Fe）$_2O_3$ 为原料，在强氧化剂存在下用碱分解矿石。氧化焙烧在管式炉中进行，温度 1100～1200℃。当炉料加热至不太高的温度（600～800℃）时，便开始生成铬酸。待温度升至接近 1000℃ 时，铬酸钠的生成速度增大。反应原理可用以下方程式近似表示：

$$4(FeO \cdot Cr_2O_3) + 8Na_2CO_3 + 7O_2 \longrightarrow 8Na_2CrO_4 + 2FeO_3 + 8CO_2$$

$$4(MgO \cdot Cr_2O_3) + 8Na_2CO_3 + 6O_2 \longrightarrow 8Na_2CrO_4 + 4MgO + 8CO_2$$

反应的副产物（亚铁酸钠、铝酸钠及硅酸钠等）又与铬铁矿、石灰及氧反应，生成铬酸钠及不溶性的钙化物。因而这种方法的产率较高（75％～81％）。

4.1.3 重铬酸钠

（1）性状

重铬酸钠（Sodium bichromate dihydrate）别名红矾钠，分子式为 $Na_2Cr_2O_7 \cdot 2H_2O$，相对分子质量为 298.00。为浅红色至浅橙色的单斜棱锥状或细针状结晶。相对密度（25℃）为 2.348。重铬酸钠极易吸潮，在空气中会潮解。易溶于水，水溶液呈酸性，不溶于醇。温度高于 84.6℃ 时失去结晶水而形成铜褐色无水物，无水物的熔点为 356.7℃，400℃ 时分解放出氧。低于 84.6℃时在空气中又变成二水合物。重铬酸钠为强氧化剂,与有机物接触摩擦、撞击能引起燃烧,有腐蚀性。

（2）用途

重铬酸钠是 20 世纪 50 年代就开始使用的一种无机缓蚀剂。铬酸盐是一种最有效的腐蚀抑制剂,它具有成膜牢固、迅速和对不同水质适应性强、无细菌繁殖的问题及价格低廉的优点。若投加适当,其缓蚀率可达到 95％以上。由于中国水处理技术发展晚,因此没有使用铬酸盐。

（3）使用方法

铬酸盐和重铬酸盐属于阳极缓蚀剂,单独使用时浓度为 200～500mg/L（敞开循环系统）。如用量不足,在沉积和缝隙处会有加速腐蚀的趋势。与阴极缓蚀剂配合使用有增效作用。

（4）作用原理

重铬酸钠的缓蚀机理同铬酸钠。

（5）注意事项

重铬酸钠不易燃、不易爆但有毒,长期吸入含六价铬的有毒产品会破坏鼻黏膜,引起鼻黏膜和鼻中隔软骨穿孔,使呼吸器官受到损伤。皮肤接触重铬酸钠溶液和粉末时易引起铬疮和皮炎,当有伤口的皮肤与重铬酸钠接触时,会造成不易痊愈的溃疡;眼睛受到粘染时会引起结膜炎,甚至失明。因此,如有重铬酸钠溶液或粉末溅到皮肤上,应立即用大量清水冲洗;如溅入眼睛内,应立即用大量清水冲洗 15 min 以上,并滴入鱼肝油和 30％磺胺乙酰溶液进行处理。误食铬盐会引起急性铬中毒,出现腹痛、呕吐、便血,严重者会出现血尿、抽搐和精神失常。应立即用亚硫酸钠溶液洗胃,经口 1％氧化镁溶液,喝牛奶和蛋清等。

生产和使用重铬酸钠的操作人员必须穿戴无渗透性的手套、围裙、鞋和防护眼镜;对皮肤和鼻黏膜必须进行预防性保护。

与有机物接触、摩擦、碰撞能引起燃烧。有腐蚀性,应密封贮存。

（6）质量指标

中国国家标准（GB 1611—1992）规定,重铬酸钠外观为鲜艳的橙红色针状或小颗粒结晶,技术指标应符合表 4-4。

表 4-4　重铬酸钠的技术指标

指 标 名 称	指　　标		
	优等品	一等品	合格品
重铬酸钠（以 $Na_2Cr_2O_7 \cdot 2H_2O$ 计）含量/% ≥	99.3	98.3	98.0
硫酸盐（以 SO_4^{2-} 计）含量/% ≤	0.20	0.30	0.40
氯化物（以 Cl^- 计）含量/% ≤	0.10	0.10	0.20

（7）制备方法

硫酸法　这是最常用的制备方法。一般以铬铁矿、白云石、石灰石、矿渣为原料,经过粉碎再与纯碱混匀后,送入转窑,在 1000～1150℃下进行氧化焙烧 1.5～2h,使三氧化铬转化成铬酸钠,再经硫酸处理,转变成重铬酸钠。

碳化法　也称为碳酸法。将铬酸钠的中性水溶液预先在加压下进行碳化,使 60％～70％的铬酸钠转化成重铬酸钠,然后再于压力下进行二次碳化,制得重铬酸钠。

4.1.4　重铬酸钾

（1）性状

重铬酸钾（Potassium bichromate）别名红矾钾,分子式为 $K_2Cr_2O_7$,相对分子质量为

294.18。重铬酸钾为橙红色三斜晶系结晶。相对密度（25℃）为2.676。加热到241.6℃时三斜晶系转变为单斜晶系。微溶于水，易溶于热水，不溶于乙醇。水溶液呈酸性。加热到500℃时分解放出氧气。有强氧化作用，与有机物接触摩擦、撞击能引起燃烧。不潮解，不生成水合物。

（2）用途

重铬酸钾与重铬酸钠一样，也是20世纪50年代开始使用的一种水处理无机缓蚀剂，属于阳极缓蚀剂，在工业冷却水系统缓蚀剂配方中作为铬酸盐的来源。也可用于制三氧化二铬、锌铬黄防锈涂料、铬钾矾、铬翠绿、火柴、电焊条，也可用作氧化剂，玻璃、陶瓷、搪瓷着色剂及用于制化学试剂等。

（3）使用方法

参见重铬酸钠。

（4）作用原理

与重铬酸钠相近。

（5）注意事项

强氧化剂，与有机物接触、摩擦、撞击能引起燃烧、爆炸。

（6）质量指标

中国化工行业标准（HG 2324—1992）规定，重铬酸钾外观为橙红色结晶，技术指标应符合表4-5。

表4-5　重铬酸钾技术指标

指　标　名　称		指　　标		
		优等品	一等品	合格品
重铬酸钾（$K_2Cr_2O_7$）含量/%	≥	99.7	99.5	99.0
氯化物（以 Cl^- 计）含量/%	≤	0.050	0.050	0.080
水不溶物含量/%	≤	0.020	0.020	0.050
水分含量/%	≤	0.030	0.050	—
硫酸盐（以 SO_4^{2-} 计）含量/%	≤	0.02	0.05	—

4.1.5　硫酸锌

（1）性状

硫酸锌（Zinc sulfate）别名锌矾、皓矾（均指七水物）。水处理中常用的是七水硫酸锌（分子式 $ZnSO_4 \cdot 7H_2O$，相对分子质量为287.54）和一水硫酸锌（分子式 $ZnSO_4 \cdot H_2O$，相对分子质量为179.47）。

一水硫酸锌为白色结晶粉末或颗粒。相对密度为3.28，238℃以上失去结晶水而变成无水物。溶于水，微溶于醇，不溶于丙酮。

七水硫酸锌为无色斜方晶系结晶粉末或颗粒。相对密度（25℃）1.957。熔点为100℃，急热时在50℃左右熔融，30℃时失去一分子结晶水，100℃时失去六分子结晶水，280℃时失去七分子结晶水，767℃时分解成 ZnO 和 SO_3。有收敛性酸味，纯品在空气中久存不变黄，置于干燥空气中易风化失去水而成为白色粉末。易溶于水，微溶于醇和甘油，不溶于液氨和酮，水溶液呈酸性。

七水硫酸锌易结块，一水硫酸锌不结块，但后者适合在暖湿气候下使用。

硫酸锌是最常用的水处理锌盐。锌盐在冷却水中能迅速地对金属建立起保护作用，这一点是其他无机缓蚀剂无法比拟的，因此锌盐在水处理预膜配方和运行配方中几乎都被应用。单独使用时，由于锌盐所成膜不牢固，因此其缓蚀效果不很好。锌盐是一种安全低效的缓蚀剂。

锌盐与其他缓蚀剂（例如铬酸盐、聚磷酸盐、磷酸酯和有机膦酸盐等）联合使用时，往往相当有效，并可降低锌盐的用量。锌盐的优点有：能迅速生成保护膜；成本低；与其他缓蚀剂联合使用效果好。缺点有：单独使用效果差；对水生动物有毒害作用。

（2）用途

在冷却水系统中，硫酸锌是最常用的阴极缓蚀剂，是循环冷却水缓蚀剂的重要组分。

（3）使用方法

锌离子在复合缓蚀剂中的用量常为 $2\sim4$ mg/L。锌用量增加，腐蚀速度降低，但超过一定浓度后，锌离子用量增加的效果不显著。pH$>$8 时使用锌盐可导致锌离子从水中析出以致降低或失去缓蚀作用。这时要同时使用能将锌离子稳定在水中的药剂——锌离子的稳定剂（如有机膦磺酸、含 AMPS 聚合物等分散剂）。

（4）作用原理

一般认为，锌盐是一种阴极缓蚀剂。由于金属表面腐蚀微电池中阴极区附近溶液中的局部 pH 值升高，锌离子与氢氧根离子生成氢氧化锌沉积在阴极区，抑制了腐蚀过程的阴极反应而起到缓蚀作用。

（5）注意事项

硫酸锌对皮肤和黏膜有刺激性，无水物及浓溶液可引起皮肤溃疡。吸入其粉尘可引起呼吸、消化及循环系统功能异常。皮肤接触后可用 2% 的碳酸氢钠溶液冲洗，用含脂性软膏涂敷，特别是涂敷 3% 的二巯基丙醇软膏。吸入体内后，轻者休息即可好转，重者可用巯基化合物治疗。家兔经口的 $LD_{50}=1.9\sim2.2$ g/kg，静脉注射的 $LD_{50}=44$ mg/kg。使用硫酸锌时应穿戴防护用具。

贮藏于干燥处，防止雨淋、受潮、日晒和受热。不得与酸、碱和有毒物质共贮共运。

（6）质量指标

硫酸锌的质量指标见表 4-6（HG/T 2326—92），外观为白色或微带黄色结晶或粉末。

表 4-6　硫酸锌的质量指标

指 标 名 称	指 标					
	Ⅰ类($ZnSO_4 \cdot H_2O$)			Ⅱ类($ZnSO_4 \cdot 7H_2O$)		
	优等品	一等品	合格品	优等品	一等品	合格品
主含量(以 Zn 计)/% ≥	35.70	35.34	34.61	22.51	22.06	20.92
(以 $ZnSO_4 \cdot H_2O$ 计)/% ≥	98.0	97.0	95.0	—	—	—
(以 $ZnSO_4 \cdot 7H_2O$ 计)/% ≥	—	—	—	99.0	97.0	92.0
不溶物/% ≤	0.10	0.050	0.10	0.10	0.050	0.10
pH 值(50g/L 液) ≥	4.0	4.0	—	3.0	3.0	—
氯化物(以 Cl^- 计)含量/% ≤	0.20	0.60	—	0.20	0.60	—
铅含量/% ≤	0.01	0.007	0.010	0.01	0.010	0.010
铁含量/% ≤	0.008	0.10	0.060	0.005	0.10	0.060
锰含量/% ≤	0.01	0.03	0.05	0.01	0.01	—
镉含量/% ≤	0.01	0.007	0.10	0.01	0.01	—
铜含量/% ≤	0.001	—	—	0.01	—	—

（7）制备方法

硫酸锌的制备方法为电解法。在带有搅拌器的耐酸反应釜中，先加入少量的氯化锌和一定量的硫酸形成硫酸锌稀溶液，然后在搅拌下加入氯化锌调成浆状，再加入硫酸控制 pH 在 5.1 即为反应终点。反应液过滤，溶液加热到 80℃，加入锌粉将铜、镍置换出来，再过滤，滤液加热到 80℃以上，加入高锰酸钾（或漂白粉）并加热至沸，将铁、锰等杂质氧化。过滤后先经澄清，后蒸发，经冷却结晶、离心脱水、干燥制得七水硫酸锌。

4.1.6　氯化锌

（1）性状

氯化锌（Zinc chloride）别名锌氯粉、盐化锌。分子式为 $ZnCl_2$，相对分子质量为 136.30。氯化锌为白色结晶状粉末或熔块。密度 $2.91g/cm^3$，熔点为 290℃，沸点为 732℃。氯化锌极易潮解，极易溶于水、乙醇、乙醚等含氧溶剂，也易溶于脂肪胺、吡啶、苯胺等含氮溶剂，不易溶于液氨和酮。

（2）用途

氯化锌在水处理领域，主要用作污水处理剂，冷却水处理用杀生剂和阴极防蚀剂，可作为复合配方的组分。锌盐的阴离子一般不影响缓蚀效果。

污水处理中氯化锌常用作杀生剂和污水污泥的脱水剂。

（3）使用方法

氯化锌溶于水后易产生不溶性的 $Zn(OH)Cl$ 胶粒沉淀。通过配方稀释加入少量硫酸、盐酸或磷酸等酸性物质可抑制锌盐析出，同时加入三氮唑能防止某些复合剂因加入酸而引起的变色。

冷却水处理中，氯化锌与铬酸盐复配使用。铬酸根与锌离子的质量配比范围为 $0.5\sim 22.5$，最好为 $6.5\sim 9.0$，可获得最佳的防腐蚀效果。用作循环冷却水的缓蚀和阻垢剂时，适宜的操作条件如下：$pH6.0\sim 6.5$，铬酸根浓度 $20\sim 25mg/L$，磷酸根浓度 $5\sim 10mg/L$，Zn 浓度 $2.5\sim 3.0mg/L$，钙硬度（以碳酸钙计）不超过 $400mg/L$。

（4）作用原理

氯化锌是一种阴离子型缓蚀剂，在阴极部位，由于氢氧根的聚集，使局部 pH 值升高，Zn^{2+} 能迅速地形成 $Zn(OH)_2$ 的沉淀，沉积于金属表面，形成保护膜，抑制阴极反应而起到缓蚀作用。

（5）注意事项

氯化锌不燃烧，但毒性很强，能剧烈刺激及烧灼皮肤和黏膜。吸入后可发生肺水肿。接触后有刺激感、咽喉痛、咳嗽、呼吸困难、腹痛、腹泻、呕吐、促使眼睛结膜充血、并感到疼痛、视力模糊。吸入氯化锌烟雾经 $5\sim 10$ min 后能引起阵发性咳嗽、恶心。中毒后可先吸入考地松雾。生产和使用时工作人员要穿工作服、戴封闭式防护眼镜、防毒口罩、乳胶手套。车间要通风良好。

应贮存在通风、干燥的库房内，避免露天存放。容器必须密封，防止受潮。不得与食品、饮料和碱类化学品共贮共运。运输中应有遮盖物，要防雨淋和日晒。装卸时要轻拿轻放，防止包装破裂。

失火时，可用水、砂土和各种灭火器扑救。

（6）质量指标

中国化工行业标准（HG/T 2323—1992）规定，电池工业用固体氯化锌（Ⅰ型）外观为白色粉末或小颗粒状，一般工业用固体氯化锌（Ⅱ型）为白色粉末或小颗粒状，氯化锌溶液（Ⅲ型）为无色透明。技术指标见表4-7。

表 4-7　氯化锌技术指标

指标名称	指标					
	Ⅰ型		Ⅱ型		Ⅲ型	
	优等品	一等品	一等品	合格品	一等品	合格品
氯化锌($ZnCl_2$)含量/% ≥	96.0	94.7	94.7	93.0	40.0	
碱式盐(以 ZnO 计)含量/%	1.6～2.0	1.6～2.0	≤2.0	≤2.0	0.65～0.85	—
硫酸盐(以 SO_4^{2-} 计)含量/%≤	0.01	0.01	0.01	0.05	0.004	0.004
钡(Ba)含量/% ≤	0.1	0.1	0.1	0.2	0.04	0.04
铁(Fe)含量/% ≤	0.0005	0.0005	0.001	0.002	0.0002	0.0004
重金属(以 Pb 计)含量/% ≤	0.0005	0.0005	0.001	0.002	0.0002	0.0004
盐酸不溶物含量/% ≤	0.010	0.10	—	—	—	—
锌片腐蚀	通过试验		—	—	通过试验	—
pH 值	—	—	—	—	3～4	3～4

（7）制备方法

最常用的方法是酸法，即用27%～28%的工业盐酸与含锌物料（包括含锌废料、废渣、废氧化锌等）反应。将物料加入盐酸中，生成氯化锌溶液。再加氯钡、氯酸钾等进行净化除去硫酸根、铁、锰等杂质；经沉降分离后再向清液加入锌粉，除去铅等重金属。经过滤、蒸发结晶、粉碎，制得成品氯化锌。反应式如下：

$$ZnO + 2HCl \longrightarrow ZnCl_2 + H_2O$$

4.1.7　硅酸钠

（1）性状

硅酸钠（Sodium silicate）别名偏硅酸钠、水玻璃、泡花碱。分子式为 $Na_2SiO_3 \cdot xH_2O$，结构式为 $Na_2O \cdot mSiO_2 \cdot xH_2O$。硅酸钠实际上是多种硅酸钠的总称，但通常多指偏硅酸钠，特别是五水偏硅酸钠（$Na_2SiO_3 \cdot 5H_2O$）。

固体硅酸钠为单斜晶系结晶，外观为天蓝色或黄绿色的玻璃体，密度为 2.4g/cm³，熔点为 1089℃。无水硅酸钠为不定形的玻璃状物质。

五水偏硅酸钠（$Na_2SiO_3 \cdot 5H_2O$）为无色或灰白色的玻璃体，相对密度为 1.749，熔点为 72.2℃。

硅酸钠遇酸析出硅酸的胶质沉淀。

（2）用途

在水处理系统中用作冷却水缓蚀剂、自来水和民用水（如高层建筑空调系统用水）的水处理剂。在工业冷却水系统的应用较少。

（3）使用方法

硅酸盐成膜速度慢，一般需要3～4周，因此，一般不用硅酸盐预膜；推荐用聚磷酸盐和锌盐预膜，复合硅系配方运行。在循环冷却水系统中，硅酸盐使用浓度一般为40～60mg/L（以 SiO_2 计），最低25mg/L。最佳运行 pH 值为 8.0～9.5。用硅酸盐作缓蚀剂时，冷却水中必须有足够的氧，金属才能得到有效保护。

硅酸盐可在清洁的金属表面及有锈的金属表面上形成保护膜，但这些保护膜是多孔性的，因此，单独使用硅酸盐缓蚀性能较差。它常与聚磷酸盐、有机膦酸、钼酸盐、锌盐等缓蚀剂复配，起增效作用。

硅酸盐不但可以抑制循环水中的钢铁腐蚀，而且可以抑制非铁金属-铝和铜及其合金、铅、镀锌层的腐蚀，特别适宜于控制黄铜脱锌。

硅酸盐能有效地防止氯离子的侵蚀，因此可用于海水做补充水或含高氯的循环水系统。

（4）作用原理

作为冷却水缓蚀剂用的硅酸钠主要是使用模数为 2.5～3.0 的水玻璃。如系统控制非铁合金的腐蚀，则常需要模数较高的水玻璃。硅酸钠在水中呈带负电的胶体微粒，与金属表面溶解下来的 Fe^{2+} 离子结合，形成硅酸等凝胶，覆盖在金属表面起到缓蚀作用，因此硅酸盐是沉积膜型缓蚀剂。溶液中的腐蚀产物 Fe^{2+} 是形成沉积膜不可少的条件。因此，硅酸盐的成膜缓蚀过程必须是先腐蚀后成膜。

（5）注意事项

硅酸钠属于低毒品，可刺激和烧伤皮肤和黏膜。若食用，可引起呕吐和腹泻。接触和使用硅酸钠时，应穿戴防护用具。

（6）质量指标

表 4-8 和表 4-9 为硅酸钠的质量指标（GB 4209—1996），一类为液体硅酸钠，二类为固体硅酸钠。

表 4-8　液体硅酸钠的质量指标

指 标 名 称		液-1			液-2			液-3			液-4			液-5		
		优等品	一等品	合格品	优等品	一等品	合格品	优等品	一等品	合格品	优等品	一等品	合格品	优等品	一等品	合格品
铁含量/%	≤	0.02	0.05	—	0.02	0.05	—	0.02	0.05	—	0.02	0.05	—	0.02	0.05	—
水不溶物/%	≤	0.20	0.40	0.50	0.20	0.40	0.50	0.20	0.40	0.80	0.20	0.40	0.50	0.20	0.80	1.00
密度(20℃)/(g/cm³)		1.318～1.342			1.368～1.394			1.436～1.456			1.368～1.394			1.526～1.599		
氧化钠含量/%	≥	7.0			8.2			10.2			9.5			12.8		
二氧化硅含量/%	≥	24.6			26.0			25.7			22.1			29.2		
模数(M)		3.5～3.7			3.1～3.4			2.6～2.9			2.2～2.5			2.2～2.5		

表 4-9　固体硅酸钠的质量指标

指 标 名 称		固-1		固-2		固-3		固-4	
		一等品	合格品	一等品	合格品	一等品	合格品	一等品	合格品
可溶固体总含量/%	≥	97.0	95.0	97.0	95.0	97.0	95.0	97.0	95.0
铁含量/%	≤	0.12	—	0.12	—	0.12	—	0.10	—
模数(M)		3.5～3.7		3.1～3.4		2.6～2.9		2.2～2.5	

（7）制备方法

硅酸钠的制备方法分干法和湿法。干法中因使用原料不同而分为纯碱法、硫酸钠（芒硝）法和天然碱法。

纯碱法是将纯碱、硅砂按一定比例混合均匀，熔融反应。反应物加热溶解、沉降、浓缩制得。硫酸钠法是用硫酸钠和煤粉混匀后再加入硅砂，炉内反应制得。天然碱法是将天然碱、硅砂、煤粉按比例混合，熔融反应制得。

湿法是将液体烧碱、硅砂在反应釜内加热反应，反应物过滤、浓缩制得。

4.1.8　亚硝酸钠

（1）性状

亚硝酸钠（Sodium nitrite）分子式为 $NaNO_2$，相对分子质量为 69.00。为白色或稍带黄色的斜方晶系结晶颗粒或结晶粉末，相对密度（20℃）为 2.168，熔点为 271℃。微带咸味，易潮解，溶于水和液氨。水溶液呈碱性。亚硝酸钠在空气中缓慢氧化成硝酸钠。

亚硝酸钠是最常用的亚硝酸盐型的缓蚀剂。

（2）用途

亚硝酸钠在水处理中用作金属材料的缓蚀剂，主要用于密闭循环水系统作为缓蚀剂，仪器工业作为防腐剂。亚硝酸钠只能用于黑色金属的防锈，对铜等有色金属无效，甚至有腐蚀作用。适用于低硬度和超低硬度的水质处理。

由于细菌能分解亚硝酸盐，再加上它有毒，因此亚硝酸盐很少用于敞开式循环冷却水系统和直流式冷却水系统，而被广泛用作冷却设备酸洗后的钝化剂和密闭循环水系统中的非铬酸盐系缓蚀剂。

（3）使用方法

亚硝酸钠使用浓度不足时，不仅无缓蚀作用，反而加速腐蚀。使用浓度通常为 $300 \sim 500 mg/L$，最佳使用 pH 值为 $8 \sim 10$，故通常与 $300 \sim 600 mg/L$ 的 Na_2CO_3 共同使用。$pH < 6$ 时，亚硝酸钠分解，起不到缓蚀作用。常与钼酸钠复配，一方面起增效作用；另一方面可降低二者的用量。

（4）作用原理

亚硝酸钠是一种氧化性缓蚀剂，能使钢铁表面生成一层主要成分为 $\gamma\text{-}Fe_2O_3$ 的钝化膜，使表面钝化，从而防止金属表面进一步腐蚀。

（5）注意事项

亚硝酸钠对哺乳动物和人类有较大毒性，是可疑致癌剂。大鼠经口的 $LD_{50} = 18g/kg$，人致死剂量为 2g。人皮肤接触亚硝酸钠的极限浓度为 1.5%，高于此浓度皮肤会发炎，出现斑疹。亚硝酸钠进入人体后，与血红蛋白作用形成高铁血红蛋白而失去携氧能力，导致全身缺氧，出现头晕、头痛、乏力、气短、恶心、呕吐、心悸、口唇、指甲及全身皮肤变成紫黑色，乃至呼吸困难、昏迷、血压下降直至死亡。

接触或使用亚硝酸钠的人员必须穿戴规定的防护用具，如发现中毒现象者，应立即送医院抢救。

亚硝酸钠应贮存在阴凉、通风、干燥的库房内，防止受热，严防接触火种。不得与氧化剂、有机物、易燃易爆物、酸类和食品共贮运。使用带护栏的运输工具运输。

亚硝酸钠是自养型细菌的营养物质，易被水中细菌分解，易促进水中细菌生长。

（6）质量指标

表 4-10 为亚硝酸钠的质量指标（GB 2367—1990，工业品）。

表 4-10　亚硝酸钠的质量指标

指 标 名 称		指　　标		
		优等品	一等品	合格品
外观		白色或微带淡黄色结晶		
亚硝酸钠（以干基计）含量/%	≥	99.0	98.5	98.0
硝酸钠（以干基计）含量/%	≤	0.80	1.00	1.90
氯化物（以干基计）含量/%	≤	0.10	0.17	—
水不溶物（以干基计）含量/%	≤	0.05	0.06	0.10
水分/%		1.4	2.0	2.5

（7）制备方法

工业上常用的制备方法是吸收法。即以纯碱 Na_2CO_3 或烧碱 NaOH 的溶液吸收硝酸或硝酸盐生产过程排出尾气中的氮氧化物，生成亚硝酸钠和硝酸钠，然后再利用溶解度的不同而将二者分离。

4.1.9 2-羟基膦基乙酸

（1）性状

2-羟基膦基乙酸（2-Hydroxyphosphonoacetic acid，HPAA）别名 2-羟基膦酰基乙酸、羟基膦乙酸、膦酰基羟基乙酸。分子式为 $C_2H_5O_6P$，相对分子质量为 156.03。2-羟基膦基乙酸是白色晶体，熔点为 $165\sim167℃$。2-羟基膦基乙酸稳定性好，不易水解，不易被酸、碱破坏，使用安全可靠，无毒无污染。

$$HO-\underset{\underset{OH}{\parallel}}{\overset{\overset{O}{\parallel}}{P}}-\underset{\underset{OH}{\mid}}{\overset{\overset{OH}{\mid}}{CH}}-COOH$$

2-羟基膦基乙酸结构式

（2）用途

2-羟基膦基乙酸在水处理领域中用作黑色金属的阴极缓蚀剂，特别适用于低硬度水质和高温换热器，具有极强的缓蚀性能。2-羟基膦基乙酸的缓蚀性能比羟基亚乙基二膦酸和乙二胺四亚甲基膦酸高 $5\sim8$ 倍。在医药上用作抗病毒剂。

（3）使用方法

2-羟基膦基乙酸的加入量由试验确定，推荐用量为 $5\sim30mg/L$，药剂应连续加入，加药设备应有耐酸性。

2-羟基膦基乙酸与低相对分子质量聚合物组成的有机缓蚀剂的缓蚀性能优良。

（4）作用机理

有机膦酸缓蚀剂的缓蚀作用主要是有机膦酸结构与介质中的钙离子在金属表面形成络合沉淀膜，从而起到缓蚀作用。

2-羟基膦基乙酸易被氧化性杀菌剂分解，循环水系统应采用间歇式投加氧化性杀菌剂。也可采用保护剂，使 2-羟基膦基乙酸免受破坏。

（5）注意事项

2-羟基膦基乙酸为低毒的酸类。50% 的 2-羟基膦基乙酸产品有很强的腐蚀性，对皮肤、眼睛有刺激作用，皮肤接触可造成灼伤，操作时应戴防护手套、面具。如果接触皮肤，在用水冲洗的同时还可擦肥皂。2-羟基膦基乙酸不容易降解，因此不应大量倾倒入水体。与强碱或含氧酸的浓溶液混合会放出剧热。

贮存于阴凉干燥处，并远离碱性物质和热源。

2-羟基膦基乙酸对铜合金有腐蚀性，但腐蚀性比羟基亚乙基二膦酸弱。当水系统中有铜合金设备时，应与唑类铜缓蚀剂配合使用。氧化剂（如氯）能缓慢氧化分解 2-羟基膦基乙酸，因此在使用 2-羟基膦基乙酸时，氯气不应连续投加。2-羟基膦基乙酸能与钙离子形成微溶的钙盐，因此，当 2-羟基膦基乙酸用量较高时，应同时加入阻磷酸钙垢的药剂。

2-羟基膦基乙酸单独使用时，缓蚀效果不佳，因此常需补充锌盐，也可与其他有机缓蚀剂、阻垢剂配合使用。

（6）质量指标

表 4-11 为 2-羟基膦基乙酸的质量标准。

表 4-11 2-羟基膦基乙酸的质量标准

指 标 名 称		指 标	指 标 名 称		指 标
外观		棕黑色液体	固含量/%	≥	50
pH 值(20℃,1%水溶液)		1	密度(20℃)/(g/cm³)		1.35±0.05
总磷(以 PO₄³⁻ 计)/%	≥	27	亚磷(以 H₃PO₃ 计)/%		<5
溶解度		与水任意比例混溶	着火点		无

（7）制备方法

亚磷酸与二羟基乙酸（即水合乙醛酸）反应即制得 2-羟基膦基乙酸；也可由亚磷酸二甲酯和乙醛酸丁酯在甲醇钠的催化下，按 1∶（0.95～1）的摩尔比，在 25～120℃下反应，先制得二甲氧基次膦酰基羟基乙酸丁酯，然后再将产物与盐酸进行皂化反应即可制得 2-羟基膦基乙酸；也可由二甲氧基甲烷膦酸与氢氧化钠溶液在 80～90℃下共热 1～3 h，生成膦酰基甲醛的二钠盐，之后与氢氰酸在 25～30℃下反应 0.25～3 h，生成膦酰基羟基乙腈的二钠盐，再用盐酸水解，即可制得 2-羟基膦基乙酸。

4.1.10 苯并三氮唑

（1）性状

苯并三氮唑（Benzotriazole，BTA）别名苯并三唑、苯三唑、连三氮杂茚、1,2,3-苯并三氮唑、苯并三氮杂茂。分子式为 $C_6H_5N_3$，相对分子质量为 119.12。苯并三氮唑为是氮杂环化合物，为淡褐色或白色针状结晶，熔点 100℃，在 200℃升华，2kPa 时沸点为 204℃。微溶于水，水溶液呈弱酸性，易溶于甲醇、丙酮、环己烷、乙醚等溶剂中。在空气中氧化逐渐变红。与碱金属离子可以生成稳定的金属盐。

苯并三氮唑结构式

（2）用途

苯并三氮唑主要用作有色金属的缓蚀剂，对黑色金属也有缓蚀作用。对铝、铸铁、镍、锌等金属材料也有缓蚀作用。

苯并三氮唑对聚磷酸盐的缓蚀作用无干扰，抗氧化能力强。当有活性氯存在时，丧失对铜的缓蚀效果，而在氯消失后，其缓蚀作用又恢复。

苯并三氮唑可与多种缓蚀剂配合、提高缓蚀效果。苯并三氮唑也可以和多种阻垢剂、杀生剂复配使用，尤其在密闭循环冷却水中的缓蚀效果更佳。

由于苯并三氮唑的价格较高，因此应用不广，但仍是一种很有前途的缓蚀剂品种。

（3）使用方法

将苯并三氮唑溶于稀碱或异丙醇中，再加入到水处理配方中，使用浓度一般为 1～2mg/L，必要时可加大用量。如果系统中的有色金属已经严重腐蚀，可加大用量到正常量的 5～10 倍，以使系统迅速得到钝化。pH5.5～10 范围内缓蚀作用良好，在 pH 值低的介质中缓蚀作用降低，可能是过多的 H^+ 抑制了苯并三氮唑的解离。尽管如此，在流动的、非氧化性的酸中，苯并三氮唑仍能有效地抑制铜的腐蚀。

（4）作用机理

一般认为苯并三氮唑的阴离子与亚铜离子形成一种不溶性的极稳定络合物并吸附在金属表面，形成一层保护膜，从而起到缓蚀作用。

（5）注意事项

苯并三氮唑为低毒品种，但对眼睛有强烈的刺激作用，操作人员应做好防护。贮运中应防潮、防晒，保持干燥、通风和隔热。

（6）质量指标

表 4-12 为苯并三氮唑的质量标准。

表 4-12　苯并三氮唑的质量标准

指　标　名　称	指　标	指　标　名　称	指　标
外观	白色至淡黄色针状晶体	pH 值	5.5～6.5
熔点/℃	90～95	酸溶解实验	透明,无不溶物

（7）制备方法

经典制备方法是将邻苯二胺重氮化，在乙酸中环化制得。这种方法的缺点是原料邻苯二胺毒性大并消耗大量的乙酸、产品精制困难。最近文献报道的以邻硝基苯肼和苯并咪唑酮为原料的方法克服了以上缺点。

4.1.11　葡萄糖酸钠

（1）性状

葡萄糖酸钠（Sodium gluconate）别名葡酸钠、五羟基己酸钠，分子式为 $C_6H_{11}NaO_7$，相对分子质量为 218.13。葡萄糖酸钠为白色或淡黄色结晶粉末，工业品有芬芳气味。易溶于水，微溶于醇，不溶于醚。在水中加热至沸，短时间内不会分解。

（2）用途

葡萄糖酸钠在水处理领域主要用作缓蚀阻垢剂。还可以组成碱性清洗配方，用于金属表面除垢除锈、水泥速凝阻抑剂等。

葡萄糖酸钠单独使用时药剂量大且效果差，因此一般和其他缓蚀剂配合使用，具有协同增效作用。如，葡萄糖酸钠用于钼系配方，使主缓蚀剂钼酸盐的缓蚀效果增加；葡萄糖酸钠也适用于硅系、磷系、硼系、钨系、亚硝酸盐系及一些有机缓蚀剂系列等配方。

（3）使用方法

在工业循环冷却水系统、低压锅炉内水处理及内燃机冷却水系统用作缓蚀阻垢剂时，用量一般为 10～50mg/L。当水中的重金属离子（如铁、铝、铜等）对设备构成威胁时，可在水处理配方中加入葡萄糖酸钠，将这些离子螯合。

（4）作用机理

葡萄糖酸钠在水溶液中对 Fe^{3+}、Cu^{2+}、Ca^{2+} 等离子具有极好的络合能力，并对这些离子的许多盐类也有很好的去活作用，因此不仅能阻垢，有时也是分散剂。

（5）注意事项

葡萄糖酸钠无毒；贮存时应注意防潮、防酸碱。

（6）质量指标

表 4-13 为葡萄糖酸钠的质量标准。

表 4-13　葡萄糖酸钠的质量标准

指　标　名　称		指　标	指　标　名　称	指　标
外观		白色或淡黄色结晶粉末	含氯化物（以 Cl⁻ 计）/% ≤	0.2
纯度/%	≥	95	pH 值（1%浓度水溶液）	8～9
水分/%	≤	4	还原糖	微量

（7）制备方法

工业上一般以含葡萄糖的物质（如谷物）为原料，采用发酵法先制得葡萄糖酸，再用氢氧化钠中和，制得葡萄糖酸钠。也可由葡萄糖经过发酵制成葡萄糖酸钠。

4.1.12 水合肼

（1）性状

水合肼（Hydrazine hydrade）别名水合联氨，化学式 $N_2H_4 \cdot H_2O$，相对分子质量 50.06。

$$\left[\begin{matrix} H & & H \\ & N-N & \\ H & & H \end{matrix}\right] \cdot H_2O$$

水合肼结构式

水合肼为无色透明的发烟性液体，有独特的臭味。剧毒。相对密度为 1.032，沸点为 119.4℃，闪点和引火点为 72.8℃。与水、醇互溶，不溶于氯仿和乙醚。腐蚀性极大，能破坏玻璃、橡胶、软木。与氧化剂接触，会引起自燃自爆。具有强碱性、强还原性和强渗透性。在空气中能吸收二氧化碳。

（2）用途

主要用作高压锅炉用水的除氧剂、饮用水和废水处理中的脱卤剂、铁和铜的缓蚀剂。

（3）使用方法

通常使用 40% 浓度的水合肼溶液加在锅炉给水泵的入口，或是除氧器的出口管处。用量以使从省煤器入口给水中含 N_2H_4 50μg/L 左右为准。

（4）作用机理

在锅炉水系统中肼与铁或铁锈作用生成氧化铁钝化膜以防止铁进一步腐蚀。肼还能将 CuO 还原成 Cu_2O 或 Cu，防止炉内产生铜垢。

（5）注意事项

肼有剧毒，强烈腐蚀皮肤及影响体内的酶。水合肼不得与氧化剂、植物纤维混贮共运。应贮存在阴凉干燥处。运输过程中应严防日晒。

（6）质量指标

表 4-14 为水合肼的行业标准（ZB/TG 14001—1990，工业水合肼）。

表 4-14　工业水合肼的行业标准

指 标 名 称	80%的水溶液			40%的水溶液	
	优等品	一等品	合格品	一等品	合格品
外观	无色透明发烟液体	无色透明发烟液体	无色透明或略带浑浊的发烟液体	无色透明液体	无色透明或微带浑浊的液体
水合肼($N_2H_4 \cdot H_2O$)含量/% ≥	80.0	80.0	80.0	40.0	40.0
不挥发物含量/% ≤	0.010	0.020	0.050	—	—
铁(Fe)含量/% ≤	0.0005	0.0005	0.0005	—	—
重金属(以 Pb 计)含量/% ≤	0.0005	0.0005	0.0050	0.001	—
氯化物(以 Cl^- 计)含量/% ≤	0.001	0.003	0.005	0.02	0.05
硫酸盐(以 SO_4^{2-} 计)含量/% ≤	0.0005	0.002	0.005	0.002	0.003

（7）制备方法

水合肼的制备方法有氨法、尿素法、酮和过氧化氢法。

① 氨法　以氨水和次氯酸钠为原料，先由氨和次氯酸钠在低温下反应，生成氯胺，然后与过量氨反应得到低浓度的水合肼，再经脱氨、真空浓缩，制得较高浓度的产品。

② 尿素法　将次氯酸钠与尿素混合，在氧化剂高锰酸钾存在的情况下发生氧化反应，生成水合肼。

③ 酮法（有机法）　使氨气和氯气在丙酮的存在下反应，生成甲酮连氮，再加压成为水合肼，经浓缩制得。

④ PCUK 法（为法国 PCUK 公司专利）　用过氧化氢代替氯和次氯酸盐作氧化剂进行氨的氧化。氨与浓过氧化氢在甲乙酮（MEK）、乙酰胺和磷酸氢二钠存在的情况下，于 50℃和 101kPa 下反应，生成甲乙酮-酮连氮和水，后者经过水解生成水合肼和甲乙酮。

4.1.13　阻垢缓蚀剂Ⅱ型

（1）性状

阻垢缓蚀剂Ⅱ（Scale and Corrosion Inhibitor Ⅱ）是以丙烯酸-丙烯酸酯类共聚物和羟基 1,1-亚乙基二膦酸为主要成分复配而成的复合水处理剂，不含重金属和磺酸，属于有机膦酸-羧酸共聚物类型。含有羟基亚乙基二膦酸 8.0%左右，丙烯酸-丙烯酸酯类共聚物大于 8.0%，少量助剂和 pH 调节剂。其中的有机膦酸具有阻垢、缓蚀性能；羧酸共聚物有分散性能。阻垢缓蚀剂Ⅱ具有协同效应，具有良好的缓蚀和阻垢效果。

（2）用途

阻垢缓蚀剂Ⅱ与阻垢缓蚀剂Ⅲ的主要区别是前者不含有苯并三氮唑（或甲基苯并三氮唑），因此阻垢缓蚀剂Ⅱ不适用于有铜材换热器的系统。其他方面可参考阻垢缓蚀剂Ⅲ。阻垢缓蚀剂Ⅱ热稳定性好，不易分解，主要用于循环冷却水化学处理，对较高硬度的水及高温水运转的换热器的缓蚀阻垢更有效。

（3）注意事项

操作时应戴防护手套及防护眼镜，如接触了皮肤，应立即用清水冲洗。

（4）质量指标

中国化工行业标准（HG/T 2430—1993）如表 4-15 所示。外观要求为无色或淡黄色透明液体。

表 4-15　阻垢缓蚀剂Ⅱ质量标准

指　标　名　称		指　　标	
		一等品	合格品
膦酸盐（以 PO_4^{3-} 计）含量/% ≥		8.00±0.50	8.00±1.00
亚磷酸（以 PO_3^{2-} 计）含量/% ≤		0.40	0.70
固体含量/% ≥		21.00	21.00
密度/(g/cm³)		1.10~1.18	1.10~1.25
pH 值（原液）		4.5±0.5	4.5±0.5

4.1.14　阻垢缓蚀剂Ⅲ型

（1）性状

阻垢缓蚀剂Ⅲ（Scale and Corrosion Inhibitor Ⅲ）别名丙烯酸类共聚物/膦酸盐阻垢缓蚀复合水处理剂。主要组成为含羟基亚乙基二膦酸 7.3%左右，丙烯酸/丁烯酸酯多元共聚物大于 10%，苯并三氮唑（或甲基苯并三氮唑）0.5%~0.8%，此外还含有少量助剂和 pH

调节剂。

本品是一种多功能复合水处理剂，不含重金属离子，含磷量低，与常用的杀菌灭藻剂（如液氯和各种非氧化性杀菌灭藻剂）相溶性较好，药剂稳定性好，不易分解降效。在循环冷却水正常运行时，不需加酸调节 pH，可在碱性条件下运行，并在循环冷却水中微量分析比较简单。

（2）用途

阻垢缓蚀剂Ⅲ为有机膦酸-羧酸共聚物-唑类类型。其中的苯并三氮唑是能抑制铜及其合金腐蚀的缓蚀剂。阻垢缓蚀剂Ⅲ化学稳定性好，耐高温，缓蚀性能优良，分散碳酸钙垢、磷酸钙垢的能力突出，适用范围广，使用方便。主要用于敞开式循环冷却水系统。使用时不需调节 pH 值，特别适用于低、中碱度补充水，对化工、轻纺和中央空调等含有铜设备的水冷器更适用。

本品可作为高硬度、高碱度、高 pH 的循环冷却水系统的阻垢缓蚀和分散剂，它能有效地控制热交换器的结垢、腐蚀和污垢沉积。对石油、化工、化肥、钢铁、炼油等行业的循环冷却水系统都适用。

（3）使用方法

使用阻垢缓蚀剂Ⅲ时必须严格控制以下几项循环水水质指标：pH 值 8.0～9.0；钙硬加总碱度 300～900mg/L（以碳酸钙计）；总铁小于 1mg/L；浊度小于 20mg/L。使用浓度为50～100mg/L，连续投加较好。

（4）注意事项

阻垢缓蚀剂Ⅲ为低毒，有腐蚀性，应避免与眼睛、皮肤接触，一旦接触皮肤，应立即用清水冲洗。

（5）质量指标

中国化工行业标准（HG/T 2431—1993）规定，阻垢缓蚀剂Ⅲ外观为无色或淡黄色透明液体，其他指标如表 4-16 所示。

表 4-16　阻垢缓蚀剂Ⅲ质量标准

指 标 名 称		指　　　标	
		一等品	合格品
膦酸盐(以 PO_4^{3-} 计)含量/%	≥	7.30±0.30	7.300±0.50
亚磷酸(以 PO_3^{2-} 计)含量/%	≤	0.30	0.70
唑类(以 C_6H_4NHH 计)含量/%	≥	0.80	0.50
固体含量/%	≥	23.00	23.00
密度(20℃)/(g/cm³)		1.12～1.17	1.12～1.17
pH 值(1%水溶液)		3.50±1.00	3.50±1.00

4.2　阻垢分散剂

在含溶解度较小的无机盐的过饱和水溶液中，阻垢剂的作用是以防止生成晶核或临界晶核、阻止或干扰晶体生长、分散晶体微粒等方式，阻止无机盐垢的生成。水处理中常用的阻垢剂有螯合剂型、有机膦酸型、水溶性聚合物型、天然有机化合物等类型。其中，把对水中固体微粒具有较好分散性能的水溶性聚合物（含天然高分子化合物）等称为阻垢分散剂。

作为阻垢分散剂的水溶性聚合物，按其在水中离解的离子类型，可分为阴离子、非离子和阳离子三大类。目前应用较多的阴离子型聚合物。按阻垢剂的性质来分类，又可分为聚羧酸盐类、有机膦酸盐类、有机膦酸酯类和天然高分子类。

有机多元膦酸型水处理阻垢剂是分子中含有两个或两个以上膦酸基的有机化合物，它们能通过很好的络合增溶、溶限效应（Threshold effect）、晶格畸变等性能，阻止水中各种无机盐类形成硬垢。因此，成为国际上广泛使用的一类优异的阻垢剂。在高浓度使用时（如10mg/L 以上）对铁金属具有良好的缓蚀作用；当它们和聚羧酸型水处理药剂（如水解聚马来酸酐、聚丙烯酸等）复合使用时，还表现出理想的协同效应（Synergistic effect）。这类药剂具有良好的化学稳定性，不易水解和降解，在较高温度下（如 200℃以上）不失活性，药剂用量小，并兼具阻垢和缓蚀效果的特点。这类药剂本身基本无毒，无公害污染。此外，它们在电镀行业，金属表面处理，过氧化氢稳定，金属离子掩蔽等方面，都有较多的用途。

4.2.1　1-羟基乙基-1,1-二膦酸

（1）性状

1-羟基乙基-1,1-二膦酸（1-Hydroxyethylidene-1,1-diphosphonic acid，HEDP）的别名有羟基亚乙基二膦酸、羟基乙烷二膦酸、氧亚乙基二膦酸。分子式为 $C_2H_8O_7P_2$，相对分子质量为 206.02。广泛用于工业水处理中，作为阻垢剂和缓蚀剂。用于锅炉水、循环水和油田水的处理。

HEDP 结构式

纯品为白色晶状粉末，用于水处理的市售品一般为纯品的 50%～60% 的水溶液。纯度为 97%～98% 时，熔点为 196～198℃，250℃以上分解。失去水分的 HEDP 易生成磷化氢，还可能有 CO、CO_2 和氧化氮的生成。25℃时，水中的溶解度为 68%，在有机溶剂中的溶解度较低。抗水解性能比无机磷酸盐好。分子结构中没有 C-N 键，因此其抗氧化性能较好。抗氧化剂（如氯气）的能力较其他含氮膦酸好。纯 HEDP 无毒。

HEDP 作为水处理剂，具有结果稳定、不易水解的优点。缺点是生产过程中使用的三氯化磷等强腐蚀性材料对设备产生损害，并可产生环境污染；HEDP 的抗氧化性杀生剂的能力不强，较高浓度的余氯会使 HEDP 分解；HEDP 的含磷量高，易造成水体富营养化；水中的铁离子对 HEDP 的缓蚀效果有影响。因此，随着科学技术的发展，HEDP 有可能被含磷量更低的缓蚀剂所取代。

（2）用途

HEDP 主要用于循环冷却水和锅炉水的阻垢和缓蚀，是目前使用最广泛的水处理剂之一。在 200℃下有良好阻垢作用，用于炼油厂、电厂、化肥厂循环水阻垢，无氰电镀的络合剂，金属的清洗剂。HEDP 在 200℃以下有良好的阻垢缓蚀作用，其化学稳定性好，耐酸、碱和氧化剂，能与铁、铜、铝、锌等多种金属形成稳定的络合物，能溶解金属表面的氧化物。此外，本品还可作无氰电镀的助剂及金属清洗剂。

在高 pH 值情况下仍很稳定，低毒无公害，因此可用于无氰电镀，能溶解金属表面氧化物。

（3）使用方法

本产品作为阻垢剂使用，一般使用浓度不超过 10mg/L，浓度再高则有可能致垢；作为缓蚀剂使用一般使用浓度大于 100mg/L。通常和聚羧酸水处理药剂复合使用，此时使用浓度低于 5mg/L，当作为化学清洗剂使用时一般浓度为 0.1%～0.2%。HEDP 是循环冷却水处理碱性运行配方中常用的膦酸盐之一。

（4）作用机理

有机膦酸、低相对分子质量丙烯酸聚合物和共聚物的采用，是对无机阻垢控制的重大突破。有机多元膦酸既是一类阴极型缓蚀剂，也是一类非化学当量阻垢剂，具有明显的溶限效应和对钙、镁、铜、锌等离子的螯合能力以及与其他药剂的协同效应，因此目前大量用于水处理中。水溶性聚合物是作为阻垢分散剂引入处理配方的。20 世纪 70 年代以来逐渐由均聚物演变成二元共聚物，并进一步开发了二元共聚物、四元共聚物，这是 20 世纪 80 年代以来研究开发中最活跃的领域。

HEDP 对水中多价金属离子有络合能力，能和铁、铜、铝、锌等多种金属形成稳定的六元络合物，并且有临界值效应和协同效应。即 HEDP 可将远多于按螯合机制的化学计量相应量的致垢金属离子"螯合"于水中，使其在水中保持溶解状态。如按纯粹的化学计量机制计算，1 mol 的 HEDP 只能将 50g 碳酸钙"螯合"于水中，但实际上，1mg 的 HEDP 就可将 1.6 g 的碳酸钙"螯合"于 pH＝8.5 的水中而七天不析出。HEDP 对抑制磷酸盐、水合氧化铁的析出或沉淀均有很好的阻垢效果，但 HEDP 对抑制硫酸钙垢的效果较差。

在一定的浓度范围内，HEDP 能与水中致垢金属阳离子生成沉淀。

HEDP 具有较好的缓蚀效果。在中高硬度和碱性水质中，较低浓度的 HEDP 与二价金属离子在金属表面形成沉淀，缓蚀效果达到 90% 以上。在去离子水中，较高浓度的 HEDP 本身也可在金属表面形成化学吸附膜，起到缓蚀效果。

（5）注意事项

本产品为中等强度的酸，使用时注意防护。

当 50% 左右的 HEDP 溶液长期贮存时，可能会有透明的晶体析出，只要略加热即溶解成均匀的液体而重新使用，不影响使用效果。

（6）质量指标

表 4-17 为液体产品（水溶液）的中国专业标准 ZB/T G7l002—89。

表 4-17　HEDP 水溶液的中国专业标准

指　标　名　称		指　　　标		
		优等品	一等品	合格品
活性组分（以 HEDP 计）含量/%		58～62	54～56	50～52
亚磷酸（以 PO_3^{2-} 计）含量/%	≤	1.0	3.0	5.0
正磷酸（以 PO_4^{3-} 计）含量/%	≤	0.3	0.8	1.0
氯化物（以 Cl^- 计）含量/%	≤	0.5	1.0	1.5
pH（1% 水溶液）	＜	2	2	2
密度（20℃）/(g/mL)		1.42～1.48	1.38～1.48	1.38～1.48
色泽		无色透明	无色透明或淡黄色	淡黄色

（7）制备方法

用醋酸、三氯化磷和水合成。将三氯化磷缓慢地滴加到冰醋酸中，整个滴加过程中温度不宜高于45℃，以免使原料三氯化磷（沸点为76℃）和中间产物乙酰氯（沸点为52℃）因挥发而损失。原料的摩尔配比一般选为三氯化磷：冰醋酸＝(1.6～1.8)：(1.2～1.6)〔也可选用高达(3.6～4.4)：(1.7～1.8)〕。三氯化磷滴加完成后，将料液的温度缓慢地升高到115～125℃并保持一段时间。为避免乙酰氯的挥发损失，应安装冷凝器予以回流。不凝气体（主要为氯化氢）用水吸收成稀盐酸作为副产品。基本无馏出液时，向含中间产品（酯）的料液中通入120～140℃的过热蒸汽进行汽蒸。若料液黏度过大，汽蒸前可加入一些水。馏出液主要为醋酸和水。当馏出液显中性时可视为汽蒸的终点。此时料液即为产品HEDP的水溶液。

如果要制得高纯度的HEDP固体产品，可在制得溶液后，以有机溶剂进行重结晶。

4.2.2　多元醇磷酸酯

（1）性状

多元醇磷酸酯（Polyhydric alcohol phosphate ester，PAP），别名含氮多元醇磷酸酯、多羟基化合物磷酸混酯。多元醇磷酸酯分为两类，A类多数为聚氧乙烯醚的磷酸酯，为棕色膏状物，B类为多羟基化合物的磷酸混酯，为酱色黏稠液体。

有机磷酸酯分子结构中有C—O—P键，虽比聚磷酸盐难水解，但比有机膦酸易水解生成正磷酸。有机磷酸酯抑制硫酸钙垢的效果较好，但抑制碳酸钙垢的效果较差。

$$R_1O-\overset{\displaystyle O}{\underset{\displaystyle OR_2}{\overset{\|}{\underset{|}{P}}}}-OH$$

多元醇磷酸酯结构式

其中R_1、R_2可分别为：H，$HOCH_2CH_2O$—，$CH_3CH_2OCH_2CH_2O$—。

由于多元醇磷酸酯易分解出正磷酸盐和磷含量高等原因，已逐渐被淘汰。

（2）用途

用于炼油厂、化工厂、化肥厂的空调系统和铜质换热器等循环冷却水中作阻垢缓蚀剂。特别适用于油田注水的阻垢。

（3）使用方法

多元醇磷酸酯对锌盐稳定有良好的作用，可与锌离子复配作为阻垢剂使用。一般用量为4～5mg/L，锌离子2～3mg/L；单独使用可加入本品5～10mg/L，即可防止结垢；加入量再高，还具有良好的缓蚀作用。一般可在pH7.0～8.5左右使用。

（4）作用机理

由于多元醇磷酸酯中引入了多个聚氧乙烯基，所以与一般的有机磷酸酯相比，提高了对碳酸钙的阻垢和对泥沙的分散能力，也提高了缓蚀性能。多元醇磷酸酯可与二价金属离子作用在碳钢表面形成沉积膜，起到缓蚀作用。

（5）注意事项

呈酸性，操作人员应戴橡胶手套，避免直接接触。如溢出，应用大量水冲洗，之后经稀释排入废水系统。对水生动物的毒性很低，且会缓慢水解，水解产物可以生物降解。排放后3～4d可自行降解。

（6）质量指标

国家标准和化工行业标准HG 2228—91，如表4-18和表4-19所示。

表 4-18　多元醇磷酸酯的国家标准

指 标 名 称	A 类		B 类	
	一等品	合格品	一等品	合格品
有机磷酸酯(以 PO_4^{3-} 计)含量/% ≥	33.5	32.0	33.5	32.0
无机磷酸(以 PO_4^{3-} 计)含量/% ≤	8.0	9.0	9.0	10.0
1%水溶液 pH 值	1.5~2.5			

表 4-19　多元醇磷酸酯行业标准

指 标 名 称	指 标	
	一等品	合格品
有机磷酸酯(以 PO_4^{3-} 计)含量/% ≥	33.5	32.0
无机磷酸(以 PO_4^{3-} 计)含量/% ≤	9.0	10.0
1%水溶液 pH 值	1.5	2.5

(7) 制备方法

将乙二醇、乙二醇单乙醚、聚氧乙烯醚丙三醇和三乙醇胺在搅拌混合下加热到 75~85℃，然后缓慢加入五氧化二磷，控制反应温度在加完五氧化二磷后达到 130~140℃，再于 140℃下保温 1~2 h，加水使产物磷酸混酯冷却并达到预期浓度备用。反应物的比例，以三乙醇胺对其他反应混合物为 60:40 到 40:60(质量)为宜。乙二醇、乙二醇单乙醚、聚氧乙烯醚丙三醇质量以 1:4:4 为宜。乙二醇单乙醚可分两次加入，一次在反应前与乙二醇、聚氧乙烯醚丙三醇一起加入，另一次是在 140℃保温期间加入。

4.2.3　聚丙烯酸

(1) 性状

聚丙烯酸(Polyacrylic acid，PAA)分子式 $(C_3H_4O_2)_n$，相对分子质量小于 10000。聚丙烯酸为白色固体，易吸潮。在相对湿度为 50%、温度为 30℃ 的环境中，其平衡吸水量约为 8g/g 聚丙烯酸。加热后逐渐失水。100℃ 以上形成酸酐，250℃ 以上缓慢分解，产生 CO_2。溶于水、甲醇、乙醇、异丙醇、乙二醇、乙酸；不溶于苯、丙酮、氯仿、二乙醚和其他非极性溶剂。市售品为线形聚合物，无色到琥珀色的清澈或微浑液体(水溶液)。聚丙烯酸水溶液流动性因聚合度不同而不同。用于水处理的聚丙烯酸相对分子质量一般在 2000~5000。呈弱酸性，$pK_a = 4.75$。

$$-[CH_2-CH]_{\overline{n}}$$
$$|$$
$$COOH$$

聚丙烯酸结构式

聚丙烯酸是一类重要的水溶性高分子化合物。聚丙烯酸钠(Sodium polyacrylate)别名 PAAS，分子式 $[C_3H_3O_2Na]_n$，相对分子质量小于 10000。聚丙烯酸钠为无色或淡黄色黏稠液体，易溶于水，呈弱碱性。相对密度为 1.10±0.1。聚丙烯酸钠为低相对分子质量聚电解质，又具有良好的螯合性能，能有效地阻止水溶液中碳酸钙、磷酸钙成垢，尤其是阻止磷酸钙垢的性能明显优于其他的阻垢分散剂。聚丙烯酸钠还可分解非晶状的泥砂、粉尘、腐蚀产物(水合氧化铁)和生物黏泥。在碱性条件(pH=9)下，也具有良好的分散性。

聚丙烯酸及其盐类对铜具有腐蚀性，因此在使用时常加入铜缓蚀剂。

(2) 用途

聚丙烯酸为低相对分子质量聚电解质，具有良好的阻垢和螯合性能。其阻垢和分散性能与聚丙烯酸钠相似，其对磷酸钙与水合氧化铁有优良的分散性能。在水处理中作碳酸钙、硫酸钙和硫酸钡的阻垢剂，以及水中悬浮物质的分散剂，用于冷却水和锅炉水的处理。在造纸工业和采矿工业的液体蒸发浓缩中用于防止结垢。它也应用于油田钻井液和注水中。另外还用于电厂、钢铁厂、化工厂、化肥厂、炼油厂和空调系统等循环冷却水系统中的防止结垢。

聚丙烯酸除有良好的阻垢性能外，还能对非晶状的泥砂、粉尘、腐蚀产物以及生物碎屑起到分散作用。排放时不会污染环境。

（3）使用方法

聚丙烯酸可以单独使用，一般使用浓度在 $2\sim8mg/L$ 比较合适，而最合适浓度一般为 $4mg/L$，也可以与有机磷酸盐和有机膦酸酯、聚磷酸盐复配使用，有较好的协同效应；可在碱性和高浓缩倍数下运行而不结垢。对于一般水质，聚丙烯酸的用量为 $1\sim15mg/L$。由于在冷却水系统中聚丙烯酸表现出明显的溶限效应，因此用量的大小是重要的工艺条件。用量过少，起不到阻垢作用，用量过大，会造成不必要的浪费。对相对分子质量为 $1000\sim5000$ 的聚丙烯酸来说，用量范围是 $0.1\sim20mg/L$。

水处理中聚丙烯酸与有机膦酸盐、聚磷酸盐等复配有较好的协同效应，因此根据不同工业冷却水水质及工艺条件，按处理要求，常将聚丙烯酸与聚磷酸盐、有机膦酸盐、锌盐、芳族噻唑等药剂组成各种适应的配方来应用。如：①聚磷酸盐＋聚丙烯酸（钠）；②有机膦酸盐＋聚丙烯酸（钠）＋芳族噻唑；③聚磷酸盐＋有机膦酸盐＋聚丙烯酸（钠）＋芳族噻唑；④聚磷酸盐＋聚丙烯酸（钠）＋芳族噻唑等。具体配方及用量根据现场水质及设备材质情况由试验确定。

（4）作用原理

聚丙烯酸能与水中金属离子（如钙、镁）形成稳定的络合物，对水中碳酸钙、氧化钙有优良的分散作用。聚丙烯酸为低相对分子质量聚电解质，聚丙烯酸的水溶液含有很少电离的紧密卷曲的聚合物分子，黏度较低。一价离子的盐类一般不会使聚丙烯酸水溶液沉淀，二价离子的盐类能使之析出白浊物。

当相对分子质量（指平均相对分子质量而非真实相对分子质量）较低（如低于 2000）时，聚丙烯酸的作用主要为阻垢，使水中的盐类不沉淀出来。当相对分子质量较高时（如 $4000\sim10000$），聚丙烯酸的主要作用为分散，使已经沉淀出的致垢盐类不黏附于容器壁或管道壁上。为了使聚丙烯酸同时发挥这两种作用，可将这两种相对分子质量的聚丙烯酸混合使用。

关于聚丙烯酸类阻垢剂的阻垢机理有许多假说，概括起来有以下几种。

① 凝聚及随后的分散作用　聚丙烯酸阴离子与水中的碳酸钙微晶体碰撞时，首先发生物理和化学吸附过程，吸附的结果使微晶体表面形成了一个双电层。当一个聚丙烯酸阴离子和两个或多个碳酸钙等晶体吸附时，可使这些微晶体带上相同的电荷，它们之间就有了静电斥力，从而阻碍了它们之间的碰撞和形成较大的晶体，也阻碍了它们和金属传热面之间的碰撞和形成垢层。凝聚使水溶液中的微晶体吸附在聚丙烯酸分子的链上，也就把有成垢可能的微晶体在一定程度上聚集了起来。

当这种吸附产物又碰到其他聚丙烯酸分子时，或者说吸附产物扩散到聚丙烯酸相对浓度较高的区域时，还会把已吸附的粒子交给其他聚丙烯酸分子，最终呈现出平均分散的状况。这就是聚丙烯酸对晶体粒子凝聚作用后的分散作用。

② 晶格歪曲理论　与有机膦酸相似，聚丙烯酸的羟基官能团对金属离子具有螯合能力，因而可以干扰无机垢结晶生长过程，使结晶不能按正常晶格排列生长，形成了不规则的或有

较多缺陷的晶体，即发生晶格歪曲现象。

③ 再生自解脱膜假说　聚丙烯酸等阻垢分散剂能在金属传热面上形成一种与无机晶体颗粒共同沉淀的膜，当这种膜增加到一定厚度时，会在传热面上破裂，并带着一定大小的垢层离开传热面。由于这种膜的不断形成和破裂，使垢层的生长受到抑制。

④ 成垢界面上的阻垢分散剂的吸附作用　除惰性金属外，几乎所有的金属在含氧环境中，表面均存在一层氧化层，碳钢表面的氧化层是羟基氧化层。羟基氧化层可对成垢阳离子进行表面吸附而产生浓度富集，导致碳酸钙晶体迅速生长。离解后的聚合物可以转换羟基氧化铁表面的羟基，改变上述接种生长的过程。

（5）注意事项

聚丙烯酸低毒，有一定的腐蚀性，对眼睛和皮肤有刺激作用，但对人体无急性毒性。大鼠经口 LD_{50} 为 5000mg/kg，小白鼠 $LD_{50}>20000mg/kg$，水蚤 $LC_{50}>1000mg/kg$。操作人员应戴防护手套，避免直接接触聚丙烯酸。如溅到手上或眼中，应用大量清水冲洗，必要时到医院处理。

聚丙烯酸是阴离子聚合电解质，因此忌与阳离子聚合电解质配伍。在使用时，需加入缓蚀剂，以防止对铜的腐蚀。

应在室温下贮存，保持通风，防止曝晒。

（6）质量指标

聚丙烯酸的国家标准 GB 10533—89，如表 4-20 所示。

表 4-20　聚丙烯酸质量指标

指 标 名 称	指　标	
	优等品	一等品
外观	无色或淡黄色液体	
固体含量/% ⩾	30.0	25.0
游离单体(以 $CH_2=CHCOOH$ 计)含量/% ⩽	0.50	1.25
pH 值(10%水溶液) ⩽	2.00	2.00
密度(20℃)/(g/cm³) ⩾	1.09	1.08
铁(以 Fe 计)含量/% ⩽	0.0020	—
铵(以 NH_4^+ 计)含量/% ⩽	0.035	—
极限黏数(30℃)/(dL/g)	0.060~0.085	0.055~0.10

（7）制备方法

聚丙烯酸可由聚丙烯腈或聚丙烯酸酯在 100℃ 左右的温度下进行酸性水解而得。但目前商业生产一般直接以丙烯酸为原料，以水为溶剂、过硫酸铵或过硫酸铵/偏重亚硫酸钠组成的氧化/还原系统作引发剂的水溶液聚合方法来制取聚丙烯酸。生产过程一般为间歇式，反应温度通常为 50~90℃。反应物配方中，丙烯酸的浓度一般为 10%~30%。引发剂的用量一般为丙烯酸质量的 8%~15%。可加链转移剂（例如异丙醇，加入量在配方中一般占质量的 10%~20%）以控制产品聚丙烯酸的相对分子质量，也可不加链转移剂。丙烯酸和引发剂同时按比例分别地滴加到水中或链转移剂与水的混合液中进行聚合反应。总的来说，链转移剂的用量高、引发剂的用量高，都有利于降低产品聚丙烯酸的相对分子质量。为了制备低相对分子质量的聚丙烯酸（相对分子质量小于1000），可在聚合过程中向系统鼓入气泡。

4.2.4　水解聚马来酸酐

（1）性质

水解聚马来酸酐（Hydrolyzed polymaleic anhydride，HPMA），别名有马来酸均聚物、

聚顺丁烯二酸、聚失水苹果酸、聚马来酸等。分子式 $(C_4H_4O_4)_n$-$(C_4H_2O_3)_m$，相对分子质量不超过 2000。本品为一种低相对分子质量聚电解质。乳白色固体，溶于水、甲醇和乙二醇。工业产品为含聚马来酸酐 50% 左右的棕黄色透明液体。化学稳定性及热稳定性高，分解温度在 330℃ 以上。对碳酸盐、磷酸盐有良好的阻垢效果，阻垢时间可达 100h，可与原油脱水破乳剂混合使用。

水解聚马来酸酐结构式

（2）用途

水解聚马来酸酐的用途与聚丙烯酸相似，但由于分子结构中羧基数比聚丙烯酸多，因此其阻垢性能优于聚丙烯酸（钠）。聚马来酸酐耐热性能明显好于聚丙烯酸（钠），在 175℃ 仍能保持良好的阻垢效果；化学稳定性也较高，在 pH=8.3 时也有明显的溶限效应。能与水中的钙、镁等离子螯合并有晶格畸变能力，能提高淤渣的流动性。只要使用少量的水解聚马来酸酐，如每吨水投放 1~5g，就能使结垢现象得到控制，甚至能使设备表面的陈垢逐渐脱落，特别适用于锅炉水等高温水的阻垢。可用作油田注水系统、油田输油、输水管线、民用低压锅炉、循环冷却水系统和闪蒸法海水淡化等的沉积物的抑制剂、阻垢剂等，还可用作碱性工业清洗剂配方的组分。

水解聚马来酸酐在海水淡化的闪蒸装置中和低压锅炉、蒸汽机车上得到广泛应用，但价格较贵，因此在循环冷却水中除特殊情况外，一般不大采用。适用于原油脱水，锅炉及输油、输水管线，循环冷却水的防垢和除垢。

（3）使用方法

马来酸酐使冷却水系统生成的垢很软，易被水冲走，一般用量为 2~15mg/L。通常也以 2~5mg/L 与有机膦酸盐复合，用于循环冷却水、油田注水、低压锅炉的炉内处理。与 1~2mg/L 锌盐复配时，能有效防止碳钢的腐蚀。

（4）作用原理

由于水解聚马来酸酐分子结构中羧基数比聚丙烯酸和聚甲基丙烯酸多，因此阻垢性能比它们好，而且能在 175℃ 左右的较高温度下保持良好的阻垢性。在高温（>350℃）和高 pH 值（8.3）下也有明显的溶限效应，仍能保持良好的阻垢和分散效果。

（5）注意事项

HPMA 毒性小，有一定的腐蚀性，对皮肤和眼睛有刺激作用。无致癌、致畸作用，能被微生物降解，也能在光作用下逐渐降解，降解物对人畜和水生物无害。车间应有足够通风，操作人员应戴防护手套，避免 HPMA 与皮肤接触。接触皮肤后应涂肥皂中和，并以大量清水冲洗。溅入眼睛后应用大量清水冲洗。

虽然聚马来酸酐在水处理的通常条件下不受氯气和其他氧化性杀菌剂的影响，但适当注意还是必要的。过浓的强氧化剂可使本品分解。用于锅炉水处理时，不能与长链脂肪胺合用。水解聚马来酸酐虽然可用于任何 pH 值的水系中，但在调配方时，配方的 pH 值应低于 2.5 或高于 9.0，否则会产生沉淀。

（6）质量指标

中国执行 GB 10535—1997 标准，如表 4-21 所示。

表 4-21　水解聚马来酸酐技术指标

指标名称		指标		
		优等品	一等品	合格品
外观		浅黄色至深棕色透明液体		
固体含量/%	≥	48.0	48.0	48.0
平均相对分子质量		>700	450~700	>300
溴值/(mg/g)	≤	80	160	240
pH 值(1%水溶液)		2.0~3.0	2.0~3.0	2.0~3.0
密度(20℃)/(g/cm³)	≥	1.18~1.22	1.18~1.22	1.18~1.22

（7）制备方法

由马来酸酐单体在甲苯中以过氧化二苯甲酰为引发剂聚合成聚马来酸酐，再经过加热水解，使分子中酸酐大部分被水解为羧基。

4.2.5　马来酸酐-丙烯酸共聚物

（1）性状

马来酸酐-丙烯酸共聚物（maleic anhydride-acrylic acid copolymer），别名丙烯酸与顺丁烯二酸酐的共聚物、马-丙共聚物、丙烯酸-马来酸酐共聚物。马-丙共聚降低了马来酸酐的价格，又保持了其较高的耐温性。分子式为 $(C_3H_4O_2)_n \cdot (C_4H_2O_3)_{m'} \cdot (C_4H_4O_4)_m$。相对分子质量平均为 300~4000。马-丙共聚物是一种黄色易粉碎的固体。可溶于水，水溶液为浅黄色或黄棕色透明黏稠液体。固体含量超过 50% 时，相对密度（20℃）为 1.18~1.22。是一种低相对分子质量的聚电解质，耐高温可达 300℃，阻垢性能同马来酸或优于聚马来酸。

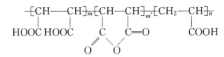

马来酸酐-丙烯酸共聚物结构式

马-丙共聚物是一种低相对分子质量多价螯合剂，其阻垢性能高于 HPMA，耐高温（300℃）。

（2）用途

本品可与水中二价金属离子螯合，特别是抑制硫酸钙十分有效，能有效抑制硫酸钙沉积。可在 300℃ 高温下使用。可用于民用及工业锅炉水处理、集中采暖、宾馆空调用水的阻垢分散剂。在油田输油、输水管线及工业循环冷却水系统用作阻垢缓蚀剂，以及锅炉炉内处理。生产中，由于马-丙共聚物价格较低，而性能与水解聚马来酸酐相似，因此常用来代替水解聚马来酸酐。

（3）使用方法

马-丙共聚物适用于碱性水质，与其他阻垢缓蚀剂一起使用时具有协同效应。与聚磷酸盐、有机膦酸盐、锌盐、磷羧酸组成的配方中用作碱性运行用水质稳定剂。本品与有机膦酸及锌盐复配使用时，一般用量为 15%~20%，用于循环冷却水时，用量一般为 1~5mg/L（以 100% 计）。

（4）作用机理

马-丙共聚物是一种多价螯合剂，可螯合水中的钙、镁、铁等离子，从而起到阻垢作用。

（5）注意事项

本品低毒，有腐蚀性。操作人员应戴防护手套。可微生物降解，降解物对人畜和水生物无害。

（6）质量指标

中国执行的标准（HG 2229—1991）规定，马来酸酐-丙烯酸共聚物的外观为浅棕黄色透明液体。其他技术指标见表 4-22。

表 4-22　马来酸酐-丙烯酸共聚物技术指标

指　标　名　称		指　　　标		
		优等品	一等品	合格品
固体含量/%	≥	48.0	48.0	48.0
平均相对分子质量		420～700	300～450	280～300
游离单体(以马来酸计)含量/%	≤	9.0	13.0	15.0
pH 值(1%水溶液)		2.0～3.0	2.0～3.0	2.0～3.0
密度(20℃)/(g/cm³)		1.18～1.22	1.18～1.22	1.18～1.22

（7）制备方法

马来酸酐-丙烯酸共聚物是以甲苯为溶剂，以过氧化二苯甲酰为引发剂，以马来酸酐为主，加入少量的丙烯酸共聚后，经水解制得。

4.2.6　丙烯酸-丙烯酸酯类共聚物

丙烯酸-丙烯酸酯类共聚物主要有丙烯酸-丙烯酸甲酯共聚物、丙烯酸-丙烯酸羟丙酯共聚物和丙烯酸-2-丙烯酰胺基-2′-甲基丙烯磺酸共聚物三种。

4.2.6.1　丙烯酸-丙烯酸甲酯共聚物

（1）性状

丙烯酸-丙烯酸甲酯共聚物（Acrylic acid-methyl acrylate copolymer）分子式为 $(C_3H_4O_2)_m(C_4H_6O_2)_n$，相对分子质量为 3000～20000。组成摩尔比为 4∶1～5∶1 的丙烯酸与丙烯酸甲酯，为亮黄至水白色的黏性液体，有明显气味。pH 值为 4.8～5.1。溶于水和盐水中，不溶于烃类溶剂，能电离。抑制碳酸钙垢的性能与聚丙烯酸相当。抑制磷酸钙、磷酸锌、氢氧化锌和铁氧化物的效果超过了单聚物，因此是循环冷却水处理的一种主要阻垢分散剂。

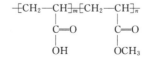

丙烯酸-丙烯酸甲酯共聚物结构式

（2）用途

丙烯酸-丙烯酸甲酯共聚物是一种良好的工业水处理用阻垢分散剂，它既能有效地抑制碳酸钙、硫酸钙垢的形成，对磷酸钙、磷酸锌和氢氧化铁也有一定的抑制和分散作用。在高 pH（>10）和高温的含钙水中，也能有效地抑制钙垢的沉积。

本品在循环冷却水、锅炉水、油田污水回注水等系统中的阻垢分散，可单独使用或与有机膦化合物、BTA 等复配使用。对抑制锌盐沉积和磷酸钙的析出有特殊功效，适用于碱性和高磷酸盐存在的循环冷却水系统。用于高 pH 值和较高温度的高含钙水中也能有效抑制钙垢的沉积。还可用作卫生陶瓷的清洁剂以及铁、锰、钙、镁的阻垢和阻锈剂的成分。

（3）使用方法

常与聚磷酸盐、膦酸盐、磷酸酯和锌盐等复配使用，也能与琥珀酸二辛酯磺酸钠等复配使用。一般用量为 10～40mg/L。在以六偏磷酸钠（或三聚磷酸钠）加锌作缓蚀剂，或用膦酸盐（HEDP、ATMP、EDTMP）和聚羧酸（聚丙烯酸、聚马来酸）作阻垢分散剂时，适当加入本品，可提高循环水中磷酸根的浓度，从而获得较好的阻垢效果。本品在使用时，根据补充水中 Ca^{2+} 大小决定，可适用于各种水质，目前在国内仍广泛使用。本品可与 HEDP 及 BTA 等复配成全有机碱性水处理剂，其中本品比例一般为 30%～50%。

（4）作用原理

研究表明，如果共聚物链上既有强酸基团也有弱酸基团，并且二者处于适当比例，则这种共聚物对阻止磷酸盐沉积最为有效，也对锌盐有良好的稳定作用。

本品是一种良好的工业水处理阻垢分散剂。本品主要由丙烯酸及其酯类的多元共聚物组成。能有效地抑制 $CaCO_3$、$CaSO_4$、$Ca_3(PO_4)_2$、$Zn(OH)_2$ 的形成和沉积，对 Fe_2O_3、黏土和油垢也有良好分散性能。

（5）注意事项

低毒。操作人员应戴防护手套，避免直接接触。一旦接触到皮肤或眼睛，应立即用水冲洗。小白鼠 $LD_{50}>20000mg/kg$。

（6）质量指标

中国执行的标准（HG/T 2429—1993）如表 4-23 所示，其中 A 类指丙烯酸-丙烯酸甲酯类二元共聚物，B 类为丙烯酸-丙烯酸羟烷基酯二元或多元共聚物。

外观：A 类为无色或淡黄色黏稠液体；B 类为无色或黄色黏稠液体。

表 4-23　丙烯酸-丙烯酸酯类共聚物技术指标

指　标　名　称	指　　　　　标			
	A 类		B 类	
	一等品	合格品	一等品	合格品
密度(20℃)/(g/cm³)	1.10～1.20			
pH 值(1%原样的水溶液)	2.50±0.50		7.50±1.00	
固体含量/% ≥	30.0±2.0	27.0±1.0	30.0±2.0	27.0±1.0
游离单体(以丙烯酸计)/% ≤	1.00	2.50	0.50	1.00
极限黏数(30℃)/(dL/g)	0.065～0.095			

（7）制备方法

将一定量的丙烯酸和丙烯酸甲酯（摩尔比为 4：1～5：1）和 1.6 倍单体量的水以及单体质量计 8%～9% 的巯基醋酸，加入到带搅拌器和冷却夹套的反应釜中，在冷却至 15～25℃ 的条件下，滴入以单体质量计 4%～5% 的过硫酸铵配制的 50% 的水溶液，反应很快进行并伴有放热，并在数分钟内完成。所得聚合物的 pH 值为 3～5。

4.2.6.2　丙烯酸-丙烯酸羟丙酯共聚物

（1）性状

丙烯酸-丙烯酸羟丙酯共聚物（Acrylic acid-hydroxypropyl acrylate copolymer）分子式为 $(C_3H_4O_2)_m(C_6H_{10}O_3)_n$，相对分子质量为 500～1000000。水溶性随共聚物中丙烯酸羟丙酯含量的增大而降低。

共聚物中丙烯酸和丙烯酸羟丙酯结构单元的摩尔比为 1：4～36：1，平均相对分子质量为 500～1000000。作为水处理用的共聚物丙烯酸结构单元与丙烯酸羟丙酯结构单元的摩尔比最好为 11：1～1：2，相对分子质量为 1000～50000，这样的共聚物有良好的水溶性。共聚物为浅黄色至无色液体，有明显气味，弱酸性，能电离，不溶于烃类溶剂。

丙烯酸-丙烯酸羟丙酯共聚物热稳定性好，适用于高碱度水，除具有优良的阻垢性能外，还具有缓蚀作用，对抑制水系统中的磷酸钙垢沉积有独特的效果。

$$\text{-[CH}_2\text{-CH]}_m\text{[CH}_2\text{-CH]}_n\text{-}$$

（结构式）
$\quad$ C=O $\qquad$ C=O
$\quad\quad$ | $\qquad\qquad$ |
$\quad\quad$ OH $\qquad$ OCH$_2$—CH—CH$_3$
$\qquad\qquad\qquad\qquad\qquad$ |
$\qquad\qquad\qquad\qquad\qquad$ OH

丙烯酸-丙烯酸羟丙酯共聚物结构式

（2）用途

丙烯酸-丙烯酸羟丙酯共聚物抑制碳酸钙垢的性能与聚丙烯酸相当，但对磷酸钙、磷酸锌、氢氧化锌和铁氧化物等都具有良好的抑制和分散作用，效果超过了单聚物，因此成为循环冷却水处理的一种主要阻垢分散剂。适用于碱性和高磷酸盐存在的循环冷却水系统、油田回注水、洗涤器和锅炉水等系统。

（3）使用方法

丙烯酸-丙烯酸羟丙酯共聚物可单独使用；与其他药剂配伍，使用范围和效果更好。在钼系、钨系、磷系和膦系等配方中作为主要的阻垢分散剂，是聚丙烯酸的换代产品。丙烯酸-丙烯酸羟丙酯共聚物也是有机碱性水处理方案中的关键组分，例如 S-113、N-8356 及阻垢缓蚀剂Ⅱ、Ⅲ。

相对分子质量为 3000～20000、含 5%～60%（质量）羟丙酯的丙烯酸-丙烯酸羟丙酯共聚物在油田回注水系统作为阻垢剂，用量 10mg/L 以上或高至 200～500mg/L，用来处理含有 500～10000mg/L 钙的油田回注水，防止结垢十分有效。组成为 11∶1～1∶2、平均相对分子质量为 10000 的丙烯酸-丙烯酸羟丙酯共聚物，用量为 10mg/L 时可抑制 96% 的磷酸钙沉积，并可分散 83.2% 的氧化铁和 84.7% 的黏土和油垢。组成比为 1∶5～5∶1、相对分子质量为 2000～6000 的丙烯酸-丙烯酸羟丙酯共聚物与水溶性锌化合物、水溶性铬酸盐配合作用时，可抑制锌盐沉积。

（4）作用机理

研究表明，如果共聚物链上既有强酸基团也有弱酸基团，并且二者处于适当比例，则这种共聚物对阻止磷酸盐沉积最为有效。阻垢效果大大优于聚丙烯酸、聚马来酸等聚合物。

（5）注意事项

低毒，操作人员应戴防护手套，避免与皮肤接触。

（6）质量指标

参考表 4-23 中 B 类指标。

（7）制备方法

丙烯酸-丙烯酸羟丙酯共聚物由丙烯酸和丙烯酸羟丙酯在标准条件下发生游离聚合反应，在 40～150℃使用引发剂引发聚合，以链转移剂（如异丙醇、硫醇、卤化碳等）控制共聚物相对分子质量。也可将环氧丙烷用氮气压入聚丙烯酸水溶液的压力锅中，在 100℃反应 20min～2h，然后用 NaOH 中和反应生成液，使 pH 值在 9 左右，调节固体含量在 30% 左右。

4.2.6.3　丙烯酸-2-丙烯酰胺基-2′-甲基丙烯磺酸共聚物

（1）性状

丙烯酸-2-丙烯酰胺基-2′-甲基丙烯磺酸共聚物（Acrylic acid-2-acrylamido-2′-methylpropyl sulfonic acid copolymer）别名 AA/AMPS 共聚物、含 AMPS 磺酸盐聚合物、磺酸盐共聚物。分子式为（$C_3H_4O_2 \cdot C_7H_{13}NO_4S$）$_x$，相对分子质量为 1000～10000。

该共聚物是无色或淡黄色透明黏稠液体，与水无限混溶。固体含量超过 30% 时，相对密度（20℃）为 1.05～1.15。一般 AA/AMPS 共聚物两种单体结构单元的质量比在 51：49 时阻磷酸盐的效果最好，而比值为 80：20 时，阻碳酸钙垢的效果最好。

丙烯酸-2-丙烯酰胺基-2′-甲基丙烯磺酸共聚物结构式

（2）用途

AA/AMPS 共聚物在工业循环冷却水处理中是良好的阻垢分散剂。与传统的丙烯酸类阻垢分散剂相比，不仅能抑止碳酸钙垢，对 Zn^{2+}、Mn^{2+}、Fe^{2+} 等离子及黏泥、氧化铁均有良好的分散性能；对磷酸钙垢和锌盐、锰盐的沉积也有较好的抑制作用，且能有效地分散颗粒物、稳定金属离子和有机磷酸。由于共聚物中含有磺酸基团，故可以有效地防止由于均聚物与水中离子反应而产生难溶性钙凝胶。无论是单独使用还是与锌盐、磷酸盐复配使用，均表现出较好的阻垢和缓蚀性能。与硼酸盐和（或）H_3BO_3 与锌盐复配时，可构成碳钢的缓蚀剂。与锌盐、磷酸盐、有机膦酸盐等缓蚀、阻垢剂复配作用时，产生明显的协同增效作用。

适用于循环冷却水碱性运行和高浓缩倍数的水质。对环境无污染。广泛用于钢铁、石油化工、化肥、电力等循环冷却水系统。

（3）使用方法

AA/AMPS 共聚物还可加入第三种或第四种单体生成三元共聚物或四元共聚物，以提高其分散性能。常用的单体有：叔丁基丙烯酰胺、己丙基丙烯酰胺、异丙基丙烯基膦酸、对丙酯丙烯酰胺、甲基丙烯酸甲酯、乙烯醇、丙烯酸甲氧基乙酯、甲基丙烯酸乙酯等。

AA/AMPS 共聚物的性质受到 AMPS 含量及共聚物中其他组分的影响，应根据水质情况进行选择。如：对于高硬度的结垢性较强、腐蚀性较弱的水质，可选择丙烯酸含量较高的共聚物，即可达到良好的阻垢效果；对于磷酸盐、锌盐含量较高的水处理配方，应选择 AMPS 含量高或第三单体阻磷酸钙和稳定锌性能好的共聚物，以保证循环水中的锌和磷酸盐的稳定性。AA/AMPS 共聚物两种单体结构单元的质量比在 51：49 时阻磷酸钙垢效果最佳，而在 80：20 时阻碳酸钙垢效果最好。

作为工业循环冷却水处理的阻垢分散剂，可单独使用，也可与其他药剂如聚磷酸盐、有机膦酸盐、锌盐以及水处理用的羧酸聚合物、共聚物配合使用。单独使用时，用量为 2～10mg/L，连续投加。由于其优良的阻垢性能和与其他有机膦酸盐和锌盐的互溶性，AA/AMPS 共聚物已经成为水处理复合配方中聚合物分散剂的首选品种。

（4）作用机理

由于磺酸类共聚物型阻垢分散剂中同时含有强酸基团（磺酸基）、弱酸基团（羧基）、非离子基团（酯基、羰基和羟基），这些官能团在阻垢分散方面起着各不相同的作用。弱酸基团对难溶盐微晶的活性部分有着强的吸附作用，从而起到低剂量效应抑制结晶产生。强酸基团则保持有轻微的离子特性，从而有助于难溶盐解离。而非离子基团对固悬物有着较强的吸附作用，并将其分散在水中。这些基团经有效结合产生协同效应，使药剂具有良好的阻垢分散性能。

(5) 注意事项

AA/AMPS 共聚物为低毒、酸性液体，对眼睛和皮肤有刺激性和腐蚀性，使用时应注意防护。

本品应贮存于阴凉处，避免阳光直晒。

(6) 质量指标

石化采购标准 SH 2604.10—1998 和化工行业标准 HG/T 3642—1999，如表 4-24 和表 4-25 所示。

表 4-24　AA/AMPS 的石化采购标准

指 标 名 称		指　标	指 标 名 称		指　标
外观		无色或淡黄色透明液体	极限黏数(30℃)/(dL·g^{-1})		0.055～0.100
固体含量/%	≥	30.0	密度(20℃)/(g/cm^3)	≥	1.05
游离单体(以丙烯酸计)/%	≤	0.8	pH 值(1%水溶液)	≤	4.00

表 4-25　AA/AMPS 的化工行业标准

指 标 名 称		指　标	指 标 名 称		指　标
外观		无色或淡黄色透明液体	极限黏数(30℃)/(dL/g)		0.055～0.100
固体含量/%	≥	30.0	密度(20℃)/(g/cm^3)	≥	1.05
游离单体(以丙烯酸计)/%	≤	0.50	pH 值(1%水溶液)	≤	2.5

(7) 制备方法

由 50%～70%（质量分数）的丙烯酸和 30%～50% 的 2-丙烯酰胺基-2'-甲基丙基磺酸（AMPS）或 50%～95% 的丙烯酸和 5%～50% 的 2-丙烯酰胺基-2'-甲基丙基磺酸，或 70%～30% 的丙烯酸和 30%～70% 的 2-丙烯酰胺-2'-甲基丙基磺酸，在引发剂过碳酸铵、VAZO 或 H_2O_2，或硫酸亚铁铵和过硫酸钙的引发下，于 70～100℃反应 2～5h 制得产品。

4.2.7　氨基三亚甲基膦酸

(1) 性状

英文名称 Amino trimethylene phosphonic acid，简称 ATMP，别名为氨基三甲烷膦酸、氮川三甲基膦酸、三膦酰基甲基胺。分子式为：$N(CH_2PO_3H_2)_3$。

本品外观为白色颗粒状固体，熔点 210～212℃，pH 值 2～3，相对密度（20/4℃）1.3～1.4，不易吸潮，易溶于水，化学稳定性和热稳定性好，与稀酸煮沸也不会分解。200℃以下阻碳酸钙垢效果优良。本品脱水后，可生成磷化氢、一氧化碳、二氧化碳和氧化氮。25℃下在水中的溶解度约为 60%，不溶于大多数有机溶剂。

氨基三亚甲基膦酸结构式

本品对水解作用的稳定性好，抗水解性能比无机聚磷酸（盐）好，抗氧化剂（如氯气）分解的性能较羟基亚乙基二膦酸为差。对水中多价金属离子具有络合能力，在一定浓度范围内能与水中致垢金属阳离子（如钙离子）生成沉淀。

本品具有"溶限"效应，可将远高于按螯合机制计算的化学计量相应量的致垢金属离子"螯合"于水中，从而使致垢金属盐类在水中保持溶解状态。

（2）用途

ATMP是一种高效稳定剂，具有良好的螯合、低限抑制、晶格畸变等作用，可阻止水垢特别是碳酸钙垢的形成。可以与Ca^{2+}及其他多价金属的阳离子形成络合物，是非常好的胶溶剂和分散剂。它也具有缓蚀作用，是工业循环冷却水处理领域常用的阻垢剂和缓蚀剂。也可以用作金属清洗剂去除金属表面的油脂，还用于工业清洗剂配方、过氧化物的稳定剂、洗涤剂的添加剂、金属离子的遮蔽剂、无氰电镀添加剂、贵金属的萃取剂等。

ATMP的价格在有机膦酸盐中是最低的，加上所用的原料比较易得，因此应用越来越广泛。

（3）使用方法

ATMP用于水垢抑制时，主要是抑制碳酸钙垢。投加质量浓度（活性组分）一般为1～20mg/L，浓度太高，在一定范围内反而致垢。作阻垢剂单独使用浓度≤10mg/L，与低相对分子质量阻垢剂复合使用浓度≤5mg/L。与聚羧酸共用能更好地发挥阻垢作用。

ATMP如作为缓蚀剂，单独使用浓度≥100mg/L，所需剂量较高，故需要与其他缓蚀剂共用。如与锌盐或铬酸盐配合，有良好效果，锌用量最好占混合物总量的30%～80%。ATMP抗氧化性杀菌剂（如氯气）分解的能力不如HEDP强，因此要和非氧化性杀菌剂联用。用于循环冷却水系统时，投药点应与氯气的投药点隔开。投加氯气应冲击式投加而不是连续式投加。锌离子对本品的氯分解也能起减缓作用。本品对铜及其合金具有腐蚀作用，如与锌盐配合形成络合物或与唑类铜缓蚀剂配合使用，可以克服这个倾向，此时锌至少应为20%（质量分数）。

本品用于锅炉水的螯合处理时，与EDTA或NTA等常规螯合剂合用可产生协同效果。

（4）作用机理

ATMP主要通过螯合与晶格畸变起到阻垢作用。螯合被认为是阻垢的基础，但又不同于EDTA等螯合剂。由于膦酸基团对钙、镁等金属离子较好的螯合作用，使阻垢剂分子可以吸附在碳酸钙晶体的表面活性生长点上，这种吸附作用会改变结晶的正常状态，阻碍其成为较大的结晶。同时由于晶体规整性被破坏，导致水垢结晶的强度降低，变得松散而易被水冲刷。

（5）注意事项

本品具有腐蚀性，对皮肤有轻微刺激作用，对眼睛有中等刺激作用。操作人员应穿长袖工作服、戴橡胶手套和防护眼镜。若皮肤或眼睛接触了本品，应立即用大量清水清洗。若有渗漏或外溢，用水冲入下水道，或用石灰、苏打灰中和后冲入下水道。

（6）质量指标

固体产品的国家标准GB/T 10536—89见表4-26。行业标准HG/T 2840—97见表4-27。溶液产品的标准HG/T 2841—97见表4-28。液体产品的专业标准如表4-29。

表 4-26 固体氨基三亚甲基膦酸的国家标准 (GB/T 10536—89)

指 标 名 称		指 标		
		优等品	一等品	合格品
外观		白色颗粒状固体		
氨基三亚甲基膦酸含量/%	≥	75	65	55
有机膦酸含量/%	≥	80	75	70
亚磷酸(以 PO_3^{2-} 计)含量/%	≤	2.0	4.0	8.0
磷酸(以 PO_4^{3-} 计)含量/%	≤	1.0	1.0	2.0
氯化物(以 Cl^- 计)含量/%	≤	2.5	4.0	6.0
水分/%	≤	12	15	17
水不溶物含量/%	≤	0.05	0.05	0.05
1%水溶液的 pH 值		1.4±0.20	1.4±0.20	1.4±0.20

表 4-27 固体氨基三亚甲基膦酸的行业标准 (HG/T 2840—97)

指 标 名 称		指 标		
		优等品	一等品	合格品
外观		白色颗粒状固体		
氨基三亚甲基膦酸含量/%	≥	75.0	65.0	55.0
活性组分含量/%	≥	80.0	75.0	70.0
亚磷酸(以 PO_3^{2-} 计)含量/%	≤	2.0	4.0	8.0
磷酸(以 PO_4^{3-} 计)含量/%	≤	1.0	1.0	2.0
氯(以 Cl^- 计)含量/%	≤	2.5	4.0	6.0
水分/%	≤	12	15	17
水不溶物含量/%	≤	0.05	0.05	0.05
pH 值(1%水溶液)		1.2~1.6	1.2~1.6	1.2~1.6

表 4-28 氨基三亚甲基膦酸溶液的行业标准 (HG/T 2841—97)

指 标 名 称		指 标		
		优等品	一等品	合格品
外观		无色或微黄色液体		
活性组分含量/%	≥		50.0	
亚磷酸(以 PO_3^{2-} 计)含量/%	≤	1.0	3.0	5.0
磷酸(以 PO_4^{3-} 计)含量/%	≤	0.5	0.8	1.0
pH 值(1%水溶液)		2.0±0.5	2.0±0.5	2.0±0.5
密度(20℃)/(g/mL)		1.33±0.05	1.33±0.05	1.33±0.05
氯化物(以 Cl^- 计)含量/%	≤	1.0	2.0	3.5
钙螯合值/(mg/g)	≥	350	300	300

表 4-29 液体氨基三亚甲基膦酸的专业标准 (ZB/TG 71003—89)

指 标 名 称		指 标		
		优等品	一等品	合格品
外观		无色或微黄色液体		
活性组分(以 ATMP 计)含量/%			50~52	
亚磷酸(以 PO_3^{2-} 计)含量/%	≤	3.0	5.0	7.0
磷酸(以 PO_4^{3-} 计)含量/%	≤	0.5	1.5	2.0
氯化物(以 Cl^- 计)含量/%	≤	1.0	3.0	5.0
pH 值(1%水溶液)		2.0±0.5	2.0±0.5	2.0±0.5
密度(20℃)/(g/mL)		1.33±0.05	1.33±0.05	1.33±0.05

（7）制备方法

ATMP 在工业生产上一般由氯化铵、甲醛和亚磷酸反应制得。根据亚磷酸的来源不同，又可分为以下两种制备方法。

① 三氯化磷水解法　按照氯化铵、甲醛和三氯化磷的摩尔比为 1：（3～4.5）：（3～3.1）的比例，将氯化铵缓缓溶于盛甲醛和适量水且配有冷却/加热夹套和搅拌器的搪瓷反应釜中，控制釜温 60～70℃，最好 30～40℃。再缓缓将三氯化磷滴入其中，滴完后向夹套通蒸汽将物料升温至 105～115℃，借助冷凝器进行保温回流。反应完毕后冷却至室温，将结晶过滤、干燥即为固体 ATMP。

若制取液体产品，则在反应完毕后，对产物进行汽蒸，即经釜底向物料通过热蒸汽以带走残存于其中的氯化氢和甲醛等杂质。此时物料温度以保持 120～130℃为宜。当冷凝下来的含氯化氢和甲醛的水溶液的 pH 值升到 2 以上时，汽蒸过程结束。向釜中加水降温并调整产品浓度至 50％左右出料。

② 副产亚磷酸法　脂肪酸氯化物（或烷基氯化物、有机过氧化物）生产过程中有副产物亚磷酸生成。按比例加入氯化铵、甲醛，以盐酸作催化剂，经加工制得 ATMP 产品溶液。制备过程中可加入 0.5％～2.5％的硬脂酸消泡，制备完毕后再将其除去。

4.2.8　亚乙基二胺四亚甲基膦酸

（1）性状

亚乙基二胺四亚甲基膦酸（Ethylene diamine tetramethylene phosphonic acid，EDTMP），别名为乙二胺四亚甲基膦酸。分子式为 $C_6H_{20}N_2O_{12}P_4$。白色晶体，熔点 215～217℃。通常为单水合物，在高于 125℃时失去结晶水。难溶于水，室温下溶解度不超过 5％，在水的沸腾温度下，其溶解度可超过 10％。其钠盐为黄色透明黏稠液体，相对密度 1.3～1.4，能与水混溶，在 200℃下有较好的阻垢作用，热稳定性好，在实际应用中多用其钠盐。和 HEDP 的性能相似，但对氯也不稳定。

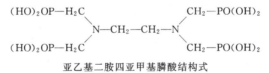

亚乙基二胺四亚甲基膦酸结构式

（2）用途

EDTMP 在工业水处理中被广泛用于循环冷却水系统和低压锅炉水的处理及油田注水等的缓蚀阻垢。与聚马来酸酐复配可以大大降低结垢速度，甚至连老垢也可以清除。作为亚甲基膦酸阴极缓蚀剂，与无机磷酸相比有更突出的阴极防护作用，缓蚀率要高 7 倍左右。还用作重金属离子的螯合剂，可用于铜、锌及其他过渡族金属离子的螯合及碱性条件下对碱土金属离子的螯合。

EDTMP 还可以作泥浆分散剂，用于淤泥的抗絮凝。也可用作工业清洗剂的组分以及无氰电镀的络合剂、印染工艺软化剂等。

（3）使用方法

本品能抑制各种水垢（如碳酸钙垢、硫酸钙垢、硫酸钡垢和氧化铁垢等）的生成，但在水处理中主要用来阻抑硫酸钙和硫酸钡垢。在各种膦酸中，其阻硫酸钡垢的性能最好。EDTMP 作阻垢剂单独使用浓度≤10mg/L，作缓蚀剂单独使用浓度≥100mg/L，与低相对分子质量阻垢剂复合使用浓度≤5mg/L。

在金属表面清洗和处理方面 1%～5% 的 EDTMP 的除垢效果与稀盐酸相当，与葡萄糖酸钠复配可有效洗去金属表面的油脂。

用作循环冷却水、印染用水及低压锅炉等供水处理使用质量浓度小于 3mg/L，与聚羧酸盐复配阻垢率达 95% 以上。

本品容易被氧化性杀生剂（如液氯）分解而失效，可采取以下方法弥补：用锌离子等金属离子予以稳定；间断地、冲击式地而不是连续地加氯；将投加点与加氯点分开；在加氯期间加大 EDTMP 的投入量。

（4）作用机理

亚乙基二胺四亚甲基膦酸同 ATMP 一样，也是通过螯合增溶和晶格畸变作用，抑制碳酸钙垢的生长。

（5）注意事项

亚乙基二胺四亚甲基膦酸危害与一般有机酸相似，接触皮肤后，应立即以大量清水冲洗。在一定范围内会与钙形成沉淀，容易被氧化性杀生剂（如液氯）分解而失效。

贮存于阴凉通风处，不得曝晒和接近火源。

（6）质量指标

其技术指标见表 4-30。

表 4-30　亚乙基二胺四亚甲基膦酸钠技术指标（HG/T 3538—89）

指　标　名　称		指　　　标		
		优等品	一等品	合格品
外观		黄棕色透明液体		
活性组分(以钠盐计)含量/%		28～30	28～30	28～30
有机膦(以 P 计)含量/%	≥	4.5	4.0	3.3
亚磷酸(以 PO_3^{2-} 计)含量/%	≤	1.0	2.0	5.0
磷酸(以 PO_4^{3-} 计)含量/%	≤	0.5	1.0	2.0
氯化物(以 Cl^- 计)含量/%	≤	2.0	4.0	6.0
乙二胺含量/%	≤	0.012	0.050	0.080
pH 值(1%水溶液)		9.5～10.5	9.5～10.5	9.5～10.5
密度(20℃)/(g/cm³)		1.3～1.4	1.3～1.4	1.3～1.4

（7）制备方法

① 由乙二胺、甲醛和三氯化磷为原料一步合成，反应式为：

$$H_2N—CH_2—CH_2—NH_2 + 4HCHO + 4PCl_3 + 8H_2O \longrightarrow$$
$$(H_2O_3P—CH_2)_2N—CH_2—CH_2—N(CH_2—PO_3H_2)_2 + 12HCl$$

② 先以氯乙酸将乙二胺烷基化，生成亚氨基乙酸，然后用亚磷酸处理即可。

③ 乙二胺与甲醛、亚磷酸二甲酯先反应生成相应的酯，再将该酯水解。

由于亚乙基二胺四亚甲基膦酸在水中的溶解度很小，常用氢氧化钠溶液中和至 pH10 左右制成钠盐溶液，作为产品出售。

4.2.9　2-膦酸基丁基-1,2,4-三羧酸

（1）性状

2-膦酸基丁基-1,2,4-三羧酸（2-phosphonobutane-1,2,4-tricarboxylic acid，PBTC）别

名为 2-膦基丁烷-1,2,4-三羧酸、2-膦酸基-1,2,4-三羧酸丁烷、2-膦酰基丁基-1,2,4-三羧酸。分子式 $C_7H_{11}O_9P$，相对分子质量 270.13。磷含量 11.5%，pH 值（1%水溶液）约为 1。能与水以任意比例混溶。通常状态下为白色玻璃状固体，只有在 100℃和真空条件下才逐渐脱去所含的全部水分。溶于水、50%的氢氧化钠、37%的盐酸、98%的硫酸、85%的磷酸和 100%的醋酸中。能提高锌的溶解度，甚至在 pH 值 9.5 时也能使锌处于溶解状态。对水解作用的稳定性好，在高达 120℃的中性水中，未发现水解作用。对水解作用的稳定性在一定范围内随多价离子（如钙离子）增多或 pH 值的升高而增加。在水中对氯气或氯制剂以及 Fe^{3+} 的耐受力优于其他膦酸盐。

$$\begin{array}{c} \text{O} \quad \text{CH}_2-\text{COOH} \\ \| \qquad | \\ \text{HO}-\text{P}-\text{C}-\text{COOH} \\ | \\ \text{OCH}_2-\text{CH}_2-\text{COOH} \end{array}$$

2-膦酸基丁基-1,2,4-三羧酸结构式

（2）用途

PBTC 是一种阻垢缓蚀性能高、结构稳定、配伍性好、耐高温、低磷、低毒的新型水处理剂。在高温、高硬度、高碱度条件下，尤其在有 Fe^{3+} 存在下，其阻垢性能优于其他有机膦酸盐；对硫酸盐的阻垢性能略差。阻碳酸钙垢的效果十分优良，尤其在使用剂量低的情况下，是低分子阻垢剂中效果最好的阻垢剂。PBTC 与锌盐、聚磷酸盐有很好的协同缓蚀作用；耐氧化剂如氯、优氯净、强氯精的氧化分解；不易与 Ca^{2+}、Mg^{2+}、Fe^{3+} 等生成难溶的有机膦酸盐沉淀。PBTC 的分散作用很弱，对磷酸钙基本无阻垢效果，另外自身的缓蚀效果也很差。

PBTC 可用于循环冷却水系统、油田注水系统的防蚀防垢；尤其适于高温、高硬、高 pH 值、高浓缩倍数的苛刻水质条件。用作锅炉给水软化剂、海水脱盐及炼钢厂煤气洗涤的阻垢分散剂。还可用作颜料和钻井泥浆等的分散剂、金属表面处理的添加剂。

（3）使用方法

PBTC 的加入量应根据现场水质及水系统运行状况进行试验后确定，推荐浓度一般为 5～20mg/L，一般与其他缓蚀剂、阻垢剂复合使用。单独使用时药剂应连续注入水系统中，加药设备应耐酸性腐蚀。pH 值适用范围为 7.0～9.5。

（4）作用机理

因为 PBTC 既有膦酸基又有羧酸基的结构特性，可以和金属离子形成多个稳定的螯合环，且螯合环个数和稳定程度大于其他的有机膦酸（HEDP、ATMP、EDTMP），因而在高温、高硬度的条件下缓蚀阻垢性能优于其他有机膦酸。

（5）注意事项

50%的 PBTC 产品为中等强度的有机酸，有腐蚀性，对皮肤、眼睛有刺激作用，皮肤接触可造成损伤。操作人员应按处置中强酸的规定着装，戴上防护手套。

运输时防止曝晒，密闭存放于阴凉通风干燥处，远离碱性物质和热源。若因温度过低而固化，解冻后可继续使用而无不利影响。由于本品有一定的腐蚀性，故盛器、泵和管线应用不锈钢、玻璃和塑料（如聚乙烯）来制造。

（6）质量指标

化工行业标准（正在审定报批中）见表 4-31。

外观：无色或淡黄色透明液体。

表 4-31　化工行业标准

指标名称		指标	
		一等品	合格品
活性组分(PBTC)含量/%	≥	50.0	50.0
磷酸(以 PO_4^{3-} 计)含量/%	≤	0.2	0.5
亚磷酸(以 PO_3^{2-} 计)含量/%	≤	0.5	0.8
pH 值(1%水溶液)		1.5~2.0	1.5~2.0
密度(20℃)/(g/cm³)	≥	1.27	1.27

(7) 制备方法

① 间歇法　亚膦酸二甲酯与马来酸二甲酯以甲醇钠为催化剂，反应生成膦酰基琥珀酸四甲酯。蒸馏精制后，与等摩尔的丙烯酸甲酯混合，在搅拌和冷却条件下，按每摩尔丙烯酸甲酯加 0.1~0.15mol 的量，逐滴地将溶于甲醇中的催化剂甲醇钠滴入 0~80℃（如 12~14℃）的酯类反应物中。反应完毕后，于 80℃真空条件下蒸出溶剂甲醇。在 0.133kPa 压力的真空状态下，于 175~183℃下将产物中的挥发组分蒸出。然后使产物五甲酯与盐酸共沸水解，并将水解中产生的甲醇蒸出。而后于真空、120℃左右的温度下将盐酸蒸出。冷却后即得玻璃状固态 PBTC 产品。加适量水即制得含 50%PBTC 的液态市售产品。

此外，也可用富马酸和丙烯腈分别代替马来酸和丙烯酸甲酯作原料。

② 连续法　亚膦酸二甲酯与马来酸二甲酯按 1:(1.3~1.07) 的摩尔比，经甲醇钠催化反应生成膦酰基琥珀酸四甲酯。产物不经精制，每摩尔直接与 1~1.07mol 的丙烯酸甲酯反应，催化剂为溶于甲醇中的甲醇钠，甲醇的添加量按每制备 1mol PBTC 加入 0.6mol 甲醇计。生成的五甲酯不经精制，直接于 105~130℃的温度范围内，在生成的 PBTC 自身催化下，酸性水解成 PBTC。

4.2.10　聚马来酸

(1) 性状

聚马来酸（Polymaleic acid，PMA）别名聚马来酸酐、水解聚马来酸酐，马来酸均聚物、聚顺丁烯二酸、聚失水苹果酸，分子式为 $(C_4H_4O_4)_x$。它是由马来酸酐在苯类溶剂中引发聚合再经水解而成的。最适宜的相对分子质量是 800~1000（数均），水解度为 100%。是一种低相对分子质量的聚电解质，是聚羧酸型的阻垢分散剂。乳白色固体，溶于水、甲醇和乙二醇。化学稳定性和热稳定性很高，分解温度在 330℃以上，在高温（>350℃）和高pH 值（8.3）下也有明显的溶限效应，仍能保持很好的阻垢和分散效果。在聚合物分子中仍有少量的未水解的酐存在。工业产品为含聚马来酸 50%左右的棕黄色透明液体。

聚马来酸结构式

(2) 用途

聚马来酸同时具有晶格歪曲和临界效应两种作用，阻垢效果优异。可使用于高 pH 值阻垢，有分散磷酸钙垢的性能，在总硬度为 1000mg/L（以 $CaCO_3$ 计）、暂硬度为 500mg/L 的水中仍有阻垢作用。生成的垢很软，易被水流冲洗掉。和锌盐配合可有防腐蚀作用。无毒，对环境生态没有影响，可以生物降解，降解物对人、鱼类无毒。

本品与聚丙烯酸（钠）的用途相似。由于分子结构中的羧基数量比聚丙烯酸多，其阻垢性能优于聚丙烯酸（钠）。化学稳定性及耐热稳定性高，能与水中钙、镁等离子螯合并有晶格畸变能力，能提高淤渣的流动性。只要有极少量的水解聚马来酸酐，就能使结垢现象得到控制，甚至使设备表面的陈垢逐渐脱落，特别适用于锅炉水等高温水系统的阻垢，也可用作油田注水系统、油田输油、输水管线、铁路蒸汽机车锅炉、民用低压锅炉、循环冷却水系统和闪蒸法海水淡化等的沉积物抑制剂、阻垢剂等，还可用作碱性工业清洗剂配方的组分。

（3）使用方法

聚马来酸作阻垢剂单独用量一般为 2～15mg/L。虽然通常条件下不受氯气和其他氧化性杀菌剂的影响，但过浓的强氧化剂可使本品分解。

本品通常以 2～5mg/L 与有机膦酸盐复合，用于循环冷却水、油田注水、原油脱水、低压锅炉的炉内处理，具有良好的抑制水垢生成和剥离老垢的作用，阻垢率可达 98%。它与 1～2mg/L 锌盐复配时，能有效地防止碳钢的腐蚀。

本品可与其他水处理剂组成缓蚀、阻垢配方配用，但用于锅炉水处理时，不能与长链脂肪胺合用。虽然本品可用于任何 pH 值的水系统中，但在配调配方时，配方的 pH 值应低于 2.5 或高于 9.0，否则会产生沉淀。

（4）作用机理

聚马来酸同聚丙烯酸、聚羧酸型阻垢剂的阻垢性能和羧基数量有一定的联系，从分子结构上看，它的聚合链上的每一个碳原子，都接有一个羧基，故阻垢性能比聚丙烯酸和聚甲基丙烯酸有所提高。在较高温度下使用仍不失其阻垢效果。

（5）注意事项

该产品为酸性物质，低毒，有一定的腐蚀性，对皮肤和眼睛有刺激作用。操作人员应穿工作服，戴防护眼镜、聚乙烯或橡胶手套，避免直接和皮肤接触。车间应有足够通风。接触皮肤后，应涂肥皂中和并以大量水冲洗。溅入眼睛后，应以大量水冲洗。

聚马来酸不易被生物降解，但可吸附于水体中的固体物表面上，在阳光照射下缓慢分解为二氧化碳和水。

在水处理的通常条件下，聚马来酸不受氯气和其他氧化性杀菌剂影响，但过浓的强氧化剂可使之发生分解。

（6）质量指标

聚马来酸国家标准（GB 10535—1997）见表 4-32。

外观：浅黄色至深棕色透明液体。

表 4-32　聚马来酸国家标准（GB 10535—1997）

指　标　项　目		指　　标		
		优等品	一等品	合格品
固体含量/%	≥	48.0	48.0	48.0
平均相对分子质量	≥	700	450	300
溴值/(mg/g)	≤	80	160	
pH 值(1%水溶液)		2.0～3.0		
密度(20℃)/(g/cm³)	≥	1.18		

（7）制备方法

① 马来酸酐溶于沸水中即成马来酸溶液，再以过氧化氢、硫酸亚铁铵为引发剂，在 100℃左右保温即可制得相对分子质量为 1000 左右的聚马来酸。

② 马来酸酐溶于甲苯，于 70℃ 左右滴加过氧化苯甲酰到甲苯溶液中，90℃ 下保温几小时。期间聚马来酸酐逐渐沉淀出来。在搅拌下于 60℃ 左右缓慢加入水，停止搅拌后，将下部水层减压除去残存的甲苯即可制得聚马来酸水溶液。

③ 马来酸水溶液以过硫酸钾/聚乙烯基吡咯烷酮为引发剂，生成以氢键键合的聚乙烯基吡咯烷酮/聚马来酸络合物，此络合物于 100～130℃ 分解即可制得聚马来酸。

④ 以马来酸单钠盐或单铵盐为原料，以过氧化物为引发剂，在水介质中聚合可制得低相对分子质量聚马来酸。

4.2.11 木质素磺酸钠

（1）性状

木质素磺酸钠（Sodium lignoslfonate，Lignin sulfonate）别名木素磺酸钠、木钠、亚硫酸盐木质素、MN 型减水剂。分子式 $C_9H_{8.5}O_{2.5}(OCH_3)_{0.85}(SO_3H)_{0.4}$，相对分子质量 5000～100000。相对分子质量不同，结构也不尽相同，是具有多分散性的不均匀阴离子聚电解质。固体产品为棕色自由流动的粉状物，易溶于水，易吸潮。可溶于任何硬度的水中，并不受 pH 变化的影响，但不溶于乙醇、丙酮及其他普通的有机溶剂。水溶液中化学稳定性好，具有良好的扩散性能和耐热稳定性。水溶液为棕色至黑色，有胶体特性，溶液的黏度随浓度的增加而升高。

（2）用途

木质素磺酸钠具有分散、黏合、络合与乳化、稳定作用，可广泛用于各种行业中。木质素磺酸钠结构单元上含有酚羟基和羧基，能生成不溶性的蛋白质络合物，用来控制悬浮物和铁垢，具有分散能力。它是一种螯合剂，也是一种缓蚀剂。在循环水处理剂中，利用该产品与锌的络合作用，使水中的锌得以贮备，以不断提供一定量锌离子，控制水系统的腐蚀。用它与多元醇磷酸酯和锌复配成复合剂，在锅炉水中作分散阻垢剂，其热稳定性好，甚至在 250℃ 下仍然保持良好的分散性能。它在水中分散含水氧化物和有机污垢方面也很有效。

缺点是组成不稳定，性能会有波动，高温高压下易分解，对现代化的水处理很不利。但由于来源方便、价格低廉、无污染等特点，仍少量用于循环冷却水处理剂复合配方中。

此外，木质素磺酸钠还用于饲料加工、采矿、橡胶、印染、农药、皮革、制陶等行业中。

（3）使用方法

一般由水处理厂家根据配方需要，直接复合在复合水处理剂商品中。

（4）作用机理

木质素磺酸盐对降低液体间界面表面张力的作用很小，而且不能减小水的表面张力或形成胶束，其分散作用主要依靠基质的吸附-脱吸和电荷的生成。

其结构单元上含有酚羟基和羧基，能生成不溶性的蛋白质络合物，用来控制悬浮物和铁垢，具有分散能力。利用与锌的络合作用，使水中的锌得以贮备，以不断提供一定量的锌离子，抑制水系统的腐蚀。

（5）注意事项

固体产品应存放在干燥处，并保持密封，以防止吸湿结块。本产品能燃烧，应避免粉尘聚集。木质素磺酸钠无毒，兔子经皮肤 $LD_{50} > 5g/kg$。

（6）质量指标

表 4-33 为木质素磺酸钠的参考质量标准。

表 4-33　木质素磺酸钠的参考质量标准

指　标　名　称		指　　标	指　标　名　称		指　　标
外观		黄褐色或棕色固体	水不溶物/%	≤	0.4
水分/%		7	总还原物/%	≤	3
钙镁总量/%	≤	0.6	pH 值		9.0～9.5
硫酸钠/%	≤	3			

（7）制备方法

工业木质素磺酸盐为纸浆生产中酸性亚硫酸盐法蒸煮制浆的副产物，在亚硫酸盐浆废液中的含量约为 42%～55%。于亚硫酸氢钙法的制浆废液（即钙盐红液）中加入石灰乳，提纯木质素磺酸盐，使之以碱式木质素磺酸钙形式沉淀析出，然后分离并于沉淀滤饼中加硫酸进行酸化，以提高木质素钙盐的可溶性并除去过量钙，随之加入碳酸钠进行盐基置换，使钙盐变成钠盐，最后蒸发、干燥即可得到固体木质素磺酸钠。一般粉状产品由浓度为 50% 的木质素磺酸钠溶液喷雾干燥制得。

4.2.12　腐殖酸钠

（1）性状

腐殖酸钠（Sodium humate）别名胡敏酸钠，相对分子质量 2000～50000。腐殖酸钠是一种天然的有机高分子羟基、芳基、羧酸基盐。腐殖酸钠的结构复杂，为黑褐色或棕黑色胶状物质或无定形粉末。呈弱酸性，溶于碱、难溶于酸，有亲水性、离子交换性、络合性、分散性等性能。

（2）用途

腐殖酸钠在锅炉水处理过程中起到阻止钙、镁成垢的作用，也可用作石油钻井的泥浆稳定剂。

（3）使用方法

腐殖酸钠一般与其他水处理剂复配成复合水处理剂使用。如将腐殖酸钠和丙烯酰胺-丙烯磺酸钠共聚物共混，两者有明显的增效作用。二者质量比为 2：1 时，增效作用最明显，共混物的阻磷酸钙垢性能最好，且有一定的缓蚀作用。

（4）作用机理

腐殖酸钠分子中含有芳香核、羟基、羧基、氨基、羰基、醌基、甲氧基等活性基团，对水中的金属离子有吸附、络合作用，可阻止水中的钙、镁离子成垢。

（5）注意事项

本品应贮存于阴凉、干燥、通风的库房内，注意防潮、防雨。搬运时轻装轻卸，以防包装破损。

（6）质量指标

表 4-34 为腐殖酸钠的质量指标（HG/T 3278—1987）。

表 4-34　腐殖酸钠的质量指标

指　标　名　称		一级品	二级品	三级品
外观		黑色颗粒或粉末		
腐殖酸(以干基计)/%	≥	70	55	40
水分/%	≤	10	15	15
pH 值		8.0～9.5	9.0～11.0	9.0～11.0
灼烧残渣(以干基计)/%	≤	20	30	40
水不溶性(以干基计)/%	≤	10	20	25
1.0mm 筛的筛余物/%	≤	5	5	5

（7）制备方法

腐殖酸钠由泥炭粉、褐煤和风化煤与烧碱溶液作用制得。

4.3 杀 生 剂

杀生剂是水处理中用于杀灭微生物的药剂。此外，杀生剂还用于油田水处理、空调水处理中控制微生物生长，以及饮用水处理、污水处理中的消毒等。

循环冷却水中，经常有微生物（藻类）大量繁殖，这会使冷却水中的金属设备（主要是换热器）发生腐蚀及事故，影响正常生产。特别是敞开式循环冷却水系统中，水温经常保持在25～40℃之间，水体中又溶解了一定量的有机物和氧，再加上磷系水质稳定技术的使用，水中增加的磷又会成为微生物的营养元素，更易导致微生物的生长。微生物的大量繁殖会使冷却水中产生大量的微生物黏泥沉积在换热器管子的表面，降低冷却效果。如果微生物黏泥大量形成，会导致冷却水水质迅速恶化，缓蚀阻垢药剂失效，由此直接危害生产。此外，由于水资源的紧缺，工业用水的重复利用日益盛行，这会导致水的浓缩，导致水中各种物质的浓度上升，这更有利于微生物的繁殖及黏泥的产生。

杀生剂首要的性能是应具有良好的杀生性能，此外，良好的杀生剂还应有以下特性：广谱性、剥离黏泥和藻层的能力、不污染环境、抗氧化性、与其他水质稳定剂的相容性和宽广的pH适应范围。杀生剂剥离黏泥及对黏泥中微生物的杀灭作用相当重要，因为微生物可在黏泥下繁殖，如果杀生剂能够剥离附着在金属表面的黏泥，则可杀灭存在于黏泥下的微生物。黏泥内也有微生物生存，尤其是易形成荚膜和分泌多糖等的微生物更易形成黏泥，同时这类微生物也有较高的抗逆性，因此，良好的杀生剂也能够杀灭这类微生物。

根据属性，杀生剂可分为有机杀生剂和无机杀生剂两类，此外，根据杀生机理还可把杀生剂分为氧化性杀生剂（如Cl_2、ClO_2、漂粉精、过氧化物等）和非氧化性杀生剂（如洁尔灭、季铵盐等）。

4.3.1 液氯

（1）性状

氯（Chloride）的分子式为Cl_2，液氯是黄绿色透明液体。密度为1.468g/cm³（0℃），沸点−34.6℃，熔点−100.98℃。常压下为黄绿色气体，比空气重两倍多，因此氯在空气中常沉于下层。1kg液氯气化后可得到300 L气体氯。氯气具有强烈刺激性和腐蚀性，并有剧毒，吸入人体后可引起严重中毒。性质很活泼，在日光下与其他易燃气体混合时会发生燃烧和爆炸，可以与大多数化学元素起反应。能溶于水，溶解度随水温的升高而降低，20℃时1体积水可溶解2.15体积氯气。液氯不能自燃，但可助燃。

（2）用途

氯作为工业杀生剂，尤其用于水处理中杀菌消毒，是人们用得最早、最为熟悉，也是最有效的杀生剂之一。氯是一种强氧化剂，具有杀菌力强，价格低廉、使用简单，来源方便的优点，至今仍被广泛采用。

液氯的余氯具有持续的消毒作用，不需要大的设备。液氯是冷却水系统中应用最广泛的杀生剂，也是饮用水处理中最常用的消毒剂。液氯也用作漂白剂。但液氯的使用也已引起很多用户的疑虑，一方面是因为液氯需用钢瓶运输，使用有很多安全问题，另一方面氯气在碱性水处理中效果不佳，另外氯与水中的微量有机化合物可能生成二唑等致癌物，故应用在逐渐下降。这样，一些比较安全的氧化型杀生剂相继得到广泛使用，如二氧化氯、二氯异氰尿酸钠、次氯酸钠等。

（3）使用方法

投氯的方式可采用间歇式和连续式两种。连续加氯可在水中保持一定的余氯量，这样能提高杀生效果，但费用较大；间歇式加氯可在一天内定期加入 1～3 次，每次达到一定余氯量后维持 2～3h。加氯必须按时按量，如果加量不够，非但杀不死微生物反击会刺激其繁殖。

加氯装置可分为气体氯化器和液体氯化器，气体氯化器是用扩散器供给系统氯气；液体氯化器是利用水射器将水和氯气混合后加入系统中。对于敞开式冷却水系统加氯点应在冷水池面足够深度下，且远离溢水口和泵的吸水口，以保证氯在水中充分接触。

系统终端的余氯在 0.2～1.0mg/L 范围内 1～2h；与其他杀生剂复合使用时余氯量可低于 0.5mg/L。加氯的频次、余氯控制量、保持余氯时间应视系统具体情况而定。氯的杀生作用主要取决于次氯酸的浓度，低 pH 系统对次氯酸的存在有利，因此液氯用于 pH6.5～7.5 的循环水系统最佳。研究还表明，pH 略高于中性（如 9）时，氯的存在时间较长，杀菌效果略有降低。

（4）作用原理

液氯水解时生成次氯酸和盐酸，前者是一种强氧化剂，极易通过向微生物细胞壁的扩散与原生质反应，与细胞壁的蛋白质生成稳定的 N—Cl 键，使蛋白质变性，细胞被破坏，从而抑制和杀死微生物。

（5）注意事项

液氯的包装采用槽车或钢瓶。槽车装不得大于 1.20kg/L，钢瓶不得大于 1.25kg/L。液氯水解产生盐酸，因此连续使用可引起循环水 pH 降低，促进腐蚀，在使用中应引起注意。氯是一种强氧化剂，可不同程度地氧化冷却水中的某些有机缓蚀阻垢剂；氯还可与水中的有机烃类反应生成氯化烃（如氯与水中的有机物反应生成三氯甲烷），该类物质已被证明具有致癌性；而且排放废水中的游离余氯对水生动物有毒害作用。

氯气是具有强烈刺激性的窒息气体，可对人的呼吸系统及眼部黏膜造成伤害，能引起气管痉挛和产生肺气肿。高浓度的氯气中毒可导致呼吸中枢反射性抑制引起骤然死亡。生产和使用氯的操作人员，应穿戴规定的防护用具。氯气中毒后应立即供给新鲜空气，尽早吸氧，并住院治疗。空气中最高允许浓度为 1mg/m^3。

氯还可与水中的有机物生成三氯甲烷这种有毒害的物质。

氯气虽不能自燃，但可助燃。使用时要注意不要把钢瓶靠近高温地点或曝晒，工作人员要戴防护用品。发生氯气泄漏时应撤离危险区，戴隔离式防毒面具处理现场，先用稀碱中和，再用特大量水冲洗残液。严禁使用雾状喷水，严禁向渗漏的容器上喷水。

（6）质量指标

液氯的质量指标（GB 5138—1996）见表 4-35。

表 4-35　液氯的质量指标

项　　目		指　　　标		
		优等品	一等品	合格品
氯含量/%（体积分数）	≥	99.8	99.6	99.6
水分含量/%（质量分数）	≤	0.015	0.030	0.040

（7）制备方法

一般通过电解食盐水得到氯气，再经冷却加压成液氯。

4.3.2 次氯酸钙（漂粉精）

（1）性状

次氯酸钙（Calcium hypochlorite）别名漂粉、漂粉精等。分子式为 $Ca(ClO)_2$，相对分子质量 142.9。次氯酸钙为白色结晶粉末，外观与熟石灰相近，但有类似氯气臭味。相对密度为 2.35。室温条件下稳定，每年只分解 $1\% \sim 4\%$。受热后分解，加热到 $180^\circ C$ 完全分解，是一种强氧化剂。吸入人体后可引起鼻塞喉痛，重者中毒。与易燃品、有机物混合发热引起自燃。暴露于空气中吸收水分和二氧化碳后分解放出次氯酸和氯气。可溶于水，溶液呈酸性。由于组成中含有氯化钙，因此次氯酸钙易吸潮分解。用于水处理的次氯酸钙的产品有漂粉精、漂白粉和漂白液。

（2）用途

次氯酸钙产品由于其强烈的氧化性，主要用途是水处理及漂白，也可用于其他方面的消毒、净化和某些化工产品的原料。

用于水处理，一是生活饮用水的消毒、杀菌处理；二是工业循环冷却水处理；三是污水、废水除臭、除氰化物的净化处理；四是游泳池水和池塘水的消毒。

（3）使用方法

次氯酸钙在较高 pH 值的条件下多以 ClO^- 离子形式存在，杀生效果差，而在较低 pH 值条件下呈分子形式（HClO）存在时的杀生效果好。故在不对系统造成负面影响的条件下，控制 pH<6 杀灭微生物效果最好。在处理硬水时，应配成有效氯浓度为 $1\% \sim 2\%$ 的溶液，以尽量减少沉淀产生。

用于废水处理如含氰废水时，投加量一般按有效氯计算。达到完全氧化所需要的有效氯与废水中氰化物的比为：$Cl_2 : CN = 7 \sim 7.5 : 1$。

（4）作用机理

次氯酸钙吸收水分和二氧化碳后分解放出次氯酸和氯气，次氯酸再分解生成氯化氢和新生态氧。新生态氧具有很强的氧化力，具有消毒、杀菌和灭藻能力。

对于含氰废水处理，次氯酸钙可将氰化物破坏，形成无毒物质，反应如下：

$$CN^- + ClO^- + H_2O \longrightarrow CNCl + 2OH^-$$

$$CNCl + 2OH^- \longrightarrow CNO^- + Cl^- + H_2O$$

这是第一步反应，称为"不完全氧化"，反应速率与系统 pH 值、温度及有效氯浓度成正比。生成的 CNO^- 的毒性约为 CN^- 的千分之一。应控制 pH 为 $10 \sim 11$。

$$2CNO^- + 3ClO^- + H_2O \longrightarrow 2CO_2 + N_2 \uparrow + 3Cl_2 + 2OH^-$$

第二步反应将 CNO^- 氧化分解成无毒的二氧化碳和氮气，称为"完全氧化"。应控制 pH 为 7 左右，温度 $15 \sim 50^\circ C$。

（5）注意事项

漂粉精是强氧化剂，具有腐蚀性。皮肤接触会引起烧伤，进入体内会导致黏膜腐蚀、食管或气管穿孔、喉部水肿。如不慎进入眼睛或接触皮肤，应立即用清水冲洗。如皮肤被灼伤，应用稀硫代硫酸钠溶液和清水洗涤，并涂敷橄榄油。

应存放于阴凉、通风、干燥的库房内，不可与有机物、酸类、油类及还原剂共贮混运。应远离热源和火种，运输过程中要防止雨淋和日光曝晒。装卸时要轻拿轻放，避免碰撞。

（6）质量指标

漂粉精的国家标准 GB/T 10666—1995 如表 4-36 所示。外观：白色或微灰色的粉状、粒状及粉粒状的固体。化工行业标准 HG 1.048—65 见表 4-37。

表 4-36　漂粉精的国家标准

指标名称		指　标					
		钙　法			钠　法		
		优级品	一级品	合格品	优级品	一级品	合格品
有效氯含量/%	≥	65.0	60.0	55.0	70.0	67.0	62.0
水分/%	≤	3	4	4	—	—	—
稳定性检验有效氯损失/%	≤	8	10	12	—	—	—
粒度(粒状 0.355～2mm)/%	≥	90.0	—	—	—	—	—

表 4-37　漂粉精的化工行业标准

指标名称		指　标	
		一级品	二级品
有效氯含量/%	≥	65	60
氯化钙含量/%	≤	10	10
水分/%	≤	1.5	1.5
饱和水溶液中有效氯含量/%	≥	13	12
细度(0.8mm 筛)		全部通过	

（7）制备方法

漂粉精的制造一般多采用石灰乳氯化法。将生石灰用水消化、风选、配浆后，送入氯化反应釜中，通入氯气进行氯化反应，再经离心分离、干燥、磨粉等过程后，制得成品。反应式如下：

$$2Ca(OH)_2 + 2Cl_2 \longrightarrow Ca(OCl)_2 + CaCl_2 + 2H_2O$$

或　　$$Ca(OH)_2 + 2NaOH + 2Cl_2 \longrightarrow Ca(OCl)_2 + 2NaCl + 2H_2O$$

或　　$$8Ca(OH)_2 + 6Cl_2 \longrightarrow 3Ca(OCl)_2 \cdot 2Ca(OH)_2 \cdot 2H_2O + 3CaCl_2 + 4H_2O$$

4.3.3　漂白粉

（1）性状

漂白粉的分子式为 $CaO \cdot 2Ca(OCl)_2 \cdot 3H_2O$，也称为氯化石灰。白色粉末，具有强烈的氯气味，易吸水，化学性质不稳定，遇有机物或遇热可引起燃烧。基本不结块。一般漂白粉中有效氯含量在 35% 以下，且在贮存过程中易散失。

（2）用途

漂白粉属于次氯酸盐系统，其在饮用水、工业循环冷却水中的应用及其杀生作用与漂粉精相似。

（3）使用方法

根据水质要求，将漂白粉配成有效氯为 1%～2% 的溶液使用。用漂白粉配制水溶液时应先加少量水，调成糊状，然后边加水边搅拌成乳液，静置沉淀，取澄清液使用。

（4）作用机理

漂白粉的作用机理与漂粉精类似。

（5）注意事项

生产和使用漂白粉时，应注意漂白粉对织物的漂白作用和对各类物品如金属制品的腐蚀作用，操作时应做好个人防护。漂白粉应保存在密闭容器内，放在阴凉、干燥、通风处。不能与酸类、易燃、易爆物质和还原剂等放在一起。

其毒性主要为对皮肤黏膜的刺激作用。大鼠经口 LD_{50} 850mg/kg，人经口大于 5mg/kg 时，可以出现口咽、食道、胃黏膜损伤，如恶心、呕吐、烧心、返酸等，严重者可出现低血压、高氯血症、高钙血症等。可因氯气的吸入发生中毒，出现呼吸道刺激症状，如咳嗽、气喘、呼吸困难等，严重者可出现化学性支气管炎、肺炎，甚至肺水肿。漂白粉溅入眼睛，可出现疼痛、畏光、流泪等刺激症状。皮肤接触漂白粉高浓度水溶液可出现局部水疱、红肿、皮炎等。

（6）质量标准

漂白粉采用化工行业标准 HG/T 2496—1993（表 4-38）。外观：白色粉状。

表 4-38　工业漂白粉的质量指标

指标名称		指标		
		优级品	一级品	合格品
有效氯含量/%	≥	35.0	32.0	28.0
水分/%	≤	4.0	5.0	7.0
有效氯与总氯量之差/%	≤	2.0	3.0	5.0
热稳定系数	≥	0.75	—	—

（7）制备方法

① 将石灰石（主要成分为碳酸钙）与白煤经煅烧、消化、分离，通入氯气即得到漂白粉。

② 石灰氯化法　首先将石灰（CaO）用水消化成熟石灰 $[Ca(OH)_2]$，然后令糊状熟石灰在氯化塔中与自下而上的氯气对流接触，进行氯化反应。从氯化塔排出的尾气用碱液吸收，生成次氯酸钠，废气排空。其反应式可能有以下几种：

$$Ca(OH)_2 + Cl_2 + H_2O \longrightarrow CaCl(OCl) \cdot 2H_2O$$
$$Ca(OH)_2 + Cl_2 + 2H_2O \longrightarrow CaCl(OCl) \cdot 4H_2O$$
$$2Ca(OH)_2 + 2Cl_2 \longrightarrow Ca(OCl) \cdot CaCl \cdot 2H_2O$$

4.3.4　次氯酸钠

（1）性状

次氯酸钠（Sodium hypochlorite）别名次亚氯酸钠、漂白水（液体）、安替福明（Antiformin，指碱性次氯酸钠溶液）。分子式为 NaClO。次氯酸钠无水物为白色结晶粉末，极不稳定，受热后迅速分解，遇水潮解，但在碱性状态时较稳定。次氯酸钠溶液为无色或淡黄色液体，稳定性受到 pH 值、光照、温度和重金属离子的影响。易溶于水而生成烧碱和不稳定的次氯酸。使用次氯酸钠可避免使用液氯时带来的钢瓶压力、漏气、管道腐蚀等缺点。

（2）用途

次氯酸钠用于饮用水、循环冷却水和游泳池水的杀菌消毒。也可用于分解有机物，以及用作去除铁、锰的助剂。使用次氯酸钠可避免液氯使用时带来的钢瓶压力、漏气、管道腐蚀等缺点。

（3）使用方法

对于水量较小的系统或体系，可直接使用。对于用量较大的循环系统，可采用自动加药系统，即先将次氯酸钠配制成一定浓度（如有效氯含量为 15%）的溶液，贮于加药槽内，使用时开动计量泵，定量加入。次氯酸钠投加系统后产生的余氯持续时间短，故多用于对氯消耗少的系统，使用剂量一般为 100mg/L 左右。

较高 pH 值下次氯酸钠以 ClO⁻ 存在，杀生效果差，宜在使用时将系统的 pH 值控制在 6.0 以下。

高浓度的次氯酸钠对黏泥有良好的剥离作用，但因其有腐蚀性，须与铬酸盐或聚磷酸盐之类的缓蚀剂配合使用。用量依黏泥量而定。

（4）作用原理

次氯酸钠溶解于水后产生次氯酸，后者的杀菌效果与氯相同。

（5）注意事项

次氯酸钠多以次氯酸根的形式存在，杀生效果远不如次氯酸，当加入系统后应使系统水 pH 维持在 6.0～7.0。因为低的 pH 值有利于次氯酸的形成，可提高杀生效果。

次氯酸钠是强氧化剂，具有腐蚀性，皮肤接触会烧伤；进入体内会导致黏膜腐蚀、食道或气管穿孔、喉部水肿。吸入肺内会引起支气管严重的灼伤和肺部水肿。接触次氯酸钠的工作人员应穿戴规定的防护用具，防止次氯酸钠接触皮肤或进入体内。如不慎接触皮肤或进入体内，应立即用碳酸氢钠溶液冲洗或漱洗。

（6）质量指标

表 4-39 和表 4-40 分别为次氯酸钠的质量指标 HG 1.1173—78 和 HG/T 2498—93。

表 4-39　次氯酸钠的质量指标（HG 1.1173—78）

指　标　名　称		指　　　标	
		13％次氯酸钠	10％次氯酸钠
外观		浅黄色透明液体	浅黄色透明液体
次氯酸钠(以有效氯计)含量/%	≥	13	10
游离碱(以 NaOH 计)含量/%		0.1～1.0	0.1～1.0
铁(以 Fe 计)含量/%	≤	0.01	0.01

表 4-40　次氯酸钠的质量指标（HG/T 2498—93）

指　标　名　称		指　　　标		
		Ⅰ 型	Ⅱ 型	Ⅲ 型
有效氯含量(以氯计)/%	≥	13.0	10.0	5.0
游离碱含量(以 NaOH 计)/%		0.1～1.0	0.1～1.0	0.1～1.0
铁(以 Fe 计)含量/%	≤	0.010	0.010	0.010

（7）制备方法

次氯酸钠的制备方法为液碱氯化法，包括氢氧化钠水溶液氯化和碳酸钠水溶液氯化。

① 氢氧化钠水溶液氯化　30％以下浓度的氢氧化钠溶液在 35℃ 下通入氯气反应，待反应溶液中次氯酸钠含量达到一定浓度时，即得次氯酸钠溶液成品。反应式如下：

$$2NaOH + Cl_2 \longrightarrow NaClO + NaCl + H_2O$$

② 碳酸钠水溶液氯化　碳酸钠水溶液通入氯气反应，在开始析出二氧化碳之前即为反应终点，否则会降低有效氯的含量。反应式为：

$$2Na_2CO_3 + Cl_2 + H_2O \longrightarrow NaClO + NaCl + 2NaHCO_3$$

4.3.5　亚氯酸钠

（1）性状

亚氯酸钠（Sodium chlorite）分子式为 $NaClO_2$，相对分子质量为 90.44。亚氯酸钠为白色结晶或结晶粉末或片状物，具有轻微吸潮性。产品分为水合物和无水物。易溶于水、醇；30℃时100g水中可溶解46g亚氯酸钠。水合物加热到180℃即开始分解，放出氧气，而无水物加热到350℃也不分解。固体亚氯酸钠在通常条件下稳定，其稳定性大于次氯酸钠，但接触可氧化性物质、可燃性物质易发生爆炸。亚氯酸钠水溶液对光稳定，而酸性水溶液受光照则发生爆炸性分解反应，并释放出二氧化氯。亚氯酸钠为强氧化剂，其氧化能力约为漂白粉的4～5倍。

(2) 用途

亚氯酸钠是一种氧化剂，在水处理行业中主要用于饮用水的消毒及污水净化。食品级亚氯酸钠也可用于食品行业的漂白、消毒，也用于纤维、织物、油类、纸浆等的漂白及某些金属表面处理。还用于皮革、冶金、印染和化学工业等行业中。

(3) 使用方法

一般在水处理现场，配合加氯：利用亚氯酸钠水溶液与氯作用，制取低含量的二氧化氯水溶液。使用时二氧化氯的含量应控制在10^{-6}级。

(4) 作用机理

利用亚氯酸钠的水溶液，用氯的水溶液进行活化，制备二氧化氯，反应式为：

$$2NaClO_2 + Cl_2 \longrightarrow 2ClO_2 + 2NaCl$$

(5) 注意事项

亚氯酸钠与有机物混合能爆炸，因此包装应密封并贮存于阴凉、通风、干燥的库房内。贮存和运输过程中应避免日晒和接近火源、热源、避免雨淋，避免与易燃物、可氧化性物质共贮共运。搬运时应小心轻放，避免碰撞。失火时可用水、砂土、各种灭火器扑救。

亚氯酸钠对眼睛、皮肤、呼吸道黏膜有刺激性，吸入后会导致肺部水肿，甚至死亡。中毒时有刺激感、咽喉痛、咳嗽、呼吸困难、腹痛、腹泻、呕吐、视力模糊和皮肤烧伤等症状。中毒后应立即离开现场，其溶液不慎溅入眼睛或皮肤上，应立即用大量清水冲洗干净，并送医院抢救。亚氯酸钠的致死量为10g，误食后应立即饮用食盐水或温肥皂水，使其吐出后送医院治疗。

工作场所要加强通风，工作人员要戴规定的防护用品。

(6) 质量指标

亚氯酸钠的工业行业标准（HG/T 3250—1989），如表4-41所示。外观要求：白色或微带黄绿色晶体或结晶粉末。

表 4-41　我国亚氯酸钠的行业标准

指 标 名 称		指　　标	
		一等品	合格品
亚氯酸钠（NaClO₂）含量/%	≥	82.0	80.0
氯酸钠（NaClO₃）含量/%	≤	3.5	4.0
氯化钠（NaCl）含量/%	≤	13.5	15.0
水分含量/%	≤	1.0	1.0

(7) 制备方法

常用的亚氯酸钠制备方法有电解法和过氧化氢法。这两种方法的共同特点是先制成二氧化氯，然后再与钠离子反应。

① 电解法　将氯酸钠溶于水，并加入硫酸，配成混合溶液，加于二氧化氯发生器中。

再将二氧化硫与空气的混合气（含 SO_2 8%～10%）通入发生器反应，生成二氧化氯气体，送入电解槽的阴极室。槽的阳极室内连续通入盐水和蒸馏水进行电解。阴极生成亚氯酸钠。

② 过氧化氢法　将氯酸钠的水溶液加入二氧化氯发生器中，再将二氧化硫与空气的混合气通入发生器，在硫酸存在的情况下，二氧化硫与氯酸钠发生还原反应，生成的二氧化氯经稀释到防爆程度（<10%）后，送入装有过氧化氢和液碱的吸收塔中，生成亚氯酸钠。反应液经沉淀后，其清液即为亚氯酸钠液体产品。

4.3.6　过氧化氢

（1）性状

过氧化氢（Hydrogen peroxide）别名双氧水，分子式为 H_2O_2。相对分子质量为34.01。无水过氧化氢是无色、无臭的透明液体，呈弱酸性，相对密度（25℃）为1.4422，熔点为－0.41℃，沸点为150.2℃。溶于水、醇、醚，不溶于石油醚。高浓度的过氧化氢能使许多有机溶剂燃烧。过氧化氢遇热、光、粗糙活性表面、重金属和其他杂质分解，同时放出氧和热。过氧化氢有较强的氧化能力，是强氧化剂。在酸存在下较稳定，有腐蚀性，高浓度的过氧化氢可使有机物燃烧，与二氧化锰作用时能引起爆炸。

（2）用途

过氧化氢是一种环保型的杀生剂，分解产物是氧和水，对环境不造成污染。过氧化氢对常见细菌、霉菌和藻类都有较强的杀生能力，可用于处理有害废水，作用包括杀菌、除毒、去味、脱色，尤其适用于含硫化物、氰化物、酚类的废水，还可处理含肼、亚硝酸盐、有毒重金属等废水。过氧化氢可提高生化法处理废水的能力，并可防止污泥膨胀。

过氧化氢也是重要的氧化剂、漂白剂、消毒剂。如在化学工业中用于有机和无机过氧化物的制备，在造纸和纺织业中用作纸浆、纤维的漂白剂，3%～6%的稀溶液在医学上用作消毒剂。

过氧化氢也可用于处理废水所用的活性炭的再生。

（3）使用方法

一般投加量在5～20mg/L，作用5～10min 即可达到杀生效果。处理废水时，过氧化氢可单独使用，也可与其他物质如臭氧和紫外光等联用。

作为杀生剂使用时存在投加浓度高、作用时间长和不稳定等问题，可与其他杀生剂复配使用，提高杀生能力。如，5%的过氧化氢与0.5%的戊二醛混合可产生醛过氧化物，可提高对枯草秆菌黑色变种芽孢的杀生率。过氧化氢与臭氧联合使用时，不但可杀灭水中的贾第虫、大肠杆菌及其嗜菌体，还能减少致癌物三卤甲烷的形成，并清除水中异味。

（4）作用机理

过氧化氢是较强的氧化剂，可形成氧化能力很强的自由羟基、活性衍生物等。过氧化氢主要通过其氧化性使构成微生物细胞的酶蛋白氨基酸氧化失去活性而达到杀生目的。过氧化氢可发生如下分解反应：

$$H_2O_2 \longrightarrow H_2O + [O]$$

分解放出的原子态氧非常活泼，可使微生物的原生质遭到破坏而导致微生物死亡。过氧化氢的氧化还原电位（1.77V）比氯的氧化还原电位（1.36V）高，因此其杀生能力较氯强。

（5）注意事项

影响过氧化氢杀生效果的因素有以下几个。

①浓度和作用时间　浓度越高、作用时间越长，杀生效果越显著。②温度　升高温度有利于增加杀生效果，但温度高易引起过氧化氢分解，因此常选择常温下使用。③杂质的影响　杂质（如金属离子）易引起过氧化氢分解，影响杀生效果。含有磷酸及其盐、三聚磷酸钠、水杨酸、柠檬酸的介质中过氧化氢很稳定，因此这些物质可以作为过氧化氢的稳定剂而增加其杀生效果。④pH 值　过氧化氢在酸性和中性介质中比较稳定，在碱性介质中则易分解，但杀生能力则是随 pH 的升高而增强。在 pH5～8 范围内，过氧化氢均具有较强的杀生能力。

高浓度的过氧化氢溶液和蒸气对人体都有较强的刺激作用和腐蚀性。浓度在 30％以上的溶液接触皮肤会使之变白并有刺痛感；接触眼睛会引起炎症，甚至灼伤。浓度在 50mg/kg 以上的蒸气能强烈刺激眼睛和黏膜，并引起呼吸器官障碍。如果过氧化氢接触皮肤应用清水冲洗。3％～6％的过氧化氢对皮肤是安全的。小鼠经口的 $LD_{50}=2000mg/kg$。

过氧化氢分解时放出热量和氧，如遇到有机氧化剂存在则易发生爆炸。浓度低于 86％的过氧化氢只要条件符合要求，在常温下是不会爆炸的。

贮存条件良好时，纯净的过氧化氢是稳定的，可以长期存放而少分解。为了增加过氧化氢的稳定性，通常加入稳定剂，如焦磷酸钠、锡酸钠、六偏磷酸钠、8-羟基喹啉、苯甲酸等。

（6）质量指标

过氧化氢的国家标准（GB 1616—88），如表 4-42 所示。

表 4-42　过氧化氢的国家标准

指　标　名　称	指　标								
	27％溶液			35％溶液			50％溶液		
	优等品	一等品	合格品	优等品	一等品	合格品	优等品	一等品	合格品
过氧化氢(H_2O_2)含量/% ≥	27.5	27.5	27.5	35.0	35.0	35.0	50.0	50.0	50.0
游离酸(以 H_2SO_4 计)含量/% ≤	0.04	0.05	0.08	0.04	0.05	0.08	0.04	0.06	0.12
不挥发物含量/% ≤	0.08	0.10	0.18	0.08	0.10	0.18	0.08	0.12	0.24
稳定度/% ≥	97.0	97.0	93.0	97.0	97.0	93.0	97.0	97.0	93.0

（7）制备方法

过氧化氢的制备方法主要有以下三种。

① 电解法　先将硫酸氢铵电解成过硫酸铵，后者再水解生成过氧化氢。反应式如下：

$$2NH_4HSO_4 \longrightarrow (NH_4)_2S_2O_8 + H_2$$

$$(NH_4)_2S_2O_8 + 2H_2O \longrightarrow 2NH_4HSO_4 + H_2O_2$$

电解时以铂为阳极、铅或石墨为阴极，可得到 30％～35％的 H_2O_2 水溶液。

② 蒽醌法　以镍触媒或钯触媒为催化剂，把 2-乙基蒽醌溶于一定比例的重芳烃和磷酸三辛酯的工作液中，通过氢化、氧化、萃取、净化步骤得到一定浓度过氧化氢溶液。

③ 直接法　即以氧气和氢气直接化合生产过氧化氢，杜邦公司对其工艺作了较大改进。工艺特点是：采用几乎不含有机溶剂的水作为反应介质，采用以活性炭为载体的 Pt-Pd 为催化剂，以溴化物作为助催化剂，反应温度为 0～25℃，压力为 2.9～17.3 MPa，产物中 H_2O_2 的质量比可达到 13％～25％，反应可连续进行。这种方法的成本较低。

4.3.7　过氧乙酸

（1）性状

过氧乙酸（Peracetic acid）别名过氧醋酸、过醋酸、过乙酸。分子式为 $C_2H_4O_3$，相对分子质量为 76.06。过氧乙酸是一种无色透明液体，弱酸性，具有刺激性乙酸气味，易挥发，易溶于水和醇、醚类有机溶剂，也溶于乙酸和硫酸。过氧乙酸熔点为 0.1℃，沸点为 110℃，闪点（40％）为 40℃，密度为 1.226。过氧乙酸是一种强氧化剂，对碳钢、铜、铁等金属及软木、纸张和水泥有腐蚀性，能使橡胶老化，具有典型的漂白作用。市售品为 20％～40％的溶液。

过氧乙酸杀生过程中不会产生有毒副产物，分解产物为水、乙酸和氧气。

$$CH_3COOOH + H_2O \longrightarrow CH_3COOH + H_2O_2$$

$$2CH_3COOOH \longrightarrow 2CH_3COOH + O_2$$

$$2H_2O_2 \longrightarrow 2H_2O + O_2$$

（2）用途

过氧乙酸是一种高效广谱的杀生剂，对细菌、真菌和藻类都有较强的杀生能力。过氧乙酸在化学工业、医疗卫生和日常生活中具有广泛用途，尤其作为高效杀生剂具有突出的性能。可用于传染病的消毒、饮用水及织物的消毒，用作循环冷却水和油田回注水处理的杀菌剂。还用作纺织、造纸等工业的漂白剂及有机合成中的氧化和环氧化剂。

（3）使用方法

过氧乙酸使用浓度为 3mg/L，作用时间为 1h 就能基本完全杀灭循环水中的常见细菌。对于磺脱弧菌，则需要较高的投加浓度，一般在 10mg/L 以下并作用较长时间才能达到较好的杀生效果；对于真菌类，3mg/L 过氧乙酸作用 6h，或 5mg/L 的过氧乙酸作用 3h 就能基本完全杀灭白色念珠菌；杀灭霉菌则需要较高的投加浓度和较长的时间。过氧乙酸杀藻效果较好，投加浓度为 5mg/L 就能迅速杀灭水中常见的蓝绿藻和绿藻。

日常生活中可用 1％的过氧乙酸水溶液作为消毒剂，应用于医疗卫生和啤酒、牛奶、食品工业。

过氧乙酸作为杀生剂有如下特点。①对生物膜中微生物的杀灭效果不受投加浓度和作用时间的影响。与杀灭浮游细菌相比，杀生效果较差。②杀生效果受浓度和作用时间的影响较大。浓度越高、作用时间越长，杀生效果越显著。③pH 对杀生效果影响较小。④在低浓度下杀生作用随温度升高而增强，但在正常使用浓度下，温度对杀生效果影响较小。⑤杀生作用对氨与油类物质的抵抗能力较强。当水中氨浓度为 50mg/L、油类物质的浓度为 100mg/L 时，杀生效果不受影响。⑥对于通氯杀生的循环水系统，冲击投加过氧乙酸复合杀生剂时应该停止加氯，因为复合配方中的过氧乙酸会与氯发生反应。

（4）作用机理

过氧乙酸的杀生作用是通过氧化微生物细胞中的蛋白质、类脂质等细胞组成中的巯基（HS—）、二硫键（—S—S—）和双键结构而破坏了细胞膜的化学渗透与运输机能而达到杀生的目的。与过氧化氢相比，过氧乙酸不会受到过氧化氢酶与过氧化物酶的作用而分解失效。

（5）注意事项

过氧乙酸不十分稳定，长期贮存会逐步分解，其蒸气极易爆炸。易燃。与有机物接触有危险。贮存设备应密闭，防止泄漏。

过氧乙酸有毒，对皮肤和眼睛有强烈毒性。操作人员应穿戴规定的防护用具，操作现场应保持良好通风。小鼠经口的 $LD_{50}=210mg/kg$，大鼠经口的 $LD_{50}=1540mg/kg$。

（6）质量指标

过氧乙酸的质量标准（GB 19104—2003）如表 4-43 所示。性状：无色透明液体，加入稳定剂会呈淡黄色；有刺激性气味，并带有醋酸味。本标准Ⅰ型产品主要用作消毒剂，Ⅱ型产品主要用作消毒剂、漂白剂和有机合成，Ⅲ型产品主要用作有机合成。

表 4-43　过氧乙酸的质量标准

指　标　名　称		指　　标		
		Ⅰ型	Ⅱ型②	Ⅲ型
过氧乙酸（以 $C_2H_4O_3$ 计）的质量分数/%	≥	15	18	25
硫酸盐（以 SO_4 计）的质量分数/%	≤	3		
灼烧残渣的质量分数/%	≤	0.1		
重金属（以 Pb 计）的质量分数/（mg/kg）	≤	5		
砷（As）的质量分数①/（mg/kg）	≤	3		—

① 过氧乙酸（以 $C_2H_4O_3$ 计）的质量分数、重金属（以 Pb 计）的质量分数、砷（As）的质量分数为强制性要求。

② 当Ⅱ型产品用于漂白剂和有机合成时不控制砷。

（7）制备方法

过氧乙酸制备方法中，最常用的是乙酸氧化法和乙醛氧化法。

① 乙酸氧化法　以乙酸为原料，在过氧化氢的作用下得到过氧乙酸。

$$CH_3COOH + H_2O_2 \longrightarrow CH_3COOOH + H_2O$$

这一反应通常是在常压、常温下，于液相中进行，催化剂为硫酸或其他无机酸及离子交换树脂。

② 乙醛氧化法　可分为气相法和液相法。在适当温度和催化剂下，乙醛氧化可得到乙酸和过氧乙酸。

4.3.8　臭氧

（1）性状

臭氧（Ozone）分子式为 O_3，相对分子质量为 47.998。臭氧是一种强氧化性气体，为蓝色气体，有鱼腥臭味。熔点为 $-192.5℃$，沸点为 $-110.5℃$。相对密度 0℃时为 2.144，20℃时为 1.998。液态臭氧为蓝色。沸点时相对密度为 1.46，$-195.4℃$时为 1.614。臭氧不稳定，常温下分解较慢，164℃以上迅速分解，分解时放出热量。臭氧的氧化能力比氧强。空气中微量的臭氧存在时对人体有益，使人感到格外清新，因臭氧可杀菌消毒、净化空气，加速血液循环。当空气中的臭氧浓度大于 0.01mg/L 时，可闻到刺激性气味，长期接触可影响肺功能。

（2）用途

臭氧具有广谱杀生作用，它不仅杀生效果好、杀生速度快（比氯快 300～600 倍），并且无任何公害和环境污染问题。在水处理领域臭氧主要用作杀生剂和分解水中有机物的强氧化剂，还能将水中的有毒有机物氧化成无毒物质，除去水中的恶臭，并能脱去废水的颜色。

臭氧还可将纸张、稻草、油类漂白和脱色。在食品工业中用作杀菌剂，也用于手术室、病房及室内空气、餐具、衣物的消毒。

（3）使用方法

臭氧用于水处理杀生有如下特点。①氧化能力强，反应速度快。氧化能力仅次于氟和氧的氟化物，反应速度比氯气、二氧化氯快。②可氧化生物难降解的有机物，氧化产物无害并且没有永久残留。③臭氧分解可产生氧气，可增加水中的溶解氧。④可改善水的理化性状，具有良好的脱色、除臭、除味效果。⑤具有很强的杀生能力，对病毒和芽孢也有很强的杀生效果。⑥杀生效果不受 pH 影响。

臭氧应用于饮用水和污水消毒时，水中余臭氧浓度保持在 0.1～0.5mg/L，作用 5～10min 可达到消毒目的；应用于循环冷却水杀生时使用浓度为 0.1～0.15mg/L，进行连续臭氧化，同时加入缓蚀剂和阻垢剂，是一种有效而经济的处理方法。臭氧对碳钢和不锈钢无任何不利影响；如果系统中有铜材，则应控制游离臭氧含量不超过 0.1mg/L。另外，加入极少量的特种金属缓蚀剂也能极大地减少铜的腐蚀。臭氧用于游泳池水消毒时，用量为1.0～1.7mg/L。

使用时，一般是将臭氧发生器产生的臭氧-空气混合物直接通入待处理的水体中，用量以体积计，一般为待处理水的 1/3 左右。如果混合气体的臭氧量为 1％，则与水的接触时间为 5～10min。

臭氧对传统的水处理剂有一定的影响。由于臭氧对传统水处理剂的分解作用，因此，使用传统水处理剂并同时使用臭氧时，会导致这些水处理剂的缓蚀和阻垢效果下降。在臭氧系统中使用膦酸盐时，后者可能在臭氧的氧化作用下产生正磷酸根，导致磷酸钙沉积。

（4）作用机理

臭氧主要通过释放新生态氧来达到杀生的目的。其分解反应如下：

$$O_3 \longrightarrow O_2 + [O]$$

一般认为臭氧的杀生作用是与微生物细胞壁上的脂类双键反应，从而进入微生物体内部，作用于脂蛋白和脂多糖，改变细胞的通透性，从而导致细胞溶解死亡。此外，臭氧可与对其敏感的氨基酸残基（半胱氨酸残基、色氨酸残基、蛋氨酸残基）发生反应，从而直接破坏微生物中的蛋白质。另外，有人认为臭氧可通过破坏病毒衣壳蛋白的多肽链使病毒的核糖核酸受到损伤；臭氧可使核糖核酸从细菌体内释放出来，臭氧还可使构成核酸的嘌呤和嘧啶结构发生改变。

（5）注意事项

空气中臭氧浓度过高时易引起爆炸。

高浓度的臭氧能刺激呼吸道和眼睛。人吸入高浓度的臭氧会造成肺组织损伤，并可引起头痛、胸闷、头晕、低血压、微血管扩张、咳嗽、鼻出血等症状。空气中臭氧浓度的极限允许值为 0.1mg/m³。生产和使用臭氧的工作人员应戴装有 KI 和碱石灰组成的吸收剂的防毒面具，穿防护服，并定期进行体检。生产装置应密封，厂房应有良好的通风装置。动物试验表明，臭氧毒性的起点浓度为 0.3mg/L，人对空气中臭氧的可嗅知浓度为 0.02～0.04mg/L。

（6）制备方法

① 电晕放电法　用高压电频电流电离空气或氧气以产生臭氧。反应式如下：

$$O_2 + e \longrightarrow 2O + e$$
$$O + O_2 \longrightarrow O_3$$

这种方法只能产生含有臭氧的混合气体，不能得到纯的臭氧，并且有可能产生有毒的氮氧化物。

② 电解法　用低压直流电电解水，使其在特制的阳极界面氧化产生臭氧。这种方法阳极析出臭氧、阴极析出氢气。这种发生器可产生较高浓度的臭氧，并且产物中氮氧化物少，因此有广阔的应用前景。

③ 紫外线法　这种方法是利用波长小于 200nm 的紫外线使空气中的氧分子电离，产生臭氧。这种方法产生的臭氧量较低。

4.3.9　三氯异氰尿酸

（1）性状

三氯异氰尿酸（Trichlorinafed isocyanuric acid，TCCA）别名强氯精，分子式为 $C_3Cl_3N_3O_3$，相对分子质量为 232.41。三氯异氰尿酸为白色结晶粉末或颗粒，有刺激气味。熔点为 $225 \sim 230℃$，粉状物松密度为 $0.55 \sim 0.70g/cm^3$、颗粒状物松密度为 $0.92 \sim 0.98g/cm^3$。溶于水，25℃时 100mL 水约溶解 1.2g。溶于水后发生水解，1mol 三氯异氰尿酸水解生成 1mol 异氰尿酸和 3mol 次氯酸。水溶液呈酸性，1%水溶液的 pH 值为 $2.8 \sim 3.2$。稳定性好。

三氯异氰尿酸结构式

常用的还有二氯异氰尿酸钠，其分子式为 $C_3Cl_2N_3NaO_3$，有效氯含量低于三氯异氰尿酸，但溶解度大，贮存稳定性好。

氯化异氰尿酸的水解产物可防止日光（紫外线）对有效氯的破坏作用。

（2）用途

三氯异氰尿酸是一种高效消毒、杀菌剂，也是新一代广谱、高效、安全低毒的杀菌剂、漂白剂和防缩剂。具有杀菌力强、稳定性高、易贮运、使用方便、无残毒等优点。缺点是价格较高。杀生效果是氯气的 100 倍，并能适应循环冷却水系统中的碱性水处理环境。在少量冷却水、游泳池水的消毒中可用三氯异氰尿酸代替液氯或次氯酸盐。也可用于医院、水产养殖、养蚕业、饮水、餐具、仪器加工设备及粪便排水的消毒。

（3）使用方法

适用 pH 为 $7\sim10$，适用剂量为 $20\sim25mg/L$。由于三氯异氰尿酸是固体，因此可直接投放到冷却塔水池中。也可将三氯异氰尿酸制成锭剂，装入网袋或带孔容器中，安置或悬浮于水中，从而使其连续不断地水解，起到杀菌消毒的目的。

（4）作用原理

三氯异氰尿酸与次氯酸盐和氯一样，也是一种氧化型杀生剂，水解后产生次氯酸，具有氧化、杀菌、漂白和氯化作用。

（5）注意事项

氯化异氰尿酸有刺激气味，但毒性低。三氯异氰尿酸经鼠口 $LD_{50} = 750mg/kg$。有效氯在 100mg/L 以下对人体无害。在水中分解生成氰尿酸，流入水体后被微生物分解生成氨和二氧化碳。

与酸、碱及易氧化的有机物接触可发生燃烧和爆炸，运输和贮存过程中应注意。

（6）质量指标

三氯异氰尿酸采用的国家专业标准 ZB/T 16009—89，如表 4-44 所示。外观：白色结晶粉末，散发出次氯酸的刺激性气味。

（7）制备方法

三氯异氰尿酸的制备以尿素为主要原料，经热裂解制得三聚氰酸，再经氯化制得。生产工艺有固相法和液相法。固相法成本高、环境条件恶劣、副产品不易处理。液相法是在环丁砜、二甲基甲酰胺等高沸点溶液中进行，产品随反应的进行而逐渐析出，冷却分离出产品，溶剂再生后使用。这种方法可连续生产，收率高，无废水排放，但工艺复杂，投资较高。

表 4-44　三氯异氰尿酸的质量指标

指 标 名 称		指　标		
		优级品	一级品	合格品
有效氯含量/% ≥		90.0	87.0	85.0
水分含量/% ≤		0.5	0.8	1.0
1%水溶液 pH 值		2.7～3.3	—	—

氯化的方法有两种，一是碱土金属法。氢氧化钙水溶液与三聚氰酸水溶液混合通氯反应，反应产物经冷却过滤、水洗、干燥后得到产品。另一种方法为次氯酸法。次氯酸水溶液与三聚氰酸溶液在低温下反应，沉淀过滤，水洗干燥后得到产品。

二氯异氰尿酸钠的合成：氢氧化钠与氰尿酸按摩尔比 2∶1 混合，在 pH6.5～8.5、温度 5～10℃条件下连续氯化得到二氯异氰尿酸，再用氢氧化钠中和即得到产品。另一种方法为次氯酸法，1mol 氰尿酸与 2.2mol 次氯酸钠的水溶液于 pH6.5～11（最好为 8.6）、40℃下，反应生成二氯异氰尿酸钠。

4.3.10　二氧化氯

（1）性状

二氧化氯（Chloride dioxide）的分子式为 ClO_2，相对分子质量为 67.45。ClO_2 的熔点为 $-59℃$，沸点为 11℃。室温下是一种黄绿色到橙色的气体，有类似于氯和硝酸的气味，二氧化氯气体很稀薄时，具有臭氧味。气体密度为 3.09g/L。冷却并超过 $-40℃$ 时，为深红色（或红褐色）液体，温度低于 $-59℃$ 时为橙黄色固体。易溶于水，在水中不水解，并在较宽的 pH 范围（6～9）内是稳定的。遇热水则分解成次氯酸、氯气、氧气。水溶液易被硫酸吸收，但不与硫酸反应，也溶于碱溶液。二氧化氯在阳光下不稳定，有氯化物存在时，即使在黑暗中也可分解。遇热、光或与有机物接触时，促进分解并引起爆炸。

不论是气体还是液体二氧化氯都是不稳定的。工业水处理用的二氧化氯是加稳定剂的二氧化氯水溶液，称为稳定性二氧化氯，简称稳定二氧化氯。稳定二氧化氯的 ClO_2 含量为 2%（质量/体积），稳定剂为硼酸钠、过硼酸盐等。稳定二氧化氯为无色、无臭、无腐蚀性的透明液体。常温（$-5～95℃$）下不易燃、不挥发、不易分解。液体密度为 1.02～1.06g/cm³，pH 约为 8.2～9.2，含二氧化氯为 2%。稳定性二氧化氯使用方便、安全高效。稳定二氧化氯的保质期一般为 1～2 年。由于重金属离子也可与二氧化氯反应，水中微生物过多也可使二氧化氯消耗，因此，工艺用水应先进行除盐和杀菌处理。

（2）用途

二氧化氯是有效的氧化性杀生剂，其氧化能力比过氧化氢强，比臭氧弱，不与氨反应。二氧化氯杀生能力较氯强，杀生作用较氯快，剩余剂量的药性持续时间长，且不会形成氯仿等有机卤代物。此外，与氯相比，二氧化氯杀生作用受 pH 影响较小。二氧化氯不仅具有和氯相似的杀生性能，而且还能分解残骸，杀死芽孢，控制黏泥生长，在失活病毒、隐孢子虫和贾第虫方面比 Cl_2 更有效。ClO_2 可用于控制藻类、腐烂植物和酚类化合物的臭味。ClO_2 可氧化铁、锰、硫化物、氰化物和亚硝酸盐以及许多有机物。

二氧化氯可与许多无机物反应：可迅速把 Fe（Ⅱ）氧化成 Fe（Ⅲ）；把溶解性二价锰氧

化成不溶性的高价锰；可与硫化物（单质硫、SO_2、H_2S、HS^-、H_2SO_3、HSO_3^-、SO_3^{2-}和 $S_2O_3^{2-}$）反应生成硫酸盐；可将氰化物氧化成 CO_2 和 N_2；可与许多含氮化合物（如 NO、NO_2、NO_2^- 等）反应最终生成硝酸盐。

二氧化氯适用的 pH 范围广。在 pH6～10 的范围内均能有效地杀灭绝大多数微生物。

用于饮用水、循环冷却水的杀菌、灭藻、除臭和除亚硝酸盐，应用范围很广。二氧化氯作为一种替代包括从常规的液氯到臭氧等其他消毒工艺的消毒剂及漂白剂是可行和有效的。由于二氧化氯不与氨和其他大多数胺类起反应，因此其实际消耗量比氯少。

有报道认为，二氧化氯在水处理方面将有大的发展。

（3）使用方法

二氧化氯的用量小，用 2.0mg/L 的二氧化氯作用 30min 能杀灭几乎 100% 的微生物，而剩余的二氧化氯溶液尚有 0.9mg/L。

稳定性二氧化氯使用前要加酸活化，如果不活化或活化不完全将使稳定性二氧化氯的使用活性大大降低。活化方法是：取 2% 二氧化氯消毒液（液体）加入活化剂和稀释清水即可，使用浓度约为 $50×10^{-6}$，具体按产品说明书。

二氧化氯的缺点是生成副产物亚氯酸盐和低浓度的氯酸盐，这些副产物的产生与水中的总有机碳含量有关，当二氧化氯和总有机碳的比例不超过 0.4 时，用二氧化氯的消毒效果最好。

（4）作用原理

二氧化氯主要通过释放新生态氧而起到杀生作用。其在水中的反应如下：

$$ClO_2 + H_2O \longrightarrow 3[O] + 2H^+ + Cl^-$$

新生态氧具有很强的氧化能力，对微生物细胞壁有较好的吸附和渗透性能，可有效地氧化细胞内含巯基的酶，从而快速抑制细胞内蛋白质的合成，使组成蛋白质的氨基酸氧化分解，从而将菌藻杀死。

（5）注意事项

二氧化氯有毒性和刺激性，可严重烧伤皮肤和刺激呼吸道黏膜，吸入后会导致肺部水肿。研究表明，二氧化氯对红细胞有损害，干扰碘的代谢和吸收，并易导致血液中胆固醇升高。生产和使用二氧化氯时，应采取必要的防护措施，避免日光照射并远离火源，并不得使二氧化氯接触有机物。

二氧化氯的液体（沸点 11℃）和气体均很不稳定，运输时易发生爆炸。因此二氧化氯必须在现场制备和使用。二氧化氯遇光分解，但其水解溶液避光保存于低温有塞容器中是比较稳定的。

（6）质量指标

二氧化氯的质量指标见表 4-45（HG/T 2777—1996）。外观为无色或略带黄色透明液体、无悬浮物。

表 4-45 稳定性二氧化氯的质量指标

指 标 名 称		指 标	指 标 名 称		指 标
ClO_2 含量/%	≥	2.0	砷含量/%	≤	0.0003
密度(20℃)/(g/cm³)		1.02～1.06	重金属(以 Pb 计)含量/%	≤	0.002
pH 值		8.2～9.2			

（7）制备方法

二氧化氯的制备方法有氧化法、还原法和电解法三种。

① 氧化法　以亚氯酸为原料，通过氯气、次氯酸钠或在酸性介质中反应制得二氧化氯。

② 还原法　以氯酸钠为原料，用盐酸、二氧化硫、氯化钠为还原剂制得二氧化氯。

③ 电解法　以不锈钢为阴极，在石墨表面涂覆一层金属氧化物为阳极，阴极室和阳极室用离子膜隔开，电解质为氯化钠，制得二氧化氯。

4.3.11　十二烷基二甲基苄基氯化铵

（1）性状

十二烷基二甲基苄基氯化铵（Dodecyl dimethyl benzyl ammonium chloride），也被称为氯化十二烷基二甲基苄基铵，属于季铵化合物。商品名洁尔灭、匀染剂 TAN、1227。分子式为 $C_{21}H_{38}ClN$，相对分子质量为 340.05。十二烷基二甲基苄基氯化铵为无色至浅黄色固体，有芳香气味。溶于乙醇和丙酮，微溶于苯，不溶于乙醚。易溶于水，水溶液澄清，呈弱碱性。在水溶液中解离成阳离子活性基团，具有洁净、杀菌作用。长期暴露于空气中易吸潮。静止贮存时有珠状结晶析出。化学性质稳定，耐光、耐热、耐压，无臭无挥发，长期贮存不影响质量。液体商品牌号为 1227，多为 40%～50% 有效成分的水溶液，外观为无色或淡黄色黏稠透明液体，无沉淀。

$$\left[CH_3(CH_2)_{11} - \overset{\overset{\textstyle CH_3}{|}}{\underset{\underset{\textstyle CH_3}{|}}{N^+}} - CH_2 - \bigcirc \right] Cl^-$$

十二烷基二甲基苄基氯化铵结构式

（2）用途

十二烷基二甲基苄基氯化铵被广泛用于工业水处理中的杀菌，具有杀菌高效、广谱、低毒、不受 pH 值影响、兼有缓蚀和分散能力等优点。在污水处理中还可用作凝聚剂、在油田注水系统用作杀菌剂，在工业循环冷却水中用作缓蚀剂、杀菌灭藻剂、垢和黏泥剥离剂，还可用于游泳池的杀菌去污。

（3）使用方法

用于循环水系统的杀菌灭藻时，pH 值一般为 7～9，使用浓度为 50～100mg/L。可单独使用，也可复合使用。单独使用时，季铵盐对孢子没有什么作用，只有在较高浓度，如 100～300mg/L 对一些真菌有作用，但当剂量提高，浓度增大时，会产生大量泡沫。虽然适当的泡沫具有剥离和分散生物黏泥的作用，但对某些系统可能有阻塞通道现象，这时应配合消泡剂使用。使用复合配方时应注意，本品是阳离子型，与阴离子表面活性剂共同使用会产生沉淀而失效，可与非离子型共用。此外，循环水系统中往往有泥土、灰尘、油污等一些有机物，都会与季铵盐的正电荷相吸引，使其活性降低，使之不能再与细胞壁上的负电荷作用，从而失去杀生效果。

作黏泥剥离剂使用时，剂量为 200～300mg/L，同时加 20～30mg/L 的消泡剂。本品可与其他杀菌剂，例如戊二醛、二硫氰基甲烷等配合使用，起到增效作用。投加本品后循环水中出现污物，应及时排除，以免泡沫消失后沉积到集水池底部。

十二烷基二甲基苄基氯化铵也可用于医疗方面的消毒、畜禽圈舍的消毒。

（4）作用原理

十二烷基二甲基苄基氯化铵所带的正电荷与微生物细胞壁的负电荷基团生成电价键，电价键在细胞壁上产生应力，导致溶菌作用和细胞死亡。本品在水中能改变细胞的性质，破坏细胞壁的可透性，起到杀伤细胞和原生质膜，并能使蛋白质变性致使细胞死亡。

（5）注意事项

十二烷基二甲基苄基氯化铵毒性极低，无累积毒性。对皮肤和黏膜刺激性很小，但应避免与其直接接触。对金属、橡胶、塑料等器皿无腐蚀作用。

贮存时应保持通风，不要曝晒，搬运及运输过程中应小心轻放，严禁撞击。

（6）质量指标

采用国家化工行业标准 HG/T 2230—91，如表 4-46 所示。外观：无色或淡黄色黏稠透明液体，无沉淀。

表 4-46　十二烷基二甲基苄基氯化铵的质量标准

指 标 名 称		指　　标		
		优等品	一等品	合格品
活性物含量/%		44～46	44～46	44～46
铵盐含量/% ≤		1.5	2.5	4.0
色泽（Hazen） ≤		100 号	200 号	500 号
pH 值		6.0～8.0	6.0～8.0	6.0～8.0

（7）制备方法

十二烷基二甲基苄基氯化铵的制备方法大体可分为四种。

① 由十二醇和氢溴酸反应生成溴代十二烷，溴代十二烷与二甲胺反应生成十二烷基二甲基叔胺，叔胺再与氯化苄反应制得十二烷基二甲基苄基氯化铵。或由十二烷醇经氯化，再与二甲胺反应生成十二烷基二甲基叔胺，叔胺与氯化苄反应制得产品。

② 由十二碳伯胺、甲酸、甲醛反应，制得十二烷基二甲基叔胺，叔胺再与氯化苄反应制得。

③ 由十二醇与二甲胺，以 Al_2O_3 为催化剂，在 14.14～15.15Mpa 的压力下反应制得十二烷基二甲基叔胺，其余同上。

④ 在四氯化碳中，由十二烷基二甲基叔胺和氯化苄在 80℃下反应 4h 可得到含二个结晶水的本产品。这种方法工业上较少采用。

4.3.12　戊二醛

（1）性状

戊二醛（Glutaraldehyde）分子式为 $C_5H_8O_2$ 或 $OHC(CH_2)_3CHO$，相对分子质量为 100.12。纯品是无色或浅黄色的透明油状液体，具有特殊的刺激性臭味。沸点为 187～189℃（分解），熔点为 −14℃，相对密度为 3.4。戊二醛不溶于冷水，可与热水混溶，易溶于乙醇、乙醚等有机溶剂。戊二醛在空气中不稳定，水溶液必须密闭保存。纯度在 98% 以上的戊二醛在室温下可保持数日不变，但纯度低时易形成不溶性的玻璃体。

市售的戊二醛多为含戊二醛 25% 的水溶液，相对密度 1.066，沸点 101℃，熔点为 −5.8℃。

（2）用途

戊二醛是一种非氧化性广谱性杀生剂，几乎无毒，pH 值范围广，耐较高温度，是杀硫酸盐还原菌的特效药剂，本身还可生物降解。主要用于冷却水系统的杀生、医院、宾馆的消毒，也可用作鞣革剂、交联剂和固化剂。

戊二醛毒性低，无致畸性，被誉为第三代化学灭菌剂。戊二醛对金属器械、玻璃和塑料器皿没有腐蚀，目前已经被广泛用于医疗器械、环境和仪器的消毒和防腐。戊二醛能与氨、胺类化合物发生反应而失去活性，因此在漏氨严重的化肥厂不宜使用。

（3）使用方法

对于长期未用过杀生剂的冷却水，第一次使用时应加大用量，可用 $100\sim150mg/L$，大约 $4\sim6$ 周后如发现有明显的效果，可将用量降低到 $50mg/L$ 左右并维持，即可达到杀生效果。

戊二醛的杀生作用有以下特点。①杀生能力强，药剂持续时间长。投加浓度为 $25mg/L$ 时，作用 2h 对异养菌和铁细菌的杀菌率分别达到 94.24％ 和 93.34％。投加浓度为 $25mg/L$ 时，作用时间超过 72h 杀菌率还保持 90％ 以上。②pH 对杀生效果影响显著。杀生效果随 pH 的升高而增加，这可能是由于碱性条件下戊二醛与蛋白质反应活性较高所致。③无机阳离子对杀生效果有明显的增强作用。阳离子浓度低（$<200mg/L$）时效果不明显。二价和三价离子的效果比一价离子好。④与其他水处理剂有较好的相容性。⑤与氨及胺类化合物发生反应而失去活性。

（4）作用机理

戊二醛的杀生作用主要是通过对微生物细胞中蛋白质的交联作用实现的。醛基与蛋白质中的氨基（—NH$_2$）和亚胺基（—NH—）和巯基（HS—）等活性基团发生加成反应，使蛋白质受到破坏而杀死微生物。此外，戊二醛能与微生物细胞壁中的肽聚糖发生作用，因此肽聚糖含量越高，戊二醛的杀生作用就越容易进行。戊二醛能与细胞膜作用，改变膜的透性，破坏膜系统，抑制 DNA、RNA 和蛋白质的合成。

（5）注意事项

戊二醛对呼吸道黏膜、眼睛和皮肤都有刺激作用，但刺激性比甲醛、乙二醛小得多。经常接触戊二醛时应戴橡胶手套和防护眼镜，避免直接接触皮肤。戊二醛对雄小白鼠经口的 $LD_{50}=290mg/kg$，兔子皮肤吸收 $LD_{50}=640mg/kg$，大鼠皮下注射的 $LD_{50}=2390mg/kg$。

戊二醛的保存以低温较好，贮运时需避光。

（6）质量指标

表 4-47 为戊二醛的质量标准。

表 4-47 戊二醛的质量标准

指 标 名 称	指 标	指 标 名 称	指 标
熔点/℃	−5.8	折射率	1.3722
沸点/℃	101	pH 值	3.1
相对密度	1.066	蒸气压(20℃)/kPa	2.93

（7）制备方法

戊二醛可由多种方法制备，吡喃法是目前工业生产戊二醛的惟一方法。

首先制备二氢吡喃乙基醚。以丙烯醛和乙基乙烯醚为原料，经 Diels-Alder 双烯反应生成二氢吡喃乙基醚。反应多用卤化锌作催化剂，反应温度 $40\sim50℃$，反应时间约 30 min。反应结束后，冷却至 25℃ 以下，用水洗除催化剂。有机相进行减压蒸馏，可收集到 80％～90％ 的二氢吡喃乙基醚。

二氢吡喃乙基醚用盐酸作催化剂进行水解，过量的酸用碱进行中和，即可得到戊二醛。

4.3.13 二氧化钛

（1）性状

二氧化钛（titanium dioxide）的商品名为钛白粉，分子式为 TiO_2，呈白色粉状，是一种十分稳定的氧化物，相对分子质量为 79.88。

钛白粉有两种主要结晶形态：锐钛型（Anatase），简称 A 型和金红石型（Rutile），简称 R 型。

纳米二氧化钛为无机物，无毒、无味、无刺激性，热稳定性和耐热性好，不燃烧，并且为白色。作为抗菌剂，纳米二氧化钛有以下优点：①即效性好，发生作用仅需 1h 左右；②是一种半永久性维持抗菌效果的抗菌剂，不像其他抗菌剂会随着抗菌剂的溶出而效果逐渐下降；③安全性好，可用于仪器添加剂，与皮肤接触无不良影响。

（2）用途

二氧化钛在环保、能源、汽车、涂料、塑料、精细化工等领域有着广泛的用途。

二氧化钛具有优异的抗菌性能，是目前抗菌材料研发的热点。纳米二氧化钛广泛应用于抗菌水处理装置、仪器包装、卫生用品（如抗菌地砖、抗菌陶瓷卫生设备等），抗菌性餐具、抗菌地毯等。

研究人员用 TiO_2 和太阳光进行灭菌试验。将大肠杆菌和 TiO_2 混合液在波长大于 380nm 的光线下照射，发现大肠杆菌以一级反应动力学方程的速度被迅速杀死。这种技术可能成为一种有效的水处理杀生技术。

（3）使用方法

目前将 TiO_2 用于水处理仍有许多难点：①怎样提高 TiO_2 的降解效率；②如何有效地分离、回收和重新利用二氧化钛；③怎样提供有效的紫外光光源；④影响杀菌效果的因素及其控制。

TiO_2 要以膜的形式发挥其催化性能，不能直接将 TiO_2 投放到水中。实际应用中如果选择合适孔径的氧化铝陶瓷多孔球作载体，就能够制备出与载体结合优良的 TiO_2 纳米膜。

（4）作用机理

二氧化钛是基于光催化反应使有机物分解而具有抗菌效果的。二氧化钛光催化杀灭微生物细胞有两种不同的生化机理。一种机理是，二氧化钛在水和空气中，在阳光下，尤其是在紫外线的照射下，能够分解出自由移动的电子（e^-）和带正电的空穴（h^+），即光生电子和光生空穴，尤其是光生空穴有非常强的氧化能力，可直接氧化细胞壁、细胞膜和细胞内的组成成分，导致细胞死亡。另一种机理是光生电子或光生空穴与水或二氧化钛表面吸附的 O_2 和 OH^- 作用生成 $\cdot O_2^-$、$HO \cdot$ 或 $HO_2 \cdot$ 等活性氧类，生成的这些活性氧自由基非常活泼，特别是原子氧能够与多数有机物发生氧化反应，同时也能与微生物体内的有机物反应，生成 CO_2 和 H_2O，从而在短时间内杀死微生物、消除恶臭和油污。

$$TiO_2 \longrightarrow e^- + h^+$$
$$h^+ + H_2O \longrightarrow HO \cdot + H^+$$
$$e^- + O_2 \longrightarrow \cdot O_2^-$$
$$\cdot O_2^- + H^+ \longrightarrow HO_2 \cdot$$
$$2HO_2 \cdot \longrightarrow O_2 + H_2O_2$$
$$H_2O_2 + \cdot O_2^- \longrightarrow HO \cdot + OH^- + O_2$$

（5）质量标准

表 4-48 为二氧化钛的质量标准。

表 4-48　二氧化钛的质量标准 （GB 1706—93）

指 标 名 称		指　　标	
		一级品	合格品
TiO₂含量/%	≥	98.0	98.0
颜色(与标准样品比)	不低于		微差于
消色力(与标准样比)/%		100.0	90.0
105℃挥发物/%	≤	0.5	0.5
经(23±2)℃及相对湿度(50±5)%预处理24h后,105℃挥发物/%	≤	0.5	0.5
水溶物/%	≤	0.5	0.6
水悬浮液 pH 值		6.5~8.0	6.0~8.5
吸油量/(g/kg)	≤	260	280
筛余物(45 μm 筛孔)/%	≤	0.10	0.30
水萃取液电阻率/Ω·m	≥	20.0	16.0

（6）制备方法

二氧化钛制造方法有硫酸法（Sulphate Process）和氯化法（Chloride Process）。

① 硫酸法　使用的主要原料为钛铁矿。此外，经过脱铁，并加以浓缩的含钛熔渣也可以利用。制造工艺概要如下：首先，用硫酸蒸煮经过粉碎处理的原料矿石，以硫酸盐的形态抽出钛和铁。再以晶析分离法去除硫酸亚铁，然后过滤精制剩余的硫酸氧钛，并进行加热水解，使含水的二氧化钛沉淀下来。这些含水二氧化钛经过过滤、洗涤去除夹杂物，并且添加粒径调节剂后，再以 800～1000℃ 的温度进行燃烧，就可制成粗二氧化钛。硫酸法是很早以来一直采用的方法，对废酸和排出的废气等公害处理的设备要花费大量费用。

② 氯化法　氯化法因为需要价格高昂的氯，所以最好使用高品位的原料矿石。通常使用的是天然金红石和合成金红石（例如 Rupaque 6）。矿石在高温（800℃）还原状态下进行氯化，使 Ti 成为 $TiCl_4$，而 Fe 则成为 $FeCl_2$。经过冷凝处理后，$FeCl_2$ 与液体的 $TiCl_4$ 分离。这样制取的粗 $TiCl_4$ 将于精馏之后，添加核生成剂，然后以 1000℃ 以上的温度使之与氧发生瞬时反应，制取粗二氧化钛。上述工艺过程是以高温状态、在短时间内进行反应的。通常条件下将全部成为金红石型的二氧化钛。氯化法是美国杜邦公司研究开发的新方法，全世界采用这种方法的厂家正在增加。

4.4　清　洗　剂

清洗剂是指用于水处理过程中化学清洗的各种药剂。清洗剂一般为表面活性剂的复配产物，其中除对应各种污物的表面活性剂外，有时还含有缓蚀剂、螯合剂。如果清洗的目的主要是除垢，则清洗剂应以酸或碱为主，此时，清洗就变为酸洗或碱洗。

常用的清洗剂类型主要分为清洗主剂和清洗助剂两类。清洗主剂又可分为无机酸、有机酸、螯合剂、碱清剂等。清洗助剂中则有缓蚀剂、还原剂、铜溶解剂、溶解加速剂、湿润剂等。按使用方式来分，清洗剂可分为单台设备的清洗剂和全系统的清洗剂两大类。

4.4.1　盐酸

（1）性状

盐酸（Hydrochloric acid）别名氢氯酸，分子式为 HCl，相对分子质量 36.46。纯品为无色、有刺激性的液体，工业品因含有铁、氯等杂质而微呈黄色。密度为 $1.187g/cm^3$，沸点 $-84.9℃$，熔点 $-114.8℃$。为无机强酸，具有强腐蚀性和酸味。极易溶于水、乙醇和乙醚，能与碱、碱性氧化物、许多金属及盐类发生化学反应。浓盐酸在空气中会发烟，释放出 HCl，HCl 气体有刺激性，极毒，对动物、植物均有伤害。

（2）用途

盐酸是广泛应用的化学清洗剂。在水处理领域主要用于除锈、除水垢、离子交换树脂再生剂、萃取剂、中合剂及 pH 调节剂。它对于水垢组分中除了硅以外的组分均具有很强的溶解速度和溶解能力，与沉积物和水垢反应生成的各种盐类具有很高的溶解度，一般用于室温至 60℃ 的低温清洗。其优点是操作简便安全，酸洗后设备表面状态良好，清洗成本较低。

碳钢及低合金钢金属材质多用盐酸清洗，不锈钢易发生应力腐蚀而破裂，故不用盐酸清洗。

除水处理应用外，在化工、冶金、轻工、纺织、染料、医学、印染、食品、皮革、制糖等工业以及钢铁、焊接、电镀、搪瓷等众多领域均有应用。

（3）使用方法

盐酸酸洗液的浓度视被清洗设备中垢层厚度而定，一般采用 5%～15% HCl 溶液，因为有效的清洗只在盐酸浓度>4% 时进行。用盐酸清洗腐蚀产物时，由于腐蚀产物溶解相当缓慢，故需要比按化学计量计算的量更多的盐酸。

采用盐酸酸洗时，对不锈钢材质的系统应慎重。由于高氯离子对不锈钢设备容易引起点腐蚀和缝隙腐蚀，需向盐酸溶液中加入一些高效的盐酸酸洗缓蚀剂，如吡啶衍生物、硫脲及其衍生物、咪唑啉及其衍生物、有机胺类及胺-醛缩合物。盐酸在清洗以硅酸盐为主要成分的水垢时，效果较差，需向盐酸溶液中加入一定量的氟化物以提高它对硅酸盐垢的溶解能力。

进行清洗时，需定时监测循环系统中盐酸浓度及洗液中污垢含量，随清洗时间延长，洗液中污垢浓度不断增大，当两次分析化验结果接近或变化不大时，证明清洗到达终点。盐酸清洗水垢时有气体产生，应注意适时放气。

（4）作用原理

盐酸是一种无机强酸，酸洗时盐酸与水垢或金属的腐蚀产物（铁锈、铜锈、铝锈等）生成金属氯化物。绝大多数的金属氯化物在水中的溶解度较大或很大，故盐酸对碳酸钙一类的硬垢和氧化铁一类的腐蚀产物的清洗特别有效。

$$FeO + 2HCl \longrightarrow FeCl_2 + H_2O$$

$$Fe_3O_4 + 8HCl \longrightarrow 2FeCl_3 + FeCl_2 + 4H_2O$$

$$Fe_2O_3 + 6HCl \longrightarrow 2FeCl_3 + 3H_2O$$

$$Cu(OH)_2CO_3 + 4HCl \longrightarrow 2CuCl_2 + CO_2 \uparrow + 3H_2O$$

$$Al_2O_3 + 6HCl \longrightarrow 2AlCl_3 + 3H_2O$$

$$CaCO_3 + 2HCl \longrightarrow CaCl_2 + H_2O + CO_2 \uparrow$$

$$MgCO_3 + Mg(OH)_2 + 4HCl \longrightarrow 2MgCl_2 + 3H_2O + CO_2 \uparrow$$

（5）注意事项

该产品为无机强酸，有刺激性气味且有毒，腐蚀性极强。浓盐酸接触人体能导致严重烧伤，溅入眼睛内会导致永久失明，接触皮肤会产生皮炎和光敏作用，吸入盐酸蒸气会引起咳嗽、窒息及呼吸道溃疡，误服会引起黏膜、食管和胃烧伤、咽下困难、恶心、呕吐、极度口渴、腹泻，及至发生循环性虚脱甚至死亡。

盐酸不可与硫酸、硝酸混放。不可与碱类、金属粉末、氧化剂、氰化物和遇水燃烧物共贮混运。在运输、稀释操作过程中，应严格按照操作规程，作业时戴好防毒用具，备好中和清洗剂如石灰水、苏打水，一旦溅到皮肤上应立即用清水冲洗，或用石灰水、苏打水清洗。

（6）质量指标

工业用合成盐酸的国家标准 GB 320—93 见表 4-49。产品外观为无色或浅黄色透明液体。食品级盐酸的国家标准 GB 1897—1995 见表 4-50。

表 4-49　工业用合成盐酸的国家标准（GB 320－93）

指　标　名　称		优级品	一级品	合格品
总酸度（以 HCl 计）/%	≥	31.0	31.0	31.0
铁（Fe）/%	≤	0.006	0.008	0.01
硫酸盐（以 SO₄²⁻ 计）/%	≤	0.005	0.03	—
砷（As）/%	≤	0.0001	0.0001	0.0001
灼烧残渣/%	≤	0.08	0.10	0.15
氧化物（以 Cl 计）/%	≤	0.005	0.008	0.010

表 4-50　食品级盐酸的国家标准（GB 1897—1995）

指　标　名　称		技　术　指　标		
		S-31	S-35	S-36
外观		无色或浅黄色透明液体		
总酸度（以 HCl 计）/%	≥	31.0	35.0	35.0
铁（Fe）/%	≤	0.001	—	—
硫酸盐（以 SO₄ 计）/%	≤	0.007	—	—
氧化物（以 Cl₂ 计）/%	≤	0.003	—	—
还原物（以 SO₃ 计）/%	≤	0.007	—	—
灼烧残渣/%	≤	0.05	—	—
砷（As）/%	≤	0.0001	—	—
重金属（以 Pb 计）/%	≤	0.0005	—	—

（7）制备方法

① 合成法　将氯碱工业中食盐电解制烧碱过程中产生的氢气和氯气通入合成炉进行燃烧，生成氯化氢气体，经冷却后用水吸收，制成盐酸。反应式如下：

$$Cl_2 + H_2 \longrightarrow 2HCl$$

② 副产法　在农药工业、有机合成工业及冶金工业中可得到大量的副产盐酸。

4.4.2　硫酸

（1）性状

硫酸（Sulfuric acid）分子式 H_2SO_4，相对分子质量 98.08。纯硫酸为透明无色油状液体，腐蚀性极强，无挥发性，吸湿性强，可与水和乙醇以任意比例混合，同时放出大量热量而猛烈飞溅，体积缩小。硫酸的浓度与其熔点的高低呈反比关系。密度随浓度而变化，一般为 1.84g/cm³，熔点 10.46℃，沸点 210～338℃。加热时它会放出 SO_3 直至酸的浓度降低到

98.3％为止，而成为恒沸溶液，沸点338℃。不纯的硫酸能溶解所有的金属，65％的硫酸在冷态时即能溶解铁、铝、铜、铅，热态时作用更强。95％浓度以上的冷态浓硫酸不和铁、铝等金属反应，因为铁、铝在冷浓硫酸中被钝化。

浓硫酸是一种氧化性酸，加热后氧化性更强。稀酸能溶解铝、铬、钴、镍、锰、铜、锌等金属，热态时溶解能力增强。但稀酸不能溶解铅和汞，也极难与高硅铁反应。

含有20％以上游离SO_3的浓硫酸称为发烟硫酸，为无色或棕色油状稠厚的发烟液体，有强烈的刺激性臭味，吸水性强，可与水以任意比例混合，放出大量热并可能引起爆炸。其腐蚀性和氧化性比普通硫酸更大。

（2）用途

硫酸是化学工业中一种极为重要的化工原料，用途十分广泛。在水处理领域可用作硬水的软化剂、离子交换再生剂、pH调节剂、氧化剂和清洗剂等。

硫酸作清洗液的优点是价格便宜，对不锈钢和铝合金设备无腐蚀性。硫酸又是一种不易挥发的强酸，可以通过适当加热来加快清洗速度。一般用5％～15％的硫酸作清洗液时，可以加热到50～60℃。缺点是用于钢铁表面处理氧化皮、铁锈，化工设备的清洗除垢效果较差，酸洗时产生氢脆，还能使脂肪族有机缓蚀剂失效。对含钙的水垢虽有一定的清洗效果，但水中钙离子浓度高时易生成难溶的硫酸钙沉淀，清洗后表面状况不理想。

硫酸和盐酸混合使用，作为金属表面处理剂除去铁锈、氧化皮、鳞铁，其表面状态极好，在工业上常用于涂漆、电镀等金属加工上。

硫酸的其他用途包括化肥、农药、染料、颜料、医药、塑料、化纤、炸药以及各种硫酸盐的制造，石油的炼制，还用于有色金属的冶炼、钢铁的酸洗处理、制革、炼焦、轻纺以及国防轻工等行业中。

（3）使用方法

化学清洗中所用的硫酸，其浓度一般为3％～20％，视锈垢程度而定。通常是将95％～98％浓度的浓硫酸稀释后使用。提高温度有助于清洗效果，适合的温度为50～80℃。为防止硫酸对设备的腐蚀，清洗时应先选择合适的缓蚀剂。

（4）作用原理

硫酸能与金属的腐蚀产物形成可溶的化合物，故可用于清洗金属设备上的腐蚀产物。但硫酸与碳酸钙反应后生成的硫酸钙溶解度很小，故硫酸不宜作为冷却设备上碳酸钙和硫酸钙垢的清洗剂。

（5）注意事项

浓硫酸有强腐蚀性、刺激性及吸水性，与皮肤及组织中的水分混合，造成灼伤。接触后要用大量水冲洗，必要时送医院就医。

操作时戴防护眼镜，穿防护服，选用适当呼吸器，配备应急淋浴设施及眼药水，定期作肺功能检查。

在配制硫酸水溶液时，一定要将硫酸缓慢地倒入水中，并随时搅拌，切勿将水倒入硫酸中，以免发生喷酸事故造成伤害。

密封保存，置于干燥、凉爽、通风处，避免水分和有机物进入，避免光照，严禁烟火，严禁用金属容器贮存。不得与爆炸物、氧化剂、碱类及有机物等共贮混运。

（6）质量指标

硫酸的质量指标GB 534—89见表4-51。

表 4-51　硫酸的质量指标

指 标 名 称		特种硫酸	浓硫酸			发烟硫酸		
			优级品	一等品	合格品	优级品	一等品	合格品
硫酸含量/%	≥	92.5 或 98.0	92.5 或 98.0	92.5 或 98.0	92.5 或 98.0	—	—	—
游离三氧化硫含量/%	≥	—	—	—	—	20.0	20.0	20.0
灰分含量/%	≤	0.02	0.03	0.03	0.10	0.03	0.03	0.10
铁(Fe)含量/%	≤	0.005	0.010	0.010	—	0.010	0.010	0.030
砷(As)含量/%	≤	8×10^{-5}	0.0001	0.005		0.0001	0.0001	
铅(Pb)含量/%	≤	0.001	0.01	—	—	0.01		
汞(Hg)含量/%	≤	0.0005	—	—	—	—	—	—
氮氧化物(N)含量/%	≤	0.0001	—	—	—	—	—	—
二氧化硫(SO₂)含量/%	≤	0.01	—	—	—	—	—	—
氯(Cl)含量/%	≥	0.001	—	—	—	—	—	—
透明度/mm	≥	160	50	50				
色度/mL	≤	1.0	2.0	2.0				

（7）制备方法

工业上生产硫酸的基本方法是接触法和塔式法（即硝化法）。使用的原料有硫、硫铁矿、石膏、冶炼工业烟道气、石油精制处理物等。先制取二氧化硫气体，再将二氧化硫催化氧化，生成三氧化硫，最后三氧化硫与水或稀酸接触制取硫酸。

① 硫磺法　是以硫磺为原料，经燃烧产生二氧化硫气体，再通入空气并以催化剂催化氧化成三氧化硫，冷却后用水吸收而得。其化学反应式如下：

$$S_2 + 2O_2 \longrightarrow 2SO_2$$
$$2SO_2 + O_2 \longrightarrow 2SO_3$$
$$SO_3 + H_2O \longrightarrow H_2SO_4$$

② 硫铁矿法　以硫铁矿为原料，经处理后加于沸腾焙烧炉内，向炉中通入空气进行沸腾焙烧，产生的二氧化硫气体经净化后送入转化器转化为三氧化硫，再经稀酸吸收，制得成品。其化学反应式如下：

$$4FeS_2 + 11O_2 \longrightarrow 8SO_2 + 2Fe_2O_3$$
$$3FeS_2 + 8O_2 \longrightarrow 6SO_2 + Fe_3O_4$$
$$2SO_2 + O_2 \longrightarrow 2SO_3$$
$$SO_3 + H_2O \longrightarrow H_2SO_4$$

③ 冶炼烟气法　以冶炼烟气为原料，将其中的二氧化硫转化为三氧化硫，再经稀酸吸收，制得成品。反应式如下：

$$2SO_2 + O_2 \longrightarrow 2SO_3$$
$$SO_3 + H_2O \longrightarrow H_2SO_4$$

④ 石膏与磷石膏法　将石膏与磷石膏高温分解，生成二氧化硫气体和氧化钙。二氧化硫氧化成三氧化硫，再经酸吸收而制得成品。

$$2CaSO_4 \longrightarrow 2CaO + 2SO_2 + O_2$$
$$2CaSO_4 + C \longrightarrow 2CaO + 2SO_2 + CO_2$$
$$2SO_2 + O_2 \longrightarrow 2SO_3$$
$$SO_3 + H_2O \longrightarrow H_2SO_4$$

4.4.3 硝酸

（1）性状

硝酸（Nitric acid）化学式为 HNO_3，相对分子质量为 63.02。纯硝酸为无色透明的液体，密度为 $1.5027g/cm^3$，熔点为 $-42℃$，沸点为 $83℃$。溶解了过多的 NO_2 气体的硝酸叫发烟硝酸，呈棕黄色，有刺激性和强烈的令人窒息的气味和腐蚀性。硝酸能与水以任意比例混合，硝酸水溶液具有导电性。

硝酸是一种强氧化剂，化学性质活泼，常温下能分解出 NO_2 气体，可与许多金属发生剧烈反应。铁和铝与浓硝酸接触时会被钝化。市售的硝酸一般含 HNO_3 68%～70%。

（2）用途

硝酸是最重要的基本化工原料之一，是一种用途极广的化工产品。在水处理领域，硝酸可用作碳钢、不锈钢设备的除锈剂。硝酸也用在污水、废水的氧化还原处理过程中，在污水的生物法处理中，可用作微生物养分中的氮源。

硝酸的稀溶液有很强的清洗能力，清洗时没有析氢现象，是一种很好的清洗剂。过去由于没有高效的硝酸酸洗缓蚀剂，只能将硝酸用于耐硝酸的纯铝和不锈钢设备的清洗，后来由于开发了高效专用缓蚀剂 Lan-5 和 Lan-826，才成功地将硝酸用于碳钢和不锈钢等材料设备的清洗。

硝酸清洗具有与水垢反应快、生成的硝酸盐在水中的溶解度大、操作简单、水垢清洗完全等优点。垢层中的难溶于硝酸的硫酸盐垢，如 $CaSO_4$、$MgSO_4$ 和硅酸盐垢，随着大量的碳酸盐垢溶解，变成了松散的残渣而脱落后被冲刷掉。

（3）使用方法

硝酸可除去水垢、铁锈，对 $\alpha\text{-}Fe_2O_3$ 和磁性的 Fe_3O_4 有良好的溶解能力。去除氧化皮铁垢速度快，时间短。硝酸清洗工艺条件如表 4-52 所示。

表 4-52　硝酸清洗工艺条件

垢厚/mm	酸含量/%	缓蚀剂/%	温度/℃	缓蚀率/%
1～2	5～7	Lan-5 0.6	30～40	99.6
3～5	7.5～10	Lan-5 0.6	30～40	99.6
75	10～14	Lan-5 0.6	30～40	99.9
3～5	10	Lan-826 0.25	25	99.0

硝酸还可与氢氟酸按一定比例混合使用，用于去除碳钢、铜、合金钢、不锈钢表面的镁垢、铁垢和硅垢。常见的缓蚀剂在硝酸中是不稳定的，即使用 Lan-5 作缓蚀剂，也不能超过规定的浓度、温度和接触时间。因此以硝酸等无机酸进行清洗在国外已经很少使用。

（4）作用机理

硝酸分解时产生的初生态原子氧有很强的氧化性，因此硝酸对贵金属（如金、钯）之外的许多其他金属都有广泛的溶解能力。正因为硝酸的这个特点，在清洗去除金属表面污垢时，既可把有机污垢去除，又可在某些金属表面形成致密的氧化膜保护金属不被腐蚀。

清洗时，硝酸与水垢作用，生成易溶于水的钙、镁硝酸盐而把水垢清洗掉。

（5）注意事项

硝酸刺激皮肤，可导致严重灼伤，引起皮炎、糜烂。硝酸刺激眼睛，严重时可导致失明。接触硝酸后应立即用大量水冲洗，严重时送医院抢救。操作时应穿戴防护服及防护镜。接触 pH<2.5 的溶液时应配备应急淋浴设备及眼药水，选用适当的呼吸器，定期做牙齿、

肺功能检查。硝酸在空气中的最高容许浓度为 $5mg/m^3$。

硝酸应贮存于密闭容器内，置于凉爽、通风处，隔热。避免接触金属粉、硫化氢、松节油、强碱。航空、铁路禁运。

(6) 质量指标

硝酸的质量指标如表 4-53 所示（GB/T 626—1989）。

表 4-53　硝酸的质量指标

指　标　名　称		指　　标		
		优级纯	分析纯	化学纯
HNO_3 含量/%		65～68	65～68	65～68
外观		合格	合格	合格
灼烧残渣(以硫酸盐计)/%	≤	0.0005	0.001	0.002
氯化物(Cl)/%	≤	0.00005	0.00005	0.0002
硫酸盐(SO_4)/%	≤	0.0001	0.0002	0.001
铁(Fe)/%	≤	0.00002	0.00003	0.0001
砷(As)/%	≤	0.000001	0.000001	0.000005
铜(Cu)/%	≤	0.000005	0.0001	0.00005
铅(Pb)/%	≤	0.000005	0.00001	0.00005

(7) 制备方法

① 以钯为催化剂，将氨氧化为一氧化氮，再用空气与浓硝酸将一氧化氮全部氧化为二氧化氮，然后用浓硝酸吸收，生成发烟硝酸，再经过解吸得到。

② 由氨氧化为一氧化氮，再与空气中的氧作用生成二氧化氮，用水吸收得到稀硝酸。

4.4.4　磷酸

(1) 性状

磷酸（Phosphoric acid）分子式为 H_3PO_4，相对分子质量为 98.00。纯净的磷酸为无色斜方晶型晶体。相对密度为 1.88，熔点 42.3℃。磷酸 20℃ 以下固化。磷酸潮解性强，可与水和醇混溶。市售磷酸为透明无色黏厚溶液，无臭，有酸味，一般浓度为 85%～98%。85% 的磷酸密度为 $1.685g/cm^3$。磷酸加热时逐渐脱水，大约在 200℃ 时生成焦磷酸。磷酸是一种无氧化性的中等强度的三元酸。

(2) 用途

磷酸在水处理领域主要用作软水剂、水垢清洗剂，以及用作磷系水处理剂的生产原料。

(3) 使用方法

磷酸作为无机强酸，也可用于化学清洗（一般不采用磷酸清洗的方法）。磷酸比盐酸的溶垢能力差，因此只有浓度较高时才有效果。磷酸对各种金属均有腐蚀，因此需要加入缓蚀剂。

用磷酸清洗的优点是在钢铁表面自然形成防锈膜，即金属经可溶性的磷酸对溶液处理，在其表面生成一层不溶性的磷酸盐膜。因此，磷酸可用作循环水系统检修开车时的清洗剂，例如用 20% 的磷酸溶液、以硫脲或乌洛托品为主要组分，分别与阳离子、阴离子或非离子表面活性剂复配作为缓蚀剂在常温下循环清洗，清洗后冲洗即可投入预膜运行，这样水冷却表面形成均匀致密的保护膜，起到防腐作用。

(4) 作用机理

在高温高浓度下，磷酸对金属氧化物的溶解能力较强，从而达到清洗的目的。

（5）注意事项

磷酸可刺激、灼伤皮肤和眼睛，严重时导致咳嗽、恶心、呕吐等。如接触皮肤应用大量清水冲洗。操作时应戴防护眼镜，穿防护服，并每天更换工作服。

磷酸应密封保存，避免与金属和强碱接触。航空、铁路限量运输。

（6）质量指标

工业磷酸的国家标准（GB 2091—92）如表 4-54 所示。

表 4-54　工业磷酸的质量指标

指　标　名　称		指　标					
		85%			75%		
		优等品	一等品	合格品	优等品	一等品	合格品
外观		无色透明或略带浅色的稠状液					
色度（Hazen）		20	30	40	20	30	40
磷酸（H_3PO_4）含量/%	≥	85.0	85.0	85.0	75.0	75.0	75.0
氯化物（以 Cl^- 计）含量/%	≤	0.0005	0.0005	0.001	0.0005	0.0005	0.001
硫酸盐（以 SO_4^{2-} 计）含量/%	≤	0.003	0.005	0.01	0.003	0.005	0.01
铁（Fe）含量/%	≤	0.002	0.002	0.005	0.002	0.002	0.005
砷（As）含量/%	≤	0.0001	0.005	0.01	0.0001	0.005	0.01
重金属（以 Pb 计）含量/%	≤	0.001	0.001	0.05	0.001	0.001	0.05

（7）制备方法

① 黄磷气化后导入空气或过热水蒸气使其氧化，生成五氧化磷用水吸收，经除砷得到磷酸。

② 用硝酸使磷氧化得到磷酸。

③ 磷酸三钙与稀硝酸共热，经分解后，滤出滤液，再浓缩得到磷酸。

4.4.5　氢氟酸

（1）性状

氢氟酸（Hydrofluoric acid）是氟化氢的水溶液。无色，有刺激性气味，易挥发，在空气中冒白烟。因有聚合作用（线型聚合物）而在水溶液中以 H_2F_2 或 H_3F_2 的形式存在。有刺激性气味，有毒，能与水和乙醇以任意比例混合。氟化氢为 40% 的液体，相对密度为 1.14。除金、铂、铅外，氢氟酸对许多金属都有腐蚀作用。熔点 −83.7℃、沸点为 19～20℃。氢氟酸不能腐蚀蜡及聚乙烯塑料。氢氟酸与硅及硅化合物反应生成四氟化硅气体，可腐蚀玻璃。

无水氢氟酸即为氟化氢，常温下为无色气体，在空气中会发烟。相对密度，0℃ 时为 0.922，沸点时为 0.957。熔点为 −83.57℃，沸点 19.52℃。

（2）用途

氢氟酸可用作不锈钢的清洗剂，用来除去金属表面的氧化物。

（3）使用方法

用作不锈钢的清洗剂时，平均每吨不锈钢消耗 10kg 氢氟酸（以 100% HF 计）。氢氟酸对金属的腐蚀性低于硫酸、盐酸，但对铸铁、钛等金属腐蚀严重，对铝等钝态金属易引起点蚀。用氢氟酸清洗时污染比较严重，一般不单独使用，常与盐酸、硝酸混合使用。单独使用氢氟酸浓度一般为 1.0%～2.0%，缓蚀剂浓度 0.3%～0.4%。缓蚀可用硫脲或其复合药剂，清洗温度为 30～40℃。

（4）作用机理

氢氟酸可与二氧化硅发生剧烈反应使后者溶解，因此，在玻璃、半导体元件硅的腐蚀清洗和酸洗过程中发挥重要作用。

氢氟酸与四氧化三铁接触时会发生氟-氧交换，接着 F^- 离子与 Fe^{3+} 发生络合而使表面氧化物溶解。

（5）注意事项

氢氟酸对人体有强烈腐蚀性，吸入会造成肺水肿，应避免吸入蒸气。氢氟酸与皮肤接触会引起灼烧，使皮肤逐渐坏死，导致永久性的细胞损坏。轻度灼伤皮肤时无明显症状，但数小时后能引起深度损伤。如皮肤沾上氢氟酸时，应用大量 3% 的氢氧化钠或 10% 的 $NaHCO_3$ 冲洗，溅入眼睛内要用蒸馏水冲洗 15min。操作时穿戴防护用具及呼吸器，配备应急淋浴设备及眼药水。

工作现场应注意通风，中毒后应迅速离开现场，并半卧休息，用大量清水冲洗局部污染物，并送医院抢救。失火时用水冲洗容器壁，用干砂、二氧化碳灭火器及雾状水扑灭。

（6）质量指标

表 4-55 为氢氟酸的国家标准 GB/T 620—1993。

表 4-55　氢氟酸的质量指标

指　标　名　称		指　　标		
		优级纯	分析纯	化学纯
含量(HF)/%	≥	40.0	40.0	40.0
灼烧残渣(以硫酸盐计)/%	≤	0.001	0.002	0.01
氯化物(Cl)/%	≤	0.0005	0.001	0.005
硫酸盐和亚硫酸盐(以 SO_4^{2-} 计)/%	≤	0.001	0.002	0.005
磷酸盐(以 PO_4^{3-} 计)/%	≤	0.0001	0.0002	0.0005
氟硅酸盐(以 SiF_6 计)/%	≤	0.02	0.04	0.06
铁(Fe)/%	≤	0.00005	0.0001	0.0005
重金属(以 Pb 计)/%	≤	0.0001	0.0005	0.001

（7）制备方法

用 H_2SO_4 分解萤石得到 HF 气体，再用水吸收制得。

$$CaF_2 + H_2SO_4 \longrightarrow 2HF + CaSO_4$$

4.4.6　氨基磺酸

（1）性状

氨基磺酸（Sulfamic acid）的结构式为 NH_2SO_3H，相对分子质量为 97.10。氨基磺酸是不挥发、不吸湿、无气味、无毒、不着火和不冒烟的白色斜方晶体。干燥的氨基磺酸性质稳定，熔点 205℃。209℃ 开始分解。相对密度为 2.216。氨基磺酸具有较强的酸性，其酸性仅次于硝酸、硫酸和盐酸。氨基磺酸在水中的溶解度随温度的升高而增加，水溶液在常温下稳定，加热时水解为硫酸氢铵。易溶于含氮碱液和液氨，也可溶于含氮的有机试剂如吡啶等，微溶于乙醇和甲醇。

（2）用途

氨基磺酸主要用作酸性清洗剂，对金属的腐蚀性比一般无机酸小，适用于金属表面碳酸钙垢的清洗。广泛用于阀门制造、空调设备的清洗，还可用于纤维、木材和纸张的漂白，水的杀菌等方面。

氨基磺酸不产生 Cl^-，其水溶液不会产生酸雾，因此，能够除去热交换器等设备管道的水垢。可作为化工、油田等某些设备、空调等家用设备的清洗剂。

（3）使用方法

氨基磺酸水溶液在60℃以下几乎不水解，而在80℃时极易水解，所以，在使用氨基磺酸进行清洗时，温度一般应控制在60℃以下。

一般的热交换器钢管污垢和淀渣用4%的氨基磺酸溶液浸泡30s后，加2% Na_2CO_3 10s，可100%去除垢渣。

（4）作用机理

氨基磺酸的水溶液是一种强酸，能够与钙镁垢发生剧烈反应，使钙镁垢转变为可溶性的氨基磺酸盐而去除。

（5）注意事项

氨基磺酸的水溶液能灼伤眼睛，刺激皮肤、鼻、喉。操作者应配备防护眼镜、橡皮手套、工作帽等防护用品。

（6）质量指标

表4-56为工业氨基磺酸的质量指标（HG/T 2527—93）。

表 4-56　工业氨基磺酸化工行业标准

指 标 名 称	指　　标		
	优等品	一级品	合格品
外观	无色或白色结晶		白色粉末
氨基磺酸(NH_2SO_3H)含量	99.5	98.0	92.0
硫酸盐(以 SO_4^{2-} 计)	0.4	1.0	—
水不溶物	0.02	—	—
铁(Fe)	0.01	0.01	—
干燥损失	0.02	—	—

（7）制备方法

采用尿素、发烟硫酸为原料在40℃下进行磺化，生成氨基磺酸粗品，然后加水进行结晶，再经过干燥制得氨基磺酸。

$$(NH_2)_2CO + H_2SO_4 + SO_3 \longrightarrow 2NH_2SO_3H + CO_2$$

4.4.7　EDTA

（1）性状

乙二胺四乙酸（Ethylene diamine tetraacetic acid）别名托立尤、乙底酸。分子式为 $C_{10}H_{16}O_8N_2$，结构式为（$HOOCCH_2$）$_2$$NCH_2$ CH_2 N（CH_2COOH）$_2$，相对分子质量为292.25。乙二胺四乙酸为白色、无味、无臭的结晶性粉末。几乎不溶于水、乙醇、乙醚及其他有机溶剂，能溶于5%以上的有机酸和沸水。乙二胺四乙酸加热到150℃时脱去羟基，220℃时分解。如果用苛性碱中和，可生成一、二、三、四碱金属盐。

（2）用途

乙二胺四乙酸可在广泛的pH范围内与多种金属生成稳定的络合物，因此它可以在广泛的pH范围内作为清洗剂。可在150℃下使用。乙二胺四乙酸用作水处理剂主要是用来防止钙、镁、铁、锰等金属离子带来的问题。在进行金属表面清洗时，清洗剂中加入乙二胺四乙

酸可防止钙、镁的磷酸盐、碳酸盐和硅酸盐在金属表面沉积。

使用乙二胺四乙酸的缺点是成本高。

（3）使用方法

用于化学清洗时，可用乙二胺四乙酸的钠盐，也可用铵盐。需要除铜时，只有使用铵盐。用量一般是乙二胺四乙酸与污垢量的比例为 5:1，清洗结束时浓度约为 1%，也可通过试验确定初始浓度。

（4）作用机理

乙二胺四乙酸同时具有氨氮和羧氧二种络合能力很强的配位基，综合了氮和氧的络合能力，因此，几乎能与所有的金属离子络合，形成具有五环结构的稳定络合物。在设备和冷却水系统的清洗中，主要是用于除去水垢（Ca^{2+}、Mg^{2+}）及金属氧化物（腐蚀产物 FeO、Fe_2O_3、Fe_3O_4）。

（5）注意事项

乙二胺四乙酸低毒，小鼠经口的 $LD_{50}=2050mg/kg$，腹腔注射的 $LD_{50}=260mg/kg$。其盐可溶于水，并迅速排出体外。进入人体后能络合体内的金属元素排出体外，使人缺钙，造成低血压和肾功能障碍。因此，接触本品应穿戴好防护用具。

（6）质量指标

乙二胺四乙酸的质量标准如表 4-57 所示。

表 4-57　乙二胺四乙酸的质量标准

指　标　名　称		指　　标	
		分析纯	化学纯
乙二胺四乙酸含量/%	≥	99.5	98.5
杂质最高含量			
碳酸钠溶液溶解试验		合格	合格
氯化物(Cl)/%	≤	0.05	0.1
重金属(以 Pb 计)/%	≤	0.001	0.001
铁(Fe)/%	≤	0.001	0.001
灼烧残渣/%	≤	0.1	0.3
硫酸盐(SO_4^{2-})/%	≤	0.05	0.1

（7）制备方法

① 乙二胺与一氯乙酸反应，生成乙二胺四乙酸。为防止一氯乙酸水解成乙醇酸而使收率下降，需在反应进行的同时，缓慢地加入碱或者吡啶等弱碱作为氯化氢脱除剂，可使收率达到 85%。

② 乙二胺与甲醛、氰化钠反应生成乙二胺四乙酸。

4.4.8　氢氧化钠

（1）性状

氢氧化钠（Sodium hydroxide）别名烧碱、火碱、固碱、苛碱、苛性钠，分子式为 NaOH，相对分子质量为 40.00。纯品为无色透明晶体，相对密度 2.130，熔点 318.4℃，沸点 1390℃。商品烧碱有固态和液态两种，纯固体烧碱呈白色，有块状、片状、棒状、粒状，纯液体烧碱为无色透明液体。固体烧碱吸湿性强，易溶于水，溶解时放出大量热，水溶液有滑腻感呈强碱性。暴露于空气中吸潮，最终成为黏稠状液体。能吸收空气中二氧化碳生成碳酸氢钠和碳酸钠，与酸类起中和反应生成盐和水。也溶于乙醇、甘油，不溶于丙酮和乙醚。

腐蚀性强，能破坏纤维、皮肤组织、玻璃和陶瓷，高温下能腐蚀碳钢。

（2）用途

氢氧化钠不能除去一般水垢和金属腐蚀产物，但可以用于以下几方面：除去系统或设备表面的油脂，即使油脂与碱产生皂化而除去；与酸洗交替使用，除去硫酸钙及硅酸钙等酸洗难以去除的污垢；酸洗之后用碱清洗，用于中和水及设备内残存的酸，从而减少金属设备的腐蚀。

氢氧化钠也是基本化工原料，在化工工业中用于生产硼砂、氰化钠、甲酸、草酸、苯酚等。石油工业中用于精炼石油制品，也用于油田钻井泥浆中。纺织印染工业用于棉布退浆剂、煮炼剂和丝光剂。在造纸、肥皂、合成洗涤剂、合成脂肪酸的生产及动植物油的精炼、电镀、制革、制药、蓄电池等行业均有应用。

（3）使用方法

碱洗中一般不单用氢氧化钠，还常用碳酸钠、磷酸三钠和硅酸钠（水玻璃）。为了提高清洗效果有时还添加一些表面活性剂用于润湿油脂、灰尘及生物物质，有助于清洗。以下是几组碱洗剂的配方。

① 用于金属表面除油，温度 100℃，时间 30～40min：NaOH 50g/L，Na_2SiO_3 5g/L，Na_3PO_4 30g/L，Na_2CO_3 30g/L。

② 用于碳钢材质，使用浓度为 45～135g/L，清洗温度 88～93℃：$Na_3PO_4 \cdot 12H_2O$ 32%，NaOH 16%，Na_2CO_3 46%，阴离子表面活性剂 4%，非离子表面活性剂 2%。

③ 用于铜和黄铜材质，使用浓度为 30～90g/L，清洗温度 82～88℃：$Na_3PO_4 \cdot 12H_2O$ 50%，$Na_2SiO_3 \cdot 5H_2O$ 30%，Na_2CO_3 13%，阴离子表面活性剂 5%，非离子表面活性剂 2%。

（4）作用原理

利用其强碱性疏松、乳化和分散金属设备内沉积物，从而达到对设备污垢清洗的目的。

（5）注意事项

氢氧化钠具有极强的腐蚀性，如不慎溅到皮肤上应立即用清水清洗 10 分钟。操作人员工作时必须穿戴工作服、口罩、防护眼镜、橡皮手套等劳保用品，车间应通风良好。应存放于干燥库房内，避免破损、污染、受潮及与酸接触，运输时防止撞击。

（6）质量指标

国家标准 GB 209—93 见表 4-58 和表 4-59。

表 4-58　工业用固体氢氧化钠标准

指 标 名 称		指　标								
		水银法			苛化法			隔膜法		
		优等品	一等品	合格品	优等品	一等品	合格品	优等品	一等品	合格品
氢氧化钠/%	≥	99.5	99.5	99.0	97.0	97.0	96.0	96.0	96.0	95.0
碳酸钠/%	≤	0.40	0.45	0.90	1.5	1.7	2.5	1.3	1.4	1.6
氯化钠/%	≤	0.06	0.08	0.15	1.1	1.2	1.4	2.7	2.8	3.2
三氧化二铁/%	≤	0.003	0.004	0.005	0.008	0.01	0.01	0.008	0.01	0.02
钙镁总量(Ca)/%	≤	0.01	0.02	0.03	—	—	—	—	—	—
二氧化硅/%	≤	0.02	0.03	0.04	0.50	0.55	0.60	—	—	—
汞/%	≤	0.0005	0.0005	0.0015	—	—	—	—	—	—

表 4-59　工业用液体氢氧化钠标准

指标名称	指　标										
	水银法			苛化法			隔　膜　法				
							Ⅰ型			Ⅱ型	
	优等品	一等品	合格品	优等品	一等品	合格品	优等品	一等品	合格品	一等品	合格品
氢氧化钠/% ≥	45.0	45.0	42.0	45.0	45.0	42.0	42.0	42.0	42.0	30.0	30.0
碳酸钠/% ≤	0.25	0.30	0.35	1.0	1.1	1.5	0.3	0.4	0.6	0.4	0.6
氯化钠/% ≤	0.03	0.04	0.05	0.70	0.80	1.00	1.6	1.8	2.0	4.7	5.0
三氧化二铁/% ≤	0.002	0.003	0.004	0.02	0.02	0.03	0.004	0.007	0.01	0.005	0.01
钙镁总量(Ca)/% ≤	0.005	0.006	0.007	—	—	—	—	—	—	—	—
二氧化硅/% ≤	0.01	0.02	0.02	0.50	0.55	0.60	—	—	—	—	—
汞/% ≤	0.001	0.002	0.003								

（7）制备方法

工业上生产氢氧化钠的方法有电解法、苛化法和离子膜法。电解法中又分为水银电解法和隔膜电解法，水银电解法因劳动条件恶劣、环境污染严重，正逐渐被淘汰。

① 隔膜电解法　将食盐溶于水后，投加纯碱、烧碱和氯化钡除去钙、镁和硫酸根离子，再经沉淀、过滤、盐酸中和后，送入隔膜电解槽中进行电解。反应式如下：

$$2NaCl + 2H_2O \longrightarrow 2NaOH + Cl_2 \uparrow + H_2 \uparrow$$

② 苛化法　又分为纯碱苛化法和天然碱苛化法，两者都是用石灰乳 $Ca(OH)_2$ 进行苛化。反应原理如下：

$$Na_2CO_3 + Ca(OH)_2 \longrightarrow CaCO_3 + 2NaOH（纯碱苛化法）$$
$$NaHCO_3 + Ca(OH)_2 \longrightarrow CaCO_3 + NaOH + H_2O（天然碱苛化法）$$

③ 离子交换膜法　将用传统方法精制过的盐水作为一次精制盐水，经微孔碳素管过滤之后，再用螯合离子交换树脂进行二次精制，目的是将盐水中的钙、镁离子含量进一步降低至 0.002% 以下。然后将二次精制过的盐水送入电解槽电解，在阳极室生成 Cl_2，而 Na^+ 则通过离子膜进入阴极室，与其中的 OH^- 生成 NaOH；阴极室产生的 H^+ 则直接在阴极放电生成 H_2。电解过程中要向阳极室加入适量的高纯度盐酸，以中和返回的 OH^-。阴极室中应随时补充所需的纯水。在阴极室生成的高纯度烧碱浓度的质量分数为 35%，即是液体产品。如需制成固碱，则应进一步熬浓。反应式如下：

$$2NaCl + 2H_2O \longrightarrow 2NaOH + Cl_2 \uparrow + H_2 \uparrow$$

4.4.9　碳酸钠

（1）性状

碳酸钠（Sodium carbonate）别名纯碱、苏打、碱面、碱灰。分子式为 Na_2CO_3（无水物）、$Na_2CO_3 \cdot H_2O$（一水物）、$Na_2CO_3 \cdot 10H_2O$（十水物），相对分子质量分别为105.99、124.00、286.14。无水碳酸钠为白色粉末或细粒结晶。无臭、味涩。相对密度为2.533，熔点为 850℃，400℃时开始失去 CO_2。易溶于水，水溶液呈强碱性。溶于甘油，不溶于乙醇和丙酮。与酸反应生成盐，被酸分解时生产气泡。暴露于空气中能逐渐吸收空气中的水蒸气而变成一水物，并有热量放出。

一水物又称水碱，为无臭的细小结晶或结晶粉末。有碱性味。在常温和大气环境条件下稳定。在温暖的干空气中或 50℃ 以上开始失水。100℃ 时变为无水物。相对密度为2.25。溶于水，尤其是热水。不溶于乙醇，但溶于甘油。

十水物称为晶碱或洗涤碱，为透明状结晶。相对密度为 1.46。熔点为 34℃。易溶于水，溶于甘油。不溶于乙醇。露置于空气中易风化。水溶液呈强碱性。

（2）用途

碳酸钠是常用的碱清洗药剂。在清洗中碳酸钠与硬度组分螯合而阻止不溶解的金属皂的形成。也可将碳酸钠用于控制清洗液的 pH 值，依靠其缓冲作用使清洗液的清洗效果保持稳定。在水处理领域还可用作水的软化剂及酸性废水中和剂等。

碳酸钠也是基本化工原料之一，可广泛用于化学、冶金、国防、石油、纺织、印染、造纸、玻璃、医药、食品等行业。

（3）使用方法

使用时先配成 5％～10％的溶液，之后根据需要量投加。也可与氢氧化钠一起使用。

（4）作用机理

碳酸钠可将酸不溶解的硫酸钙垢变为酸可溶解的碳酸钙垢。

（5）注意事项

碳酸钠局部反复使用时可引起过敏性反应。大量吞入人体可导致食道和胃的腐蚀，引起呕吐、腹泻、循环性虚脱，以至死亡。

碳酸钠粉尘对皮肤、呼吸道和眼睛有刺激作用，空气中粉尘的最高容许浓度为 $2mg/m^3$。操作人员应穿戴工作服、口罩、防护眼镜等。沾染部位应及时用水冲洗。

（6）质量指标

表 4-60 为工业碳酸钠的质量标准（GB 210—92）。

表 4-60 工业碳酸钠的质量标准

指 标 名 称		Ⅰ类	Ⅱ类			Ⅲ类		
		优等品	优等品	一等品	合格品	优等品	一等品	合格品
总碱量(以 Na_2CO_3 计)/%	≥	99.2	99.2	98.8	98.0	99.1	98.8	98.0
氯化物含量(以 NaCl 计)/%	≤	0.50	0.70	0.90	1.20	0.70	0.90	1.20
铁(Fe)含量/%	≤	0.004	0.004	0.006	0.010	0.004	0.006	0.010
硫酸盐(以 SO_4^{2-} 计)含量/%	≤	0.03	0.03①	—	—			
水不溶物含量/%	≤	0.04	0.04	0.10	0.15	0.04	0.10	0.15
灼烧失量②/%	≤	0.8	0.8	1.0	1.3	0.8	1.0	1.3
堆积密度③/(g/mL)	≥	0.85	0.90	0.90	0.90	0.90	0.90	0.90
粒度 180μm 筛余物/%	≥	75.0	70.0	65.0	60.0	70.0	65.0	60.0
1.18mm 筛余物/%	≥	2.0	—	—	—	—	—	—

① 为氨碱法控制项目，用户要求时检验。

② 为包装时检验结果。

③ 为重质碳酸钠控制项目。

（7）制备方法

工业上主要采用氨碱法和联合制碱法，以食盐为主要原料生产纯碱。

① 氨碱法 先制得饱和食盐水，并除去其中的钙、镁杂质，之后进行吸氨和碳化。经过滤分离出 $NaHCO_3$，再经煅烧得到 Na_2CO_3。过滤母液中的氨经蒸出后返回盐水吸氨工序。碳化所需的 CO_2 由煅烧石灰石制得。该方法的反应原理如下面的方程式所示。

$$NaCl + NH_3 + CO_2 + H_2O \longrightarrow NaHCO_3 + NH_4Cl$$

$$2NaHCO_3 \longrightarrow Na_2CO_3 + CO_2 + H_2O$$

② 联碱法　以食盐、氨及合成氨生产过程中的副产品二氧化碳为原料,同时生产碳酸钠和氯化铵两种产品。原理与氨碱法相同,只是将母液中的氯化铵分离出来作为一种产品。

4.4.10　磷酸三钠

(1) 性状

磷酸三钠(Sodium phosphate tribasic)分子式为 $Na_3PO_4 \cdot 12H_2O$,相对分子质量为 380.12。十二水磷酸三钠为无色或白色具有光泽的结晶体。相对密度(20℃)为 1.62。熔点 73.3~76.7℃。溶于水,水溶液呈强碱性。也溶于本身结晶水中。不溶于乙醇、二硫化碳。加热到 100℃时失去 11 个结晶水变成一水物。再加热到 212℃时即变为无水磷酸三钠。

无水磷酸三钠的相对密度为 2.537,熔点为 1340℃。

(2) 用途

与氢氧化钠、硅酸钠配合构成碱性清洗剂;工业循环水中用作缓蚀剂。由于能够除去硬水中的钙、镁等盐类,常用作冶金、化工、电厂、印染、纺织等行业的软水剂、洗涤剂和锅炉防垢剂。

磷酸三钠作缓蚀剂的特点是无毒无害,价格便宜,但单独使用缓蚀效果不强,一般多用复合型。

(3) 使用方法

作为缓蚀剂应该控制系统 pH 值在中性或弱碱性。如水的硬度高,则易生成磷酸钙(镁)垢,而垢下继续腐蚀,且磷酸钙垢不易清洗。因此,当用磷酸钠作缓蚀剂时,同时应使用磷酸钙垢阻垢剂。

(4) 作用机理

磷酸三钠作为钝化剂进行钝化处理后,被清洗活化的金属表面将形成磷酸铁保护膜,达到金属表面缓蚀的效果。

$$3Fe_3O_4 + 2Na_3PO_4 + 3H_2O \longrightarrow Fe_3(PO_4)_2 + 3H_2O + 6NaOH$$
$$Fe_3O_4 + 2Na_3PO_4 + 3H_2O \longrightarrow FeO \cdot 2FePO_4 + 6NaOH$$

(5) 注意事项

磷酸三钠不燃、不爆。其粉末对眼睛黏膜和上呼吸道有刺激性,并能引起皮炎和湿疹。若接触皮肤,需用水立即冲洗。

生产厂房应有排风设备,操作人员应穿戴规定的防护用具。应贮存在阴凉干燥处,贮、运过程中防止日晒、雨淋。

(6) 质量指标

表 4-61 为工业磷酸三钠的化工行业标准(HG/T 2517—1993)。外观为白色或微黄色结晶。

表 4-61　工业磷酸三钠的质量标准

指 标 名 称		指　标		
		优等品	一等品	合格品
磷酸三钠(以 $Na_3PO_4 \cdot 12H_2O$ 计)含量/%	≥	98.5	98.0	95.0
甲基橙碱度(以 Na_2O 计)/%		16.5~19.0	16.0~19.0	15.5~19.0
不溶物含量/%	≤	0.05	0.10	0.10
硫酸盐(以 SO_4^{2-} 计)/%	≤	0.50	0.50	0.80
氯化物(以 Cl^- 计)/%	≤	0.30	0.40	0.50
铁(Fe)含量/%	≤	0.10	—	—
砷(As)含量/%	≤	0.005	—	—

（7）制备方法

常用湿法磷酸中和法生产磷酸三钠。在磷酸中加入适量洗涤水，使 P_2O_5 的含量为 18%～20%。加热到 85℃ 后，加入 30%～35% 的碳酸钠溶液进行中和，使 pH＝8.0～8.4，并搅拌 15～30min，以使碳酸钠的反应尽量完全。添加磷酸三钠母液，使溶液中 P_2O_5 含量低于 12%，以减少中和渣中包裹的可溶性 P_2O_5 量。再保温 15～20min 之后过滤、蒸发、浓缩至 24%～25%。加入 NaOH，使 Na/P 比达到 3.24～3.26。进入结晶器进行结晶。再经干燥制得成品。

4.5 凝聚剂和絮凝剂

对于沉淀过程中药剂的分类一般有两种。一是根据水体中颗粒凝聚过程中不同阶段的作用机理，将主要通过表面电荷中和或双电层压缩而使胶体颗粒脱稳的药剂称为凝聚剂，而将主要使在脱稳后的胶体颗粒之间产生架桥作用以及在脱稳过程中产生卷扫作用的药剂称为絮凝剂。二是根据行业习惯，在工业用水的处理中的混凝沉淀过程中所用的药剂称为絮凝剂；而在废水处理过程中，起凝聚作用的药剂则被称为混凝剂或凝聚剂，絮凝剂或助凝剂特指主要起架桥作用的有机高分子化合物。

按照化合物的类型，絮凝剂可分为无机絮凝剂（即凝聚剂）、有机絮凝剂和微生物絮凝剂三大类，其中有机絮凝剂又可分为合成有机高分子絮凝剂和天然高分子化合物两种。无机絮凝剂主要通过中和离子上的电荷而凝聚，而有机絮凝剂主要是通过架桥作用使粒子沉降。在实际应用中，常首先加入无机絮凝剂中和电荷，然后加入有机絮凝剂生成絮团沉降。

4.5.1 聚合氯化铝

（1）性状

聚合氯化铝 ［Poly（aluminium chloride），PAC］ 别名聚铝、聚合铝、碱式氯化铝、羟基氯化铝、硫酸羟基氯化铝。分子式不明，一般表示为 $[Al_2(OH)_n Cl_{6-n} \cdot XH_2O]_m$，$[Al_2(OH)nCl_{6-n}]m$，$(m \leqslant 10; n \leqslant 5)$。聚合氯化铝是一种新型高效无机高分子絮凝剂，是一种金属络合物。铝是中心离子，氢氧根及氯根为配位体，通过羟基而架桥聚合，分子中所带的羟基数量不等。产品分固体和液体两种。固体为无色、淡黄色、灰绿色或棕褐色晶粒或粉末，容易潮解，易溶于水，水解过程伴随电化学、凝聚、吸附和沉淀等物理化学过程。有较强的架桥吸附性能，净水效果远优于传统的低分子净水剂硫酸铝、三氯化铁、硫酸亚铁和明矾等。液态的聚合氯化铝为无色、淡灰色、淡黄色或棕褐色透明或半透明液体，无沉淀。水溶液是介于三氯化铝和氢氧化铝之间的水解产物，带有胶体电荷，故对水中的悬浮物有极强的吸附性。固体产品的氧化铝含量为 20%～40%，液体产品的氧化铝含量＞8%，相对密度为 1.18（20℃），盐基度为 45.0%～85.0%，pH 值（1% 的水溶液）为 3.5～5.0。

（2）用途

聚合氯化铝是无机高分子絮凝剂中技术最成熟、市场销量最大的一种。

聚合氯化铝是一种重要的混凝剂，能很好地去除污水、原水的重金属、水中的有机色素及放射性物质的污染，尤其对工业污水中的含油、COD、含硫等有很高的去除率，同时，能增加生化微生物活性，提高生化降解能力。它对高浊度、低浊度、高色度及低温水都有较好的混凝效果。聚合氯化铝在国内外主要用于油田采油、炼油、造纸、矿冶、钻井泥浆及生活用水、污水、油水的净化处理以及特殊水质的处理（如含放射性物质，含铅、铬污水等）。它是一种高效、低耗、无毒的新型无机高分子净水剂，广泛用于冶金、电力、制革、医药、印染、造纸、化工等行业。它也是处理高氟水的理想药物，在化工、铸造、水泥、耐火材料等方面使用。除铁、锰效果好，可以得到低电导率的水。形成絮凝体（又称矾花）快且颗粒大而重，沉降快。适用的 pH 值范围在 5～9 之间，具有用量少、成本低、活性高、操作方便、适应性广、腐蚀性小等特点。由于聚合氯化铝的以上优点，目前有取代硫酸铝的趋势。

（3）使用方法

先将本品溶解稀释成氧化铝含量 5%～10% 的溶液投入水中。选择最佳 pH 值投加，可以发挥混凝的最大效益。加入量不宜过多，否则会使水发浑。一般浑浊水每 100t 投加药剂 0.5～2kg，原水浊度高时，投药量适当增加，浊度低时，投药量可以适当减少。农村使用，可将药剂投入水缸内，搅拌均匀，静置，上清液即可使用，每 50kg 加入本药剂 1g 左右。聚合氯化铝水解反应中不断生成 H^+，会降低水的 pH，对水解不利，故需适当添加一些石灰，使 pH 控制在中性或弱碱性，以满足水解反应的需要。

（4）作用机理

聚合氯化铝的水溶液是介于三氯化铝和氢氧化铝之间的水解产物，带有胶体电荷，因此对水中的悬浮物有极强的吸附性，从而达到凝聚水中悬浮物的目的。

（5）注意事项

聚合氯化铝有腐蚀性，生产和使用人员要穿工作服、戴口罩、手套、穿长筒胶靴。生产设备要密封，车间通风应良好。如溅到皮肤上，应立即用水冲洗。

本品应贮存于阴凉、通风、干燥库内，防止日晒雨淋，严禁与易燃、易腐蚀、有毒的物品存放在一起。

（6）质量指标

水处理剂聚合氯化铝国家标准（GB 15892—2003）见表 4-62。

表 4-62　水处理剂聚合氯化铝国家标准

指 标 名 称		指　标					
		Ⅰ 类				Ⅱ 类	
		液 体		固 体		液体	固体
		优等品	一等品	优等品	一等品		
氯化铝（Al_2O_3）的质量分数/%	≥	10.0	10.0	30.0	28.0	10.0	27.0
盐基度/%	≤	40～85	40～85	40～90	40～90	40～90	40～90
密度（20℃）/(g/cm³)	≥	1.15	1.15	—	—	1.15	—
水不溶物的质量分数/%	≤	0.1	0.3	0.3	1.0	0.5	1.5
pH 值（1%水溶液）		3.5～5.0					
氨态氮（N）的质量分数/%	≤	0.01	0.01			—	
砷（As）的质量分数/%	≤	0.0001	0.0002			—	
铅（Pb）的质量分数/%	≤	0.0005	0.001			—	
镉（Cd）的质量分数/%	≤	0.0001	0.0002			—	
汞（Hg）的质量分数/%	≤	0.00001	0.00001			—	
六价铬（Cr^{6+}）的质量分数/%	≤	0.0005	0.0005			—	

注：1. 氨态氮、砷、铅、镉、汞、六价铬等杂质的质量分数均按 10.0% Al_2O_3 计。

2. Ⅰ 类产品的指标为强制性的；Ⅱ 类为推荐性的。

(7) 制备方法

① 铝屑盐酸法　利用废铝屑、炼铝熔渣等作原料，与盐酸反应生成三氯化铝，经过聚合、沉降等工序制成产品。反应式如下：

$$Al_2O_3 + 6HCl + 9H_2O \longrightarrow 2AlCl_3 \cdot 6H_2O$$

$$2AlCl_3 \cdot 6H_2O \longrightarrow Al_2(OH)_nCl_{6-n} + (12-n)H_2O + nHCl$$

$$mAl_2(OH)_nCl_{6-n} + mxH_2O \longrightarrow [Al_2(OH)_nCl_{6-n} \cdot xH_2O]_m$$

② 沸腾热解法　将结晶氯化铝沸腾热解，然后加水聚合，再经过固化、干燥、破碎，制得聚合氯化铝固体产品。反应式如下：

$$2AlCl_3 \cdot 6H_2O \longrightarrow Al_2(OH)_nCl_{6-n} + (12-n)H_2O + nHCl$$

$$mAl_2(OH)_nCl_{6-n} + mxH_2O \longrightarrow [Al_2(OH)_nCl_{6-n} \cdot xH_2O]_m$$

4.5.2　硫酸铝

(1) 性状

硫酸铝（Aluminium sulfate，AS）的化学式为 $Al_2(SO_4)_3$（无水物）；$Al_2(SO_4)_3 \cdot 18H_2O$（十八水合物）。无水物的相对分子质量为 342.16，十八水合物相对分子质量为 666.43。硫酸铝的无水物为白色结晶粉末，密度为 $2.71g/cm^3$，770℃时熔融并分解，在空气中长期存放易吸潮结块。外观由于其中含有少量硫酸亚铁而带有淡绿色，晶体表面因为低价铁被氧化成高价铁而使产品表面发黄。十八水合硫酸铝为无色片状、粒状或块状结晶体，密度为 $1.69g/cm^3$。两种产品均易溶于水，水溶液呈酸性，pH 值在 2.5 以下，也溶于酸和碱，难溶于醇。溶液产品呈微绿或微灰黄色。过饱和溶液在常温下结晶为无色单斜晶体的十八水合物，8.8℃下结晶为 27 水合物。

(2) 用途

硫酸铝是一种应用特别广泛的絮凝剂，主要用于饮用水和工业用水的净化处理。但由于酸性强，水解速度慢，以及铝对人体带来的严重危害，目前已很少单独作为絮凝剂使用。

硫酸铝主要用作供水及废水的混凝剂，还应用于其他许多工业部门，如造纸、木材、消防、颜料、制革、印染、油脂、医药、石油等。

(3) 使用方法

絮凝处理时，液体产品可直接用计量泵投加；固体产品一般需配成液体后投加，配制溶液的质量分数一般为 5%～20%。该产品的投加量一般为几十毫克/升至 100 毫克/升左右，加入量过多，使水的 pH 值下降，影响混凝效果，使水发浑。由于硫酸铝水解使水溶液呈酸性，故需用石灰调节 pH 值。该产品对水的 pH 值适应范围一般在 5.5～8。水温对絮凝效果影响较大，水温高时效果好，水温低时，水解困难，形成絮凝体比较松散，效果不如铁盐。

进行水脱色时，最好将硫酸铝和氯气合用，氯气用于脱除氧化水中有色物质，硫酸铝则中和其表面负电荷，并使其与硫酸铝的水解产物起化学反应而被除去。

(4) 作用机理

硫酸铝加入水中时，能迅速溶解解析出 SO_4^{2-}，Al^{3+} 与水反应而水解。在原水中，Al^{3+} 被 6 个水分子包围，以 $Al(H_2O)_6^{3+}$ 八面体存在。pH 大于 3 时，水合分子逐步被 OH^- 取代。水解时，各种不同的水化分子进行聚合反应。

水处理过程中，在一定的 pH 值下，水解与聚合反应同时迅速发生，形成各种单核和多核配位化合物。这些配位化合物均带有正电荷，原水中带负电荷的悬浮粒子被吸附在其表面。电荷被中和以后，悬浮粒子间的斥力消失发生凝聚。

（5）注意事项

该产品腐蚀性强，各类投加设备应做好防腐处理，操作工人应备劳动保护措施。应贮存于阴凉、干燥、清洁库房内，防止受潮、变质。不可与有毒物品和碱性物品共贮混运。

（6）质量指标

国家标准 GB 3151—82（净水剂用硫酸铝）见表 4-63。原化工部部颁行业标准 HG 2227—91（水处理剂用硫酸铝）见表 4-64。

表 4-63　净水剂用硫酸铝国家标准

指　标　名　称		指　标	指　标　名　称		指　标
氧化铝（Al_2O_3）/%	≥	15.60	水不溶物/%	≤	0.15
氧化铁（Fe_2O_3）/%	≤	1.00	砷（As）/%	≤	0.0005
游离酸（H_2SO_4）/%		符合检验要求	重金属（以 Pb 计）/%	≤	0.002

表 4-64　水处理剂用硫酸铝行业标准

指标名称[①]		指　标		
		固　体		溶　液
		一等品	合格品	
氧化铝（Al_2O_3）/%	≥	15.6	15.6	7.8
铁/%	≤	0.52	0.70	0.25
水不溶物/%	≤	0.15	0.15	0.15
pH 值（1%水溶液）	≥	3.0	3.0	3.0
砷/%	≤	0.0005	0.0005	0.0003
重金属（以 Pb 计）/%	≤	0.002	0.002	0.001

① 工业水处理用的产品不检验砷和重金属。

（7）制备方法

① 硫酸分解铝土矿法　将铝土矿石粉碎后，在加压条件下与 50%～60% 的硫酸反应，然后经沉降分离、中和、蒸发、结晶等过程，制得硫酸铝产品。其反应式为：

$$Al_2O_3 + 3H_2SO_4 \longrightarrow Al_2(SO_4)_3 + 3H_2O$$

② 硫酸分解氢氧化铝法　氢氧化铝与硫酸反应后，经过滤、浓缩、结晶等过程，制得硫酸铝产品。其反应式为：

$$2Al(OH)_3 + 3H_2SO_4 \longrightarrow Al_2(SO_4)_3 + 6H_2O$$

③ 铝矾土法　以铝矾土和硅酸为主要原料，经粉碎、酸化、沉淀、中和、浓缩、结晶而成。

4.5.3　结晶氯化铝

（1）性状

结晶氯化铝（Aluminium Chloride，Crystalline）别名六水三氯化铝、六水氯化铝。分子式为 $AlCl_3 \cdot 6H_2O$，相对分子质量为 243.43。结晶氯化铝纯品为无色结晶体，工业品呈深黄色或浅黄色。密度为 $2.389g/cm^3$。吸湿性很强，极易潮解。溶于水，也能溶于乙醇、乙醚和甘油，同时放出大量热能；水溶液呈酸性。在水中溶解度随水温升高而增加。在湿空气中潮解并释放出白色的氯化氢烟雾。加热到 100℃ 分解，并释放出氯化氢气体。

（2）用途

结晶氯化铝用作絮凝剂，主要用于工业原水、饮用水絮凝净化处理，也用于高氟水降氟和含油污水处理。对低温低浊水及高浊水处理效果一般，絮凝过程 pH 对处理效果影响较大。

也可用来处理乳胶、丙烯酸涂料和油乳液、染料、黏土悬浮液，以及处理卫生系统废物消化后的排出废液，还可用于精密铸造、木材防腐、造纸工业、印染和医药工业部门。

（3）使用方法

根据欲处理水的性质，如杂质类型、浊度、pH 值、水温等因素，取水样做加药量试验。使用时需先调配成 5%～10% 溶液后投加，一般有效投加量为 20～60mg/L。必要时可配合石灰、其他絮凝剂联合使用。

（4）作用机理

作用机理同硫酸铝。

（5）注意事项

三氯化铝干扰人体的磷酸化过程，食入人体过多易引起急性中毒。由于三氯化铝在潮湿空气中易潮解而放出氯化氢雾，故应密封存放，防止受潮。贮运时注意防雨、防潮，禁止与有毒有害物质共贮混运。

（6）质量指标

中华人民共和国专业标准 ZBG 77001—90（水处理剂结晶氯化铝）见表 4-65。

表 4-65　水处理剂结晶氯化铝专业标准

指　标　名　称		指　　　　标	
		一　等　品	合　格　品
外观		橙黄色或淡黄色晶体	
结晶氯化铝（$AlCl_3 \cdot 6H_2O$）/%	$\geqslant$	95.0	88.5
铁/%	$\leqslant$	0.25	1.10
水不溶物/%	$\leqslant$	0.10	0.10
砷/%	$\leqslant$	0.0005	0.0005
重金属（Pb）/%	$\leqslant$	0.002	0.002
pH（1%水溶液）	$\geqslant$	2.5	2.5

（7）制备方法

① 金属铝法　将金属铝放入密闭的氯化反应炉内，通入氯气，反应生成的氯化铝升华进入捕集器，得到成品。反应式如下：

$$2Al + 3Cl_2 \longrightarrow 2AlCl_3$$

② 铝氧粉法　一定粒度的工业氧化铝与石油焦按一定比例投入焙烧炉中，由底部通入空气进行焙烧。焙烧后的物料进入氯化炉，炉中通入氯气和氧气，铝氧粉在碳类还原剂的存在下与氯气反应。产物预冷、净化后进入捕集器，制得成品。尾气经氢氧化钠或亚硫酸钠溶液吸收处理排空。反应式如下：

$$Al_2O_3 + 3C + 3Cl_2 \longrightarrow 2AlCl_3 + 3CO$$

③ 煤矸石盐酸法　将煤矸石或铝矾土破碎之后放入沸腾炉中，在（700±50）℃下焙烧，然后粉碎成细粉，加入反应器中与浓盐酸反应，温度控制在 100℃ 左右。反应完成后再经洗涤、浓缩结晶、分离等步骤，即得产品。反应方程式为：

$$Al_2O_3 + 6HCl + 9H_2O \longrightarrow 2AlCl_3 \cdot 6H_2O$$

4.5.4 硫酸铝钾

（1）性状

硫酸铝钾（Aluminum potassium sulfate）别名明矾、钾明矾、钾铝矾、白矾、生矾、枯矾（指无水物）。化学式为 $KAl(SO_4)_2 \cdot 12H_2O$；$2[KAl(SO_4)_2] \cdot 24H_2O$。相对分子质量为 474.39，无水物相对分子质量为 258.20。硫酸铝钾水合物为无色、无臭、质地坚硬透明的大颗粒结晶体、碎片或粉末。味涩、有收敛性。密度为 1.757g/cm^3，熔点 $92.5℃$。溶于水、甘油和稀酸，在水中的溶解度随水温升高而增大，水溶液呈酸性，水解后有氢氧化铝胶状沉淀。在干空气中会风化，在湿空气中又会潮解。加热 $645℃$ 以上失去结晶水形成白色粉末状无水物。

无水物 $KAl(SO_4)_2$ 为白色粉末，在空气中易潮解。易溶于水，不溶于醇和丙酮。

（2）用途

在水处理中主要用作给水净化、浑浊水的混凝剂。其他用途也很多，如造纸工业中作上浆剂；医药工业用作防腐剂、收敛剂和止血剂；轻工业中用作玻璃着色剂；制革业的铝鞣剂；食品行业用作疏松剂；印染工业中用作媒染剂、缓染剂和防染剂等。

（3）使用方法

一般将大块晶体粉碎投加于待处理水中，适当搅拌、静置。一般用于处理浑浊度在 60 杰克逊浊度单位以下的原水、污水，投加量由试验确定。

（4）作用机理

起混凝作用的是硫酸铝，因此其混凝机理与硫酸铝相同。

（5）注意事项

硫酸铝钾应贮存在阴凉、干燥、通风的库房中。贮存和运输过程中应防止日晒、雨淋和受潮、受热，不得与有毒、有色和易污染物质共贮混运。

（6）质量指标

中国化工部推荐标准 HG/T 2565—94（工业硫酸铝钾）见表 4-66。国家标准 GB 1895—80（食用硫酸铝钾）见表 4-67。

表 4-66 工业硫酸铝钾化工部推荐标准

指 标 名 称	指　　标		
	优等品	一等品	合格品
外观	无色透明、半透明块状、粒状或晶状粉末		
硫酸铝钾[$KAl(SO_4)_2 \cdot 12H_2O$]含量（以干基计）/% ≥	99.2	98.6	97.6
铁（Fe）含量（以干基计）/% ≤	0.01	0.01	0.05
重金属（以 Pb 计）含量/% ≤	0.002	0.02	0.005
砷（As）含量/% ≤	0.0002	0.0005	0.001
水不溶物含量/% ≤	0.2	0.4	0.6
水分/% ≤	1.0	1.5	2.0

表 4-67 食用硫酸铝钾国家标准

指 标 名 称	指标	指 标 名 称	指标
硫酸铝钾[$KAl(SO_4)_2 \cdot 12H_2O$]含量/% ≥	99.0	砷（As）含量/% ≤	0.0002
重金属（以 Pb 计）含量/% ≤	0.002	附着水/% ≤	1.0
铁（Fe）含量/% ≤	0.01		

(7) 制备方法

① 天然明矾石法　将明矾石（$3Al_2O_3 \cdot K_2O \cdot 4SO_3 \cdot 6H_2O$）破碎，经焙烧脱水、风化、蒸汽浸取，然后沉降、结晶、粉碎，即得到硫酸铝钾。

② 结晶提纯法　将粗明矾加水煮沸、蒸发、结晶，然后分离、干燥、过筛，即得到产品。

③ 铝矾土矿法　用硫酸分解铝矾土矿形成硫酸铝溶液，再加入硫酸钾进行反应，生成硫酸铝钾，经过滤、结晶、离心脱水、干燥，制得成品。

④ 氢氧化铝法　将氢氧化铝溶于硫酸，再计量加入硫酸钾溶液，加热进行反应，经过滤、浓缩、结晶、离心分离，制得产品。

4.5.5　聚合硫酸铁

(1) 性状

聚合硫酸铁（Polyferric sulfate，PFS）别名聚铁、硫酸聚铁。化学式为 $[Fe_2(OH)_n \cdot (SO_4)_{3-n/2}]_m$，式中 $n<2$，$m=f(n)$。聚合硫酸铁是一种高效无机高分子水处理剂。产品分为液体和固体两种。液体产品为红褐色或深红褐色黏稠透明的液体，固体产品为黄色或浅灰色无定形固体。相对密度（20℃）1.450，液体黏度（20℃）11mPa·s 以上。聚合硫酸铁水解后可产生多种高价和多核络合离子，如 $[Fe_2(OH)_4]^{2+}$、$[Fe_3(OH)_6]^{3+}$、$[Fe_8(OH)_{20}]^{4+}$ 等，对水中悬浮的胶体颗粒进行电性中和，降低电位，促使离子相互凝聚，并产生吸附、架桥交联等作用，促使悬浮粒子发生凝聚并沉淀，从而将水净化。

聚铁的混凝效果比三氯化铁好，且成本比后者低 30%～40%。用聚铁和碱式氯化铝对比处理某些低浊度的原水时，发现聚铁具有明显的优点。聚铁净化后的水 pH 和碱度降低较小，无氯增加，对管道的腐蚀性小，不产生铁离子后移，因此水处理剂的费用下降。在某些废水处理中，聚铁比碱式氯化铝除去有机物的效果好。同时，相对于铝离子，铁离子对人体的负面影响更小。

(2) 用途

聚合硫酸铁属于阳离子型无机高分子絮凝剂，广泛用于原水、生活饮用水、工业给水、各种工业废水、城镇污水及脱泥水的净化、脱色、絮凝处理。对于低温低浊水及高浊度水的净化效果甚好。适宜水温 20～40℃，适用水体 pH 范围较宽，一般为 4～11，最佳 pH 值为 6～9；净化后的 pH 值变化幅度小，并能降低水的硬度。混凝性能优良，沉降速度快。出水水质好，即使过量 10 倍也无铁离子的水相转移，不会使水发黄。具有显著脱色、脱臭、脱水、脱油、除菌、脱除水中重金属离子、放射性物质及致癌物等多种功效，有极强去除 COD、BOD 的能力。对管道设备腐蚀性小，能形成保护膜，防止深层腐蚀。

聚合硫酸铁对分散性染料、硫化染料、直接染料等漂染废水，均有良好的治理效果，COD 去除率高达 70% 以上，效果比铝盐好。可有效地去除硫化氢和甲基硫化氢等的恶臭。聚合硫酸铁可用于印染废水、高砷氟废水、含锌铜等金属的废水、电镀污水、漂染废水、合成洗涤厂废水，并可用于生化污泥脱水处理。

(3) 使用方法

使用聚合硫酸铁处理原水时，其投加量一般在 10^{-5} 数量级，污染严重的工业废水的用量应该增加。使用前一般先稀释 2～3 倍。与聚丙烯酰胺联用，有明显的降低 COD、BOD、除臭和脱色的功效。液体产品可直接用计量泵投加。固体产品按 10%～30% 投加，在溶解池中搅拌溶解，静置 2h 左右，呈棕红色透明药液后使用，一般宜当日配制当日投加。

因原水性质各异，应根据不同情况，现场调试或作烧杯试验，取得最佳使用条件和最佳投药量，以达到最好的处理效果。制水厂可以以其他药剂用量作为参考，在同等条件下本产品与固体聚合氯化铝用量相当，是固体硫酸铝用量的 1/3～1/4。如果使用的是液体产品，可根据相应的药剂浓度计算酌定。使用时，将配制好的药液泵入计量槽，通过计量投加药液与原水混凝。生活给水、生产给水参考用量为 20～60mg/L。

应注意混凝过程三个阶段的水力条件和形成矾花状况。

凝聚阶段　是药液注入混凝池与原水快速混凝在极短时间内形成微细矾花的过程。此时水体变得更加浑浊。它要求水流能产生激烈的湍流。烧杯实验中宜快速（250～300r/min）搅拌 10～30s，一般不超过 2min。

絮凝阶段　是矾花成长变粗的过程。要求适当的湍流程度和足够的停留时间（10～15min），至后期可观察到大量矾花聚集缓缓下沉，形成表面清晰层。

烧杯实验先以 150r/min 搅拌约 6min，再以 60r/min 搅拌约 4min 至呈悬浮态。

沉降阶段　它是在沉降池中进行絮凝物沉降的过程，要求水流缓慢。为提高效率一般采用斜管（板）式沉降池（也可采用气浮法分离絮凝物）。大量的粗大矾花被斜管（板）壁阻挡而沉积于池底，上层水为澄清水，剩下的粒径小、密度小的矾花一边缓缓下降，一边继续相互碰撞结大，到后期余浊基本不变。

烧杯实验以 20～30r/min 慢搅 5min，再静沉 10min，测余浊。

（4）作用机理

聚铁是一种多羟基、多核络合体的阳离子型絮凝剂。聚铁的水溶液含有大量聚合铁络离子，对水中悬浮物的胶体颗粒进行电性中和，降低电位，使水中的胶体颗粒迅速凝聚成大颗粒，同时还兼有吸附、架桥的凝聚作用，使微粒絮凝成大颗粒，加速颗粒沉降，达到将水净化的目的。

（5）注意事项

聚铁无毒，也不燃烧，但对皮肤有一定的刺激性。生产过程中应戴防护用品，避免直接接触皮肤。

贮存时禁止曝晒，贮存温度不低于−20℃，须保存在干燥、防潮、避热（<80℃）的库房内。运输时避免撞击，避免与有毒物品共贮共运。

（6）质量指标

国家标准 GB 14591—93（净水剂聚合硫酸铁）见表 4-68。聚合硫酸铁按产品状态分为Ⅰ型和Ⅱ型，Ⅰ型为液体，Ⅱ型为固体。外观：Ⅰ型为红褐色黏稠液体；Ⅱ型为淡黄色无定型固体。

表 4-68　净水剂聚合硫酸铁国家标准

指 标 名 称		指　标		指 标 名 称		指　标	
		Ⅰ型	Ⅱ型			Ⅰ型	Ⅱ型
密度(20℃)/(g/cm³)	≥	1.45	—	pH(1%水溶液)		2.0～3.0	2.0～3.0
全铁含量/%	≥	11.0	18.5	砷(As)/%	≤	0.0005	0.0008
还原性物质(以 Fe²⁺ 计)/%	≤	0.10	0.15	铅(Pb)/%	≤	0.0010	0.0015
盐基度/%	≤	9.0～14.0	9.0～14.0	不溶物/%	≤	0.3	0.5

（7）制备方法

① 以铁屑、铁矿粉或铁矿熔渣粉为原料，与硫酸反应生成硫酸亚铁，然后再通入氧气和硝酸（作催化剂）进行聚合，生成液体聚合硫酸铁。

② 以硫酸亚铁（如来自钛白粉生产的副产物和钢铁硫酸酸洗废液中的硫酸亚铁）、硫酸、水为原料，通过氧化聚合反应，生成液体聚合硫酸铁。

③ 聚合硫酸铁固体产品的制造方法

a. 利用液体产品进行喷雾干燥，制成固体颗粒。

b. 中国专利 CN1060278（1992.4.15）中提出的方法，即以硫酸亚铁为原料，利用空气作氧化剂，制得固体产品。

4.5.6　氯化铁

（1）性状

氯化铁（Ferric chloride、Iron trichloride）别名三氯化铁、氯化高铁。化学式为 $FeCl_3$，相对分子质量为 162.21。无水氯化铁为六角形暗色片状结构，有金属光泽，在投射光下显红色，折射光下显绿色，有时呈浅褐色至黑色。密度为 $2.898g/cm^3$，熔点为 304℃。沸点 332℃。氯化铁在空气中极易吸收水分而潮解，易溶于水、乙醇、甘油、乙醚和丙酮，难溶于苯。氯化铁的水溶液呈强酸性，腐蚀性很强。

市售的结晶产品是三氯化铁的六水合物 $FeCl_3 \cdot 6H_2O$。外观为黄褐色结晶，极易吸收水分，有氯化氢的刺激性味道。液体产品为红棕色。

氯化铁是一种强氧化剂。许多金属（如 Fe、Cu、Ni、Pd、Pt、Mn、Pb、Sn）能被氯化铁溶液溶解而生成二氯化物。

（2）用途

氯化铁最大的应用领域是水处理部门，其稀溶液在水处理中作为絮凝剂和沉淀剂，用于处理生活用水、工业用水和市政污水、工业废水。三氯化铁净水效果受水温和 pH 的影响小，价格便宜，对某些原水（如硬水）有较好的处理效果。

利用氯化铁处理生活污水和工业废水效果极佳，因为它能将污水或废水中的重金属和硫化物沉淀出来；同时，形成的氢氧化铁矾花又能将水中难于降解的油类和聚合物等杂质吸附除去。处理后水中磷含量也大幅度下降。

氯化铁在有机化学合成中用作脂肪烃和芳香化合物的氯化剂；用作 Friedel-crafts 合成反应和缩聚反应的催化剂。用于金属表面处理、银铜矿石的氯化处理以及电子印刷电路板和印刷业铜版制作。还用作织物印花辊雕版的蚀刻剂、制造其他铁盐的原料以及织物染色和印花的媒染剂。

（3）使用方法

液体产品直接计量投加。对于生活饮用水和工业供水处理，投加量一般在 $10^{-6} \sim 10^{-5}$ 数量级，固体产品需在溶解池调配成 10%～20% 溶液后计量投加。处理工业废水的用量可通过试验确定。固体产品吸湿性极强，开封后最好一次性配成溶液，产品有效投加浓度一般在 10～50mg/L。当水的碱度低或投加量大时，水中应先加适量的石灰，以提高碱度。

（4）作用机理

三价铁盐的作用相当于三价铝盐，也会形成水合单核络合物。铁盐形成的矾花密度和强度较大，净水效果显著。

铁盐水解后的产物可当凝聚剂使用，即形成的 $Fe(H_2O)_3(OH)_3$ 沉淀物是带正电荷的水合单核离子及多核离子络合物，会吸附带负电荷的胶质离子。

（5）注意事项

产品腐蚀性强，投加设备需进行防腐处理，操作工人应配备劳动保护设施。

液体产品用专用槽车，食品级聚乙烯塑料桶或陶瓷坛包装。包装容器应有明显的"净水剂"字样和"腐蚀性物质"标志。

三氯化铁有强烈的吸水性，故包装容器必须严格密封，防止受潮，贮存于阴凉、通风、干燥的仓库内。运输贮存中避免碰撞和有毒有害物品污染。

（6）质量指标

国家标准 GB 4482—93（净水剂氯化铁）见表 4-69。

表 4-69　净水剂氯化铁国家标准

指标名称		指标					
		Ⅰ型（无水氯化铁）			Ⅱ型（氯化铁溶液）		
		优等品	一等品	合格品	优等品	一等品	合格品
氯化铁含量/%	≥	98.7	96.0	93.0	44.0	41.0	38.0
氯化亚铁含量/%	≤	0.70	2.0	3.5	0.2	0.30	0.40
不溶物含量/%	≤	0.50	1.5	3.0	0.40	0.50	0.50
游离酸（HCl）含量/%	≤	—	—	—	0.25	0.40	0.50
砷/%	≤	—	0.002	—	—	0.0020	—
铅/%	≤	—	0.004	—	—	0.0040	—

注：Ⅰ型为褐绿色晶体；Ⅱ型为红棕色溶液。

（7）制备方法

固体产品采用氯化法、低共熔混合物反应法和四氯化钛副产法，液体产品采用盐酸法和一步氯化法。

① 氯化法　以废铁屑和氯气为原料，在立式反应炉内反应，生成的三氯化铁蒸气和尾气由炉顶部排出，进入捕集器冷凝为固体结晶，即是成品。

② 低共熔混合物反应法（熔融法）　在一个带有耐酸衬里的反应器中，令铁屑和干燥氯气在三氯化铁与氯化钾或氯化钠的低共熔混合物（如 70% FeCl₃ 和 30% KCl）内进行反应。首先，铁屑溶解于共熔物（600℃）中，并被三氯化铁氧化为二氯化铁，后者再与氯气反应生成三氯化铁，升华后被收集在冷凝室中。

③ 三氯化铁溶液的制备方法　将铁屑溶解于盐酸中，先生成二氯化铁，再通入氯气氧化成三氯化铁。冷却三氯化铁浓溶液，便产生三氯化铁的六水物结晶。

4.5.7　硫酸亚铁

（1）性状

硫酸亚铁（Ferrous sulfate）别名绿矾、铁矾。化学式为 $FeSO_4 \cdot 7H_2O$，相对分子质量为 278.02。硫酸亚铁为蓝绿色、淡绿色或淡黄色结晶或颗粒，无臭无味。溶于水和甘油，微溶于醇。密度 1.898g/cm³，熔点 64℃，56.6℃时失去 3 个结晶水，65～90℃时失去 5 分子结晶水，300℃左右失去全部结晶水，变为白色粉末状的无水物，约 480℃时开始分解。有腐蚀性，易吸潮，在湿空气中易氧化成黄色或黄褐色的碱式硫酸铁 $Fe(OH)SO_4$。

硫酸亚铁的水溶液发生水解而呈弱酸性。其在碱性溶液的氧化速度随温度升高而加快。

（2）用途

该产品在饮用水和工业给水中作为澄清浑浊水的混凝剂，也可用于处理含铬或镉的废水。硫酸亚铁适用于碱度高、浊度高的废水处理，适宜 pH8.1～9.6，最好与碱性药剂或有机高分子絮凝剂配合使用。

此外还用于蓝黑墨水的制造和皮革染色以及摄影、印刷的制版。也用作铝质器件的蚀刻剂、聚合反应的催化剂，还可用于食品和饲料添加剂、木材防腐剂、除草剂、农药以及医药、化学等部门。

（3）使用方法

使用时一般先在溶解池中调配成 5%～20%溶液后投加。最佳絮凝 pH 范围在 9.0 以上，最好与碱化药剂或有机高分子絮凝剂联合使用。

硫酸亚铁电离出的 Fe^{2+} 只能生成单核络合物，混凝效果不如三价铁盐，故使用时应先将 Fe^{2+} 氧化成 Fe^{3+}。当水的 pH>8 时，Fe^{2+} 易被溶解氧氧化成 Fe^{3+}，当 pH 值较低时，可适当加些石灰，以提高碱度和 pH。如水中溶解氧不足时，也可适当通入氯气或加入次氯酸盐，使 Fe^{2+} 氧化成 Fe^{3+}。

（4）作用机理

硫酸亚铁在水溶液中可解离成铁离子和硫酸根离子。二价铁离子水解或与水中的碱反应生成氢氧化亚铁。由于 Fe(Ⅱ) 的絮凝效果不如 Fe(Ⅲ)，因此在使用硫酸亚铁时，需采用氧化、曝气等方法将 Fe(Ⅱ) 氧化成 Fe(Ⅲ)。

（5）注意事项

产品腐蚀性极强，投加设备需做防腐处理，操作人员应配备劳动保护设施。

装运过程中应小心轻放，防止包装破损，不得日晒雨淋，禁止与有毒有害物质混贮共运。

（6）质量指标

国家标准 GB 10531—89（水处理剂硫酸亚铁）见表 4-70。

表 4-70　水处理剂硫酸亚铁国家标准

指标名称		指标(水处理剂级)					
		饮用水处理			工业水处理		
		优等品	一等品	合格品	优等品	一等品	合格品
硫酸亚铁($FeSO_4 \cdot 7H_2O$)/%	≥	97.0	94.0	90.0	97.0	94.0	90.0
二氧化钛(TiO_2)/%	≤	0.5	0.5	0.75	0.5	0.5	0.75
水不溶物/%	≤	0.2	0.5	0.75	0.2	0.5	0.75
游离酸(以 H_2SO_4 计)/%	≤	0.35	1.0	2.0	—	—	—
砷(As)含量/%		0.0005	0.0005	0.0005			
重金属(以 Pb 计)含量/%		0.002	0.002	0.002			

（7）制备方法

① 硫酸法　加热条件下硫酸与铁屑反应，经沉淀、结晶，脱水制得硫酸亚铁。

② 钛白粉生产副产品法　由钛铁矿制取钛白粉，从其副产物中制得硫酸亚铁。

③ 从酸洗废液中制取　酸洗时采用 20%～25%的稀硫酸。酸洗后的废洗液中含 15%～20%的硫酸亚铁。利用冷却结晶法将硫酸亚铁分离出来，而含硫酸的母液则返回酸洗槽，冷却温度为 -10～-5℃。

4.5.8　聚丙烯酰胺

（1）性状

聚丙烯酰胺（Polyacrylamide，PAM）分子式为 $(C_3H_5NO)_n$，相对分子质量为 $(2\sim6)\times10^6$。聚丙烯酰胺是由单体丙烯酰胺经自由基聚合而成，是最早开发出的有机高分子絮凝剂。聚丙烯酰胺在制备中可引进不同的带电基团，故有阴离子型、阳离子型、两性及非离子型产品。由于组成和制备方法的不同，可得到胶液、胶乳、白色粉粒、半透明珠粒和薄片等产品。

聚丙烯酰胺结构式

常温下 PAM 为坚硬的玻璃态固体，商品聚丙烯酰胺有胶液、胶乳、白色粉末和半透明的珠粒和薄片等。粉末状的聚丙烯酰胺的固体含量大于 90%。阳离子型、阴离子型和非离子型的相对分子质量分别为 500～1000、300～1900 和 200～1200。阳离子型、阴离子型和非离子型的离子度分别为 0～100%、25%～30% 和 5%。固体聚丙烯酰胺的密度（23℃）为 1.302g/cm³，玻璃化温度为 153℃，软化温度为 210℃。热稳定性好，在缺氧条件下加热到 210℃可失水，继续加热到 210～230℃时酰胺分解生成氨和水，当温度达到 500℃时则形成只有原重 40% 的黑色薄片。

聚丙烯酰胺能以任意比例溶于水，水溶液为均匀透明的液体。水溶液的黏度随聚合物相对分子质量的增加而明显提高。长期存放的聚丙烯酰胺水溶液可因聚合物缓慢降解而使溶液黏度下降。

（2）用途

PAM 絮凝效果极强，具有澄清净化作用、沉降促进作用、过滤促进作用、增稠（浓）作用及其他作用。主要用在废水、废液处理、污泥浓缩脱水、选矿、洗煤、造纸等方面。目前其产量占有机高分子絮凝剂的 80%，在工业给水处理和污水处理中应用广泛。

（3）使用方法

可根据使用目的选择适当剂型和类型，通过试验确定投加量。用作水处理的絮凝剂时，一般先将固体溶解成液体。实验室用可配制成 0.1%～0.5% 的浓度，随配随用，长期放置会降解。水处理现场使用需要有适合絮凝剂溶解的工业化设备。聚丙烯酰胺溶液浓度很稀时仍很黏稠，搅拌时要避免剧烈剪切，颗粒在水中要分散均匀。加药量可参考以下标准。

较稀的无机物悬浮液（1m³）：0.5～3g/m³；

较浓的无机物悬浮液（1m³）：2～20g/m³；

对无机物泥浆过滤或离心（1t 干固体）：25～300g。

（4）作用机理

聚丙烯酰胺是水溶性的高分子聚合物或聚电解质。由于其分子链中含有一定数量的极性基团，它能通过吸附污水中悬浮的固体粒子，使粒子间架桥或通过电荷中和使粒子凝聚形成大的絮凝物，所以，它可加速悬浮液中粒子的沉降，有非常明显的加快溶液澄清，促进过滤等效果。

（5）注意事项

由于商品聚丙烯酰胺中含有有毒的未聚合的丙烯酰胺单体，因此中国规定饮用水处理中最高容许用量为 0.01mg/L。为防止聚丙烯酰胺水溶液的降解，应控制存放温度不高于50℃，防止曝晒，另外可在溶液中加入少量稳定剂如硫氰酸钠、硫脲、亚硝酸钠和非溶剂甲醇等。

（6）质量指标

聚丙烯酰胺的质量标准（GB 17514—1998）如表 4-71。

表 4-71　聚丙烯酰胺的质量标准

指　标　名　称		指　　标		
		饮用水用	污水处理用	
		优等品	一等品	合格品
外观		固体聚丙烯酰胺为白色或微黄色颗粒或粒状；胶体聚丙烯酰胺为无色或微黄色透明胶体		
固含量(固体)/%	≥	90.0	90.0	87.0
丙烯酰胺单体含量(干基)/%	≤	0.05	0.10	0.20
溶解时间(阴离子型)/min	≤	60	90	120
溶解时间(非离子型)/min	≤	90	150	240
筛余物(1.00 mm 筛网)/%	≤	5	10	10
筛余物(180 μm 筛网)/%	≥	85	80	80

（7）制备方法

表 4-72 为聚丙烯酰胺的制备方法。

表 4-72　聚丙烯酰胺的制备方法

名　　称	制　备　方　法
聚丙烯酰胺(PAM)	丙烯腈经催化制得丙烯酰胺，后者在 K_2SO_3 存在条件下制成聚丙烯酰胺
非离子型聚丙烯酰胺	以丙烯腈为原料，经催化水合，制成丙烯酰胺，再经溶液聚合而成
阳离子型聚丙烯酰胺	用非离子型聚丙烯酰胺胶体与甲醛和二甲铵进行反应制得
阴离子型聚丙烯酰胺	非离子型聚丙烯酰胺在碱的作用下进行水解制得

4.5.9　硫酸铝铵

（1）性状

硫酸铝铵（Aluminum ammonium sulfate）又名铵明矾、铝铵矾、铵矾、枯矾、烧明矾（指无水物）、宝石明矾。分子式为 $NH_4Al(SO_4)_2 \cdot 12H_2O$ 或 $(NH_4)_2SO_4 \cdot Al_2(SO_4)_3 \cdot 24H_2O$。无水物的相对分子质量为 237.14，十二水合物的相对分子质量为 453.33，二十四水合物的相对分子质量为 906.67。硫酸铝铵（十二水合物）为无色透明的正八面体结晶，相对密度（25℃）为 1.64，熔点为 93.5℃，120℃时失去 10 结晶水，250℃以上分解。溶于水、甘油和稀酸，不溶于乙醇。

无水物为白色粉末。相对密度（20℃）为 2.45。不溶于乙醇。

（2）用途

硫酸铝铵主要用作污水处理的混凝剂，其他方面的用途也很广，如造纸工业的上浆剂、制革工业中的铝鞣剂、玻璃工业的黄色玻璃着色剂、医药上的收敛剂、利尿剂以及食品工业的添加剂等。

（3）使用方法

用作混凝剂时，应通过试验确定适宜的絮凝条件。一般应将其配制成 5%～10% 的溶液后计量投加，最佳使用 pH 范围为 6～8。

（4）作用机理

作为絮凝剂，硫酸铝铵的作用机理与硫酸铝相同。

（5）注意事项

应贮存在通风干燥的库房内，专库专贮。因易腐蚀包装，因此不应久贮。潮包应分开堆垛，随时处理，防止流水损失。

硫酸铝铵及其溶液的腐蚀性较强，投加到设备时需要进行防腐处理。

（6）质量指标

表4-73和表4-74分别为食品添加剂级硫酸铝铵的国家标准（GB 1896—80）和硫酸铝铵的化工行业标准（HG 2917—1999）。

表 4-73　食品添加剂级硫酸铝铵的国家标准

指 标 名 称		指 标	指 标 名 称		指 标
铵明矾[NH$_4$Al(SO$_4$)$_2$·12H$_2$O]/%	≥	99.0(干基)	砷盐(As$_2$O$_3$ 计)/%	≤	0.0002
附着水/%	≤	4.0	水不溶物/%	≤	0.1
重金属(以 Pb 计)/%	≤	0.002	外观	≤	白色结晶粉末或透明坚硬块

表 4-74　硫酸铝铵的化工行业标准

指 标 名 称	指 标	指 标 名 称	指 标
含量[以(NH$_4$)Al(SO$_4$)$_2$·12H$_2$O计]含量(以干基计/%)	≥99.3~100.5	重金属含量(以 Pb 计/%)	≤0.002
水分含量/%	≤4.0	铅(Pb)含量/%	≤0.0010
水不溶物含量/%	≤0.20	氟化物(F)含量/%	≤0.003
砷(As)/%	≤0.0002	硒含量/%	≤0.003

（7）制备方法

① 合成法　用铝矾土与硫酸反应生成硫酸铝，用骨胶沉降后加入碳酸铵，在100℃下生成硫酸铝铵。

② 氢氧化铝法　用氢氧化铝与硫酸反应，再加入硫酸铵，然后经过沉淀、浓缩、分离结晶，再分离制得硫酸铝铵。

4.5.10　聚二甲基二烯丙基氯化铵

（1）性状

聚二甲基二烯丙基氯化铵［Poly(dimethyldiallylammonium chloride)］别名聚二烯丙基二甲基氯化铵、二甲基二烯丙基氯化铵聚合物。分子式为（C$_8$H$_{16}$N·Cl）$_x$，相对分子质量为$4×10^4$~$3×10^6$。聚二甲基二烯丙基氯化铵为浅黄色透明黏稠液体。易溶于水，无毒，不燃烧，不爆炸，凝聚力强，水解稳定性好，不成凝胶。聚二甲基二烯丙基氯化铵是强阳离子型聚电解质，对 pH 变化不敏感，抗氯性强。

聚二甲基二烯丙基氯化铵结构式

（2）用途

聚二甲基二烯丙基氯化铵是聚季铵盐，是处理高浊度原水的有机絮凝剂。在水处理中已得到广泛应用，特别是对含有黏土、硅石、微生物和水合金属氧化物的水特别有效。聚二甲基二烯丙基氯化铵高效、无毒、价格适中，较其他聚电解质有更好的发展前景。聚二甲基二烯丙基氯化铵也是采矿和矿物加工过程中最常用的脱水凝聚剂，造纸中用作纸张的导电涂料等。

（3）使用方法

聚二甲基二烯丙基氯化铵的作用机理与聚丙烯酰胺相似，其絮凝效果与相对分子质量有关，一般随其特性黏度增大而用量减少。一般来说，随着聚合物黏度的增加，所处理水的残余浊度和所需剂量均趋向减少。实际应用中应通过试验确定适宜用量。用量过大有可能造成沉淀物再分散的现象。

（4）作用机理

聚二甲基二烯丙基氯化铵絮凝作用的机理与聚丙烯酰胺相同。

（5）注意事项

聚二甲基二烯丙基氯化铵无毒，对人体无不良反应，使用安全可靠，有轻度腐蚀。但原料烯丙基氯对人体皮肤、眼、鼻和咽喉有强烈刺激性，对肺和肾有一定的损害，而且易被皮肤吸收，因此操作人员必须穿戴好防护用具，若烯丙基氯附着在衣服上应立即更换。

贮运过程防止日晒雨淋。

（6）质量指标

表 4-75 为聚二甲基二烯丙基氯化铵的参考质量标准。

表 4-75　聚二甲基二烯丙基氯化铵的参考质量标准

指 标 名 称		指 标	指 标 名 称		指 标
固体含量/%	>	30	黏数/(mL/g)	>	40
离子度/%	>	50	外观		浅黄色透明黏稠液体

聚二甲基二烯丙基氯化铵通常以 20%～40%固体含量的水溶液供应。

（7）制备方法

制备过程分为原料烯丙基氯水洗提纯、单体制备和聚合反应三步。

① 原料烯丙基氯水洗提纯　即将工业烯丙基氯用水洗净。

② 单体制备　将无水二胺加入提纯后的烯丙基氯内，并缓慢加入氢氧化钠溶液，反应。生成二烯丙基二甲基氯化铵单体溶液，其中含有结晶的氯化钠。

③ 聚合反应　在上述溶液中加入含乙二胺四乙酸钠的水溶液、过硫酸铵水溶液，控制温度和压力，发生聚合反应。得到黏稠的被盐饱和的聚合物溶液，该溶液的聚合物含量一般为 15%～30%。

4.5.11　单宁

（1）性状

单宁（Tannin）别名单宁酸、鞣酸、炭尼酸、没食子鞣酸、鞣质、木炭鞣酸等。单宁的分子式为 $C_{76}H_{52}O_{46}$，相对分子质量为 1701.22。单宁为淡黄色至浅棕色的无定形粉末或鳞片状或海绵状固体。是一种由五倍子酸、间苯三酚和其他酚衍生物组成的复杂混合物，常与糖类共存。

单宁有强烈的涩味，呈酸性，易溶于水、乙醇和丙酮，难溶于苯、氯仿、醚、石油醚、二硫化碳和四氯化碳等。210～215℃下分解。在水溶液中可用强酸或盐（如 NaCl、Na_2SO_4、KCl）使之沉淀。在碱液中易被空气氧化而使溶液呈深蓝色。单宁是还原剂，能与白蛋白、淀粉、明胶和大多数生成碱反应生成不溶性沉淀。暴露于空气中和阳光下易氧化，色泽变暗并吸潮结块。

（2）用途

单宁在水处理中，具有絮凝、脱氧、缓蚀、阻垢和杀菌作用。此外，单宁还用于医药、印染、皮革、冶金、橡胶制造等工业中。

（3）使用方法

在循环冷却水中用作阻垢分散剂时，推荐 pH 范围为 6～8，用量为 50mg/L 左右。

（4）作用机理

由于单宁分子结构中有大量的羟基和部分水解后所产生的羟基，因此与水中的钙、镁离子生成络合物，阻止水中的钙、镁离子形成水垢，也可减少冷却水中的硫酸钙形成沉积，起到分散作用。另外，单宁的凝聚力可将水中的沉淀物聚集成水渣，通过排污口排出锅炉和冷却水系统。

由于单宁能与钢铁表面的铁离子和氧化铁反应生成保护膜，因此单宁具有缓蚀性能。单宁在碱性介质中易吸氧，可较好地防止锅炉氧腐蚀。在 pH＝11 时，单宁具有较好的脱氧能力，可抑制碳钢的腐蚀，缓蚀率可达到 97％。

在冷却水中，可使用单宁抑制硫酸盐还原菌，是良好的杀生剂。

（5）注意事项

单宁无毒。小鼠经口的 $LD_{50}＝6.0g/kg$。

贮存于通风干燥的库房内，防止受潮。

（6）质量指标

表 4-76 为工业单宁的国家标准（GB 5308—1985）。

表 4-76　工业单宁的国家标准

指标名称		指　　标		
		一级品	二级品	三级品
外观		淡黄色至浅棕色无定形粉末		
单宁酸（干基）含量/%	≥	81.0	78.0	75.0
干燥失重/%	≤	9.0	9.0	9.0
水不溶物/%	≤	0.6	0.8	1.0
总颜色	≤	2.0	3.0	4.0

（7）制备方法

单宁属于络合酚类物质，广泛存在于植物的芽、叶、树皮、果实中，以及某些寄生于植物的昆虫所产生的虫瘿中。因此，制取方法因原料不同而有差异。

① 以树皮为原料　不同种类树皮的单宁含量不同，常变化在 5％～16％之间。将树皮切成 5～7mm 的小块，之后用水萃取。萃取温度一般在 60℃ 以上。萃取后真空蒸发，浓缩，之后干燥，得成品。

② 以五倍子为原料制取　五倍子是五倍子瘿蚜虫寄生在盐肤木、红麸杨、青麸杨和滨盐肤木等枝叶的基部或翼叶上的虫瘿产物，单宁含量在 30％～71％之间。将五倍子破碎、筛选、加水浸渍，将浸渍水澄清，蒸发干燥后得到产品。

参　考　文　献

1　何铁林（主编）. 水处理化学品手册. 北京：化学工业出版社，2000

2　李本高（主编）．现代工业水处理技术与应用．北京：中国石化出版社，2004

3　周本省（主编）．工业水处理技术（第二版）．北京：化学工业出版社，2002

4　兰文艺，邵刚（主编）．实用环境工程手册-水处理材料与药剂．北京：化学工业出版社，2002

5　郭淳之（主编）．水处理剂和工业循环冷却水系统分析方法．北京：化学工业出版社，2000

6　叶文玉．水处理化学品．北京：化学工业出版社，2002

7　黄君礼．新型水处理剂——二氧化氯技术及其应用．北京：化学工业出版社，2002

8　俞志明．中国化工商品大全．北京：中国物资出版社，1992

9　祁鲁梁．水处理药剂及材料实用手册．北京：中国石化出版社，2000

10　章思规．精细有机化学品技术手册．北京：科学出版社，1992

11　李祥君（主编）．新编精细化工产品手册．北京：化学工业出版社，1996

12　严瑞暄（主编）．水处理剂应用手册．北京：化学工业出版社，2000

13　齐冬子．敞开式循环冷却水系统的化学处理．北京：化学工业出版社，2001

14　汪祖模．水质稳定剂．上海：华东化工学院出版社，1991

15　徐寿昌．工业冷却水处理技术．北京：化学工业出版社，1984

16　王箴（主编）．化工辞典．北京：化学工业出版社，1999

17　司徒杰生．化工产品手册——无机化工产品．第三版．北京：化学工业出版社，2002

18　高濂，郑珊，张青红．纳米氧化钛光催化材料及应用．北京：化学工业出版社，2002

第5章 行业水处理及药剂

水处理可分为给水处理和排水处理两大类，涉及生产和生活的方方面面；其中给水处理又可分为自来水供应和工业用水处理，排水涉及工业和生活污水的处理。本章将分门别类予以介绍。

5.1 给水厂水处理剂应用技术及主要设备

给水处理的主要目的就是通过必要的处理方法去除水中的杂质，以优良安全的水供给人们使用，并提供符合质量要求的水用于工业。水中需要去除的杂质有：

① 水中的悬浮固体，如泥沙等；

② 水中的溶解性固体，指溶解盐类。原水中含盐量高于饮用水或工业用水的允许值，均需部分或全部去除；

③ 水中溶解性有机物，通常指腐殖质，是水中色度的主要原因；

④ 水中有危害作用的组分，如：钙、镁离子、铁、锰、氟及砷等；

⑤ 水中溶解性气体，如 CO_2 等；

⑥ 降低水的温度，满足循环冷却水系统的工作要求；

⑦ 调理水质时，向水中投加一些能够控制水质以免产生危害的药剂，如缓蚀剂，阻垢剂等。

给水水源分为地表水源和地下水源两大类。地表水源包括江河、湖泊、水库和海水；地下水源包括地下潜水、承压水、溶洞水等。

地表水源一般具有径流量大、矿化度、硬度和含铁锰量较低的优点。但是地表水受季节性特征和外界污染的影响也很显著，导致水温变化幅度大，浑浊度高（尤其是汛期）、有机物、细菌含量高。由于地表水易受污染以及水质、水量具有明显的季节性，保护水源具有复杂性。

地下水源具有水质澄清、水温稳定、分布面广等特点。被不透水层覆盖的承压地下水天然卫生防护条件较好。由于降雨径流从地表渗入，在渗透过程中溶解了各种物质，因此地下水中化学物质的浓度一般高于地表水，矿化度、硬度及其他一些物质含量较高。

原水水质不同，处理方式则需要针对其主要指标确定。表 5-1 给出了主要的处理方法。

表 5-1 目前通用的给水处理方法

水 质 参 数	工 艺 组 成
浊度	快速砂滤池（常规方法）：絮凝、沉淀；快速砂滤池过滤（直接过滤方式）：絮凝、过滤膜过滤
色度	絮凝/快速砂滤池 吸附：粒状（粉状）活性炭、离子交换树脂 氧化作用：臭氧、氯、高锰酸钾、二氧化氢
嗅味	氧化作用：臭氧、氯、高锰酸钾、二氧化氯、生物活性炭

水 质 参 数	工 艺 组 成
挥发性有机物(VOC)	空气吹脱粒状活性炭 两种(吹脱和粒状活性炭)技术联用
三卤甲烷和腐殖酸	强化混凝、粒状活性炭、生物活性炭
有机化合物	离子交换树脂 生物活性炭膜过滤
细菌和病毒	过滤(部分去除) 消毒(灭活):氯、二氧化氯、氯胺、臭氧

5.1.1 常用给水处理剂

给水处理常需投加一些药剂,常见的有:用于混凝过程的混凝剂、助凝剂,以及用于消毒过程的消毒剂(氧化剂)等,下面分别介绍主要药剂应用。

给水处理常用混凝剂有:硫酸铝、碱式氯化铝、三氯化铁、聚合硫酸铁和聚丙烯酰胺。

常用助凝剂有:硫酸、盐酸、石灰、二氧化硅、活性炭、骨胶等。

常用消毒药剂有:液氯、漂白粉、次氯酸钠、二氧化氯、臭氧及紫外线等。

混凝剂、助凝剂及其他药剂的品种选择,应根据对原水的试验资料,或参照类似原水条件下的现有净水厂的运行经验确定。在缺少上述资料时,亦可按原水水质特征,参考表 5-2 选用。

表 5-2 各种水质药剂处理方法

水 质 特 征	处 理 方 法	药 剂
浑浊	混凝	硫酸铝、硫酸亚铁、三氯化铁、碱式氯化铝、三氯化铝、聚丙烯酰胺
色度、有机物质和浮游生物含量较高	初步氯化、(或初步氧化)吸附	液氯、漂白粉、漂粉精、硫酸铜、活性炭、臭氧
碱度低	碱化	石灰、苏打、苛性钠
嗅和味	吸附、初步氯化(或氧化)	活性炭、液氯、漂白粉、漂粉精、臭氧
细菌污染	氯化或氧化	液氯、漂白粉、漂粉精、氨、臭氧、紫外线

所选用药剂,当用于生活饮用水时,不得含有对人体健康有害的成分;如选用自行配制品种,以及利用工业废料配制的药剂,应取得当地卫生部门同意;当用于生产时,不得含有对生产有害的成分。

5.1.2 给水药剂的投加

5.1.2.1 影响混凝剂投加量的因素

影响混凝效果的因素极为复杂,除混凝过程的水力条件外,还应考虑以下方面。

① 原水悬浮物含量、粒径组成、胶体颗粒性质、溶解物成分和含量等,都可直接影响效果。

② 原水 pH 值和碱度直接影响混凝剂的水解和缩聚反应,因此,各种混凝剂都有一定的 pH 值适应范围。

③ 水温对混凝效果的影响亦很明显,无机盐混凝剂的水解反应是吸热反应,水温过低不利于混凝剂水解,而且温度低时水分子的布朗运动减弱、黏滞度增大,不利于胶粒的脱稳聚集。

因此，一般低温低浊水的混凝常需投加助凝剂（例如东北、天津等地自来水公司采用加活化硅酸改善混凝）。

5.1.2.2 混凝剂投加参考数据

首先应根据原水水质检验报告，用不同的药剂作混凝试验，并根据货源供应等条件确定合理的混凝剂品种及投药量。如缺少试验资料时，亦可参考相似水源有关水厂的药剂投加资料。对于高浊度水处理，各种药剂适用的最大含沙量可参照表 5-3。

表 5-3　各种药剂适用的最大含砂量

药 剂 名 称	一般处理最大含沙量/(kg/m³)	药 剂 名 称	一般处理最大含沙量/(kg/m³)
硫酸铝	<10	聚合氯化铝	<40
三氯化铁	<25	聚丙烯酰胺	15～100

5.1.2.3 常见药剂的投加量

（1）碱式氯化铝的投加

碱式氯化铝的稀释与投加与一般三氯化铁等相同。投加浓度随原水浊度而异，药剂最低浓度为 5%（以商品原液计），最浓可直接投加原液。

碱式氯化铝与硫酸铝（液体）相比，冬季析出温度更低，碱式氯化铝为 −18℃，硫酸铝为 −12.4℃

碱式氯化铝产品对人体有一定影响，应用时务需慎重。根据国内使用情况，净化后的生活用水一般尚能符合国家饮用水水质卫生标准。

但目前许多自来水厂自行生产碱式氯化铝，由于原料复杂，生产工艺各异，有些又常带有有害重金属元素，因此应严格采用适于生活饮用水净化的碱式氯化铝，以使净化后的水质符合卫生要求。

（2）聚丙烯酰胺的投加量及浓度

聚丙烯酰胺絮凝剂在处理不同浊度水时的投加量，常以原水混凝试验或相似水厂的生产运行经验确定。当无以上数据时，投加量数值可参照资料确定。所用聚丙烯酰胺以纯量计时，在正常使用情况下（每年少于一个月）为 1mg/L；在经常使用情况下为 0.1mg/L（如按商品计时，乘以 12.5）。

聚丙烯酰胺本体是无害的，而聚丙烯酰胺产品有极微弱的毒性，主要由于产品中含未聚合的丙烯酰胺单体和游离丙烯腈所致。

十余年毒理试验表明，如采用丙烯酰胺单体含量（以干基计）小于 1%（相当于以商品质量计，小于 0.08%）的聚丙烯酰胺产品，并控制投加量，对人体是无害的。降低聚丙烯酰胺产品中丙烯酰胺单体含量，可以适当提高投加量。

国际上对水处理中聚丙烯酸胺的卫生标准有两种：一种是规定最大容许投加量，不考虑聚丙烯酰胺在水处理中去除的因素。如英国规定聚丙烯酰胺的投加量平均不得超过 0.5mg/L，最大投加量不得超过 1mg/L。美国批准使用的聚丙烯酰胺最大容许浓度为 1mg/L，规定的条件是产品质量应符合质量标准要求。该规定可以保证饮用水中丙烯酰胺单体不超过安全范围，但缺点是不便于卫生监督。另一种是规定生活饮用水中最大容许浓度。如前苏联生活饮用水修订标准（全苏标准 2874573）规定饮用水中聚丙烯酰胺剩余量不得超过 2mg/L，但未规定产品的单体含量，这样虽便于卫生监督，但不便于水厂运行控制。

中国卫生部即将批准的聚丙烯酸胺使用标准，见表 5-4。

表 5-4   生活饮用水中聚丙烯酰胺及单体丙烯酰胺的容许浓度

聚丙烯酰胺最高容许浓度/(mg/L)		单体丙烯酰胺最高容许浓度(mg/L)	
经常使用	非经常使用	经常使用	非经常使用
1.0	2.0	0.01	0.1

注：1. 经常使用指每年使用时间超过一个月。

2. 非经常使用指每年使用时间不超过一个月。

聚丙烯酰胺溶液的投加浓度以越稀越好，但浓度太稀会造成庞大的投加设备，一般投加浓度以 2‰为宜。溶解后聚丙烯酰胺应在一天内用完，否则药品会因水解而部分失效。投加聚丙烯酰胺时，必须设置计量设备进行较准确的计算，并应注意设备本身的标定和经常校验。

（3）聚硅酸助凝剂的投加量

聚硅酸（又称活化硅酸，俗称活化水玻璃），是在水玻璃（$Na_2O \cdot xSiO_2 \cdot yH_2O$ 中，能起助凝作用的聚合硅酸胶体。利用水玻璃做助凝剂时，首先要投加活化剂，中和掉水玻璃溶液中的 Na_2O，将 $xSiO_2$ 游离出来，与水分子结合。

活化剂的用量及活化程度的控制   活化剂的用量见表 5-5。

表 5-5   活化剂用量

活化剂名称	分子式	活化剂∶SiO$_2$	活化剂名称	分子式	活化剂∶SiO$_2$
氯	Cl_2	0.5∶1	碳酸氢钠	$NaHCO_3$	0.35∶1
盐酸	HCl	0.33∶1	硫酸铝	$Al_2(SO_4)_3 \cdot 18H_2O$	0.8∶1
硫酸	H_2SO_4	0.4∶1			

5.1.3   给水处理剂投加设备及药剂制备

5.1.3.1   烧杯试验

在当前，烧杯试验仍然是选择混凝剂品种和确定投剂量的最佳方法。有人曾提出用方形烧杯取代圆形烧杯进行试验，实际证明，所得结果基本相似。另外采用烧杯试验取得的混凝条件（GT 值）几乎与水厂运行絮凝-沉淀实际结果一致，因此，烧杯试验方法还是令其他方法所不可比拟的。

5.1.3.2   混凝剂投加点

两种或两种以上的混凝剂投加点有着不同的方式，有的同在一个投加点投加，有的分别在不同的投加点投加。在一处投加的能直接反应它们的性能，从而防止这些药剂各自反应，不能发挥它们的效果。但在一处投加的多种混凝剂也出现不利的状况。例如投加硫酸铝，在其形成针状絮体前，就投加阴离子聚合剂，混凝效果不佳。PAC 和高锰酸钾在硫酸铝投加前投加有效。总之，几种药剂投加采用那样方式，应视药剂的性能以及原水条件而定。在弄不清它们相互作用以前，最好在采用以前，先做一些试验再确定。

5.1.3.3   间断运行

国内有个别水厂夜间用水不多，停止设施运转或部分运转，这种方法是不利的。因为在停止运转期间，由于水不流动，絮体多沉在设备内，第二天运行时沉淀絮体被水驱动，一时不易恢复正常状态，而影响处理效果，并造成排泥不畅。尤其是澄清池夜间停止运转，第二天运行时，由于池内旧水和新进入池内的新鲜水之间有温度差异形成短流，而降低处理效果。采用澄清池的水厂还要重新起动再度形成絮体。另外，设备经过一夜停止运转，如用前加氯，澄清和沉淀设施内水中余氯消耗殆尽，也会使后续滤池内产生微生物污染。因此水厂应尽可能避免间断运行。

（1）混合技术

理论上早已阐明混合是絮凝的基础，要求快速剧烈的混合，以促进混凝药剂扩散速度和压缩水中胶体的双电层，使胶体脱稳。但在实际工作中对混合长期未给予应有的重视。20世纪80年代中后期加强混合才成为给水界最强调的观点，因而也陆续出现了多种混合设备。有水力隔板混合、水泵混合、机械混合、混合池、槽等以及近几年应用于给水行业上的静态混合器。从混合设备形式上看，中国现有水平不逊于国外先进国家。由于混合设备对水力条件、输入能量、混合方式要求比较严格、设备、构造上的差异往往造成混合效果相差较大，单纯从理论计算上进行混合设计，往往和预先设想结果有较大偏差，因而影响混合效果。国外先进国家对混合设备都作严格的测试，以期取得最佳混合效果。例如美国混合设备的生产厂家对使用单位所需求的机械混合设备全部按1：1的比例，使用不同颜色的塑料珠进行混合测试，取得最佳使用效果后方进入施工。而中国对混合的测试手段和测试设备不足，直接影响混合效果。

（2）絮凝反应

中国的反应设备总体上和国外水平差距不大，传统上的絮凝反应多采用隔板反应，是建立在"近壁紊流"理论基础上的。随着给水理论的深入研究和发展，从能量耗散的角度出发提出"自由紊流"的微旋涡理论。中国依据此理论研制出多种设备反应亦投入生产运行。但中国机械反应多为垂直轴反应，国外平流沉淀池多为水平轴机械反应，并采用液力无级变速式电机调频无级变速。中国在前一段时间对缩短反应时间很感兴趣，所设计的反应池停留时间有的短达7min，认为这样可以减少占地节约投资。现在随着实践和对高效反应的认识加深，又开始倾向延长反应时间，这与国外先进国家的认识趋于一致。

（3）沉淀池

平流沉淀池是给水行业最古老的一种池型，大型水厂应用较多。中国与国外技术水平相差无几，所不同的是，国外停留的时间较长，一般为2～4h，中国停留时间多为1～2h。选择较长的停留时间可以节约药剂，提高沉淀后的水质，并有足够的调节余地，抗冲击负荷能力较强。停留时间短可以节省基建投资，减少占地面积。具体设计停留时间多长为好，这需要根据国家发达程度、沉淀后水质指标要求，进行经济技术比较后确定。根据中国水质标准和国情，采用1.5～2.0h停留时间为好。

斜管沉淀池是继平流沉淀池之后于20世纪60年代末、70年代初发展起来的一种建立在"浅池理论"上的沉淀设施，具有占地面积少、沉淀效率高的特点。在中国经过近20年的应用和发展，使沉淀技术日臻完善，也积累了许多设计和运行经验，是一种成熟工艺。近年来在斜管管形上出现了多种形式，有"山形"斜管、"近菱形"斜管和旋转30°放置的正六边形斜管。斜管规格有ϕ25mm～ϕ70mm等多种；材质有聚乙烯、聚氯乙烯、聚丙烯、乙丙共聚等多种材料。在加工制作上也有多项改进。从工艺角度看我们并不落后。主要差距表现在设计参数选用偏高和监测控制能力较差。水在斜管中上升的流速国内多选用2.5～3.0mm/s，国外多选用2.0mm/s以下。另外，水在斜管沉淀池内停留时间较短，一般约20～30min，在斜管内停留时间仅5～6min。由于停留时间短，使斜管沉淀池运行管理要求提高，国外先进国家自动化程度高，在控制上不成问题，即使如此，有些国家如日本仍在规范中明确规定斜管沉淀池必须设置完备的检测和控制系统。中国的监测和控制系统水平较低，仪器设备不过关，多为人工检查调试，给斜管沉淀池稳定运行带来困难。因此，加强斜管沉淀池的监测和控制是我们面临的一项任务。

（4）澄清池

澄清池在中国使用普及程度仅次于平流沉淀池和斜管沉淀池。早期修建的是悬浮澄清和水力循环澄清池。为了提高效率，现在大多都进行了不同程度的改进。现在建造的澄清池多为机械加速澄清池，用于中小水厂的一级处理，但有些大型水厂也选用此种池型，如北京新投入运行的水源九厂（规模为 $50 \times 10^4 \mathrm{m}^3/\mathrm{d}$）即为该种池型。也有的新建水厂选用脉冲澄清池，如南京市新投入运行的上元门水厂（规模为 $10 \times 10^4 \mathrm{m}^3/\mathrm{d}$）。由此可见，澄清池在中国还是有发展前途的。国外先进国家仍在研制新型澄清池，以进一步扩大澄清池的适用范围和得到高质量的滤前水。法国德克雷蒙公司（Degrement）最新研制出的"登萨代"（Densadeg）澄清池，可以认为是新型澄清池的代表。该种类型澄清池于 1988 年 11 月 15 日在法国巴黎莫桑（Morsang）水厂第三条生产线上投入生产运行，日处理水量 $7.5 \times 10^4 \mathrm{m}^3$。Densadeg 澄清池是将反应、板状增稠、澄清综合为一体的水处理构筑物，同时配以外部污泥回流和外部投药混合组成的一个完整净水系统。该澄清池上升流速达 6.4mm/s，（一般机械加速澄清池上升流速为 0.7～1.1mm/s）出水浊度低于 1ntu，具有良好的澄清效果。这种澄清池从构造功能上可以分为三部分。第一部分为三个同心室，将加药混合后的原水和增稠回流的絮体活性污泥混合反应，形成絮凝质量好、密度高、分离性能好的固液两相体系。第二部分为预沉降部分，在这里泥水固液两相流发生快速分离。上部的初沉降水进入斜管澄清区，下部的泥浆经沉淀、增稠后被连续运转的刮泥机刮入积泥槽后部分回流，剩余部分排入污泥处理系统。第三部分为斜板澄清区，预沉降后的水在这里进一步去除残留絮体，从而获得高质量的澄清水。该澄清池回流水量仅为最大处理水量的 1‰～4‰（一般机械加速澄清池回流量为处理水量的 3～4 倍），较大地节约了用于回流水量的动力消耗。该种澄清池弥补了各种传统澄清池的不足，具有如下特点：①板状澄清区有较高的上升流速（5.5～10.1mm/s）；②能产生特别浓的回流污泥（20～500g/L）使回流污泥量极大减少，并可以使污泥处理系统省略污泥浓缩池；③可生产高质量的水（浊度低于 1ntu）；④和通用的澄清池相比，药剂费用节约 10％～30％；⑤运行可靠，能耐受流量和水质变化的冲击；⑥能用于多种水处理工艺，如饮用水净化、水软化、城市污水处理。由于 Densadeg 澄清池具有以往澄清池所不具备的优势，目前已在法国、德国推广应用。相信不久的将来也将引入中国，缩小中国在澄清池方面与先进国家的差距。

（5）气浮法

气浮处理工艺是净水一级处理的另一种形式。气浮法是一个古老的处理工艺。最早的气浮专利产生于 1864 年，以后的应用一直集中于冶金选矿。直到 20 世纪 60 年代美国开始使用溶解空气气浮处理污水。中国于 20 世纪 60 年代末建设了第一批气浮池用于处理含油污水。1975 年英国在美国给水协会第 95 届年会上报道了小规模气浮除藻实验。1979 年 10 月英国在白雾桥水厂建成英国第一座溶气气浮池作为给水的处理设施；中国也于 1979 年 4 月建设了溶气气浮池。从工艺发展来看，中国与先进国家几乎是同步的。近年成都市建起了处理规模达 $20 \times 10^4 \mathrm{m}^3/\mathrm{d}$ 的大型气浮池。

从给水工艺上看溶气气浮是一种很有发展前途的处理工艺。它有许多优点：①在池中停留时间短，一般为 15～30min，因而处理效率较高；②能有效地处理低温低浊水；③能较好地解决除藻问题；④能对被有机物污染水体起曝气作用；⑤气浮法产生污泥含水率（90%～95%）比沉淀池（95%～99.8%）的低得多；⑥池子结构简单，造价低。中国目前的气浮法处理工艺与先进国家相比差距很小，也并非表现在处理工艺水平上，而是污泥的处置。国外有较完善的污泥处理手段和设备，对气浮法产生的污泥处理不成问题。而中国由于国情所致，给水厂的污泥处理还处于未起步阶段，沉淀池产生的污泥一般多重新排入水体，而气浮法产生的污泥则不能排入水体，必须进行处理。当前气浮过程所产生的污泥苦于找不到适于中国国情的费用低廉的污泥处理工艺和设备，而给气浮法处理工艺的普及带来困难。

絮凝控制技术是净化处理的重要环节，因此如果控制不好，既不能达到预定的水质要求，又导致药剂的浪费。目前国内大部分净化水厂仍沿用化验室烧杯搅拌试验确定投加率与经验投加相结合的方式，人工操作投加。该方法的缺点是不能满足连续运行的需要，也就不能随水质水量的变化而及时调整投加量。同时由于在化验室内做烧杯搅拌试验与实际生产中的水力条件差距较大，因此提供的投加率仅能作为实际投加的参考值，不仅不准确，还带来检验投加效果的滞后性。为了解决这些问题，近几年来国内已有水厂研究应用模拟滤池法控制混凝药剂的投加。结果表明可达到自动控制投加，及时调整药剂之目的，可节约药剂10%～20%。但由于模拟水力条件和生产实际的差距，必须及时修正相关关系，否则将影响投加准确性。当前国外贷款项目基本采用该种方法，国内应用尚不广泛。

在药剂自动投加控制方面国内还先后研究与应用过建立前馈数学模型实现计算机自动控制投加。基本控制参数有原水浊度、水温、pH值或碱度、氨氮、耗氯量、水量等6项。基本达到根据原水水量及水质变化及时准确改变投加量。在此基础上又发展出建立前馈与后馈数学模型实现计算机优化自动控制系统。该方法是在前馈数学模型的基础上，根据沉淀池出水与滤池出水浊度建立后馈控制的数学模型。这是国内外比较先进的优化自动控制方法。上述建立数学模拟法的关键是要建立实用可靠的数学模型和采用多种准确可靠的连续传感器与投加设备。由于国内连续检测仪表与投加设备质量不过关以及在建立数学模型方面所需原始资料准确程度的差异和内容的短缺，使该项技术实施比较困难，不能得到广泛的应用。

因为单因子控制不要求建立较复杂的数学模型，连续检测传感器单一，管理维护方便，所以目前国外投药控制发展趋势已由多参数控制向单因子控制方向发展。近几年来这一技术发展很快，出现了流动电流投药控制系统和絮凝控制在线检测仪（也称Eloo-nate连续探测器）。

流动电流（SCD）投药控制系统是20世纪80年代国际上开始应用的一项新技术，它是传统技术上的一个发展，是混凝投药控制技术的重大突破。该技术是依据混凝理论而产生的。混凝理论认为向原水中投加絮凝剂，可使水中胶体杂质脱稳，而调节混凝剂的投加量即能改变胶体的脱稳程度，使之利于后续沉淀。描述胶体脱稳程度的重要指标是ζ电位，以ζ电位为因子控制混凝剂投加则成为一种根本性的控制方法。投药后水体剩余絮凝颗粒的流动电流与ζ电位呈线性相关，因此测其流动电流能克服测ζ电位的困难，并能反映水体中胶体的脱稳程度。此项技术是由美国的Gerdes于1966年发明的，并开始了对流动电流控制混凝投药的研究。直至1982年在美国将超声波技术应用于流动电流检测器，成功地解决了传感器表面的清洗和微粒"膜"及时更换问题，使该技术趋于完善与实用化。目前美国、英国已有数百家水厂应用流动电流技术控制混凝收到良好效果。从美国对该技术的一项调查表明，原水浊度在10～5000ntu变化，水量变化范围最低为

10%，最高达 100%时应用该技术收到良好的混凝效果，平均节约药剂 15%～30%，证明该技术是成功的。流动电流（SCD）探测器的使用方法是按生产要求的沉淀水浊度确定一个流动电流值，称为控制系统给定值。计算机控制中心将流动电流的实测值与给定值比较，据此调整投药装置的运行工况，改变混凝剂的投量，最终取得具有理想沉后浊度的水。但该仪器在取样系统的可靠性上存在较多的问题，主要是由于取样管堵塞造成的，此外需要定期检查与调整 SCD 控制给定值，使之始终处于最佳状态。该方法对于采用有机阴离子高分子絮凝剂时是不适用的。

流动电流给定值的方法抓住了影响混凝的主要因素，其他水质、水量、药剂、效能等因素的变化都可体现流动电流单一因子的变化上，从而实现了混凝投药的单因子自动控制。该方法尤其对旧水厂的改造更具有实用价值，它不仅解决了水厂投药自动控制问题，而且对提高水厂的社会经济效益起到主要作用，同时将推动水处理工艺技术的进步和现代化进程。目前中国已开始研制该种仪器的工作。

最近英国水研究中心和伦敦大学研究人员联合研制了一种新的絮凝控制在线检测仪器（FIOC mate 探测器）。该仪器根据水中流动悬浮胶体产生的浊度波动，极灵敏地显示絮体形成状态，可在实验室或现场条件下确定最佳投药量。该方法认为絮凝剂投入水中后在水解生成的氢氧化物沉速至最大时，投药量为最佳。投药后氢氧化物生成时，初始浊度会升高，但随着絮凝体的形成浊度又下降，初始浊度为最大值时的投药量可认为是絮凝最佳投药量。因此该仪器把光学方法和微讯息处理技术结合使用，连续测定加药后水中絮体的实际情况，同时直接调节混凝剂的投量和调整 pH 值，从而获得最佳混凝效果。该仪器特别适合于投药闭路控制系统。根据检测器输出的信号，利用微机内的优选公式，逐步调整混凝剂投加量，直到最佳值为止。正确选择混凝剂投加量和 pH 值将大幅度节省药剂用量，几个月内即可偿还投资费用，同时对提高出水水质，减少供水干管的污垢有很大的社会效益和经济效益。预计该种仪器将有广阔的应用前景。

上述两种单因子自动控制絮凝检测仪是国外先进技术，中国正起步研究，尚未有应用实例。今后应对上述技术进行积极的引进和研究，根据国情和水质因素，提出可靠的控制方法，以缩小在混凝控制技术方面与国外先进水平的差距。

5.1.4 给水处理中的消毒设备

消毒杀菌技术已成为给水处理中不可缺少的处理手段之一。随着工农业的发展，自 20世纪 80 年代起，由于部分地区的地面水源水质逐渐变差和饮用水水质要求的提高，水厂的处理工艺在常规处理基础上向深度处理的趋势发展。

5.1.4.1 消毒杀菌技术

很长一个时期以来，传统的消毒杀菌剂主要是采用氯及其化合物。该方法操作技术简单、价格低、杀菌效果好。在国外至今仍为主要杀菌方法之一，中国应用更为普遍。在使用氯气消毒方面，中国与国外的主要差距在于投加的控制手段上。目前国内一般采用容量分析比色法测量投氯后的余氯值，再依据余氯值采用浮子加氯机或真空加氯机调节投加量，靠人工操作。该方法不能提供准确的投加量，只是靠经验控制，检验投加效果又具有滞后性。而国外则采用自动余氯检测仪检测，根据余氯量反馈给自动加氯机自动调节投加量。这套设施由于国内的余氯检测仪以及氯氨加注自动化设施有待提高，目前尚不普及。

5.1.4.2 消毒剂

二氧化氯和臭氧是具有发展前途的新的消毒剂。

二氧化氯用于给水处理消毒，近年来受到广泛的注意，主要是由于它不会与水中的腐殖质反应产生卤代烃。一般二氧化氯在水中主要起氧化作用，而不是氯化作用，因此不容易产生潜在的致突变物——有机氯化合物。由于中国大多数水厂采用加氯消毒系统，因此改用二氧化氯消毒系统只需对原系统加以简单改造即可。但由于气态二氧化氯在超过四个大气压的压力时会发生爆炸，因而不易压缩贮存，只能在使用现场制造，因此安全问题应引起注意。二氧化氯最普遍的使用方法是用它来代替预氯处理或（混凝沉淀）前加氯。即作为第一次消毒及氧化，滤后水中加氯，保持管网余氯可有效地降低三卤甲烷的生成和保证杀菌效果。

臭氧消毒被认为是在水处理过程中替代加氯的一种行之有效的消毒方法。因为臭氧具有很强的杀菌力，氧化分解有机物的速度快，使消毒后水的致突变性降为最低。经臭氧消毒的水中病毒可在瞬间失去活性，细菌和病原菌也会被消灭，游动的壳体幼虫在很短时间内也会被彻底消除。因此国际上已普遍应用，特别是法国普及率很高。近年来，臭氧还作为深度处理的方法在国外被采用。但是臭氧的发生和应用是一个高能耗技术，目前国外每产生 1kg 臭氧约需 4000 美元。而电耗高达 22kW·h/kg 臭氧。这使广泛应用受到限制，并且臭氧对细菌有显著的后增长效果。因此近来人们注意将臭氧与其他净水技术结合使用，如臭氧-氯，臭氧-紫外线消毒，不仅能获得满意的杀菌效果，还能有效去除饮用水中挥发性有机物。据有关资料介绍，通过臭氧与其他消毒剂比较研究后得出以下结论：从消毒效果看，臭氧化＞二氧化氯＞氯＞氯胺。而从消毒后水的致突变性看则氯＞氯胺＞二氧化氯＞臭氧。由此可显示出采用臭氧消毒的优点。

5.2 锅炉给水处理剂的种类及其应用

中国目前大约有工业锅炉 50 余万台，它们在工业生产和日常生活中扮演着重要角色。近年来，由于对锅炉的设计、制造、安装等环节采取了严格的审查和监督措施，所以因质量问题引起的锅炉事故已大大减少了，而由于水处理不当引发的事故比例则大大增加。最新统计表明与水处理有关的工业锅炉事故比例已达 48%。中国每年因结垢造成的燃料浪费和腐蚀引发的管材破坏问题触目惊心。

5.2.1 工业锅炉水处理及锅内水处理药剂应用现状

5.2.1.1 中国工业锅炉水处理现状

目前中国大多数工业锅炉都配备有软化设备，有的还配有除氧设备，但是调查表明，许多软化设备管理水平较低，设备运行状况差，出水质量低，残余硬度高。除氧设备使用率低，85% 以上锅炉补给水氧含量不合格。这样就导致含高残余硬度和溶解氧的软化水就作为补给水进入了锅炉。此外，中国北方有些地区，原水总硬度高达 25mmol/L 以上；而在沿海地区枯水期，原水硬度最高可达 80mmol/L，Cl^- 也高达 1100mg/L，这两种情况下一级软化是无法保证锅炉给水硬度合格的。再有，由于软化器无法除去原水中的 SiO_3^{2-}、SO_4^{2-}、Cl^- 等阴离子，也使这些易引发锅炉腐蚀和结垢的阴离子进入锅炉。这两方面就成为工业锅炉普遍存在腐蚀结垢的直接原因。现场调查表明，90% 以上的工业锅炉都存在不同程度的结垢和腐蚀，而且，还存在由于锅水杂质含量偏高，引发锅水发沫和汽水共腾等问题。结垢会降低锅炉热效率，浪费燃料和增加清洗除垢费用以及引发相关腐蚀破坏。腐蚀会导致锅炉维修量增大，寿命缩短，甚至造成锅炉爆管事故。工业锅炉发生频率最高的腐蚀形式有氧腐蚀、碱性腐蚀和回水系统的 CO_2 酸腐蚀，这些问题可以通过锅内加药进行锅内水质调节来解决。通过向锅水中加阻垢剂、缓蚀剂、消泡剂等药剂可以达到防腐除垢的目的。实践证明，要保证锅炉安全经济运行，工业锅炉水处理方式应采用锅外水处理与锅内加药调节相结合的方式。

5.2.1.2　中国工业锅炉水处理药剂现状

当前，中国工业锅炉锅内处理药剂以无机碱性阻垢剂为主，添加除氧剂的情况也有，但相对偏少。有少部分管理较好的企业使用锅内缓蚀阻垢药剂，但也没有做到因炉因水科学加药来调节锅内水化学工况到最佳条件。大多数企业由于对锅内水处理必要性的认识不够和缺乏相关的药剂知识，使当前锅内水处理技术整体上仍处于简单、初级阶段，且有相当大的一部分锅炉根本没有进行锅内加药辅助防垢防腐。目前国内锅炉水处理药剂生产厂家整体水平不高，规模小，投入不足，技术比较落后，研究开发基础薄弱，药剂生产以简单的功能成分机械复配为主，药剂性能常波动。商品药剂市场也比较混乱，质量参差不齐，很多靠低价格来占领市场。目前市售的绝大多数商品药剂基本上是用无机阻垢剂、有机阻垢剂、除氧剂和催化剂等功能单体药剂复配而成，利用不同药剂相互之间的协同效应，增强药剂的效率，降低成本，增加功能。国内外正常使用商品药剂的质量浓度约在 $10 \sim 20mg/L$。

5.2.2　传统锅内水处理药剂及作用

5.2.2.1　无机阻垢剂

常见的无机阻垢剂有 Na_2CO_3 和 Na_3PO_4。锅水中加入它们主要是在保证锅水适当的碱度和 pH 的条件下和硬度杂质反应生产易随排污排出的水渣。加药过程中必须科学控制锅炉排污，否则水渣会形成二次水垢。Na_2CO_3 因高温水解产生 $NaOH$ 还具有提高碱度的作用。Na_3PO_4 由于会与钢铁反应生成磷酸铁保护膜而具有防腐作用。两者使用时的加药量可根据经验公式估算（锅炉使用原水时）或反应方程式计算。

$NaOH$ 作为一种强碱因没有锅内防垢作用而使用较少。一般在两种情况下使用：一是锅炉启动阶段适当添加可使锅水碱度 pH 迅速达标，还有利于金属表面迅速形成完整致密的 Fe_3O_4 保护膜；二是对高硅含量的软化水，在保证锅水相对碱度合格的情况下，适当少量添加可防止受热面结硅垢。

对于高碱度水（负硬度 $>2.0mmol/L$），可以使用 NaH_2PO_4 或 Na_2HPO_4 两种酸式磷酸盐来达到防腐防垢和降低碱度目的，减少因碱度偏高引发的碱性腐蚀和汽水共腾现象。

以上这几种无机阻垢剂共同的不足就是无法消除锅炉水中的铁杂质。

5.2.2.2　聚合磷酸盐

聚合磷酸盐中常用的是六偏磷酸钠和三聚磷酸钠。它们都能和水中的 Ca^{2+}、Mg^{2+}、Fe^{2+} 形成络合物，其中六偏磷酸钠络合 Ca^{2+} 能力比三聚磷酸钠强，但络合 Mg^{2+} 和 Fe^{2+} 能力不如三聚磷酸钠。

使用时一般把药剂加在软水箱中或在给水管道布置专用加药装置。不能直接加到锅炉水中，那样它们或者和锅水中的 $NaOH$ 反应或者高温水解而生成 Na_3PO_4 而失去络合能力。六偏磷酸钠因具有防止给水系统结垢的功能，在锅炉水中还可起到防垢、除碱作用，故目前使用较多。

5.2.2.3　有机胶体

工业锅炉常用的有机胶体有栲胶和腐殖酸钠。二者分子结构中都有大量的羟基和部分水解后产生的羧基，能与水中的钙、镁离子形成络合物而防止结垢。另外它们都能在炉管金属表面形成致密均匀保护膜而起到防腐蚀作用。再有就是它们都具有一定的渗透性，其中腐殖酸钠渗透性更强，加入锅水中在防垢的同时还有渗透除垢的作用，因此煮炉除垢时往往加入它来提高除垢效果。栲胶的主要成分单宁还是一种除氧剂，除氧效率随锅炉水碱度的增加而增加，因此它也作为除氧剂使用。

两种药剂都是有色物质，锅炉水中加入量过多往往造成锅水颜色深，因此对锅水和蒸汽有特殊要求的锅炉不能使用。另外，其对锅炉水碱度和 Cl^- 测量终点有影响。它们的用量一般根据经验，用栲胶时，软化水合格时用量（以水计，下同）为 5g/t，不合格时按每吨水每 1mmol/L 硬度加 8.5~14g。腐殖酸钠一般用量为 5~20g/t。煮炉除垢时用量要依据水垢厚度而定，一般按 1kg/t 投加。二者都是天然物质，由于原料产地不同往往性能不太稳定。有时在水中溶解度小，易黏结成糊状，使用前必须要用温水充分溶解后才能加到锅炉内。一般情况下它们只用于压力<1.5MPa，额定蒸发量小于 4t/h 的锅炉。二者一般和无机碱性药剂一起使用来提高效果。

5.2.2.4 无机除氧剂

无机除氧剂主要是指亚硫酸盐，其中 Na_2SO_3 因具有物美价廉，来源方便，无毒，与氧反应速度较快等优点而应用最广泛。所处理水的 pH 值越高，它的除氧率越低；在锅炉给水 pH 值条件下除氧效果好。使用时，若给水不除氧则按计算公式确定添加用量；若给水除氧则按给水中 SO_3^{2-} 含量多少，在 2~7mg/L 范围内投加。日常锅炉水中维持 SO_3^{2-} 10~30mg/L 的过剩量。为提高 Na_2SO_3 与氧的反应速度常在其中加入 Cu^{2+}、Mn^{2+}、Co^{2+}、Ni^+ 等水溶性氯化物、硝酸盐或硫酸盐作催化剂，这些离子在水中会和氧形成具有强氧化性的配合体而加速反应速度，其中 Co^{2+} 效果最佳。催化剂的用量一般在 1mg/L 以下。焦亚硫酸钠（$Na_2S_2O_5$）和亚硫酸氢钠（$NaHSO_3$）也可除氧，但应用不广。

使用 Na_2SO_3 还存在不足，一是因它与 O_2 的反应产物是 Na_2SO_4 而增加锅炉水的溶解固形物；二是有结生难以清除的 $CaSO_4$ 水垢的可能；第三就是它易被氧化而失效。使用中一般是随用随配，配制的溶液要严格密封。

对于小型直流锅炉和贯流式锅炉因其结构上的特点无法采用这些无机药剂来防腐防垢，这类锅炉应使用有机药剂来阻垢，使用挥发性除氧剂来防腐。

5.2.3 蒸汽冷凝水系统防腐药剂

工业锅炉因使用软化水做补给水而易使蒸汽冷凝系统发生严重的 CO_2 酸腐蚀。常用来防止蒸汽冷凝系统腐蚀的药剂有挥发性碱化剂和成膜胺，它们的主要功能就是提高冷凝水 pH 值或减少铁杂质含量，降低锅炉铁垢结生速率。

常用的挥发性碱化剂包括氨（NH_3）、环己胺（$C_{16}H_{11}NH_2$）、吗啉（C_4H_8ONH）。一般把它们加在给水系统，使给水 pH 达到 8.0~9.5，它们随水蒸气蒸发，冷凝后中和冷凝水中的 CO_2，提高冷凝水的 pH，这样就可有效防止冷凝水系统的酸腐蚀。其中氨中和能力最强，使用也最经济，但对蒸汽有特殊要求时，应选择环己胺或吗啉。同样，N_2H_4 这种碱性除氧剂也可使用，但在提高冷凝回水 pH 幅度上不如上述碱化剂，且具有毒性，一般只作为除氧剂使用，维持其在锅炉水中质量浓度在 20~50μg/L。

为防止凝结回水系统的腐蚀，还可使用成膜胺。利用它们在管道表面形成致密的单分子或多分子层吸附憎水保护膜，把 O_2 和 CO_2 等腐蚀性物质与金属表面隔离开来而减少酸性水引发的均匀腐蚀。常用的成膜胺有十八烷基胺（$C_{18}H_{37}NH_2$）和十六烷基胺（$C_{16}H_{33}NH_2$）。目前已经解决这两种蜡状物质的低温溶解问题，即采用乳化技术。成膜胺使用质量浓度一般在 5~15mg/L，但最佳的成膜浓度、成膜温度和膜的耐酸、碱稳定性对不同的系统有差别，还需进一步研究。

5.2.4　有机阻垢剂的研究与应用

工业锅炉使用的有机类阻垢剂都是低分子聚合物，一般含有羟基、羧基、磺酸基或磷酸基等官能团。药剂相对分子质量大多在 $10^3 \sim 10^4$ 范围。它们不仅可以络合或螯合锅水中的硬度杂质，而且更重要的是对锅炉水中的铁杂质具有分散作用，可有效解决无机药剂无法消除锅炉水铁杂质的不足，防止金属腐蚀产物在炉管上的沉积。它们的阻垢率普遍高于无机碱性阻垢剂。此外，它们通过晶格歪曲作用可阻止垢层的规则生成。常用的药剂有磷酸盐和聚羧酸盐两类。这两类药剂的阻垢率都随锅水碱度上升而提高，故使用时应维持较高的碱度。从综合角度考虑，控制锅炉水碱度在 12mmol/L 以上为佳。为保证有机药剂的阻垢效果和有效用量，一般都先对锅炉除垢后再加药。

5.2.4.1　膦酸盐

膦酸盐在 20 世纪 60 年代末开始在锅炉使用，常使用的药剂有氨基三亚甲基膦酸盐（ATMPS）、乙二胺四亚甲基膦酸盐（EDTMPS）、羟基亚乙基二膦酸盐（HEDPS）、二亚乙基三胺五亚甲基膦酸盐（DETPMPS）。它们分子结构中碳磷键（C—P）比无机聚磷酸盐分子中的 P—O—P 键牢固，因此具有较好的化学稳定性。工业锅炉多使用它们的钠盐，目前用得最多的是 EDTMPS。

20 世纪 70 年代研究开发生产的膦羧酸类产品有 2-膦酰基丁烷-1,2,4-三羧酸（PBTCA）和羟基膦酸盐（HAD）。它们和膦酸盐相比，具有更强的抗氧化性，对 Ca^{2+} 容忍度高，适用于高碱度、高硬度、高温条件。膦酸盐通常使用质量浓度（按 100% 纯度）为 3~5mg/L。

5.2.4.2　聚羧酸盐

作为聚合物分散剂常用的聚羧酸盐有聚丙烯酸钠（PAAS）、聚甲基丙烯酸钠（PMAAS）、水解聚马来酸酐（HPMAS）。这些均聚物除具有分散作用来防止水垢沉积外，它们还通过再生自解脱膜作用而具有运行除垢作用。三种药剂都较耐高温，耐热分解温度顺序为 PAAS＜PMAAS＜HPMAS。HPMAS 的阻垢效果优于 PAAS 和 PMAAS。聚丙烯酸相对分子质量在 103 左右阻垢效果最好。它们的使用质量浓度（按 100% 纯度）为 2~6mg/L。

20 世纪 70 年代以来，这类水溶性聚合物已逐渐由均聚物演变为二元共聚物。进入 20 世纪 80 年代后又进一步发展为三元共聚物、四元共聚物，如已有马来酸酐/苯乙烯磺酸共聚物用于锅炉水系统阻垢的报道。美国 Betz 公司也开发出一种丙烯酸-乙烯-乙醇-烯醛醚新型共聚物 PEGAE，应用于锅炉上效果很好，但总体而言，多元共聚物应用很有限。

5.2.4.3　其他阻垢剂

葡萄糖酸钠是一种多羟基羧酸型药剂，可以和成垢杂质离子形成螯合物，因此可在工业锅炉使用。有报道称聚天冬氨酸、聚环氧琥珀酸两种水溶性聚合物也可用于工业锅炉防垢。

木质素磺酸钠具有分散、螯合作用，热稳定性好，250℃下仍能保持良好的分散性，锅炉中作分散阻垢剂来防止钙离子、镁离子及铁离子结垢。但其组成不稳定，性能常波动，因此限制了它的推广。

工业锅炉因软化水残余硬度高和除氧不畅，不适合使用乙二胺四乙酸钠和次氮基三乙酸两种螯合剂作阻垢剂。

5.2.4.4　有机除氧剂

有机类除氧剂大都具有与氧反应迅速、低毒或无毒、分解产物无害、有钝化功能等优点。常见的有二甲基酮肟、乙醛肟、丁醛肟、异抗坏血酸及其钠盐、碳酸肼、二乙基羟胺、四甲基对苯二胺、6-乙氧基-1,2-羟基-2,2,4-三甲基喹啉等。它们大都已经在发电锅炉上进行了成功的工业试验，当前国内外一些高效复合药剂中都有这些成分。在中国已投入使用的有二甲基酮肟（20世纪80年代就已经开始了代替联氨的工业试验）、乙醛肟、异抗坏血酸。使用时锅炉水中二甲基酮肟的质量浓度控制在 $100\mu g/L$ 为宜，异抗坏血酸钠质量浓度控制在 $200\mu g/L$ 左右。二乙基羟胺在作为除氧剂和抑制凝结水管道腐蚀方面具有极佳的效果。其他的除氧药剂，目前有的仍处于应用研究阶段，有的应用较少。虽然这些药剂的除氧防腐功能接近或超过了 Na_2SO_3，而且还可极大降低给水中的铁杂质，但是昂贵的价格限制了它们的进一步推广应用。但小型直流锅炉和贯流锅炉因其结构上的特点除氧应使用挥发性有机药剂。

5.3　游泳池水和景观用水处理技术及药剂

5.3.1　游泳池水处理技术及药剂

游泳池蓄有大量积滞的水，由于暴露在外界环境中，池水易受环境的影响。而且，在正常使用游泳池时，使用者会将许多细菌带入池中。因此，经过一段时间，特别是当池水轻微受热后，如果不用一些方法消毒，那么池水中的细菌数量将使游泳池不再适于使用。

池水处理的目的就是对水进行消毒和过滤，使水质达到一定的卫生标准。

对于循环式游泳池，常用的水处理过程是：粗过滤→混凝沉淀→过滤→消毒→入池。

在消毒环节上，可采用臭氧或投氯（包括次氯酸钠 $NaClO$，漂白粉 $Ca(ClO)_2$ 或氯气 Cl_2）进行消毒处理。它是利用氯的氧化作用，将水中的细菌杀死，并加以除臭。但是水中有氨化合物时，氯首先与氨结合直至满足全部的有机物及氨的化合物之后才起杀菌作用。在这反应的过程中产生的氯氨化合物会刺激人的眼睛及皮肤。因处理系统的过滤设备不能清除溶解于水中的氯氨，所以池中的氯氨浓度日益增加，惟一的消除方式是更新池水。

对于非循环式游泳池，常用的水处理过程包括池水絮凝、排污和防藻除藻。

（1）池水絮凝

① 碱式氯化铝的用量　根据池水浑浊度的状况决定用量的多少。一般每千吨池水投加4～8kg。

② 碱式氯化铝的投加　将碱式氯化铝加水搅拌溶解后，均匀的泼洒于池水中或将碱式氯化铝倒入编织袋中，放上浮球置于池中，人工拖着编织袋从池水的一端入池折线前行到另一端，边走边揉搓编织袋。以使碱式氯化铝在池水中均匀溶解。

③ 碱式氯化铝的投加时间　在闭池前 1h 投加。

（2）池水的排污

排污时注意排污器在池水中应匀速前进；一行与一行中间不得有残留的沉淀物存在；不得进入池水中推拉排污器行走，应在岸边用拉绳操纵排污器工作。

（3）池水的防藻、除藻

游泳池每年开放前注入新水和发现池水有藻类时均应施加硫酸铜用于防藻除藻。在对重度污染池水处理时也要施加硫酸铜除藻。每 1kt 池水投加硫酸铜 0.5～1kg。投加时将硫酸铜放在容器中加水搅拌溶解后，在对池水加氯的同时将溶液均匀地泼洒在池水中。

5.3.2 景观用水处理技术及药剂

随着社会的不断发展，人们的住房条件有了明显改善，宽敞、舒适是人们对居住条件的最基本的要求。生活在一个能呼吸清新空气、能与自然亲密接触环境里的期望逐渐成为人们不可缺少的需求。而精致的水景，使自然和人类更加亲近，能增加周围空气的湿度，减少尘埃，提高负氧离子的含量，还能在小范围内起到调节气候、愉悦居民精神的作用。

按照 CJ 25.1—89 中华人民共和国建设部部颁标准《生活杂用水水质标准》的要求，生活杂用水水质指标如表 5-6 所示。

表 5-6 生活杂用水水质指标

项　　目	卫生间便器冲洗	城市绿化洗车,扫除	项　　目	卫生间便器冲洗	城市绿化洗车,扫除
浊度/度	10	5	氨氮(以 N 计)/(mg/L)	20	10
溶解性固体/(mg/L)	1200	1000	总硬度(以 $CaCO_3$ 计)/(mg/L)	450	450
悬浮性固体/(mg/L)	10	5	氯化物/(mg/L)	350	300
色度/度	30	30	阴离子合成洗涤剂/(mg/L)	1	0.5
臭	无不快感觉	无不快感觉	铁/(mg/L)	0.4	0.4
pH 值	6.5～9.0	6.5～9.0	锰/(mg/L)	0.1	0.1
BOD_5/(mg/L)	10	10	游离余氯/(mg/L)	管网末端水不小于 0.2	
COD_{cr}/(mg/L)	50	50	总大肠菌群/(个/L)	3	3

景观水的来源包括雨水、地下水、污水再生回用等。

多年实践已证明，再生后的污水不仅可以用于农业、工业，还可更广泛地作为城市用水。利用再生水作为景观水体，是根据缺水城市对于娱乐性环境的需要而发展起来的一种再生水回用方式。

景观水的处理方法有如下几种。

（1）物理方法

① 引水换水方式　当水体中悬浮物（如泥、沙）增多、水体透明度下降、水质发浑时，可以通过引水、换水的方式，稀释水中的杂质，以此来降低杂质的浓度。

② 循环过滤的方式　在水景设计初期，根据水体大小，设计配套的过滤沙缸和循环用水泵，并且埋设循环用的管路，用于以后日常的水质保养。如果水体面积较大，必定延长循环过滤的周期，使水质不能达到预期效果。

（2）化学方法：投加杀菌灭藻剂

投加化学灭藻剂，效果明显，但会使藻类产生抗药性，最终导致灭藻剂效能逐渐下降，投药间隔越来越短，投加量越来越大。而频繁更换灭藻剂的品种，对环境的污染也不断增加，不宜长久使用。

（3）投加微生物

在景观水水质恶化时，投加适量微生物（各类菌种），加速水中污染物的分解，可以起到水质净化的作用。微生物的繁殖速度惊人，呈几何级增长，每一次繁殖都或多或少会产生一些变异品种，导致微生物处理能力下降。但是微生物数量较难控制，生长易受环境的影响。同时微生物的分解物，会造成藻类的大量繁殖，导致水质再次变坏。因此用微生物处理水质，必须定期进行微生物的筛选培育、保存、复壮等专业处理。

（4）复合处理

景观用水进入调节池，经潜水泵提升流入初沉池。初沉池的污泥用气提法回流至调节池。初沉池后接曝气生物滤池。曝气生物滤池采用较大的矿质颗粒状填料，避免填料的堵塞，减少反冲洗强度，延长反冲洗周期。

在曝气生物滤池出水口，设置 $CuSO_4$ 投加装置，向景观用水中投加 $CuSO_4$，Cu^{2+} 在水中起到持续杀菌和抑制水藻生长的作用。硫酸铜的投加量为 $0.5\sim1.0mg/L$。

污水回用于景观水体的关键技术在于对有机物和富营养物质的控制。通过高级处理一方面降低有机物污染，另一方面除去藻类赖以生存的营养盐、氮、磷。根据回用试验，在营养盐中，磷占控制性地位，将磷控制在 $0.5mg/L$ 以下，将有效地抑制水体的营养化。

二级处理出水经混凝沉淀后，总磷去除率达 70%，可溶解性磷去除率可达到 95% 以上，该水静止一个月，水质无明显恶化，因此生物和化学相结合处理是经济有效的方法。

水体富营养化的条件是温度、光照和营养物质。夏季水温较高，日照较强，为抑制藻类的繁殖，应该保持水体的流动，其流动方式以低进高出为佳，这样水体比较均匀，底部也不易沉积。

污水中的有毒物质主要来源于工业废水，中国城市污水中工业废水所占比例较高，水质变化大，因此要建立起完善的水质监测制度使超标的有毒物质严格控制在工厂企业内，以保证污水处理厂回用水的安全。

5.4 工业冷却水与空调水处理技术及药剂

5.4.1 工业冷却水处理技术及药剂

循环水系统中所遇到的腐蚀、结垢、生物污垢这几个问题，采用水处理技术是能够解决的。也只有采用冷却水处理技术，冷却水循环的技术经济效益才能充分发挥。所谓冷却水处理技术，是指针对循环水系统的水质、设备材质、工况条件选择缓蚀剂、阻垢剂、分散剂、杀生剂正确进行匹配组成水处理配方，提出工艺控制条件，提供相应的清洗和预膜方案等。把这一全过程称为冷却水处理技术。其中将缓蚀剂、阻垢剂、分散剂等组成配方，确定适宜的工艺控制条件，进行循环冷却水的基础处理和正常运行处理是冷却水处理技术的主要内容。

冷却水处理中所用的缓蚀剂、阻垢剂、分散剂、杀生剂等化学品可统称之为水质稳定剂。这些化学品的研究开发和生产是循环水处理的基础。没有先进的、性能优良、价位适中的水质稳定剂就根本谈不上现代的循环水处理。因此，这些水质稳定剂的研究和生产一直是水处理界关注的热点。

5.4.1.1 分散剂

阻垢缓蚀剂配方中分散剂的选择和比例，对其阻垢和各组分之间配伍、协同性能具有至关重要的影响。最初开始使用的阻垢分散剂主要是木质磷酸钠等，它们有一定阻垢作用，能部分解决水垢沉积和锌盐稳定问题，但远远满足不了生产厂家对阻垢性能的要求。

聚丙烯酸类聚合物具有优良的阻垢分散性能。同时将具有优良缓蚀性能的有机膦如HEDP、ATMP 等复合使用。多元核酸共聚物阻垢分散剂上了一个新的台阶。

随着环保对排污的限制和循环水浓缩倍数的提高，各种高性能的共聚物阻垢分散剂不断出现，尤其是含磺酸、膦酸和其他官能团的共聚物。

5.4.1.2 缓蚀阻垢剂

由于有机膦酸盐中结构稳定的磷酸根含量低，因而减少了形成磷酸钙垢的危险；同时也减轻了对水体富营养化污染的程度，在 20 世纪 70 年代有机膦酸盐得到迅速发展。目前大多数阻垢缓蚀剂配方中都含有 HEDP、ATMP 等有机膦酸。

5.4.1.3 杀生剂

（1）氧化性杀生剂

氧化性杀生剂是最早使用的一类杀生剂，其中使用最为广泛的是氯气和次氯酸盐。它们对水中的微生物有优良的杀灭作用和抑制作用。但是它们的杀生作用受水的 pH 值影响较大，pH 值越高，杀生作用越差；同时 ClO^- 会与 B30 铜管中的镍反应，使 B30 铜管产生腐蚀，故高浓缩倍率循环情况下，一般不使用 Cl_2 及次氯酸盐。取而代之的是二氧化氯，ClO_2 不但具有适应 pH 范围广，抑制微生物的能力比 Cl_2 强，同时还具有剥离性能。近几年，ClO_2 在循环冷却水处理中的应用越来越多，其生产和应用技术发展很快。

（2）非氧化性杀生剂

循环冷却水处理中氧化性杀生剂和非氧化性杀生剂必须交替使用，以防止循环水中微生物对其产生抗药性。所用的非氧化性杀生剂主要有季胺盐、异噻唑啉酮，戊二醛等。由于季胺盐使用时产生泡沫多，容易形成假水位，且与阻垢缓蚀剂相容性差，近来在电力系统中已基本不单独使用。在高浓缩倍率循环冷却水中，戊二醛复合杀生剂和异噻唑啉酮具有较好的性价比。

5.4.2 空调水处理技术及药剂

中央空调一般由制冷机组、冷却塔、循环水系统（冷冻水系统和冷却水系统）等部分组成。制冷机组产生冷源；冷冻水系统是以水作载冷介质和空气进行热量交换的密闭式体系；冷却水系统是以普通水作介质通过冷却塔循环的敞开式体系。循环水一般采用天然水，如地表水或地下水。在这些水中都不同程度地含有下列杂质。

① 不溶性杂质　即悬浮杂质，如泥沙、黏土、腐殖质、灰尘、草木垃圾等。

② 可溶性杂质　即溶解性固体，又称含盐量。它们是以离子或离子团的形式存在于水中的，如 Ca^{2+}、Mg^{2+}、Na^+、HCO_3^-、CO_3^{2-}、SO_4^{2-} 等。

③ 气态杂质　如氧气、二氧化碳、氨气、硫等。

随着循环水的温度变化和浓缩，水中各种离子浓度积超过其本身的浓度积时，就会生成沉淀，形成水垢。而水中溶解氧的存在和其他因素的联合作用又易引起设备的腐蚀。循环水中营养物的不断富集，又为藻类和细菌的滋生提供了充足的养分，形成生物黏泥。

为防止水垢的形成，抑制微生物的生长繁殖，控制设备及管道的腐蚀，提高热交换效率，节约能源，延长设备的使用寿命，有必要对中央空调的水质进行处理。

5.4.2.1 水处理药剂

一般水质处理药剂分为缓蚀剂、阻垢剂和杀生剂三类。

（1）缓蚀剂

① 水处理用缓蚀剂应具备的条件　缓蚀剂种类很多，作为水处理用的缓蚀剂需要具备一定的条件，既要经济实用又要符合环保要求。它与水中各种物质如 Ca^{2+}、SO_4^{2-}、O_2、CO_3^{2-} 的阻垢剂、分散剂和杀生剂是相容的，并有较好的协同作用，对系统中各种金属有较

好的缓蚀作用。

② 常用缓蚀剂　水质处理常用缓蚀剂有下列几种。

a. 铬酸盐缓蚀剂　常见的铬酸盐是铬酸钠，它是一种氧化性缓蚀剂。铬酸盐能使钢铁表面生成一层连续而致密的含有 Fe_2O_3 和 Cr_2O_3 钝化膜。

在循环水系统中，单独使用铬酸盐的起始浓度为 $500\sim1000mg/L$，随后就可以逐渐降至 $200\sim250mg/L$。在实际应用中，铬酸盐常以较低的剂量与其他缓蚀剂复配成复合缓蚀剂使用。

铬酸盐对铁、铜、锌、铝及合金都有良好的保护作用，但毒性大，易被还原而失效。

b. 钼酸盐　钼酸盐与铬酸盐一样，也是阳极型或氧化型缓蚀剂，它在铁阳极上生成一层具有保护膜作用的亚铁-高铁-钼氧化物的络合物钝化膜。

钼酸盐对碳钢、铜和铝均有缓蚀作用，尤其是和其他药剂共用可较好地抑制点蚀的发生。使用钼盐作缓蚀剂剂量大，成本较高。

c. 锌盐　最常用的锌盐是硫酸锌。锌盐是一种阴极性缓蚀剂。

锌离子可与金属表面腐蚀微电池阴极区中的氢氧根离子生成氢氧化锌沉淀沉积在阴极区，抑制了腐蚀过程的进行。

锌盐是一种安全但低效的缓蚀剂。因此常与其他缓蚀剂联合使用。使用锌盐成本低，能加速生成保护膜，但对水生物有毒性。因此，环保部门对锌盐的排放有严格规定。

d. 磷酸盐　磷酸盐是一种阳极缓蚀剂，没有毒性，价格便宜。但它易与水中的钙离子生成磷酸钙垢，因此常和对磷酸钙垢有较高抑制能力的共聚物联合使用。它易促进水中藻类的生长。

e. 聚磷酸盐　聚磷酸盐是目前使用最广泛、最经济的缓蚀剂之一。最常用的有三聚磷酸钠和六偏磷酸钠。

单独使用时，使用浓度不宜小于 $30mg/L$，量不足反而促进腐蚀。为提高缓蚀效果，聚磷酸盐通常与锌盐、有机膦酸盐等联合使用。

聚磷酸盐缓蚀效果好，成本低；除缓蚀效果外，还兼有阻垢作用；没有毒性但易水解，水解后与水中的钙离子生成磷酸钙垢；易促进藻类的生长；对铜及铜合金有腐蚀。

f. 有机多元膦酸　常用的有 HEDP（羟基亚乙基二膦酸）、EDTMP（乙二胺四亚甲基膦酸）等。它们不易水解，单独使用时浓度常为 $16\sim20mg/L$。

g. MBT（巯基苯并噻唑）和 BTA（苯并三唑）　它们是一种阳极型缓蚀剂，对铜及铜合金缓蚀效果好，用量少。但 MBT 对氯很敏感，易被氧化而破坏。BTA 虽能耐氯和氧化，但价格较高。

（2）阻垢剂

在水处理中常用的阻垢剂有聚磷酸盐、有机膦酸、膦羟酸、有机膦酸酯、聚羧酸等。

① 聚磷酸盐　常用聚磷酸盐有三聚磷酸钠和六偏磷酸钠，在水中生成长链阴离子容易吸附在微小的碳酸钙晶粒上，防止了碳酸钙的析出。

② 有机膦酸　常用的有 HED、EDTMP，对抑制碳酸钙、水合氧化铁或硫酸钙等的析出或沉淀有很好的效果。

③ 有机膦酸酯　有机膦酸酯抑制硫酸钙垢的效果较好，但抑制碳酸钙垢的效果较差。其毒性低，易水解。

④ 聚羧酸　聚羧酸类化合物对碳酸钙水垢有良好的作用，用量也极少。常用的有聚丙

烯酸和水解马来酸酐等。

（3）杀生剂

杀生剂是用来控制中央空调循环水系统中微生物的主要药剂。

① 优良的杀生剂应具备的条件　能够有效地控制和杀死范围很广的微生物；容易分解或被微生物降解；在使用浓度下，与水中的一些缓蚀剂和阻垢剂能够彼此相容；具有穿透黏泥和分散或剥离黏泥的能力。

② 常用杀生剂　通常杀生剂分为氧化性杀生剂和非氧化性杀生剂两大类。

a. 氧化性杀生剂　常用的有氯、次氯酸盐、氯化异氰尿酸、二氧化氯、臭氧、溴及溴化物。

b. 非氧化性杀生剂　常见的有洁而灭、新洁而灭等。

在许多循环水系统，常常是氧化性杀生剂与非氧化性杀生剂联合使用效果更好。

（4）复合水处理剂

与单一水处理药剂相比，复合水处理药剂具有很多优点：其中的缓蚀剂与缓蚀剂、缓蚀剂与阻垢剂之间往往存在协同增效作用；可以同时控制多种金属材质的腐蚀及污垢的产生；简化加药手续。

5.5　城市污水处理技术及药剂

城市生活污水是城市发展中的产物，随着城市化和工业化进程的加快，其产生量不断增大，污染日益严重，已严重制约了城市社会经济的可持续发展。西方发达国家 20 世纪 50 年代经济的发展，曾导致了 60 年代严重的环境污染。到 20 世纪 70 年代末，美国兴建的城市污水处理厂达 18000 余座，投入资金数万亿美元；英国、法国、德国各耗费巨额资金兴建了 7000～8000 座城市污水处理厂。中国历年城建环保投资及其所占当年全社会固定资产投资的比例，也呈逐年上升趋势。

5.5.1　城市生活污水处理方法

城市生活污水的主要污染物是有机物。目前国内外多用物化法和生物法处理技术来处理城市生活污水，并以后者为主。

5.5.1.1　物化法

19 世纪后期，英、美等国曾广泛采用絮凝沉淀技术处理城市生活污水。随着世界性能源紧缺和能源价格上扬以及新型高效絮凝剂的出现，物化法处理生活污水技术有所发展。其特点为：①不用曝气，电耗低；②有机污染物去除较稳定，且对磷、重金属、细菌和病毒的处理率较高；③基建投资和运行费用低，在削减较大污染负荷的前提下，能取得较好的投资效益。

5.5.1.2　生物法

（1）传统活性污泥法和 A/O，A^2/O 法

传统活性污泥法是最早的污水处理工艺，有机物去除率高，能耗和运行费用低。活性污泥法实用工程始于 1917 年。

A/O，A^2/O 法是传统活性污泥法的改进型，分别采用厌氧-好氧或缺氧-好氧，以及厌氧-缺氧-好氧工艺。

A^2/O 法的特点是：①设置初沉池，利用物理法降低进入二级处理的有机物和悬浮物负

荷；②污泥采用厌氧消化，回收能源，降低能耗和运行费用，且规模越大，优势越明显；③处理单元多，管理复杂，要求具有较强的技术管理水平；④占地多，建设投资大，但随着污水处理厂扩大到一定规模，其投资比氧化沟法和 SBR 工艺还要省；⑤适用于中等负荷的大型污水处理厂。

（2）AB 法

AB 法采用吸附加传统活性污泥法两次生化处理工艺，单元构成复杂，污泥不稳定，建设投资和处理成本高。该法是针对高浓度污水而设计的特殊场合的处理工艺。

（3）氧化沟法

氧化沟法大体上可分为四类：①多沟交替式，系合建式，采用转刷曝气，无单独的二沉池；②卡鲁塞尔式，系分建式，采用表曝机曝气，有单独的二沉池，沟深大于多沟交替式；③奥贝尔式，系多建式，采用转碟曝气，沟深较大，有单独二沉池；④一体化式，不设初沉池和单独的二沉池，集曝气沉淀、泥水分离和污泥回流功能为一体。

氧化沟法的特点为：①一般不设初沉池和污泥消化池，结构简单，工艺稳定，管理方便；②有机物去除率较高，具有脱 N、除 P（沟前增设厌氧池）功能，综合指标较优；③适用于中小规模的低负荷污水处理厂。

（4）SBR 工艺

SBR 工艺是序批式活性污泥法，进水、反应、沉淀、排放和闲置顺序在同池中完成，周期运行。其特点为：①无二沉池和污泥回流设备，产生剩余污泥量少；②结构简单，运转灵活，可随时调整运行计划；③自控要求高。

SBR 的代表型有 UNITANK 工艺，由比利时史格斯公司于 20 世纪 90 年代推出。其特点为：①用固定堰代替 SBR 的滗水器，池深加大；②自控要求低，管理方便；③池壁共用，投资减少。

5.5.2 水处理剂的应用

城市污水使用化学药剂的作用包括絮凝、脱氮除磷、污泥脱水。单纯的絮凝剂目前已少有使用，本节主要介绍脱氮除磷和污泥脱水所使用的药剂。

5.5.2.1 脱氮除磷

（1）污水脱氮

在城市生活污水中，氮以有机态氮、氨态氮、亚硝酸氮、硝酸氮以及气态氮存在，并在一定的条件下可以相互转化。脱氮工艺包括氨吹脱、电渗析、反渗透、折点加氯等物理化学脱氮技术和生物脱氮技术。

由于物化脱氮技术存在工艺复杂、成本高的缺点，在实际应用中受到限制。目前使用的脱氮技术以生物法为主。传统的生物脱氮理论认为，生物脱氮技术主要是通过设置厌氧区或通过过程控制形成厌氧环境，发生硝化、反硝化作用，达到脱氮的目的。即好氧条件下的有机氮，在氨化菌的作用下，分解、转化成氨态氮；在亚硝化菌、硝化菌的作用下，发生硝化反应，由氨态氮转化为亚硝酸氮、硝酸氮；在厌氧条件下，反硝化菌将亚硝酸氮、硝酸氮还原为气态氮，达到生物脱氮的目的。

（2）污水除磷

磷是生物圈内重要的营养元素，有正磷酸盐、偏磷酸盐、有机磷等多种存在形式。水中含磷量过高会引起水体富营养化问题。随着城市人口的增加、工农业的增长和污水排放总量的不断增加，以及各种含磷洗涤剂和化肥农药的大量使用，含有大量营养成分的污水流入湖泊等封闭性水域，加速了水域的富营养化。这种现象在世界各地，包括中国都不断发生，给工农业生产、生活用水、水产业以及旅游业都带来了极大的危害。目前，国内外对磷排放的限制标准越来越严格。中国新近颁布实施的国家《污水综合排放标准》GB 8978—1996 对磷酸盐的排放要求明显高于 1988 年的标准（见表 5-7），而且扩大到所有排放单位。因此，研究开发经济、高效的除磷污水处理技术仍然是当今水污染控制领域的一个研究重点。

表 5-7　污水综合排放标准比较

污 染 物	排放标准适用范围	一级标准		二级标准	
		1988 年	1996 年	1988 年	1996 年
磷酸盐(以 P 计)/(mg/L)	一切排放单位	1.0	0.5	2.0	1.0

① 磷的来源　排放到湖泊中的磷大多来源于生活污水、工厂和畜牧业废水、山林耕地肥料流失以及降雨降雪之中。与前几项相比，降雨和降雪中的磷含量较低。有调查表明，降雨中磷浓度平均值低于 0.04mg/L，降雪中低于 0.02mg/L。以生活污水为例，每人每天磷排放量大约在 1.4～3.2g，各种洗涤剂的"贡献"约占其中的 70% 左右。此外，炊事与漱洗水以及在粪尿中磷也有相当的含量。在水域的磷流入量中，生活污水占 43.4% 为最大，其他依次为工厂和畜牧业废水占 20.5%，肥料流失占 29.3%，雨雪降水占 6.7%。

② 污水除磷技术　除磷工艺的目的都是将可溶性磷转化为悬浮性磷，以便将其滞留。现代污水除磷技术是利用磷的循环转化过程，使废水中的磷转化为不溶性的磷酸盐沉淀，或利用细胞合成，将磷吸收到污泥细胞中的过程。前者称为化学法除磷，后者称为生物法除磷。国内外的实际运行经验表明，采用生物除磷方法，磷的去除量一般约为 BOD_5 去除量的 3.5%～4.5%（泥龄 5～20d），其中 MLSS 中的磷含量平均为 5%。出水中颗粒性磷的含量取决于出水中的 SS（10mg/L 的 SS 含磷量为 0.5mg/L），一般单采用生物除磷工艺很难满足出水含磷量低于 1.0mg/L 的排放要求。在污水处理厂实际运行中，常通过化学法来进一步除磷。在生物除磷的工艺中，由于进水中易生物降解有机物的量、其他工艺参数及构筑物尺寸的影响，常使生物除磷工艺过程不稳定，进而不能保证出水 TP 浓度在标准规定的控制范围内。生物除磷的工艺稳定性可通过附加化学沉淀来改善。另外，中国的城市污水中碳氮比普遍偏低，国家《污水综合排放标准》具有除磷要求高、氨氮和总氮去除要求不太高的特点，因此，对于中高浓度污水（BOD_5 在 200mg/L 左右及以上），采用生物除磷及脱氮工艺是比较合适的选择，但对于低浓度（BOD 为 120mg/L 左右）和超低浓度（BOD_5 为 60mg/L 左右）污水，生物除磷处理往往难以满足处理要求，需要增加化学除磷处理。

a. 生物除磷技术　生物除磷是利用聚磷菌（主要为不动杆菌属、气单胞菌属和假单胞菌属等）能够从外部环境摄取在数量上超过其生理需要的磷，并将磷以聚合的形态贮藏在菌体内，形成高磷污泥，排出系统外，达到从废水中除磷的效果。在厌氧条件下，聚磷菌在分解体内聚磷酸盐的同时产生三磷酸腺苷（ATP），聚磷菌利用 ATP 以主动运输的方式将细胞外的有机物摄入细胞内。在好氧条件下，所吸收的有机磷被氧化提供能量，同时从污水中吸收超过其生长所需的磷并以聚磷酸盐的形式贮存起来。由于系统经常排放剩余污泥，被细菌过量摄取的磷也将随之排出系统，因而可获得较好的除磷效果。

b. 物化除磷技术　1762 年发现的化学沉淀，1870 年就已在英国成为一种可行的污水处理方法。19 世纪后期，英美等国广泛采用化学沉淀方法处理污水，但不久即被生物处理所取代。到了 20 世纪 80 年代，为进一步提高污水中的有机物和磷的去除程度，又开始重新重视化学沉淀。

因瑞典气候寒冷，生物处理所需泥龄和水力停留时间较长，因此，瑞典的城市污水处理厂大部分都采用了化学处理（与生物处理联用）。挪威最大污水处理厂（Oslo West 厂）的处理能力为 $4.8m^3/s$（单级化学沉淀处理），当局要求该厂需去除 70% 以上的 BOD 负荷，磷的去除率须大于 90%。从挪威 87 个化学法污水处理厂 1990 年进出水的平均值来看，也能满足这一要求。对于敏感性水体，要求污水处理厂出水中有机物含量很低，需在化学处理之后设置紧凑的生物处理。采用化学预沉淀技术，其 BOD 的去除可在较低的费用下达到与常规生物处理相同或更好的处理效果，而且磷的去除率将高达 90% 以上，它也可用于解决常规生物处理厂的超负荷问题。

化学除磷的基本原理是通过投加化学药剂形成不溶性磷酸盐沉淀物，然后通过固液分离从污水中去除。磷的化学沉淀分为 4 个步骤：沉淀反应、凝聚作用、絮凝作用、固液分离。沉淀反应和凝聚过程在一个混合单元内进行，目的是使沉淀剂在污水中快速有效地混合。凝聚过程中，沉淀所形成的胶体和污水中原已存在的胶体凝聚为直径在 $10\sim15\mu m$ 范围内的主粒子。絮凝过程中主粒子相互结合在一起形成更大的粒子-絮体，该亚过程的意义在于增加沉淀物颗粒的大小，使得这些颗粒能够通过典型的沉淀或气浮加以分离。固液分离可单独进行，也可与初沉污泥和二沉污泥的排放相结合。按工艺流程中药剂投加点的不同，磷酸盐沉淀工艺有前置沉淀、协同沉淀和后置沉淀三种类型。

污水的物化除磷是通过向水体中投加阳离子絮凝剂，使它们与污水中的磷酸根（PO_4^{3-}）形成不溶性化合物。同时由于污水中氢氧根存在，会产生氢氧化物絮体，使非溶解性可沉淀固体越聚越大，然后通过固液分离从污水中分离出来，达到除磷的目的。用于物化除磷的絮凝剂有石灰和金属盐两大类，最常用的是石灰 $Ca(OH)_2$、硫酸铝、铝酸钠、氯化铁、硫酸铁、氯化亚铁、硫酸亚铁等。

i. 石灰混凝法　向含磷污水中投加石灰，由于形成氢氧根离子，污水 pH 值上升，与此同时，污水中的磷与石灰中的钙发生反应，形成 $Ca_5(OH)(PO_4)_3$。

该法实际上是水的软化过程，所需的石灰投加量仅与污水的碱度有关，而与污水的含磷量无关。其原因是：根据磷酸钙沉淀的溶解度曲线可知，使用石灰法时，pH 值必须调到较高值才能使残留的溶解磷浓度降到较低的水平，而污水碱度所消耗的石灰量通常比形成磷酸钙沉淀所需的石灰量大好几个数量级，因此，石灰法除磷所需的石灰投加量基本上取决于水的碱度，而不是污水的含磷量。其产泥量较大。

ii. 金属盐混凝法　金属盐除磷有铝盐除磷、铁盐除磷等。以铝盐除磷为例，铝离子与正磷酸根离子化合，形成难溶的磷酸铝，通过沉淀加以去除。

$$Al^{3+}+PO_4^{3-}=\!=\!=AlPO_4$$

此外，硫酸铝还和污水中的碱度产生如下的反应：

$$Al_2(SO_4)_3+6H_2CO_3=\!=\!=2Al(OH)_3+6CO_2+3H_2SO_4$$

这样，由于硫酸铝对碱度的中和，pH 值下降，游离出 CO_2，形成氢氧化铝絮凝体。胶体粒子为絮凝体吸附而去除，在这一过程中磷化合物也得到去除。

c. 污水化学除磷的特点

化学法的除磷效率高于生物除磷，可达 75%～85%，且稳定可靠。一般情况下，出水 TP 含量可满足 1mg/L 的排放要求；当化学法结合后续生物处理时，出水的 TP 含量可望满足 0.5mg/L 的排放要求；在化学法后增加出水过滤，出水 TP 达到 0.2mg/L。

磷酸钙类沉淀物的溶解度曲线和大量石灰法化学除磷实践表明，pH 必须调节到较高值（通常为 10.5 左右）才能使残留的溶解磷浓度降到较低的水平。石灰法除磷的 pH 值通常控制在 10 以上，但由于过高的 pH 会抑制和破坏微生物的增殖和活性，因此石灰法不能用于协同沉淀。经过石灰法前置沉淀除磷的原污水 pH 往往偏高，虽然生物处理过程中产生的二氧化碳以及硝化作用对碱度的消耗都能使 pH 有所降低，但经过石灰法除磷的初沉污水在进入生物处理系统之前仍需采取 pH 调节措施。经过石灰法后置沉淀除磷的污水必须调节 pH 才能满足排放要求。

$FePO_4$ 和 $AlPO_4$ 的溶解度达到最低值的 pH 值分别为 5.5 和 6.5。当用铁盐沉淀正磷酸时最佳 pH 为 5，当用铝盐沉淀正磷酸时最佳 pH 值为 6。投加铁盐、铝盐，可能生成的两类沉淀物是磷酸铁或磷酸铝、氢氧化铁或氢氧化铝，对于给定金属盐的投加，沉淀物的形成取决于平衡常数（溶解度）、初始 pH 值、碱度和溶解磷浓度。

对于投加石灰的化学除磷，在 pH>10 条件下，污水中的碳酸氢根碱度和石灰发生反应生成碳酸钙沉淀。石灰法除磷所需的石灰投加量基本上取决于污水的碱度（满足除磷要求的石灰投加量大致为总碳酸钙碱度的 1.5 倍），而不是污水的含磷量。

对于投加铁盐、铝盐的化学除磷，从化学反应的观点来看，三价金属离子和磷酸离子是以等摩尔进行反应，所以药剂的投加量应取决于磷的存在量。但是化学药剂的实际投加量总是大于根据化学计量关系预测的药剂投量，这是因为污水中的氢氧根离子与药剂反应而生成氢氧化物，耗去了相当数量药剂的缘故。虽然氢氧化物也能形成絮体，特别能吸附 SS，从而可去除 SS 中所含的磷，但不能去除可溶性的磷。对特定的污水，金属盐的投量需通过试验确定，进水 TP 浓度和期望的除磷率不同，相应的投加量也不同。出水 TP 浓度为 0.5～1.0mg/L 时，典型的金属盐投加量变化范围是 $1.0～2.0mol_{金属盐}/mol_{磷去除}$；要求出水 TP 浓度低于 0.5mg/L，所需投加量明显增大。根据化学计量关系计算，去除 1mg 磷所需金属盐投加量为 9.6mg 硫酸铝和 5.2mg 三氯化铁。

磷酸盐前置沉淀可降低后续生物处理的负荷，但为提高有机物和磷的去除率而加大投药量，往往会导致后续工艺中碳磷比失调，生物性受到破坏，故要特别注意投药量的选择，以确保后续生物处理单元的营养比例。

药剂投加量的优化除了要考虑药剂费用外，还要考虑污泥的处理处置费用。

铁盐和铝盐投加所产生的化学沉淀物，必然导致处理系统的污泥体积和污泥总量的增加，使出水磷浓度达到 1mg/L，相应的污泥总量和体积分别增加 26% 和 35%。如果要求获得更低的出水磷浓度，沉淀过程将处在平衡区，并出现氢氧化铁或氢氧化铝的沉淀，污泥产生量将出现更明显的增加。对于污泥量的增加，有必要预先采取控制措施，如对某一处理单元或最终出水中的 PO_4^{3-} 进行在线测定，实现对生物、化学除磷过程的自动调节，有效控制加药量，以节省运行费用，提高除磷效果。

5.5.2.2 污泥脱水及应用

城市污水处理厂在处理污水过程中，会产生大量的污泥，主要是初沉污泥和剩余污泥或消化污泥。由于污泥的含水率在 98%～99.2% 范围，无法外运、农用、深埋，因此需要通过药剂对污泥进行调质，改变污泥性能（降低污泥比阻和毛细吸水时间），以便使污泥容易脱水，确保脱水后的污泥含水率达到要求（75%～80%）。

剩余污泥主要由微生物聚集体（即活性污泥菌胶团）、废水带入的无机性沉渣、少量未降解的有机物和大量的水分组成，具有很高的含水率，密度仅为 $1.006～1.01g/cm^3$。

不难看出，在绝干污泥量相同的情况下，污泥的含水率越低，排除的剩余污泥总量也就越少。

剩余污泥中所含的水分大致可以分成四类：自由水，即颗粒间的空隙水，约占总水分的70％；毛细水，即颗粒间毛细管内的水，约占总水分的20％；附着水（即被剩余污泥颗粒吸附的水）和微生物颗粒体内的内部水，这两者约占总水分的10％。

剩余污泥中所含的固体物质大多数是微生物等有机物，属于亲水性带负电荷的胶体颗粒。其特点是颗粒细小（大多数颗粒直径在 $5 \sim 10 \mu m$），粒径分散范围大（包括平均粒径小于 $0.1 \mu m$ 的超细颗粒、$1.0 \sim 100 \mu m$ 的胶体颗粒以及胶体颗粒聚集的大颗粒），其过滤时的比阻大，脱水困难。

剩余污泥的脱水处理，通常包括重力浓缩和压滤两个步骤，脱出的主要是污泥内的自由水和部分毛细水。脱出剩余污泥中的水分，降低其含水率，可以有效地减少剩余污泥的体积。假如将剩余污泥的含水率从99％降低至96％，剩余污泥的体积将减少3/4，这样，无论是对剩余污泥的贮存和进一步的脱水处理而言，处理设施的规模和处理费用都可以减少很多，投资和运行费用也可以相应大幅下降。同时，对于压滤设备而言，入料的浓度越高，压滤设备单位面积的泥饼产量就越多，滤速衰减越慢。因而提高入料的固体物浓度，有助于提高设备的处理能力，缩小处理设备的规模。

剩余污泥中所含水分70％是空隙水，空隙水与污泥颗粒间没有很强的相互作用力，在空隙之间可以自由流动，因而可以依靠重力作用，从污泥中脱除部分空隙水，有效地降低剩余污泥含水率。

离心沉降和絮凝沉降能够比单纯的重力浓缩沉降脱除更多的自由水，使剩余污泥的含水率更低。但是，由于重力沉降处理设施简单，不需要复杂的设备，也不需要投加絮凝剂等药剂，投资和运行维护费用都很低，对于处理水量不太大、剩余污泥产量较少的废水处理站初步脱水，更为适用。

经过重力浓缩后的剩余污泥仍然有较高的含水率，体积较大，流动性强，不便于运输和贮藏，需要进一步脱水处理。而进一步脱水的脱水效果，则与物料本身的性质和采用的脱水设备有很大关系。剩余污泥属于亲水性强、胶状结构的不易脱水物质，需要选择较高压力下的滤饼或介质过滤等表面过滤的方法才能有效地进行固液分离。加压过滤是有效的处理方法，而其他方式如深层过滤、自然干化等都不能达到令人满意的脱水速度和脱水效果。

常用于污泥脱水处理的压滤设备有板框（厢式）压滤机、离心脱水机和带式压滤机。板框（厢式）压滤机是在滤布的阻挡作用下，依靠较高的压力挤出污泥中的水分。由于滤室是密封的，可以持续施加很大的压力而不必担心污泥的大量流失，且压滤出的泥饼含水率低（大约在60％～70％左右），但需要间歇操作、间歇卸泥。并且由于生物污泥具有一定的黏性，容易黏附在滤布上，并逐渐深入滤布的缝隙之中，需要经常清洗以防滤布堵塞，因而产率较低，人工干预较多，操作人员劳动强度大，相同处理量时需要的过滤面积和工作场地也较大，适用于污泥量较少时采用。厢式压滤机的自动化程度不同，投资也相差悬殊。

带式压滤机能够连续生产，可自动清洗滤布、自动卸泥，产率大，人工干涉少、操作人员劳动强度低，设备规模小，投资低，所需过滤面积和工作场地均较小，因而在剩余污泥处理中更为常用。带式压滤机过滤前，都要加絮凝剂调制污泥，使之形成絮团，这是带式压滤机工作的必要条件。污泥的调制情况好坏决定了带式压滤机的压滤效果，可以说带式压滤机的出现与高分子絮凝剂的研制成功是分不开的，而药剂费用也占带式压滤机过滤总费用的

50%左右。

城市污水厂污泥中固体物主要是胶质微粒，其结构复杂，与水亲和力很强。因此污泥在脱水前应先进行调理，以改变污泥粒子表面的物化性质和组分，破坏污泥的胶体结构，减小与水的亲和力，从而改善脱水性能。常用方法有加药、冷冻和加热调理。加药调理原理是使带有电荷的无机或有机调理剂在污泥胶体颗粒表面起化学反应，中和污泥颗粒电荷，使水从污泥颗粒中分离出来。调理效果的好坏与调理剂种类、投加量以及环境因素有关。常用调理剂分有机和无机调理剂两大类。从近几年国外发展趋势看，有机调理剂（如聚丙烯酰胺）应用较多。加热调理和冷冻调理虽然优点多，但因其投资大、能耗高，应用较少。

5.5.3 絮凝剂的选择和投加

污泥的絮凝效果与选择的絮凝剂种类、投药量和投加方式有密切的关系，但污泥本身的性质是决定性的影响因素。

不同种类的污泥，无机性的或有机性的或生物性的污泥，需要投加絮凝剂的种类不同，絮凝剂的投药量也不同。试验表明，相对分子质量在 40～50 万的 PAM 絮凝效果不好且投量较大，而相对分子质量为 320 万的 PAM 形成的絮凝体大而密实度高。试验证实絮凝体的形成时间及生成的絮凝体的直径与投药量有明显关系。过多的高分子絮凝剂会使液体的黏度增高，反而可能导致滤饼进一步脱水的困难并增加滤饼最终的含水率，从而增加了泥饼总量和贮存、运输等最终处置费用。考虑到上述因素以及运行的经济性，实际运行时对每升浓缩污泥控制的 PAM 投加量为 10～15mg/L。另外，每天消耗的絮凝剂量和剩余污泥的体积成正比关系，因此，剩余污泥的浓缩减容对减少絮凝剂的消耗量有着重要意义。

絮凝剂和浓缩污泥混合、反应时间的长短与混合方式对絮凝效果影响很大。从原理上说，每个聚合物分子的活性基团必须有与污泥颗粒表面带电中心接触的机会。由于高分子絮凝剂的投加浓度非常低（常在 0.1%～0.2%），为了获得最佳絮凝效果，絮凝剂必须在污泥中均匀分布并有足够的反应时间。可以在压滤机前设置一带搅拌机的反应罐，反应罐的容积应保证使污泥和絮凝剂能够充分反应，停留时间 2～5min。浓缩后的污泥和絮凝剂都投入罐中，在搅拌机的作用下混合均匀，絮凝好的污泥自流到压滤机的配泥槽中。这种方法絮凝污泥与压滤机的衔接自然，配泥均匀，但需要消耗动力，并且搅拌的强度应做到既要尽快地将絮凝剂与污泥搅匀，又不能将絮凝颗粒打碎。另一种方法是，在污泥提升泵的泵前或泵后加入絮凝剂，并在污泥提升泵后的管道合适位置上，设置一个静态混合器，充分利用流体本身的能量将二者混合均匀。静态混合器到压滤机的污泥管道要有 7～10m 左右的长度，以保证适当的絮凝反应时间。这种方法节省了设备投资和运行费用，处理规模较小时比较适用。

使用阳离子聚丙烯酰胺絮凝剂时的投药量约为 3kg/t 绝干污泥。

5.6 轻工废水处理技术及药剂

5.6.1 造纸废水处理及药剂

造纸工业废水排放量大，废水中含有大量的纤维素、木质素以及大量的化学药品等，耗氧量大，是世人所瞩目的污染源，它能引起整个水体污染和生态环境的严重破坏。美国将造纸工业废水列为六大工业公害之一，日本列为五大工业公害之一。据联合国环境组织估计，全世界造纸工业每年所排的废水超过 $274×10^8t$，其中 BOD5854 $×10^4t$，SS594 $×10^4t$，硫化物 $100×10^4t$。美国造纸工业废水占工业废水的 15% 以上，日本占 60%。瑞典和芬兰造纸工业对水源污染的负荷，以 BOD 量计，约占全部工业废水 BOD 的 80% 以上。

据中国轻工部的初步统计，目前国内约有近万家大大小小的造纸厂，遍布全国城乡各地。中国造纸废水排放量大，每生产一吨成品纸，耗水 $200\sim400t$，年排放总量为 $17×10^8t$，仅次于化工、钢铁工业。造纸废水排放量超过了制糖、印染、制革、油脂、洗涤剂等轻工业，约占工业废水总排放量的 10%。造纸废水的污染，严重地危害着人们的健康，已经引起社会的极大关注。

1999 年国家环保局出台了《草浆造纸工业废水污染防治技术政策》，对碱法化学浆黑液，推荐采用常规燃烧法碱回收技术为核心的废水治理成套技术；对半化学浆、石灰浆、化机浆废水处理，推荐采用厌氧-好氧处理技术；对洗、选、漂中段废水，采用二级生化处理技术；而造纸机白水则采用分离纤维封闭循环利用技术。

5.6.2 造纸工业废水的分类及其特征

造纸工业废水分为蒸煮制浆废水（黑液）、洗浆废水（洗涤废水）、漂白废水和抄纸废水等四大类。其中蒸煮黑液的环境污染最为严重，占整个造纸工业污染的 90%。

（1）蒸煮制浆黑液

蒸煮黑液是指以碱法制浆或硫酸盐法制浆过程中将木材和草材等原料粉碎后加入碱或碱与硫酸盐，通过蒸煮后的黑液，杂质含量达 10%～20%。在这些杂质中 35% 左右为无机物，65% 为有机物（主要有纤维素、半纤维素、木质素和果胶、丹宁、树脂等）；废水中还含有大量的烧碱。每生产 1t 纸浆约排黑液 10t（10Be）。其特征是 pH 值为 11～13，BOD 34500～42500mg/L，COD106000～157000mg/L，SS23500～27800mg/L。

亚铵法制浆废水呈褐红色（又称"红液"），杂质含量 8%～15%，其中 20% 为钙、镁的盐类及残留的亚硫酸盐，80% 为有机物，主要为木素磺酸盐，脂肪酸及少量的醇、酮、醛、树脂、丹宁、蛋白质等，废水的 BOD 值很高。中性亚硫酸盐制浆废水（半化学制浆），含亚硫酸盐木素化合物，丹宁和低级脂肪酸等。

（2）洗浆和漂白废水

洗浆和漂白废水的化学成分与黑液相仿，仅浓度稍低，废水量大，SS 和 BOD 值高。

3.抄纸废水

抄纸废水称为"白水"。含有纤维、填料（高岭土等），胶料（松香）等，BOD 值较低。

5.6.3 造纸黑液的处理

目前国内外造纸工业普遍采用碱法制浆，蒸煮过程中产生大量的污染物，不仅极大地浪费了资源、能源，而且严重地污染了环境。近几年来国内外黑液治理技术汇总如下。

大型纸浆厂碱回收率已达 90%，非木原料纸浆厂（芦苇、蔗糖渣等）碱回收率达 70% 左右，稻、麦草浆造纸厂的碱回收率在 60% 左右。采用碱回收可以大大地降低黑液的高负荷污染，BOD 可以减少 80%～85%。此外还可以回收热能、化学品、降低成本，增加经济效益。全国每年可回收 75500t 碱。

（1）传统的碱回收技术

传统的碱回收技术采用浓缩、燃烧和苛化三个步骤来回收黑液中的碱。即采用多效蒸发器将黑液浓缩，使其中有机物燃烧，在高温下无机物变为熔融状态，冷却后形成绿液。其主要成分为 Na_2CO_3，加入石灰苛化为 NaOH 后，再回用到纸浆生产工艺中去，从而达到回收碱并循环利用之目的。该技术缺点是苛化产生的白泥无法处理，造成二次污染。

（2）混合焙烧碱回收技术

混合焙烧技术是在传统碱回收技术基础上通过改进工艺使白泥能够回收利用。独到之处是利用苛化产生的白泥与浓缩黑液混合，借助黑液中固形物燃烧的热量将 $CaCO_3$ 分解为 CO_2 和 CaO，而 CaO 再回用到苛化工艺中去，以达到循环使用之目的，提高了碱的回收利用率。

（3）直接碱回收技术

传统的碱回收工艺技术是通过苛化工序回收碱，是一种间接回收过程。近几年来，国外发展了直接碱回收技术。其基本原理是将造纸黑液浓缩成固体物，并与赤铁矿混合高温反应，生成固体松散的铁酸钠（$NaFeO_3$），然后水解生成碱液和赤铁矿固体。水解生成的 $NaOH$ 苛化率达 90％以上，生成的赤铁矿固体可循环使用。与传统的碱回收技术相比有以下特点：工艺流程短、设备简单、碱回收率高、消除了苛化与白泥处理这两道工序，降低了费用，达到了无废物排放，经济效益与环境效益相统一。

5.6.4 中段水处理

造纸中段水有以下特点：①SS 含量较大；②BOD_5/COD_{Cr} 比值较低，不易生化。根据国内外中段水处理的实际运行情况，采用物化处理＋生化处理是一种比较稳妥可靠的方案，即使污水在生化处理前，先利用物化处理，降低污水中 COD_{Cr}、BOD_5 的浓度，大大降低悬浮物的含量，提高废水的可生化性。物化方法可采用混凝沉淀方法。

（1）物化处理

混凝沉淀是利用投加混凝剂，能在水溶液中形成巨大表面积的带正电荷的多核络合物，能够强烈地吸附胶体微粒，通过电荷中和、黏附、架桥以及卷扫等物理化学作用，从而使废水中胶体杂质碰撞凝聚，形成絮体沉淀。絮凝沉淀法已广泛应用于二级生物处理的前处理，以去除废水中不可生物降解物质，减轻对后续生物处理系统的冲击和负荷。

在采用物化预处理的同时也应该充分考虑到物化处理的弊端，例如化学药剂的价格较高，导致运行费用高；同时由于金属氧化物絮体难以压缩，污泥量较大。与活性污泥不同，混凝沉淀污泥自身很难降解，因此如非必须，应尽可能避免采用物化法。

（2）生化处理

造纸中段水的生化处理可以采用氧化沟、CSTR、SBR 等工艺。

氧化沟是活性污泥法的一种变型，即使废水和活性污泥的混合液在环状的曝气渠道中不断循环流动。它具有特殊的循环流态，既是完全混合式又具有推流式的特征。氧化沟一般在延时曝气条件使用，水和固体停留时间长，固体总量较多，因而能对进水水质的冲击有一定的缓冲作用。又因为氧化沟沟内循环量高于进水流量的几十倍甚至上百倍，使其产生较大的稀释能力，当受到水质水量波动的冲击或有毒物质的影响时能迅速稀释，所以氧化沟具有很强的耐冲击负荷能力，适宜处理高浓度有机废水。氧化沟的曝气装置按点交替分布、而不是全池分布，因而很容易在沟内形成好氧和缺氧交替出现的状态，存在着不同的生物微环境，可发挥不同微生物的生物特性。氧化沟的构造型式、水流搅动状态和溶解氧的分布有利于活性污泥的生物凝聚作用，由于泥龄较长，污泥以氧化沟内有一定好氧稳定性无须进行污泥处理，但氧化沟的能耗较高。

目前氧化沟有很多种形式，如奥贝尔氧化沟、Passveer 氧化沟、双沟式氧化沟等。卡鲁塞尔氧化沟是众多氧化沟中的一种，近年来被国内外广泛采用，它除具有氧化沟上述共有的特性外，还有自己不同的特征。

卡鲁塞尔氧化沟采用垂直安装的低速表面曝气机，每组沟渠安装一个，均安设在一端，因此形成了靠近曝气机下游的富氧区和曝气机上游及外环的缺氧区。这不仅有利于生物凝聚，还能使活性污泥易于沉淀。沟深可采用 3～4.5m，沟内水流速度约为 0.3m/s。由于曝气器周围的局部地区能量强度比传统活性污泥法曝气池中的强度高很多，因此氧的转移效率大大提高。当有机负荷低时，可以停止某些曝气器的运行，在保证水流搅拌混合循环流动的前提下，节约能量消耗。

卡鲁塞尔氧化沟工艺需设污泥回流系统，将沉淀后的污泥回流到氧化沟中，使微生物处于平衡状态，剩余污泥进入污泥浓缩池，进行污泥浓缩。

卡鲁塞尔氧化沟的技术特点可归纳如下：

① 卡鲁塞尔氧化沟耐水质水量的冲击负荷较好；

② 限制了沟内丝状菌的过量繁殖，改善污泥沉降性能；

③ 出水水质稳定；

④ 设备单一，数量少，且使用寿命长，维修量少；

⑤ 操作管理简单方便，操作维护量小，不需要较高的操作运转水平。

典型工艺流程如下图所示。

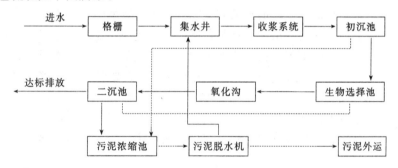

5.7 食品加工废水处理技术及药剂

5.7.1 肉类加工废水处理技术及药剂

肉类加工包括禽类和畜类屠宰以及熟食加工，其中熟食加工废水接近于生活污水，惟其浓度更高而已，因此本节不再详述。

禽类屠宰废水需要注意强化羽毛分离和沉砂，畜类屠宰废水需要注意强化毛发分离，二者的后续处理大同小异，因此合并讲述。

据调查，中国生猪日宰量 500～5000 头的屠宰场已有 600 多家，估计每年排放废水量 $20×10^8 m^3$ 左右，约占全国工业废水排放量的 6%。如果屠宰废水不经处理直接排放水体，大量的悬浮物和有机物将会迅速消耗水体的溶解氧，使水体水质恶化，影响正常的生活和生产用水。同时废水中的致病菌进入水体，将会成为某些疾病的传染源。因此，屠宰废水的治理对保护水体环境和人类健康具有十分重要的意义。

5.7.1.1 屠宰废水的来源、水质及水量

（1）来源

屠宰场的生产工序一般是：牲畜→活牲畜圈→宰杀→烫毛或剥皮→剖解→取内脏→

冷藏或外运。以上每一道工序几乎都要排放废水：宰前，畜圈每天排出畜粪冲洗水；屠宰车间要排出含血污和畜粪的地面冲洗水；烫毛时要排出含大量猪毛的高温水；剖解车间排出含肠胃内容物的废水。现在一般屠宰场也从事油脂提取，因此炼油废水也成为屠宰废水的一个组成部分。此外屠宰场还有来自车间卫生设备、锅炉、办公楼等地的生活污水。

（2）水量

屠宰场排出的废水量一般变动都较大，这是屠宰场的共性，它主要体现在以下三个方面。第一，不同的屠宰场由于工艺上的差异，每宰一头猪的废水量不同。现有资料表明，每宰一头猪排水量约为 $0.24\sim2.3m^3$，但大多数工厂在 $0.6\sim0.8m^3$ 左右，这与国家排放标准 GB 8978—1996 规定的排水量 $7.2m^3/t$（活畜）是相应的。第二，屠宰场的生产一般是非连续性的，每日只有一班或两班生产，所以废水量在一日之中变化较大。在时变化系数上，一般屠宰场的时变化系数也大，可达 2.0，这样，最大时流量与最小时流量之比可能超过3.0。第三，屠宰生产一般具有明显的季节性，有些厂在淡季时甚至停产，所以屠宰废水的流量在一年之中变化是很大的。

（3）水质

屠宰废水含有大量的血污、毛皮、碎肉、内脏杂物、未消化的食物以及粪便等污染物，悬浮物浓度很高，水呈红褐色并有明显的腥臭味，是一种典型的有机废水。屠宰废水的污染负荷一般都随着屠宰加工深度的增加而增加，同时，与其他工业污染相似，一般小厂比大厂的污染负荷要高。不同的屠宰场，由于生产和加工工艺的不同，废水水质不尽相同，即使是同一屠宰场，不同加工阶段的废水水质也有很大差异。据统计，屠宰场废水水质一般为：BOD $300\sim1000mg/L$，COD $600\sim3000mg/L$，SS $400\sim2700mg/L$，pH $6.2\sim6.9$。除 pH 值外，其余指标均有较大的变动幅度。这些指标的高低，主要取决于屠宰场对血液的回收量和内脏整理车间对食物和粪便的处置方法。屠宰废水中蛋白质的回收对降低其污染指标无疑是有益的。

5.7.1.2 处理工艺

尽管屠宰废水的处理工艺多种多样，但主体方法大多采用生物处理。目前已用于生产和已研究成功的生物处理工艺有：活性污泥法（包括纯氧活性污泥法）、高负荷生物滤池、生物转盘、生物接触氧化、氧化沟、氧化塘、流化床以及厌氧接触工艺等。化学处理工艺有絮凝沉淀。物理处理工艺有气浮、沉淀、离心分离等，以下是常见的几种处理流程。

（1）化学/生物流化床工艺

化学/生物流化床工艺的处理流程为：废水→格栅→初沉池→絮凝沉淀→好氧流化床→二沉池→出水。

该流程中，流化床的容积负荷达 $8.5\sim98.5kg$ $BOD/m^3\cdot d$，水力停留时间仅 $8.8\sim30.8min$，回流比 $1\sim6$。最终出水 BOD$<40mg/L$，BOD 去除率 $71\%\sim94\%$，出水油脂$<10mg/L$，油脂去除率 $29\%\sim84\%$。

（2）浮选-生物法

浮选-生物法工艺的处理流程为：废水→贮存池→混合絮凝→调节加压→浮选池→生物处理→沉淀→出水。

利用该工艺处理的屠宰废水，各项指标的去除率均达到较高水平，其中 BOD 去除率 80%，COD 去除率 85%，SS 去除率 90%，总氮、总磷的去除率也分别达到 75% 和 90%

以上。

（3）厌氧附着膜膨胀床工艺

厌氧附着膜膨胀床工艺的处理流程为：废水→格栅→初沉池→厌氧附着膜膨胀床→二沉池→出水。

该流程处理水量 500m³/d，厌氧附着膜膨胀床容积负荷为 8kg COD/m³·d，水力停留时间 2.7h，COD 去除率 75%～80%。出水水质良好，并回用于屠宰车间。

（4）厌氧滤池工艺

厌氧滤池工艺的处理流程为：废水→预处理→厌氧滤池→二沉池→出水。

该流程 COD 和 SS 去除率分别为 89% 和 62%，油脂去除率 50%。运行经验表明，屠宰废水的预处理相当重要，主要是去除悬浮物和油脂，为后续生物处理创造条件。

（5）塔式滤池工艺

塔式滤池工艺的处理流程为：废水→气浮→混凝沉淀→塔式滤池→出水。

该工艺中塔式滤池的水力负荷为 43m³/m²·d，BOD 和 SS 去除率分别为 84% 和 77%。

（6）氧化塘工艺

氧化塘工艺的处理流程为：废水→前处理→厌氧塘→兼性塘→好氧塘→出水。

该流程的运行结果表明，氧化塘能承受较大的水力负荷和有机物负荷的波动，出水水质可回用于屠宰车间。

预处理可以采用沉淀或者气浮，使用的药剂主要是聚合氯化铝和聚丙烯酰胺。

5.7.2 肉类加工废水处理工程实例

5.7.2.1 生产工艺及废水排放

某大型食品加工企业，主要产品是猪分割肉及其副产品，设计生产能力为日双班屠宰生猪 8000 头。

屠宰的生产工艺及排污工艺如下图所示。

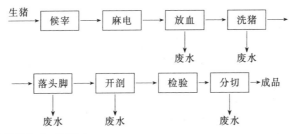

同时需要处理大豆蛋白生产污水。

根据主体车间生产状况，生产废水产生排放情况为 16h，污水处理站设计按照二班制 24h 运转；虽然 6、7 月份平均单耗偏大，但主要集中在夏季炎热天气，主要原因是冲洗水量较大造成。按 1～8 月份平均单耗考虑，在满负荷运转的情况下，日排水量为 2970m³/d。

大豆蛋白生产污水包括：生产大豆蛋白所产生的工艺污水和 CIP 洗涤废水，日排水量 874m³。

其工程技术经济指标见表 5-8。

5.7.2.2 工程范围与建设规模

（1）水质特征

屠宰公司产生的废水主要是生产废水，废水主要来源于屠宰、分割肉车间以及冷库。废水中主要的污染因子为 SS、COD_{Cr}、BOD_5、色度、动植物油、粪大肠菌群。废水中含有较多的血污、毛皮、油脂、碎肉、内脏杂物、未消化的食物及粪便等污染物。污水 COD_{Cr} 2000mg/L，BOD_5 980mg/L，SS 1500mg/L。

表 5-8 工程技术经济指标

序号	指 标 名 称	终期	一期	序号	指 标 名 称	终期	一期
1	设计规模/(m³/d)	4000	3000	5	其中:土建/万元	147.10	145.80
2	进水 COD_{Cr}/(mg/L)	6500	2000		设备/万元	350.63	204.23
	出水 COD_{Cr}/(mg/L)	176	420	6	电力消耗/(10⁴kW·h/a)	117.4	143.2
3	COD_{Cr} 消减量/(t/a)	9234	2306	7	劳动定员/人	8	8
4	占地面积/m²	5016	5016	8	年经营费用/(万元/年)	130.2	119.8
	其中建(构)筑物/m²	2010	1129		年运行成本/(万元/年)	97.47	90.46
5	工程投资/万元	609.28	452.38		单位运行成本/(万元/年)	0.67	0.87

大豆蛋白生产车间主要生产液态大豆蛋白。污水主要来源于分离蛋白和浓缩蛋白生产工段，污水中主要的污染因子为 SS、COD_{Cr}、BOD_5、硫化物，属于高浓度的有机污水，悬浮物浓度较高。污水 COD_{Cr} 大约在 21354mg/L，BOD_5 12812mg/L，SS 7680mg/L，总体来说污水的可生化性较强。

(2) 建设规模

河南双汇投资发展股份有限公司屠宰厂每日产生污水水量为 3000m³，大豆蛋白生产车间每日产污水 900m³，则整个污水处理站设计处理规模为 4000m³/d，污泥处理设计规模 300m³/d。

进水水质如下：

COD_{Cr}	6500mg/L	SS	3000mg/L
BOD_5	3000mg/L	pH	7.8

由于该厂废水经处理后进入污水处理厂，根据环保局的要求，该公司外排废水应满足进入城市污水处理厂标准的要求，具体指标如下：

COD_{Cr}	500mg/L	SS	400mg/L
BOD_5	300mg/L	pH	6~9

5.7.2.3 总体工艺路线

屠宰废水和大豆蛋白废水均为易生化处理废水，其生物处理效果要优于生物制药、造纸、化工废水，但比啤酒废水、淀粉废水略差。

该污水处理站设计进水 COD_{Cr} 6500mg/L，BOD_5 3000mg/L，SS 3000mg/L，出水水质 COD_{Cr} 175.5mg/L，BOD_5 40.5mg/L，SS 135mg/L，整体去除率都在 95% 以上。

在处理负荷合适时，可以采用厌氧+好氧处理方法。由于废水中含有油脂、浮渣，需进行隔油预处理，而处理后废水直接排入城市污水处理厂，不需进行三级处理。

5.7.2.4 主体处理设施

(1) 厌氧处理

目前，常用先进的新型厌氧技术处理高浓度有机废水，一般可选择厌氧接触工艺、上流式厌氧污泥床和厌氧过滤器。

厌氧接触工艺系统较复杂且效率不高，处理负荷偏低，一般用于有机物及悬浮物浓度特别高时，对于本工程不适合，不利于降低工程投资。

厌氧过滤器内部装有填料，对于微生物有截留作用，适合悬浮物浓度低（SS 要求低于 200mg/L）和有机物浓度低的溶解性废水，不适合于本工程。

上流式厌氧污泥床（UASB），采用内回流技术，使反应器运行负荷高、处理效果好，且处理系统较简单，不适合悬浮物浓度特别高或特别低的废水。一般要求 SS 低于 4000mg/L，适合于本工程废水处理。

厌氧工艺采用升流式厌氧污泥床（UASB）。UASB 底部设布水器，上部设三相分离器和排水装置。布水器通过水力计算和控制，布水均匀，可有效避免死区的产生；采用三相分离器，便于泥水分离，可以减少厌氧污泥的流失。待处理废水被引入 UASB 反应器的底部，向上流过由絮状或颗粒状污泥组成的污泥床。随着污水与污泥相接触而发生厌氧反应，产生沼气引起污泥床扰动。在污泥床产生的气体中有一部分附着在污泥颗粒上，自由气体和附着在污泥颗粒上的气体上升至反应器的顶部。污泥颗粒上升撞击到脱气挡板的底部，这引起附着的气泡释放；脱气的污泥颗粒沉淀回到污泥层的表面。自由气体和从污泥颗粒释放的气体被收集在反应器顶部的集气室内。液体中包含一些剩余的固体物和生物颗粒进入到沉淀室内，剩余固体和生物颗粒从液体中分离并通过反射板落回到污泥层的上面。

（2）好氧处理

该废水经过厌氧单元处理后，有机负荷已大大降低，出水 BOD_5/COD_{cr} 降低，出水可生化性变差。但因本工程原废水可生化性好，好氧处理仍适合生物处理。一般可采用 AS 法、MF 法、自然处理法和新型好氧生化技术（如：A-O、SBR、氧化沟法、CASS 法等）。自然处理占地面积很大，不适合。一般的 AS 法和 MF 法处理效率比新技术略低，为提高效率、节省工程投资，拟采用 CASS 法作为好氧生物处理。

好氧工艺采用循环式活性污泥法（简称 CASS 法）。

在循环式反应器系统中，曝气池、二沉池合二为一，在单一反应池内利用活性污泥完成废水的生物处理和固液分离，是传统 SBR 法的一种改进，被美国环境保护署（US EPA）推荐为一项低投资、低操作成本及低维修费用，高效益的环境处理新技术。据 EPA 调查，在废水流量一定时，选择 SBR 要比传统的活性污泥法处理费用节省许多，这一点已被大量的工程实例所证实。

CASS 工艺主体构筑物由生物选择器和主反应池组成，将主反应区中部分剩余污泥回流至选择器中，有利于系统中絮凝性细菌的生长，并可以提高污泥活性，另外还具有传统 SBR 反应池的优点。

① 具有脱氮除磷的作用。

② 以一组反应池取代了传统方法及其他变型方法中的初次沉淀池、曝气池及二次沉淀池，整体结构紧凑简单，无需复杂的管线传输，系统操作简单且更具有灵活性。

③ 具有调节池均质的作用，可最大限度地承受高峰 BOD_5 浓度及有毒化学物质对系统的影响。

④ 在废水流量低于设计值时，系统可以调节液位计的设定值使用反应池部分容积，或调节反应时间，从而避免了不必要的电耗。其他生物处理方法则没有这样的功能。

⑤ 因为对于每个反应单体而言出水是间断的，在高负荷时活性污泥不会流失，因而可以保持系统在高负荷时的处理效率。而其他的生物处理方法在高流量负荷时经常会出现活性污泥流失的问题。

5.7.2.5 污泥处理工艺

从 UASB、CASS 排出的污泥含水率较高，经污泥浓缩后其含水率可降为 97%～98%，体积大为减少，从而可大大减少后续污泥脱水设备的容积或容量，提高处理效率。综合考虑节约占地、节省投资、改善站区卫生条件以及尽量保持设备的一体化、便于操作等问题，对于污泥处理采用浓缩脱水一体机进行污泥脱水。浓缩脱水一体机泥饼含固率、固体回收率高、自动化程度高，操作管理方便、设备价格远低于离心脱水机。

5.7.2.6 污水污泥处理工艺

生产污水由生产车间自流经过格栅井，去除可能随废水漂浮至污水处理厂的较大悬浮物，经泵提升至隔油沉砂池，去除污水中的乳化油和大部分悬浮物。经沉淀处理后的污水自流入调节池，从调节池经泵提升至 UASB 系统，通过厌氧颗粒污泥的作用，污水中的有机污染物被降解。经 UASB 反应器处理后的污水再进入 CASS 反应池进行好氧处理，出水达标排放。工艺流程见图 5-1。

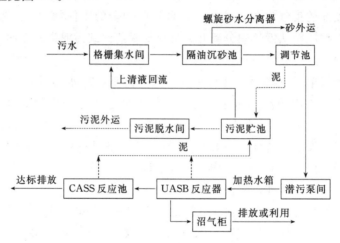

图 5-1　污水污泥处理工艺流程

5.7.2.7 工艺设计说明

（1）各单元处理效率

上述各工艺单元对主要污染物的处理效率，如表 5-9 所示。

表 5-9　各主要处理单元处理效率　　　　　单位：mg/L

项目	隔油沉砂池			UASB 反应器			CASS 反应池			标准
	进水	出水	去除率	进水	出水	去除率	进水	出水	去除率	
COD_{Cr}	6500	5850	10%	5850	877.5	85%	877.5	175.5	80%	500
BOD_5	3000	2700	10%	2700	270	90%	270	40.5	85%	300
SS	3000	2250	25%	2250	675	70%	675	135	80%	400

（2）格栅间

格栅间是污水处理站第一道预处理设施，格栅可去除大尺寸的漂浮物和悬浮物，以保护水泵。机械格栅旁另设人工备用格栅一道，如果污水处理站进水量大于设计流量或发生事故时，可启用人工格栅。

设计流量　　　　　　　　167.7m³/h

时变化系数	1.5
数量	1座
尺寸	6.5m×2.5m×4.0m
结构	钢筋混凝土
内设	

机械格栅除污机2台

型号	XGC-1×2/20
功率	1.1kW
栅隙	20mm
安装倾角	75°
过栅流速	0.3m/s

格栅间内设潜污泵3台，2用1备。

型号	100WQ110-10-5.5
流量	110m³/h
扬程	10m
功率	5.5kW

在格栅间上部设一溢流口，如果污水处理站进水量大于设计流量或发生事故时，污水将通过溢流口超越。

格栅间所选用的潜水排污泵具有高效、防缠绕、无堵塞、自动耦合、高可靠性和自动控制等优点，该泵可通过固定导杆很方便地提升至地面，维修保养非常方便。

潜污泵根据水位变化采用就地控制与集中控制相结合的控制方式，格栅的运行根据格栅前后的水位差，可实现自动控制或手动控制。

（3）隔油沉砂池

数量	1座
地上式钢混结构	
设计除油负荷	3.3m³/(h·m²)
设计沉砂负荷	260m³/(h·m²)
尺寸	φ8.0m×4.0m

隔油沉砂池设中心传动撇油机1套。

| 型号 | ZXG-8 |
| 功率 | 0.55kW |

设油水分离器1座

| 钢结构 | |
| 尺寸 | φ0.8m×1.2m |

（4）螺旋式砂水分离器

分离隔油沉砂池排出的砂水混合物

型号	LSSF-260
尺寸	4.35m×1.65m
功率	0.37kW

（5）调节池

设计流量	167.7m³/h
时变化系数	1.3
数量	1座
尺寸	25m×20m×5.0m
有效水深	4m
有效容积	2000m³
停留时间	12h
结构	钢筋混凝土

为防止调节池底部出现积泥现象，需进行强制搅拌，设计采用潜水推流搅拌器，以保证水质均衡。主要技术参数如下：

数量	2台
型号	GQTO40×ϕ480
功率	4.0kW

（6）潜污泵间

数量	1座
地下尺寸	9.0m×3.0m×4.0m
结构	钢筋混凝土
地上尺寸	9.0m×3.0m×3.6m
局部五层	
结构	砖混结构

池中设潜污泵3台，2用1备。技术参数如下：

型号	100WQ100-22-15
流量	100m³/h
扬程	22m
功率	15kW

调节池所选用的潜水排污泵具有高效、防缠绕、无堵塞、自动耦合、高可靠性和自动控制等优点，该泵可通过固定导杆很方便地提升至地面，维修保养非常方便。

潜污泵采用就地控制与集中控制相结合的控制方式，根据调节池水位的变化，可实现"高开低停"控制。

地上泵房内设加热水箱1个

尺寸	ϕ2.5m×2.5m
钢结构	

（7）UASB反应器

数量	6座
设计流量	166.7m³/h
容积负荷	5.2kg COD_{Cr}/(m³·d)
单座尺寸	ϕ9.0m×10.0m
材料	碳钢
运行温度	23～25℃
换热媒介	废蒸汽

厌氧产生的沼气，设计通过三相分离器水封罐将沼气收集至沼气柜。

底部设布水器，顶部设排水装置。用转子流量计调节和控制水量。罐体内外做防腐，罐体外做保温。

(8) CASS 反应池

设计流量	167.7m³/h
数量	4 座
池深	5.5m
单池尺寸	7.0m×19.0m×5.5m
结构形式	钢筋混凝土
最高水位	5.0m
最低水位	2.7m
超高	0.5m
污泥 MLVSS● 负荷	$0.18kgBOD_5/(kg \cdot d)$
平均污泥浓度	4000mg/L
反应池运行周期	8h
进水时间	4h
反应时间	6h
沉淀时间	1h
滗水时间	1h

每池内设 1 套滗水器

滗水器型号	SB250-3.0
滗水速度	250m³/h

滗水器排水由水位计就地控制或中控室 PLC 柜自动控制。

在 CASS 池中采用金山Ⅰ型曝气器。曝气器外形呈莲花状，由高压聚乙烯注塑成型。空气由上部进入，被内壁肋剪切，形成小气泡。具有构造简单、不易堵塞、价格低廉的特点。

CASS 反应池产生的剩余污泥自流进入污泥贮池。

(9) 鼓风机房

鼓风机房应做好隔声设计和通风设计。

数量	1 间
尺寸	10.8m×6.6m×4.5m
结构形式	地上砖混

内设专用鼓风机 3 台，2 用 1 备。

型号	RS150
风量	22.3m³/min
升压	49kPa
功率	30kW

设置空气过滤器，对大于 1μm 的灰尘除尘效率 99%。

每台风机的进风管上均设有消声器及弹性接头，每台风机的出风管上设有止回阀、安全

● MLVSS 为挥发性污泥。

阀、闸阀、弹性接头、出口消声器、压力开关等。出气管上设有压力表及流量计。

（10）污泥贮池

经计算，每天产生生物泥量约 2000kg。

数量	1座
结构	钢筋混凝土
尺寸	8.0m×8.0m×4.0m
有效深度	3m

内设潜水推流器1台

型号	GQTO22×ϕ325
功率	2.2kW

（11）污泥脱水间

数量	1间
尺寸	14.4m×8.7m×4.9m
结构	地上砖混

内设浓缩脱水一体机1套

型号	NDY—2000
带宽	2000mm
功率	35kW

包括螺杆泵1台，反冲洗泵1台以及配药、加药设备、空压机、污泥输送机和自动控制站。

（12）沼气柜

数量	1座
结构	钢结构
有效容积	750m³

（13）综合楼

布置	主要包括配电、值班、化验、控制室等
尺寸	6.6m×13.2m×7m
结构形式	砖混结构　　二层建筑物

（14）主要构（建）筑物与设备

本次设计主要构（建）筑物，见表5-10。

表5-10　主要构（建）筑物

序　号	构建筑物名称	规　格/m	单位	数量	结　构　形　式
1	格栅间	6.5×2.5×4.0	座	1	钢筋混凝土
2	隔油沉砂池	ϕ8.0×4.0	座	1	钢筋混凝土
3	调节池	25×20×5.0	座	1	钢筋混凝土
4	潜污泵间	9.0×3.0×4.0	座	1	钢筋混凝土
5	CASS反应池	7.0×19.0×5.5	座	4	钢筋混凝土
6	鼓风机房	10.8×6.6×4.5	座	1	砖混结构
7	污泥贮池	8.0×8.0×4.0	座	1	钢筋混凝土
8	污泥脱水间	14.4×8.7×4.9	座	1	砖混结构
9	综合楼	6.6×13.2×7.0	座	1	砖混结构

本次设计主要设备，见表5-11。

表 5-11　主要设备

序　号	设备名称	规格型号	单　位	数　量	备　注
1	机械格栅除污机	XGC-1×2/20	台	2	
2	超声波液位差计	FDV81/FDV862	套	1	
3	(格栅间)潜污泵	100WQ110-10-5.5	台	3	两用一备
4	中心传动撇油机	ZXG-8	套	1	
5	油水分离器	$\phi0.8m\times1.2m$	个	1	非标
6	螺旋砂水分离器	LSSF-260	个	1	
7	潜水推流搅拌器	GQTO40×ϕ480	台	2	
8	(调节池)潜污泵	100WQ100-22-15	台	3	两用一备
9	加热水箱	$\phi2.5m\times2.5m$	套	1	
10	UASB 反应器	$\phi9.0m\times10.0m$	套	6	
11	滗水器	SB250-3.0	套	4	
12	曝气器	金山Ⅰ型	个	200	
13	鼓风机	RS150	台	3	两用一备
14	潜水推流器	GQTO22×ϕ325	台	1	
15	浓缩脱水一体机	NDY-2000	套	1	
16	沼气柜	$\phi8.0m\times15.0m$	个	1	
17	液位计	GSK-2	套	1	调节池内使用
18	液位计	UQK-17P	套	4	CASS 池内用
19	电动蝶阀	DN250/DN200/DN150	个	20	

该工程的实际运行表明，排水的各项数据均优于设计指标，其中 COD<200mg/L。

5.7.3　啤酒酿造废水处理技术及药剂

近年来，中国啤酒工业发展迅速，产量已连续 7 年稳居世界第二。目前实际年产量约为 2000×10^4 t，全年排放废水 $(2\sim3)\times10^8 m^3$。目前，中国啤酒生产企业的污水处理可以分为三大类：好氧处理、厌氧处理或两者相结合的处理工艺，使排放的废水达到 GB 8978—1996《污水综合排放标准》规定的二级标准要求。

据统计，西方先进国家每产 1t 啤酒，废水排放量约为 $4\sim9m^3$。

5.7.3.1　啤酒废水的水质特征

(1) 啤酒废水的来源和分类

啤酒废水，按有机物含量可分成下列三类。

① 清洁废水　来自制冷、糖化、发酵和灌装车间的大量冷冻机冷却水、麦汁冷却水、发酵冷却水及洗瓶机最后的冲洗水等。这部分水比较清洁，可以回收利用。

② 清洗废水　来自各车间生产装置的清洗水、发酵车间漂洗酵母水、灌装车间洗瓶水等。这部分水含有多少不一的有机物和无机物，如废酵母、废硅藻土及洗涤剂等。

③ 含渣废水　来自糖化车间、发酵车间、灌装车间的含麦糟、冷热凝固物、剩余酵母等有机悬浮性固体的废水。含渣废水还包括来自灌装车间的带有酒瓶碎渣和商标碎片等无机物的废水。

(2) 啤酒废水的水质特征

啤酒废水中一般以废酵母的 BOD 值最高，达到 13×10^4 mg/L，未经处理废水的 BOD 一般为 $800\sim1500$ mg/L，而啤酒本身 COD 高达 13×10^4 mg/L。啤酒废水的水质随生产的变化而波动较大，其中 COD 大约在 $1000\sim3000$ mg/L，SS 约 $400\sim800$ mg/L，pH 值 $5\sim13$ 范围内波动。

5.7.3.2 啤酒废水处理方法

(1) 啤酒废水的好氧处理

① 活性污泥法 填料式 SBR 法（序批式活性污泥法）可用于啤酒废水处理。

SBR 法是传统活性污泥法的发展和演变。在 SBR 反应池中设置填料，综合了接触氧化法的优点，使反应容积较常规 SBR 反应池小。SBR 系统对进水浓度的大幅度变化具有很强的缓冲能力，受冲击后恢复较快，且不易发生污泥膨胀。

② 无机膜-生物反应器法 无机膜-生物反应器法（IMBR）是 20 世纪 90 年代兴起的一种废水生化处理技术。它在啤酒废水处理中的应用正处于试验阶段。与传统活性污泥法相比，无机膜-生物反应器法具有污染物去除率高、污泥产量低、操作运行简便等优点。

(2) 啤酒废水的厌氧处理

① 沼气发酵法 大部分啤酒酿造工厂采用好氧工艺处理废水，但广泛开展沼气及发酵残余物的综合利用，确可为改善生态环境发挥重要作用，并正在成为兼具能源、环境、经济、资源综合利用诸功能的综合系统工程。厌氧消化技术也正在被更深入、更广泛、更高层次地开发利用。厌氧消化技术将更广泛地应用于高浓度、高悬浮物的工业有机废水处理。

② 内循环（IC）反应器 是一种高效厌氧生物废水处理工艺。IC 反应器内有上下两个 UASB 反应室，一个高负荷，一个低负荷，并形成泥水内部循环。废水经布水系统均匀进入，与反应器内的循环水混合，前处理区是一个膨胀的颗粒污泥床。由于进水向上的流动、气体的搅动，以及内循环作用，污泥床呈膨胀和悬浮状态。在这里，COD 负荷和转化率都很高，大部分 COD 在此处被转变为沼气，然后，在一级沉降分离器中收集。沼气上升使泥水向上流动，通过上升管，进入顶部气体收集室，沼气排出，水和污泥经泥水下降管直接滑落到反应器底部，形成内部循环流。在后处理区内，由于污泥浓度很低，使得前处理区污泥的膨胀有了空间，避免了有机负荷高峰冲击时污泥的流失，使 IC 反应器能够高负荷运行。该处理工艺具有占地面积小、启动快、运行稳定、能承受的有机负荷高等优点。COD 去除率稳定在 80%，BOD 去除率为 90%。

(3) 厌氧和好氧技术的联合运用

近年，水处理工作打破传统工艺，联合运用好氧和厌氧技术处理废水，取得了突出的效果。啤酒废水中含有很多复杂的有机物，对于好氧生物处理而言是属于难生物降解或不能降解的。但这些有机物往往可以通过厌氧菌分解为较小分子的有机物，而这些较小分子的有机物就可以通过好氧菌进一步降解。采用厌氧与好氧工艺相结合的流程（A/O 法，A^2/O 法等），还可以达到生物脱氮的目的。

① 水解酸化-生物接触氧化法 水解酸化-生物接触氧化法处理啤酒废水明显优于传统的生物降解法，其水力停留时间仅为传统生物氧化法的一半以下。曝气时间显著缩短，因而基建投资、能耗显著降低。

水解酸化池是工艺中的关键构筑物，是利用厌氧消化过程中反应速度快、控制条件要求简单的水解和酸化阶段设计而成。

水解酸化池菌种采用间歇培养。设计上分两格，每格相当于一个小的上流式厌氧污泥床，该池底部是一个高浓度污泥床。在正常水温和厌氧条件下，大量的微生物可将进水中颗粒物质和胶体物质迅速截留和吸附。在大量水解细菌的作用下，将大分子难溶性有机物进行水解酸化，而转变为易于生物降解的小分子溶解性物质。同时溶解了部分有机物质，经水解酸化处理后，COD、BOD 去除率分别为 39.3% 和 14.8%。水解酸化厌氧处理改善了水质，同进水相比，BOD/COD 提高，改变了废水的可生化性，为后续好氧处理提供了有利的条件，缩短了水力停留时间，提高了系统处理效率。

生物接触氧化池采用五格推流式池型，每格既是相对独立的单池、又是相互连通的组合池，每格中水的流态基本是完全混合型，而对整个氧化池又属于推流型。生物接触氧化池中采用半软性填料挂膜，投加外来活性污泥，挂膜与驯化阶段结合起来在第一、二、三格氧化池中，有大量的游离细菌，很少原生动物，出水浑浊。在第四、五格氧化池中，游离细菌很少，有较多的原生动物和后生动物，出水清亮。经生物接触氧化处理后，COD 和 BOD 去除率分别为 96.8％和 98.7％。出水水质可达到国标（GB 8978—1996）一级排放标准，并具有投资省、运行稳定、抗冲击能力强、系统基本无剩余污泥等优点。

② IC-CIRCOX 反应器法　流程及控制方式如下所述。

啤酒生产废水汇集至进水井，由泵提升至旋转滤网进行过滤，其出水管上设有温度和 pH 在线测量仪表。当温度和 pH 测量值满足控制要求时，废水就进入缓冲槽，否则排至应急槽。缓冲槽内设淹没式搅拌机使废水匀质并防止污泥沉淀。废水再由泵提升至预酸化槽后，由泵送至 IC 反应器和 CIRCOX 反应器，再顺流至斜板沉淀器，加入高分子凝聚剂以提高沉淀效果。污泥由泵抽送至污泥脱水系统，出水至出水池，部分回用，其余排放。各槽与反应器的废气由离心风机抽送至涤气塔，用处理后的废水或稀碱液吸收。

封闭式空气提升（CIRCOX）好氧反应器是帕克公司基于好氧生物流化床的原理于 1990 年开发的，由外部下降筒体和内部上升管组成。进水由底部进入反应器，与压缩空气一起从上升管向上流，使进水与微生物充分接触。微生物黏附在载体表面，形成生物膜，使活性污泥有良好的沉降性能，不易被出水带离反应器，而在系统内循环。气、水和污泥的混合液进入反应器上部"帽状"的三相分离区进行分离，气体从上面离开反应器，澄清水从出水口流出，污泥则经过沉降区返回到反应器底部。CIRCOX 反应器与以往的好氧处理工艺相比，具有占地面积小、处理有机负荷与微生物浓度高、水力停留时间短、剩余污泥少、不需外加动力等优点。该反应器还可根据需要设置生物过滤器或活性炭过滤器处理废气，不需另设脱膜装置，不需设预沉池，适合处理含氮化合物及其他难降解的化合物。其 COD 平均去除率高达 96％，BOD 平均去除率超过 97％，同时也具有较好的脱氮除磷效果。污泥产量和占地面积与传统厌氧-好氧法相比，大大减少。

③ UASB-SBR 组合工艺　UASB 的 COD 去除率为 70％～75％，SBR 的 COD 去除率＞95％。

内循环 UASB 反应器＋氧化沟工艺串联组合处理啤酒废水，可根据啤酒生产的季节性、水质和水量的情况调整 UASB 反应器或氧化沟处理运行组合，以便进一步降低运行费用。UASB 的 COD 去除率为 80％，氧化沟的 COD 去除率为 85％，运行结果 COD 总去除率高达 95％以上。

5.7.4　啤酒酿造废水处理工程实例

5.7.4.1　概述

某啤酒公司于 2002 年初开始建设，占地面积 120 余亩，主要产品为系列啤酒，总生产能力 10×10^4 t/a，分二期建设。其中一期工程 5×10^4 t/a 的主体生产车间已基本建成。每年生产 300 天，生产制度为三班制每天 24h 连续运转。

啤酒生产过程可分为糖化（即制麦汁）、发酵过滤和包装三个工序。

该公司建成投产后，每天将产生废水 3000m³，进入拟建的污水处理站处理后达标排放。

为配合主体工程分期实施的实际情况，污水处理站亦进行分期建设，即一期工程处理能力 1500m³/d；随着主体工程的进展，再实施二期工程，二期工程处理能力为 1500m³/d。

（1）污水来源

按照一般的啤酒生产工艺，废水主要来源有：麦芽生产过程的洗麦水、浸麦水、发芽降温喷雾水、麦糟水、洗涤水、凝固物洗涤水；糖化过程的糖化、过滤洗涤水；发酵过程的发酵罐洗涤、过滤洗涤水；罐装过程洗瓶、灭菌及破瓶啤酒；冷却水和成品车间洗涤水以及来自办公楼、食堂和浴室的生活污水。

生产废水为每天 24h 连续排放。

生活污水流量波动较大，与职工生活、生产、作息制度关系密切。

生产废水与生活污水在厂区分流排至污水处理站。

（2）建设规模

按照厂方要求，该污水处理站处理规模按照最高日流量设计，即 3000m³/d；最高日平均时设计规模为 125m³/h；时变化系数取 1.3，则最高日最大时设计规模为 162.5m³/h。

（3）污水水质

根据业主提供的资料，该污水处理站设计进水水质如下：

COD_{Cr}	1300mg/L	SS	400mg/L
BOD_5	600mg/L	pH	7

（4）处理后水质要求

根据环保部门对厂方的要求，排放水应达到《污水综合排放标准》（GB 8978—1996）二级标准。其具体指标如下：

COD_{Cr}	≤150mg/L	SS	≤150mg/L
BOD_5	≤30mg/L	pH	6～9

5.7.4.2 污水处理工艺流程的确定

（1）污水处理工艺流程的选择

该厂污水具有易生化处理的特点，宜采用生化处理工艺。生化处理工艺具有处理效率高、运行费用低、产泥量少和不产生二次污染的优点。

生化处理工艺主要有厌氧处理工艺、水解酸化工艺和好氧处理工艺。

厌氧生化法是指在无分子氧条件下通过厌氧微生物的作用，将废水中的各种复杂有机物分解转化为甲烷和二氧化碳等物质的过程。该工艺可用于中高浓度的有机废水处理，在国内外有较多的成功实例。

与好氧生化法相比厌氧生化法具有以下优点：

① 应用范围广；

② 能耗低，并且所产生的沼气可作为能源使用；

③ 负荷高；

④ 剩余污泥量少；

⑤ 厌氧活性污泥可以长期存放，在停止运行一段时间后，可迅速启动。

但厌氧生物法也存在以下缺点：

① 调试周期长；

② 产生沼气，管理不善时易造成二次污染，且易造成安全隐患；

③ 一次性投资较高。

对于该厂产生的废水，原水 COD_{Cr} 在 1300mg/L 左右，污染负荷相对较低，不适合做厌氧生物处理。废水通过水解酸化和好氧生物处理后可以满足达标排放的要求。

水解酸化工艺是利用水解、产酸菌可以迅速降解污水中有机物的特点，形成以水解产酸菌为主的上流式污泥床，从而去除有机物并且能将污水中的难降解的大分子有机物转化为小分子有机物，提高了污水的可生物降解性。

好氧生化法有较多的工艺，但经过大量工程实例和技术资料证实，采用序批式活性污泥法处理啤酒废水的处理效果和运行效果均较好。

在序批式反应器系统（Sequencing Batch Reactor，简称 SBR 法）中，曝气池、二沉池合二为一，在单一反应池内利用活性污泥完成废水的生物处理和固液分离。SBR 是废水活性污泥生化处理系统的先驱，然而直到最近几年随着监控与测试技术的飞速发展，这一技术才得以完全更新并被美国环境保护署（US EPA）推荐为一项低投资、低操作成本及低维修费用，高效益的环境处理新技术。据 EPA 调查，在废水流量一定时，选择 SBR 要比传统的活性污泥法处理费用节省许多，这一点已被大量工程实例所证实，特别是在啤酒废水处理工程中得到了广泛应用。

（2）工艺运行方式

SBR 工艺主体构筑物是 SBR 反应池。SBR 反应池的运行操作由进水、反应、沉淀、滗水和待机 5 个阶段组成。

① 进水期　废水进入反应池。

② 反应期　废水进入反应池中发生生化反应。在这阶段可以只混合不曝气，或既混合又曝气，使废水处在反复的好氧-缺氧中。反应期的长短一般由进水水质及所要求的处理程度而定。

③ 沉降期　在此阶段反应器内混合液进行固液分离。因该阶段在完全静止条件下进行，表面水力和固体负荷低，沉淀效率高于一般沉淀池的沉淀效率。

④ 排水期　当沉淀阶段结束，设置在反应池末端的滗水器开动，将上清液缓缓滗出池外，当池水位降到低水位时停止滗水。

⑤ 待机期　本处理系统为 2 池运行，在每池滗水后即完成了一个运行周期。在实际操作中，滗水所需时间往往小于理论最大时间，故滗水完成后两周期间闲置时间就是待机期。该阶段可视废水的水质、水量和处理要求决定其长短或取消。在此阶段可以从反应池排除剩余活性污泥。反应池排出的剩余污泥泥龄长，已基本稳定。

（3）SBR 法的优点

与其他活性污泥处理技术比较 SBR 法工艺有以下优点。

① SBR 系统以一组反应池取代了传统方法及其他变型方法中的初次沉淀池、曝气池及二次沉淀池，整体结构紧凑简单，无需复杂的管线传输，系统操作简单且更具有灵活性。

② SBR 反应池具有调节池均质的作用，可最大限度地承受高峰 BOD_5 浓度及有毒化学物质对系统的影响。

③ 在废水流量低于设计值时，SBR 系统可以调节液位计的设定值使用反应池部分容积，或调节反应时间，从而避免了不必要的电耗。其他生物处理方法则无这样的功能。

④ 因为对于每个反应单体而言出水是间断的，在高负荷时活性污泥不会流失，因而可以保持 SBR 系统在高负荷时的处理效率。而其他的生物处理方法在高流量负荷时经常会出

现活性污泥流失的问题。

⑤ SBR 在固液分离时整体水体接近完全静止状态，不会发生短流现象。同时，在沉淀阶段整个 SBR 反应池容积都用于固液分离，即使较小的活性污泥颗粒都可得到有效的固液分离，因此，SBR 的出水质量高于其他的生物处理方法。

⑥ 易产生污泥膨胀的丝状细菌，在 SBR 反应池中因反应条件不断的循环变化而得到有效的抑制。而污泥膨胀问题是其他活性污泥方法中很常见且很难控制的问题之一。

为有效地保证废水达标排放，经过缜密分析，好氧生化处理工艺在 SBR 反应器的基础上做了修改，采用循环污泥系统（CASS）。CASS 生物反应器是在 SBR 生物反应器的基础上创新，是 SBR 的一种变型。

CASS 是利用活性污泥基质再生理论，将生物选择器与间歇式活性污泥法加以有机结合研究开发的新型高效好氧生物处理技术。

CASS 具有以下主要特征：

① 根据生物选择性原理，利用位于反应器前端的预反应区作为生物选择器对进水中有机物进行快速吸附和吸收作用，提高了去除效率增强了系统运行的稳定性；

② 可变容积的运行提高了系统对水质水量变化的适应性和操作的灵活性；

③ 根据生物反应动力学原理，使废水在反应器内的流动呈现出整体推流而在不同区域内为完全混合的复杂流态，不仅保证了稳定的处理效果，而且提高了容积利用率；

④ 通过对反应速率的控制，使反应器以缺氧-好氧状态周期循环运行，微生物种类多，生化作用强，运行费用低；

⑤ 工艺结构简单，投资费用省，而且运行管理方便；

⑥ 采用组合式模块结构，布置紧凑，占地面积小，有利于二期扩建工程的实施；

⑦ 采用了稳定的自动化控制和先进的探测仪器和设备，以保证出水水质达到《污水综合排放标准》（GB 8978—1996）中二级标准的要求。

采用水解酸化＋CASS 反应器为主的处理工艺，即废水经水解酸化后进入 CASS 反应器进行好氧生化反应。

（4）污泥处理工艺比较与选择

① 污泥浓缩及脱水

由反应池排出的污泥含水率较高，经污泥浓缩后其含水率可降为 95％～97％，体积大为减小，从而可大大减小后序污泥脱水设备的容积或容量，提高处理效率。浓缩的主要方法有间歇式与连续式重力浓缩、浮选浓缩和气浮浓缩。浓缩后污泥经脱水后含水率可降至 70％～80％。

本工程采用低负荷污水处理工艺，污泥已接近稳定，不需设置消化池。各种污泥浓缩方法比较见表 5-12。

表 5-12　各种污泥浓缩方法比较

方　法	优　点	缺　点
重力浓缩	① 浓缩机械简单 ② 能耗低	① 停留时间长 ② 排泥含固率最高可达 3％～4％ ③ 有臭味，影响环境 ④ 占地较大 ⑤ 后续处理设施容量大 ⑥ 会出现厌氧状态,污泥易上翻

方　法	优　点	缺　点
浮选浓缩	① 机械较简单 ② 能耗较低	① 独立单元多,占地大 ② 排泥含固率最高可达3% ③ 强烈恶臭、影响环境 ④ 产生浮动污泥
机械浓缩	① 调节简单 ② 排泥含固率能达到4%～10% ③ 污泥抽运性能良好 ④ 无恶臭、对周围环境影响最小 ⑤ 占地省 ⑥ 减少后续处理设施容量	① 能耗较高 ② 设备费用较高

　　根据厂方要求,污泥经浓缩后直接进入干化场经沥水和干化后外运。

　　根据分析比较,本次污泥处理工艺采用重力浓缩,污泥干化场干化的污泥处理工艺。

　　② 污泥处置

　　建议将本污水处理厂的剩余污泥脱水后直接送垃圾填埋场,填埋处置。这也是安全接纳污泥的最佳途径,从根本上解决了污水处理站的剩余污泥出路问题。

5.7.4.3　工艺设计

　　污水污泥处理工艺流程及各工段处理效果分别叙述如下。

　　(1) 污水处理工艺流程

　　废水经格栅、隔网、调节池均质均量后,由污水泵提升进入水解酸化池。在水解酸化池中,水解产酸菌在去除有机物的同时,将污水中难降解的大分子有机物转化为小分子有机物。水解酸化出水自流至CASS反应器进行好氧处理,出水达标排放。

　　污水处理工艺流程见图5-2。

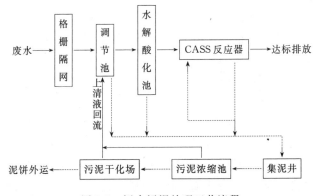

图 5-2　污水污泥处理工艺流程

　　(2) 污泥处理工艺流程

　　水解酸化池产生的污泥直接进入集泥井。CASS反应器产生的生化污泥部分回流至预反应区,剩余污泥进入集泥井。集泥井中的污泥由泵提升进入污泥浓缩池进行浓缩,浓缩后的污泥排入污泥干化场处理,上清液回流至调节池与原水一并处理,泥饼则排出外运。

　　污泥处理工艺流程见图5-2。

　　(3) 系统处理效果

　　主要工段对主要污染物的去除效果见表5-13。

表 5-13　污水处理各工段处理效果　　　　　　　　　　单位：mg/L

项目	格栅、隔网和调节池			水 解 酸 化			CASS 反应器			标准
	进水	出水	去除率/%	进水	出水	去除率/%	进水	出水	去除率/%	
COD_{Cr}	1300	1170	10	1170	877.5	25	877.5	88	90	150
BOD_5	600	570	5	570	427.5	25	427.5	21.4	95	30
SS	400	300	25	300	210	30	210	42	80	150

5.7.4.4　污水处理工艺设计

（1）格栅、隔网

由于该废水中大的杂质含量不多，可不单独设置格栅井，在沟渠进入调节池之前设置人工格栅一道。格栅在本次设计时按照总规模考虑。

数量	1 个
设计流量	162.5m³/h
尺寸	0.6m×1.0m（设进水渠底标高−1.0m）
栅隙	10mm
倾角	60°
栅前水深	0.4m

在格栅后部设隔网一道，拦截比较细小的杂质，以有利于后续处理。

（2）调节池

调节池在设计时按照总规模考虑，停留时间按照 6h 平均流量考虑。

设计流量	125m³/h
水力停留时间	6h
尺寸	21m×12m×4.2m
结构形式	钢筋混凝土
有效水深	3.0m

池内设 5 台潜污泵，4 用 1 备，其中 2 台用于二期工程。

型号	WQ40-10-2.2
流量	30m³/h
扬程	16m
功率	3kW

调节池所选用的潜水排污泵具有高效、防缠绕、无堵塞、高可靠性和自动控制等优点。并可简化泵房下部结构和土建工程量，节省工程造价，改善工作环境。

潜污泵采用就地控制与集中控制相结合的控制方式，根据调节池水位的变化，可实现"高开低停"控制。

啤酒生产废水的排放具有一定的间歇性，除了自然调节水量和水质外，为减轻后续工艺的冲击负荷，保证水质均衡，调整废水在调节池中的流态，设置潜水推流器，以达到混合均匀的目的。

推流器型号	DQTO22×1400
数量	2 台
功率	2.2kW
转速	41r/min

为保证微生物的生理需要，需向调节池投加营养物质，设溶药罐 2 个，采用鼓风搅拌，重力投加。

数量	2 个
尺寸	$\phi 1.0\text{m} \times 0.8\text{m}$

（3）水解酸化池

设计流量	$125\text{m}^3/\text{h}$
数量	2 座（其中 1 座用于二期工程）
停留时间	6h
单池有效容积	375m^3
单池尺寸	$9\text{m} \times 9\text{m} \times 5.0\text{m}$
结构形式	钢筋混凝土
超高	0.5m
上升流速	0.77m/h

布水集水方式　在水解酸化池底部设布水器均匀布水。出水经溢流堰排水至集水槽后进入 CASS 反应池。

为防止水解污泥流失，为水解菌提供良好的固着生存环境，保证水解酸化工段对污染物的去除率，在水解酸化池设弹性立体填料。

（4）CASS 反应器

设计流量	$125\text{m}^3/\text{h}$
数量	4 座（其中 2 座用于二期工程）
单池尺寸	$22.5\text{m} \times 5\text{m} \times 5.5\text{m}$
结构形式	钢筋混凝土
最高水位	5.0m
最低水位	2.78m
超高	0.5m
污泥 MLVSS 负荷	$0.15\text{kgBOD}_5/(\text{kg} \cdot \text{d})$
污泥浓度	$4000 \sim 7200\text{mg/L}$
反应池运行周期	8h

每池内设 1 套滗水器，滗水速度 $250\text{m}^3/\text{h}$。

滗水器为专利产品，无需任何动力设施，排水口在水面下 500mm 左右，可有效防止浮渣进入滗水器。

滗水器型号	XEF250
数量	4 套（其中 2 套用于二期工程）
滗水速度	$250\text{m}^3/\text{h}$

在 CASS 池中采用管式可变微孔曝气器。该曝气器采用工程合成橡胶弹性膜，加强纱等一次喷铸而成。以增强膜为主体，内配布满气孔的 UPVC/ABS 管或金属管组成。产品在充氧时受气体压迫，管外周围的橡胶膜的微孔自行膨胀挣开就可产生气泡向水中充氧达到较好的处理效果。曝气器在静置状态时，橡胶膜收缩封闭，从而避免堵塞。该曝气器具有气压损失小、不需空气净化、气泡细小均匀、氧利用率和动力效率高、能耗低、使用寿命长、安装使用方便等优点。

CASS 反应池产生的剩余污泥采用重力排至集泥井。

CASS 反应池运行模拟见表 5-14。

表 5-14 CASS 反应池运行模拟

时间 池号	1	2	3	4	5	6	7	8
Ⅰ	进水/曝气	进水/曝气	曝气	曝气	曝气	曝气	沉淀	滗水
Ⅱ	沉淀	滗水	进水/曝气	进水/曝气	曝气	曝气	曝气	曝气
Ⅲ	曝气	曝气	沉淀	滗水	进水/曝气	进水/曝气	曝气	曝气
Ⅳ	曝气	曝气	曝气	曝气	沉淀	滗水	进水/曝气	进水/曝气

CASS 反应器设污泥回流泵 4 台，2 用 2 备（其中 2 台用于二期工程）。

型号　　　　WDS125-100-200

（5）鼓风机房

数量　　　　1 间

尺寸　　　　16.5m×6.6m×4.2m

结构　　　　砖混

风机房内设鼓风机 5 台，4 用 1 备（其中 2 台用于二期工程）。

型号　　　　HSR125

流量　　　　10.28m³/min

压升　　　　58.8kPa

转速　　　　1630r/min

电机功率　　18.5kW

设置空气过滤器，对大于 1μm 的灰尘除尘效率 99%。

每台风机的进风管上均设有消声器及弹性接头，每台风机的出风管上设有止回阀、安全阀、闸阀、弹性接头、出口消声器、压力开关等。出气管上设有压力表。

鼓风机房设置隔音门窗防噪。

5.7.4.5 污泥处理构筑物设计

每天产生的污泥量干重约为 900kg，含水率 99.2% 的湿污泥体积为 112.5m³。

（1）集泥井

数量　　　　1 座

结构　　　　砖混结构

尺寸　　　　3.0m×3.0m×4.5m

集泥井设离心式污泥泵 2 台，1 用 1 备。

型号　　　　WDS80-65-125

流量　　　　15m³/h

扬程　　　　5.6m

功率　　　　0.75kW

（2）污泥浓缩池

污泥经集泥井提升进入污泥浓缩池。

数量　　　　1 座

266

结构　　　　　钢筋混凝土
尺寸　　　　　4m×4m×5.5m
斗深　　　　　2.0m
停留时间　　　12h

(3) 污泥干化场

数量　　　　　4座（其中2座用于二期工程）
结构　　　　　砖混
单池尺寸　　　9m×3.5m×0.7m

5.7.4.6 主要构（建）筑物与设备

本次设计主要购（建）筑物见表5-15。

表 5-15　主要构（建）筑物

序　号	构建筑物名称	规格/m	单　位	数　量	备　注
1	调节池	21×12×4.2	座	1	钢混结构,两期共用
2	水解酸化池	9×9×5	座	2	钢混结构,含二期1座
3	CASS 反应器	22.5×5×5.5	座	4	钢混结构,含二期2座
4	鼓风机房	16.5×6.6×4.2	间	1	砖混结构,两期共用
5	集泥井	3×3×4.5	座	1	砖混结构,两期共用
6	污泥浓缩池	4×4×5.5	座	1	钢混结构,两期共用
7	污泥干化场	9×3.5×0.7	座	4	砖混结构,含二期2座
8	办公室	9.9×6.6×4.2	间	1	砖混结构,两期共用

本次设计主要设备见表5-16。

表 5-16　主要设备

序　号	设备名称	规格型号	单　位	数　量	备　注	生产厂家
1	人工格栅、隔网	0.6m×1.0m	个	1	两期共用	
2	（调节池）潜污泵	WQ40-10-2.2	台	5	4用1备,含二期2台	
3	低速潜水推流器	DQTO22×1400	台	2	两期共用	
4	溶药罐	φ1.0m×0.8m	个	2	两期共用	
5	填料	φ150	m³	400	含二期200m³	
6	污泥回流泵	WDS125-100-200	台	4	2用2备,含二期2台	
7	鼓风机	HSR125	台	5	4用1备,含二期2台	
8	管式曝气器	GSB-1800	套	375	含二期187套	
9	滗水器	XEF250	套	4	含二期2台	
10	离心式污泥泵	WDS80-65-125	台	2	两期共用,1用1备	
11	导流筒		套	1	两期共用	

该工程的主要指标均达到设计要求。

5.8　钢铁工业废水处理技术及药剂

钢铁工业是用水大户，占工业用水量的20%左右，污水排放量也大。用水量大，加剧水资源消耗；废水排放量大又造成环境污染。钢铁工业废水主要包括间接冷却水，烟气净化水和生产废水，如高炉烟气洗涤水、冲渣水、焦化废水、转炉烟气净化系统除尘废水以及轧钢污水等。

5.8.1 焦化废水

钢铁工业炼焦工艺是以煤为原料，在隔绝空气的条件下，将煤加热到 $960\sim1000℃$，得到焦炭及一些化工产品，同时在生产过程中产生含有大量大分子难降解有机物的废水。废水的成分非常复杂，主要有酚、氰化物、氨氮、有机盐、芳烃、有机油及硫化物等污染物。这些污染物如果不经处理或处理不当即随废水外排，将对水体产生严重污染。目前无论是国际还是国内对钢铁工业炼焦废水的处理都没有一个很好的方法。废水中大量的大分子难降解有机物难以用常规方法处理，这些大分子有机物和氨氮等物质的存在也影响其他易处理成分的处理效果。

为了保护有限的水资源，必须对焦化废水的治理技术进行研究。一方面可以采用新技术处理焦化废水，使废水中的大分子有机物转化为小分子有机物和无机物，从而增加废水的生物可降解性、降低废水的毒性。另一方面也可以直接利用焦化废水治理低浓度 SO_2 等气态污染物，达到以废治废的目的。

5.8.1.1 焦化废水的来源、组成及治理现状

(1) 焦化废水的来源

焦化生产是用经过洗选，含水约 10% 的炼焦煤，粉碎到规定的细度，从焦炉顶部装入碳化室，经高温干馏得到焦炭。焦化废水来自于各个生产工艺过程中产生的污水。

(2) 焦化废水的组成

焦化生产工艺过程表明：焦化废水由四部分生产污水汇合而成。

① 剩余氨水（或经蒸氨后的废水） 由装炉煤中的外在水分、煤在炼焦过程中形成的化合水以及焦炉上升管喷射的蒸汽中的水分组成。该污水含酚约 $600\sim1200mg/L$，COD 约 $3000mg/L$，含 NH_3 约 $200\sim300mg/L$。

② 煤气终冷循环水排污水（或经黄血盐脱氰后污水） 在进行煤气的最终冷却时，煤气中一定数量的酚、萘、氰化物、硫化物及吡啶等进入冷却水中。为保证煤气的终冷温度和减轻脱苯蒸馏设备的腐蚀，终冷循环水须部分用新水更换，而排出一定量的含酚、氰化物污水。该污水含酚约 $150mg/L$、氰化物约 $80\sim150mg/L$、COD 约 $1500mg/L$、石油类约 $200mg/L$，并有少量硫化物。

③ 化工产品分离水 在化工产品粗、精制加工过程中的蒸汽冷凝水和化工产品沉降分离产物，以及各种贮槽定期和事故排出的污水。该废水主要含芳烃类、酸、碱、盐等。

④ 化工产品车间跑、冒、滴、漏产生的污水 该污水较为复杂，主要为芳烃，碱、酸污水，COD 含量高。

(3) 焦化废水治理现状

目前焦化废水一般按常规方法进行两级处理。第一级处理包括：隔油、过滤（或一次沉降）、蒸氨，黄血盐脱氰等。第二级处理包括：浮选、生物脱酚、混凝沉淀等。焦化废水经上述两级处理后，外排废水中酚的含量可达到 CB 13456—92 标准的要求，但氰化物、COD 及氨氮很难达标。

5.8.1.2 目前国内外焦化废水处理方法概况

(1) 活性污泥法

活性污泥法是一种应用最广泛的焦化废水好氧生化处理技术，常用为废水处理系统中的第二级处理工艺。主要由曝气池、二次沉淀池、曝气系统以及污泥回流系统等组成。焦化废水经初次沉淀后与二次沉淀池底部回流的活性污泥同时进入曝气池，通过曝气，活性污泥呈悬浮状态，并与废水充分接触。废水中的悬浮固体和胶状物质被活性污泥吸附，而废水中的可溶性有机物被活性污泥中的微生物用作自身繁殖的营养，代谢转化为生物细胞，并氧化成为最终产物（主要是 CO_2）。非溶解性有机物需先转化成溶解性有机物，而后才被代谢和利用，废水由此得到净化。

用活性污泥法处理焦化废水时，对废水中酚类污染物的处理效果较好，处理后废水中酚的浓度一般低于 0.5mg/L，对氰化物、氨氮等污染物的处理效果较差。而且当废水中氰化物、氨氮等污染物的浓度较高时，会破坏活性污泥中微生物的活动，使微生物死亡，影响活性污泥对酚的处理效果。

（2）臭氧氧化法

近年来人们研究开发了臭氧氧化法处理焦化废水，一般作为废水处理系统中的第二级或末级处理工艺。臭氧是一种强氧化剂，在水处理中可用于除臭、脱色、杀菌、除铁、除氰化物、除有机物等。

用臭氧氧化法处理焦化废水可以同时脱除废水中的酚、氰化物及其他有机物。其反应机理为：废水中的酚与臭氧反应，首先被氧化成邻苯二酚，接着邻苯二酚继续氧化成邻醌。如果在处理过程中有足够的臭氧，则氧化反应将继续进行下去。但反应中只有少量的酚能完全氧化为 CO_2 和水。废水中的氰 CN^- 与臭氧反应，首先被臭氧氧化为 CNO^-，然后 CNO^- 继续被臭氧氧化为 N_2。

5.8.2 高炉煤气洗涤水的处理

（1）高炉煤气洗涤工艺及废水性质

从高炉引出的煤气称荒煤气，先经过重力除尘，然后进入洗涤设备。煤气的洗涤和冷却是通过在洗涤塔和文氏管中水、气对流接触而实现的。由于水与煤气直接接触，煤气中的细小固体杂质进入水中，水温随之升高，一些矿物质和煤气中的酚、氰等有害物质也被部分地溶入水中，形成了高炉煤气洗涤水。

（2）高炉煤气洗涤水处理工艺流程

高炉煤气洗涤水处理工艺主要包括沉淀（或混凝沉淀）、水质稳定、降温（有炉顶发电设施的可不降温）、污泥处理四部分。沉淀去除悬浮物采用辐射式沉淀池为多，效果较好。国内采用的工艺流程有如下几种。

① 石灰软化-碳化法工艺流程　洗涤煤气后的污水经辐射式沉淀池加药混凝沉淀后，出水的 80% 送往降温设备（冷却塔），其余 20% 的出水泵送加速澄清池进行软化。软化水和冷却水混合流入加烟井，进行碳化处理，然后泵送回煤气洗涤设备循环使用。从沉淀池底部排出泥浆，送至浓缩池进行二次浓缩，然后送真空过滤机脱水。浓缩池溢流水回沉淀池，或直接去吸水井供循环使用。瓦斯泥送入贮泥仓，供烧结作原料。

② 投加药剂法工艺流程　洗涤煤气后的废水经沉淀池进行混凝沉淀，在沉淀池出口的管道上投加阻垢剂，阻止碳酸钙结垢，同时防止氧化铁、二氧化硅、氢氧化锌等结合生成水垢，在使用药剂时应调节 pH 值。为了保证水质在一定的浓缩倍数下循环，定期向系统外排污，不断补充新水，使水质保持稳定。

③ 酸化法工艺流程　从煤气洗涤塔排出的废水，经辐射式沉淀池自然沉淀（或混凝沉

淀），上层清水送至冷却塔降温，然后由塔下集水池输送到循环系统。在输送管道上设置加酸口，废酸池内的废硫酸通过胶管适量均匀地加入水中。沉泥经脱水后，送烧结利用。

④ 石灰软化-药剂法工艺流程　本处理法采用石灰软化（20％～30％的清水）和加药阻垢联合处理。由于选用不同水质稳定剂进行组合配方，达到协同效应，增强水质稳定效果。

5.8.3　炼钢废水

炼钢是将生铁中含量较高的碳、硅、磷、锰等元素去除或降低到允许值之内的工艺过程。炼钢方法一般为转炉炼钢，并以纯氧顶吹转炉炼钢为主。电炉多炼一些特殊钢，平炉炼钢是一种老工艺，实际上已被淘汰。由于连铸工艺的实施，连铸机广泛的使用是钢铁工业的一次重大工艺改革，所以炼钢厂包括了连铸这一部分工艺过程。

炼钢废水主要分为三类。

① 设备间接冷却水　这种废水的水温较高，水质不受到污染，采取冷却降温后可循环使用，不外排。但必须控制好水质稳定，否则会对设备产生腐蚀或结垢阻塞现象。

② 设备和产品的直接冷却废水　主要特征是含有大量的氧化铁皮和少量润滑油脂，经处理后方可循环利用或外排。

③ 生产工艺过程废水　实际上就是指转炉除尘废水。炼钢废水的水量，由于其车间组成、炼钢工艺、给水条件的不同，而有所差异。

铁水中的碳与吹氧发生反应，生成 CO，随炉气一道从炉口冒出。含尘烟气一般均采用两级文丘里洗涤器进行除尘和降温。使用过后，通过脱水器排出，即为转炉除尘废水。

该类废水主要需要去除 SS，处理方法一般采用絮凝沉淀。

5.8.4　轧钢废水处理

细锭或钢坯通过轧制成板、管、型、线等钢材。生产各种热轧、冷轧产品过程中需要大量水冷却、冲洗钢材和设备，从而也产生废水和废液。

5.8.4.1　热轧废水的处理

主要技术问题是：固液分离、油水分离和沉渣的处理。

（1）热轧浊环水

热轧浊环水处理常用的净化构筑物，按治理深度的不同有不同的组合，共同之处在于均属沉淀系统。

（2）含油废水

含油废水用管道或槽车排入含油废水调节槽，静止分离出油和污泥。浮油排入浮油槽，待废油再生利用。去除浮油和污泥的含油废水经混凝沉淀和加压浮上，水得到净化，重复利用或外排。上浮的油渣排入浮渣槽，脱水后成含油泥饼。

5.8.4.2　冷轧废水

冷轧钢材必须采用酸洗清除原料表面的氧化铁皮，随之产生废酸液和酸洗漂洗水。还有一种废水就是冷却轧辊的含乳化液废水。除此以外，轧镀锌带钢产生含铬废水。

（1）中和处理

轧钢厂的酸性废水一般采用投药中和法和过滤中和法处理。常用的中和剂为石灰、石灰石、白云石等。

（2）乳化液废水处理

轧钢含油及乳化液废水中，有少量的浮油、浮渣和油泥。利用贮油槽除调节水量、保持废水成分均匀、减少处理构筑物的容量外，还有利于以上成分的静置分离。所以槽内应有刮油及刮泥设施，同时还设加热设备。

乳化液的处理方法有化学法、物理法、加热法和机械法，以化学法和膜分离法常见。化学法治理时，一般对废水加热，用破乳剂破乳后，使油、水分离。化学破乳关键在于选好破乳剂。

本法工艺流程简单，投资较少，废酸量较少的场合使用较多。缺点是工作环境较差，最后残液仍含有酸性（pH 值为 1.5～2.0），并含有一定量的 $FeSO_4$，仍需中和处理后才能排放。此外，因反应中放出氢气，故采用此法时需注意防火，并应将反应气体排出室外。

（3）自然结晶-扩散渗析法　利用自然结晶回收硫酸亚铁，用扩散渗析回收硫酸。渗析器由阴离子交换膜和硬聚乙烯隔板所组成，其扩散液补加新酸后即可回用于钢材酸洗。

钢铁工业废水的主要处理方法如表 5-17 所示。

表 5-17　钢铁工业废水的主要处理方法

工序	污水	污水源	主要污染项目	主要治理措施
炼焦	熄焦污水	熄焦塔,除尘器的排水	SS	沉淀分离、过滤
	酚氰污水	剩余氨水、化产冷凝水	酚、氨、氰化物、COD	活性污泥法
炼铁	煤气洗涤水	煤气洗涤、除尘器等排水	SS	沉淀分离、过滤
炼钢	煤气洗涤水	煤气洗涤、除尘器等排水	SS	沉淀分离、过滤
连铸	连铸机污水	轧辊冷却、氧化铁皮洗涤水	SS、油	沉淀分离、过滤、气浮、加药除油
	除尘污水	除尘器等的排水	SS	沉淀分离、过滤
开坯	轧制污水	轧辊冷却、氧化铁皮洗涤水	SS、油	沉淀分离、过滤、气浮
	除尘污水	除尘器等的排水	SS	沉淀分离、过滤
热轧	轧制污水	轧辊冷却、氧化铁皮洗涤水	SS、油	沉淀分离、过滤
	除尘污水	除尘器等的排水	SS	沉淀分离、过滤
冷轧	轧制污水	轧制污水	SS、油	沉淀分离、过滤、气浮
	酸洗污水	酸洗工序洗涤污水	SS、油、盐碱、COD	中和、沉淀分离、过滤
	电解洗涤污水	电解洗净工序的污水	SS、油、盐碱、COD	中和、沉淀分离、过滤、气浮
	镀液污水	镀前预处理工序的洗涤污水	SS、盐碱、Cr	中和、沉淀分离
钢管	轧制污水	轧辊冷却、氧化铁皮洗涤水	SS、油	沉淀分离、过滤、中和
	乳化液污水	乳化油及机器冷却水	SS、油、盐碱、COD	过滤、加压上浮或膜分离
	酸洗污水	各种酸洗污水、洗涤污水	SS、盐碱	中和、沉淀分离、过滤

5.9　化工制药废水处理技术及药剂

制药工业废水通常属于较难处理的高浓度有机污水之一。因药物产品不同、生产工艺不同而差异较大。制药工业废水通常具有组成复杂、有机污染物种类多、浓度高、COD 值和 BOD 值高且波动性大、废水的 BOD/ COD 值差异较大、$NH_3\text{-}N$ 浓度高、色度深、毒性大，固体悬浮物 SS 浓度高等特点。

目前，制药工业废水常用的处理方法大多为物化法、生物法、物化法-生物法联用等处理工艺。

制药废水因为其高浓度、有毒、有害、生化难降解的特点，在生化处理前必须进行必要的预处理，将废水中对活性污泥微生物有毒成分去除，并采取必要的方法提高废水的可降解性，使废水得到有效的处理。

5.9.1　物化处理技术

物化处理不仅可作为生物处理工序的预处理，有时还可作为制药废水的单独处理工序或后处理工序。在制药废水处理中采用的物理法有很多，因不同的制药废水而不同。

（1）气浮法

气浮法是利用高度分散的微小气泡作为载体去黏附废水中的污染物，使其视密度小于水而上浮到水面实现固液或液液分离的过程。通常包括充气气浮、溶气气浮、化学气浮和电解气浮等多种形式。化学气浮适用于悬浮物含量较高的废水的预处理，具有投资少、能耗低、工艺简单、维修方便等优点，但不能有效地去除废液中可溶性有机物，尚需用其他方法作进一步的处理。在制药废水处理中，如庆大霉素、土霉素、麦迪霉素等废水的处理，常采用化学气浮法。庆大霉素废水经化学气浮处理后，COD 去除率可达 50％以上，固体悬浮物去除率可达 70％以上。

（2）吸附法

吸附法是指利用多孔性固体吸附废水中某种或几种污染物，以回收或去除污染物，从而使废水得到净化的方法。常用的吸附剂有活性炭、活性煤、腐殖酸类、吸附树脂等。在制药废水处理中，常用煤灰或活性炭吸附预处理生产中成药、米菲司酮、双氯灭痛、洁霉素、扑热息痛等产生的废水。

除了上述几种常用的物化处理方法外，某些制药废水还采用反渗透法和吹脱氨氮法等。反渗透法可实现废水浓缩和净化目的，吹脱法可降低氨氮含量。也可用离子交换、膜分离、萃取、蒸发与结晶、磁分离等方法。

5.9.2　化学处理技术

（1）混凝法

向水中投加混凝剂，可使污水中的胶体颗粒失去稳定性，凝聚成大颗粒而下沉。通过混凝法可去除污水中的细分散固体颗粒、乳状油及胶体物质等。聚合氯化硫酸铝和聚合氯化硫酸铝铁混凝剂处理 COD 为 1000～4000mg/L 制药废水，其最佳工艺条件：pH 范围 6.0～7.5、搅拌速度 160r/min、搅拌时间 15min、一次处理混凝剂投加量 300mg/L、沉降时间 150min，COD_{Cr} 去除率在 80％以上，若分两次投药处理效果更佳。硫酸铝和聚合硫酸铁等用于中药废水、聚合氯化铝用于洁霉素生产废水、三氯化铁用于抗菌素废水等许多混凝剂都在制药工业中应用。

在制药废水处理中常用的混凝剂有：聚合硫酸铁、氯化铁、亚铁盐、聚合氯化硫酸铝、聚合氯化铝、聚合氯化硫酸铝铁、聚丙烯酸胺（PAM）等。

（2）Fe-C 处理法

在酸性介质的作用下，铁屑与炭粒形成无数个微小原电池，释放出活性极强的［H］。新生态的［H］能与溶液中的许多组分发生氧化还原反应，同时还产生新生态的 Fe^{2+}。新生态的 Fe^{2+} 具有较高的活性，生成 Fe^{3+}。随着水解反应进行，形成以 Fe^{3+} 为中心的胶凝体。工业中以 Fe-C 作为制药废水的预处理步骤，运行表明，经预处理后废水的可生化性大大提高、效果明显。

抗生素药类生产废水难以生物处理。近年来，国内外对包括抗生素在内的难降解有机污染物废水采用了光催化降解和其他方法，但存在成本高、流程复杂等问题。而采用廉价的铁屑加催化剂处理此类废水，可使 COD 去除率达到第二类污染物部分行业最高允许排放浓度，并且此法较其他方法经济、稳定。

（3）Fenton 试剂处理法

西咪替丁制药废水 COD 高，成分复杂。采用 Fenton 试剂预处理，COD 去除率达 50％

以上。

（4）深度氧化技术

由于制药废水 COD 浓度高、色度深以及含有大量的毒害物质，除采用传统的生化及物化处理方法外，废水深度氧化技术有其独特特色。

① 湿式氧化　湿式空气氧化技术是在较高温度（150～350℃）和压力（0.5～20MPa）下，以空气或纯氧为氧化剂将有机污染物氧化分解为无机物或小分子有机物的化学过程。一般湿式氧化的 COD 去除率不超过 95%。湿式氧化处理的出水不能直接排放，大多数湿式氧化系统与生化处理系统联合使用。

② 超临界水氧化　超临界水氧化（SCWO）法实际上是湿式氧化法的强化与改进。超临界水氧化技术是在水的超临界状态下进行氧化的工艺过程。超临界水对有机物和氧都是相当好的溶剂，有机物在超临界水富氧均相中进行氧化，在 400～600℃ 下，反应速率很快，几乎能在几秒钟之内相当有效地破坏有机物的结构，反应完全、彻底，使有机碳、氢完全转化为 CO_2 和 H_2O。SCWO 法处理有机废水具有显著的效果。许多化合物，包括酚类、甲醇、乙醇、吡啶、酚醛树脂、聚苯乙烯、多氯联苯、二噁英、卤代芳香族化合物、卤代脂肪族化合物、滴滴涕等，都可用超临界水氧化法处理成为 CO_2、H_2O 和其他无毒、小分子物质。

5.10　纺织印染废水处理技术及药剂

5.10.1　印染废水特点

印染废水由印染厂家的各种加工工序、生产过程中流失的物料，以及冲刷地面的污水组成。其特点是：①废水量大，一般可达印染厂家用水量的 70%～90%；②废水色度高、组成复杂，它的有机成分大多是芳烃和杂环化合物，其中带有各类显色基团（如—N ＝N—，—N ＝O 等）以及极性基团（—SO_3Na，—OH，—NH_2），还可能混有各类卤代物、苯胺、酚类及各种助剂；③化学需氧量（COD）较高，而生化需氧量（BOD）相对较低，可生化性差；④印染废水水质随原材料、生产品种、生产工艺、管理水平的不同而有所差异；⑤废水排放具有间歇性。

5.10.2　印染废水组成

5.10.2.1　印染工序中的有害物质及废水水质

不同印染厂家如棉染厂、毛纺厂、丝绸厂、亚麻厂等的生产工序不同，废水水质也不尽相同。一般在印染加工的四个阶段中，预处理阶段（包括烧毛、退浆、煮炼、漂白、丝光等工序）要排出退浆废水、煮炼废水、漂白废水和丝光废水；染色工序排出染色废水；印花工序排出印花废水和皂液废水，整理工序则排出整理废水。各阶段废水中含有诸如染料、浆料、浆料分解物、纤维、酸碱类、漂白剂、树脂、油剂、里胶、蜡质、无机盐等多种污染物。印染废水是以上各类废水的混合废水，或除漂白废水以外的综合废水。但印染废水最主要的来源还是染色废水，其中含有染料、助剂、微量有毒物和表面活性剂等。印染各工序废水水质一般如下所述。

退浆废水　退浆是用化学药剂将织物上所带浆料水解形成可溶性物质，然后除去。其水量较小，但污染物浓度高，含有各种浆料、浆料分解物、纤维屑、淀粉碱和各种助剂，使废水呈碱性，pH 值为 12 左右，COD 和 BOD 都很高。

煮炼废水　水量大，污染物浓度高，其中含有纤维素、果酸、蜡质、油脂、碱、表面活性剂、含氮化合物等。煮炼废水呈深褐色，碱性很强，且水温高。

漂白废水　漂白是去除棉、麻纤维上的天然色素，使纤维变白。其废水水量大，但污染较轻，含有残余的漂白剂、少量醋酸、草酸、硫代硫酸钠等。

丝光废水　含碱量高，NaOH 含量在 3%～5%。多数印染厂通过蒸发浓缩回收 NaOH，所以丝光废水一般很少排出，经碱回收后排出的废水仍呈强碱性，pH 值高达 12～13，COD、BOD 和 SS 都较高。

染色废水　水量较大，水质随所用染料的不同而复杂多变，其中含有浆料、染料、助剂、表面活性剂等。废水一般呈碱性，色度很高。对于硫化和还原染料的染色废水，pH 值可达 10 以上。COD 较高，BOD 值较低，可生化性较差。

印花废水　主要来自配色调浆、印花滚筒和筛网的冲洗水，以及印花后的花洗水洗液、皂洗液等。水量较大，污染物浓度高，废水中除含有染料、助剂外，还含有大量的浆料。COD，BOD 均较高。其中 BOD 值大约占印染废水中总 BOD 值的 15%～20%。

整理废水　通常含有纤维屑、树脂、油剂和浆料等。由于水量较小，对整个废水的水质影响较小。

5.10.2.2　染料发色机理及其组成和分类

染料的分子结构决定了染料的颜色。我们知道，一个单独的—C≡C—在紫外波长处吸收，而在可见光波长处没有吸收，因此是无色的。但是把单独的双键和其他的共轭体系连接起来，成为一个共轭体系，当这个共轭体系长到一定程度时，就变为有色物质。这是因为共轭体系增长时，增加了 π 电子的离域范围、成键轨道与反键轨道的数目，同时减少了激发态与基态的能量差。除了分子中增加共轭双键数目外，在共轭体系上有带孤电子对的原子，如氧、氮等也同样增加 π 电子的离域使分子的激发光波从紫外光向可见光方向移动，成为带色分子。因此，染料分子中一般含有诸如—C≡C—、—NO₂，—N≡N—、—N≡O，≡C≡O 等基团。但是带色分子并不一定是染料，要使一个分子具有染料性质，必须使它和被染的纤维牢固结合。一般认为，带色分子中需含有如—SO₃Na，—OH，—NH₂，—COOH 等基团，这些酸性或碱性的基团有助于与纤维结合成盐。染料的颜色一般随共轭双键的数目、苯环数目以及相对分子质量的增加而加深。

印染工业中所用的染料在应用方面基本按以下分类。

直接染料　是在染色时，把纤维直接放入染料的热水溶液中就可着色，因此得名。一般属双偶氮、三偶氮或二苯己烯型结构。由于染料分子中—SO₃Na，—OH，—COOH 等亲水基团较多，所以水溶性较好。此类染料分子可通过亲水基之间以缔合氢键形式聚集成胶体状态存在于水溶液中。碱性染料也属于直接染料。常见的直接染料有刚果红、甲基橙、三苯甲烷、苯酞染料和荧光黄等。

中性染料　分子结构复杂，常见的为单偶氮 2∶1 型金属配合染料，中心配离子为 Co^{3+}、Cr^{3+} 等，有一定的溶解度。但由于分子间较难缔合，染料在水中以接近真溶液的状态存在。

活性染料　有偶氮型、蒽醌型、酞菁型等。染料母体上含有较多的—SO₃Na，—OH，—COOH 等亲水基团，水溶性较好。在水中的分散状态随其结构不同而变化。其中相对分子质量小、芳环不在同一平面的以真溶液状态存在；反之以胶体状态存在。活性染料的一大特点是染料分子以共价键的方式和纤维的羟基结合。常见的活性染料有艳红 X-3B、活性艳橙 X-GN 等。中国目前常用的硫化染料属于活性染料。但目前硫化染料的结构尚不清楚，它们一般是用多种芳香硝基化合物、芳香胺或酚等与硫磺同时加热而制成。其分子中含有二苯并硫噻嗪环系。经常使用的二亚甲基蓝就含有这一环系。

还原染料　其分子结构的基本骨架是相对分子质量较大的多环芳香族化合物，一般含有 $2\sim4$ 个—NH—及—C＝O 基团，疏水芳香环多而亲水基团少。常见的有还原灰 M、还原黑 BB 等。在水中的溶解度极小，粒径＞$100\mu m$。悬浮微粒稳定性差，易被混凝除去。

分散染料　具有偶氮、蒽醌骨架，分子中含—O—，—NH—等极性基团而无—SO_3Na，—OH，—COOH 等亲水基团。同还原染料一样属于非离子型疏水性染料，如分散红 3B、分散橙 GFL、分散红玉—2GFL 等。

弱酸性染料　一般为单偶氮或双偶氮类，结构较为复杂，分子中含有—SO_3Na，—OH，—COOH 等亲水基团，溶解度中等，常温下以胶体状态存在。例如弱酸性卡普纶红 B、弱酸性深蓝 GB 等。

各类染料的相对分子质量一般在 $700\sim1500$ 之间，印染废水中胶体粒子通常带负电荷，电位在 $-7\sim20mV$ 之间。

5.10.3　印染废水治理方法

印染废水因其色度高、组分复杂，直到目前仍是工业废水治理中的难题之一。其处理方法常见的有物理化学处理法、化学处理法及生物处理法等。本节拟对以上各种方法和研究进展作一简要综述。

5.10.3.1　物理化学处理法

（1）吸附法

吸附法是利用多孔性固体吸附剂来处理废水的方法。在印染废水处理中所用的吸附剂主要有活性炭、焦炭、硅聚合物、硅藻土、高岭土和工业炉渣等。不同吸附剂对染料有选择性。影响吸附的条件有温度、接触时间和 pH 值等。开发高效廉价的吸附剂是吸附法的研究方向。

（2）超滤法

超滤是利用一定的流体压力推动力和孔径在 $2\sim20\mu m$ 的半透膜实现高分子和低分子的分离。超滤过程的本质是一种筛滤过程，膜表面的孔隙大小是主要的控制因素。此法只能处理所含染料分子粒径较大的印染废水。优点是不会产生副产物、可以使水循环使用。

5.10.3.2　化学处理法

废水的化学处理法是利用化学反应的原理及方法来分离回收废水中的污染物，或是改变它们的性质，使其无害化的一种处理方法。在印染废水处理中常用的有絮凝沉淀法、电化学法、化学氧化法及光催化氧化法等。

（1）絮凝沉淀法

絮凝沉淀法的关键是絮凝剂。应用于印染废水处理方面的絮凝剂主要是铁盐、铝盐、有机高分子、生物高分子。但由于高分子絮凝剂可能存在的毒性，加之价格昂贵等原因，故很少应用。铁盐絮凝剂絮凝效果不错，但铁离子使用时对设备有强腐蚀性，调制和加药设备必须考虑用耐腐蚀材料。应用最广泛的絮凝剂还是铝盐絮凝剂，主要有硫酸铝、氯化铝、明矾、聚合氯化铝、聚合硅酸铝类等。硫酸铝是世界上水和废水处理中使用最早、最多的絮凝剂，自 1884 年美国开发硫酸铝（AS）以来一直被广泛使用。由于它存在着成本高、投量大、会降低出水 pH 值，在某些情况下（低温低浊和高浊水）净水效果不理想等不足之处，已逐渐被聚合氯化铝（PAC）等代替。20世纪60年代，聚合氯化铝以其性能好、用量少、对原水pH值适应性较广等特点，在水工业中被广泛应用。后来在聚合铝的制造过程中引入一种或几种不同的阴离子，利用增聚作用在一定程度上改变聚合物的结构和形态分布，制造出含不同阴离子的新型聚合铝絮凝剂如聚硫氯化铝（PACS），聚磷氯化铝（PACP）。1989年汉迪化学品公司研制成功一种碱式多羟基硅酸铝（PASS），成本约为明矾的两倍，但它含有更多的活性铝，能生成高密度的絮状物，沉降速度快，用量少，温度范围广，处理后残余铝低。另一种含铝的聚硅酸絮凝剂（PSAA）也被认为对低温低浊度废水具有良好的混凝性能。

印染废水中的分散染料、疏化染料、还原染料等憎水性染料分子的相对分子质量大，在水中以悬浮物或胶态存在，易被脱稳絮凝除去。

镁盐絮凝剂在碱性条件下可处理含水溶性阴离子染料废水，但对阳离子染料如亚甲基蓝、阳离子红——GRL脱色率低。

（2）电化学法（电解法）

电化学法是废水处理中的电解质在直流电的作用下发生电化学反应的过程。废水中的污染物在阳极被氧化，在阴极被还原，或者与电极反应产物作用，转化为无害成分被分离除去。它是一种简单、经济、有效的方法。

在电解时使用可溶性阳极（铁、铝等），使其产生 Fe^{3+}、Al^{3+} 等离子，经水解聚合成絮凝剂，从而达到去除印染废水中BOD、COD、色度的效果。如果在废水中投加阳离子高分子絮凝剂，使与阴离子染料分子形成配合物，再进行电解脱色则可节约电能。当废水中以纳夫妥为主的混合染料的质量浓度为154mg/L时，耗电仅为 $0.15\sim0.2kW\cdot h/m^3$。

若采用石墨、钛板作极板，以 $NaCl$，Na_2SO_4 等做导电介质，则在电解时阳极产生 O_2 或 Cl_2，阴极产生 H_2，利用产生的 O_2 和 Cl_2 溶于水后生成的 $NaClO$ 氧化作用以及 H_2 的还原作用，可以破坏染料分子结构而脱色。一般用于含有—N＝N—双键及—SO_3 的可溶性酸性染料、活性染料的脱色处理。

（3）化学氧化法

化学氧化法分为空气氧化法、氯氧化法及臭氧氧化法等，是印染废水脱色处理的主要方法。其机理是利用氧化剂将染料不饱和的发色基团打破而脱色。常见的有组合法和催化氧化法等。

采用混凝-二氧化氯组合法。它的优点在于 ClO_2 氧化能力强，是 $HClO$ 的9倍多，且无氯气氧化法处理废水时可能与水中有机物结合生成氯代有机物（AOX）的问题。

近年来，Fenton试剂（由 H_2O_2 和 Fe^{2+} 混合而成）处理易溶解的染料废水是国内尝试的热点。据报道，采用铁屑-H_2O_2 氧化法处理印染废水，在pH为 $1\sim2$ 时铁氧化生成新生态的 Fe^{2+}，其水解产物可使硝基酚类、蒽醌类印染废水脱色率达99％以上。

O_3-H_2O_2 组合法是利用 H_2O_2 诱发 O_3 产生氧自由基和·OH自由基，通过羟基取代反应及氧化裂解开环反应等使各类染料废水脱色。

（4）光催化氧化法

光催化氧化法效果好、无二次污染，是一种很有前途的印染废水脱色新方法。

5.10.3.3 生物化学法

生物化学法是利用自然环境中的微生物，对废水中的某些物质进行氧化分解作用。主要是利用印染废水中的大部分有机物都具有可生物降解性来脱色。生物化学法脱色率一般可达50％左右，但由于印染废水BOD/COD值小，限制微生物效能，对COD去除率不高。

生化处理法包括好氧法和厌氧法。处理印染废水的好氧法常见的有活性污泥法、氧化沟法、生物塘法、接触氧化法、曝气法等。而厌氧法对含有偶氮基、蒽醌基、三苯甲烷基的染料均可降解。20 世纪 80 年代以前，中国印染废水的可生化性一般较高，COD 在 800mg/L 以下采用传统物化—生化组合法，出水即可达标排放。近年来，由于难生化降解的新型染料和助剂进入印染废水中，其生化性大为降低，色度增加。一般废水 COD 在 1000mg/L 以上，可生化值 BOD/COD 在 0.25 以下。

纯氧曝气生物处理在国外应用较多，由于氧转移效率高，混合液污泥浓度（MLSS）高，因此可提高去除有机物及脱色能力。其缺点是装置复杂、运转管理麻烦；若原水中混入大量烃类物，则可能引起爆炸。

5.10.3.4 新型生物脱色技术

（1）IMBR 反应器

固定微生物反应器（IMBR）的研制，能有效地解决细菌与悬浮及溶解的污染物接触时间太短的问题。IMBR 应用了带孔的固体球体。细菌群接种在球体上进行繁殖。这就不需要通过增加排放物中悬浮细菌量的方法来提高与污染物的接触机率。该球体直径约 9.5mm，可供细菌繁殖的表面积超过 $1m^2$。系统几乎不产生生物泥污染。而且多孔球体表面及内部吸附污染物的量极大，有利于污染物被氧化分解。该系统的充气，只需要将水和空气在低压下由泵打入混合即可。因为气泡在水中破裂，可使水和气泡最大程度的接触，从而氧气得以最大速度输送到液体内部。该项技术运行成本比活性污泥系统低，处理效果好，是当今世界印染废水处理的发展趋势。

（2）生物铁法脱色技术

生物铁法脱色技术是在曝气池中加入氢氧化铁，逐步驯化并形成具有特殊生物铁污泥的强化活性污泥法。由于 Fe^{3+}-Fe^{2+} 氧化还原反应，能够促进细菌对有机物的降解。生物氧化反应大多是去氢氧化。有机物不能直接把氢原子交给氧分子，而是在脱氢酶和各种辅助酶的作用下，经过一系列载氢体进行传递，再把氢原子传递给细胞色素。细胞色素与铁离子配合反应，作为质子和电子的传递体，最终把质子和电子交给分子氧，达到完全氧化。另外，其活性污泥结构紧密，沉降效果好，因而曝气池可维持较高的活性污泥浓度，从而提高废水处理能力。资料显示，生物铁法处理印染废水效果比普通活性污泥法高 18%。

5.11 医院污水处理技术及药剂

医院污水是医院在进行医疗活动中产生的污水。与其他类型的污水相比，其性质与城市生活污水相近，但又有其自身的特点。医院污水除含有 COD、BOD、SS 外，还含有大量的病原微生物、药物、消毒剂、诊断试剂、洗涤剂、寄生虫卵、病毒、有机溶剂、重金属等有毒有害物质，成分十分复杂。与工业污水和生活污水相比，它具有水量小，污染力强的特点，如任其排放，必然会污染水源，传播疾病。因此，对医院污水进行治理，仅采用一种方法很难达到理想的效果，必须采用多种手段进行综合治理。

5.11.1 医院污水水质情况分析

从医院污水的来源来看，分以下几种：①生活污水，主要来源于门诊、管理区和住院病房的厕所、洗衣房及卫生用水，约占污水排放总量的 99.55%，该部分排水水质除细菌、病毒指标与生活污水不同外，其他指标类似于城市生活污水；②医疗器械清洗消毒排水，约占排水总量的 0.2%，此部分水中主要污染成分是消毒剂；③X 光室洗片排水，约占排水总量的 0.1%，此部分水中主要污染物为重金属、可溶性盐类等，毒性较大；④化验排水，约占排水总量的 0.15%，主要污染物为有机溶剂、诊断试剂等。以上排水一般均经过医院内排水管网混合后外排。由于水中含有致病菌、病毒、重金属等有害物质，直接外排对环境危害较大。

通过对医院污水的调查分析表明，医院污水综合水质类似于生活污水，但比生活污水所含成分更为复杂，人均排水量大于城市生活污水排水量，BOD 和 COD 指标略低于城市生活污水，大肠杆菌和传染性病菌高于城市生活污水。因此，在对医院污水进行治理时，不但要考虑降低水中的有机物，还要考虑减少细菌、重金属以及其他有毒有害物质的危害。

5.11.2 处理方法

5.11.2.1 化学药剂法

化学药剂法有加氯消毒和臭氧消毒等，物理消毒法有紫外线消毒等。在医院污水处理过程中，不仅要降低污水的 COD 和 BOD，更应该对医院污水进行消毒处理，严格控制病原微生物随出水排放。目前医院污水采用的化学消毒方法，就是向污水中投入适量的化学药剂，使污水中有害物质氧化，达到凝聚、吸附、沉淀的目的。

（1）液氯

液氯以它消毒能力强、价格便宜而被广泛应用于自来水和医院污水的消毒。但氯气是一种有刺激性气味的黄色有毒气体，不能随时随地制取，必须有专用贮存设备和加氯设备。液氯的投加设备结构复杂，易被腐蚀，危险性较大，因而在城市或人口过于集中的区域被限制使用。

（2）次氯酸钠溶液

次氯酸钠是最原始的消毒处理方法之一。该方法原料来源方便、产品稳定、运输方便、设备投资少、运行费用低、管理方便安全，不会因消毒剂而产生污泥，应用较为广泛。但次氯酸钠消毒能力弱，处理过程中带来废渣，正逐步被其他产品替代。

（3）二氧化氯

二氧化氯是一种高效、广谱、安全、快速、多功能、持续时间长、贮存与使用方便的杀菌消毒剂。联合国世界卫生组织（WHO）将二氧化氯列为安全的消毒剂（A1）级，美国环境保护署（EPA）和美国食品药物管理局（FDA）批准它可以用于医院、食品加工等部门。国内外生产的商品 J 哇二氧化氯产品主要是稳定性二氧化氯溶液，也有少部分的缓释型团体状、胶状颗粒、微胶囊化粉体等固体二氧化氯产品。近年来国内污水处理行业十分流行二氧化氯法，在医院污水处理上有着良好的效果。

化学法二氧化氯消毒用于处理医院污水的优点可概括为两个方面。

第一，二氧化氯可以杀灭一切微生物，包括细菌繁殖体、细胞芽孢、真菌、分枝杆菌和病毒等；能有效地破坏水中的微量有机污染物，如苯并芘、蒽醌、氯仿、四氯化碳、酚、氯酚、氰化物、硫化氢及有机硫化物等；能很好地氧化水中一些还原状态的金属离子如 Fe^{2+}，Mn^{2+}，Ni^{2+} 等。使用二氧化氯时受 pH 影响小，对藻类有杀灭作用，还能降低水溶液的色度、浊度和异味，其效果是次氯酸钠的 5 倍。它在污水处理中不形成显著的有机卤化物，是医院污水处理的理想选择。

第二，二氧化氯对病毒消毒效果比臭氧和液氯更有效，与污水反应快，反应时间是氯的 1/2～1/4，可由 1h 缩短至 0.5h，接触池可缩小到原来的 1/2，大大节省了投资。二氧化氯的剂型研究和应用研究正不断得到扩大和深入。二氧化氯发生器、稳定性二氧化氯溶液以及固态二氧化氯粉剂或片剂均有较强的杀灭微生物作用。由于消毒过程中无致癌物质产生，对人体无毒无害，具有广泛的应用前景。

但由于二氧化氯是一种新型的消毒剂，尤其在新剂型研究与应用过程中，还有不少值得继续和进一步深入研究的问题，例如提高稳定性及固态二氧化氯的活化率、减少对金属的腐蚀性以及现场使用时含量快速测试方法的建立等。期望通过努力，在二氧化氯的应用研究上取得更好的成果。

（4）臭氧法

臭氧是强氧化剂，在污水中加入适量的臭氧能使水中微生物及各种金属离子氧化。用这种方法处理医院污水较为彻底，二次污染少。缺点是所需配套的设备多，一次性投资大，设备维修量大，用电量亦大，增加了常年运转费。

5.11.2.2　物理法

化学消毒法一般都会产生消毒副产物。紫外线消毒技术属物理消毒方式的一种，具有广谱杀菌能力，它不产生消毒副产物，并且不会造成二次污染问题。经过 20 多年的发展，紫外线消毒技术已经成为成熟可靠、绿色环保、投资效益较高的污水消毒技术。在世界各地的城市污水消毒处理中该项技术已得到日益广泛的应用，成为替代传统加氯消毒的主流技术。

5.11.2.3　生化处理

二级生化处理可以去除污水中的悬浮物、溶解性有机物和氨氮，不仅可以使医院污水达标排放，而且可大幅度降低消毒剂的用量，减少消毒副产物的产生和对环境的影响。因此，生化处理工艺对于医院污水处理具有普遍的适用性。

现有的生化处理工艺均可使用，考虑到医院污水流量较小、浓度较低的特点，宜采用SBR（CASS）、曝气生物滤池等工艺。

5.11.3　医院污水处理设施的安全性

医院污水处理设施的安全性含义为：医院污水处理设施处理效果优，出水达标，并对处理过程中污染物转移和产生有害副产物等问题进行全面控制，确保公众与直接操作人员的安全，此外，系统还应具有较高的应对突发事件的能力。

为此，医院污水处理应从以下几方面着手提高安全性。①传染病医院（包括带传染病房的综合医院）污水经预消毒后，再进入医院污水处理系统；对污水处理中产生的废气、污泥进行控制和无害化处理。②传染病医院（包括带传染病房的综合医院）污水处理站的操作室应与污水处理站隔离。③污水处理工程设计中设立应急的配套设施或预留应急改造的空间。

参 考 文 献

1　陈复主编. 水处理技术及药剂大全. 北京：中国石化出版社，2000

2　袁志彬，王占生. 给水厂净水工艺的发展及其比较. 净水技术，2002，21（2）：5~7

3　高和气，汤峰，叶春. 给水厂工艺改进浅谈. 给水排水，2003，29（8）：32~33

4　邹一平等. 水厂加碱试验研究. 给水排水，2001，27（10）：13~17

5　郭兴芳等. 一种处理受污染城市景观水体的简易技术探索. 重庆建筑大学学报，2002，24（4）：45~48

6　张左鸣. 非循环游泳池水质净化方法浅析. 西安体育学院学报，2000，17（1）：94～96

7　李茂东，吴从容. 工业锅炉锅内水处理药剂现状与发展. 工业水处理，2004，24（5）：5～9

8　李晓星等. 制革废水处理的研究进展. 中国皮革，2003，32（19）：26～31

9　周长波，张振家. 啤酒废水处理技术的应用进展. 环境工程，2003，21（6）：19～24

10　范文玉等. 屠宰场废水处理技术研究. 沈阳化工学院学报，2003，17（3）：230～232

11　袁卫昌. 中央空调的水处理. 云南化工，2002，29（5）：40～42

附录 相关法律、法规与标准

1 目前与水有关的法律、法规与标准

中华人民共和国水污染防治法；

中华人民共和国水法；

中华人民共和国水土保持法；

污水处理设施环境保护监督管理办法；

国家环境保护局、农业部、化工部关于进一步加强对农药生产单位废水排放监督管理的通知；

肉类加工工业水污染物排放标准 GB 13457—92；

兵器工业水污染物排放标准＜火工品＞GB 14470.2—93；

中华人民共和国海水水质标准（一）GB 3097—1997；

中华人民共和国海水水质标准（二）GB 3097—1997；

造纸工业水污染物排放标准 GB 3544—92；

地面水环境质量标准 GB 3838—88；

渔业水质标准 GB 11607—89；

景观娱乐用水水质标准 GB 12941—91；

航天推进剂水污染物排放标准 GB 14374—93；

兵器工业水污染物排放标准＜弹药装药＞GB 14470.3—93；

兵器工业水污染物排放标准＜火炸药＞GB 144701—01—93；

纺织染整工业水污染物排放标准 GB 4287—92；

海洋石油开发工业含油污水排放标准 GB 4914—85；

农田灌溉水质标准 GB 5084—92；

《污水综合排放标准》中石化工业 COD 标准值修改单 GB 8978—1996；

地下水质量标准等。

2 相关标准

国家海洋局（HY）、农业部（NY）、林业部（LY）、国土资源部（含地质矿产）（DZ、TD）、轻工业总会（QB）等部门发布的标准中也有一些水环境方面的标准。这些标准中既有国家标准，又有行业标准。

2.1 国家标准

GB/T 14848—1993 地下水质量标准 （原地质矿产部主管编制）

GB 15218—1994 地下水资源分类分级标准

GB 17378.1—1998 海洋监测规范 第一部分 总则

GB 17378.2—1998 海洋监测规范 第二部分 数据处理与分析控制

GB 17378.3—1998 海洋监测规范 第三部分 样品采集、贮存与运输

GB 17378.4—1998　海洋监测规范　第四部分　海水分析

GB 17378.5—1998　海洋监测规范　第五部分　沉积物分析

GB 17378.6—1998　海洋监测规范　第六部分　生物体分析

GB 17378.7—1998　海洋监测规范　第七部分　近海污染生态调查和生物监测

（注：原为 HY 003.4～10—1991，现已升为国家标准）。

GB/T 17923—1999　海洋石油开发工业　含油污水分析方法

GB/T 11146—1999　原油水含量测定法

GB 17323—1998　瓶装饮用纯净水　（中国轻工业总会编制）

GB 8537—1985　饮用天然矿泉水标准　（卫生部、原轻工业部和地质矿产部联合提出）

GB/T 8538—1995　饮用天然矿泉水检验方法（归口于原轻工业部等）分为三部分：

（1）总则；

（2）采集和保存；

（3）检验方法：总共 60 项指标即，包括物理指标 6 项，即色度、臭和味、肉眼可见物、浑浊度、溶解性总固体；化学指标 44 项，即 pH、总硬度、碱度、钾和钠、钙和镁、铁、锰、铜、锌、铬、铅、镉、汞、银、锶、锂、钡、钒、钼、钴、镍、铝、硒、砷、硼酸、偏硅酸、氟化物、氯化物、溴化物、碘化物、氨态氮、二氧化碳、硝态氮、亚硝态氮、碳酸盐和氢碳酸盐、硫酸盐、耗氧量、氰化物、挥发性酚类、总 β 放射性、226Ra 放射性；生物指标 2 项，即菌落总数和大肠菌群；参考指标 8 项，即铍、硫化物、磷酸盐、气体、666、阴离子洗涤剂、苯并芘、氡。

GB 1576—2001　工业锅炉水质

GB/T 6903—1986　锅炉用水和冷却水分析方法　通则

GB/T 6904—1986　锅炉用水和冷却水分析方法　pH 值的测定

GB/T 6905—1986　锅炉用水和冷却水分析方法　氯化物的测定

GB/T 6906—1986　锅炉用水和冷却水分析方法　联氨的测定

GB/T 6907—1986　锅炉用水和冷却水分析方法　水样采集的方法

GB/T 6908—1986　锅炉用水和冷却水分析方法　电导率的测定

GB/T 6909—1986　锅炉用水和冷却水分析方法　硬度的测定

GB/T 6910—1986　锅炉用水和冷却水分析方法　钙的测定

GB/T 6911—1986　锅炉用水和冷却水分析方法　硫酸盐的测定

GB/T 6912—1986　锅炉用水和冷却水分析方法　硝酸盐和亚硝酸盐的测定

GB/T 6913—1986　锅炉用水和冷却水分析方法　磷酸盐的测定

GB/T 10538—1989　锅炉用水和冷却水分析方法　季胺盐的测定

GB/T 10539—1989　锅炉用水和冷却水分析方法　钾离子的测定

GB/T 10656—1989　锅炉用水和冷却水分析方法　锌离子的测定

GB/T 10657—1989　锅炉用水和冷却水分析方法　磷锌预膜液中锌的测定

GB/T 10658—1989　锅炉用水和冷却水分析方法　磷锌预膜液中铁的测定

GB/T 12145—1989　火力发电机组及蒸汽动力设备　水汽质量

GB/T 12146—1989　锅炉用水和冷却水分析方法　氨的测定　苯酚法

GB/T 12147—1989　锅炉用水和冷却水分析方法　纯水电导率的测定

GB/T 12148—1989　锅炉用水和冷却水分析方法　全硅的测定

GB/T 12149—1989	锅炉用水和冷却水分析方法	硅的测定 钼兰比色法
GB/T 12150—1989	锅炉用水和冷却水分析方法	硅的测定 硅钼兰比色法
GB/T 12151—1989	锅炉用水和冷却水分析方法	浊度的测定 紫外分光光度法
GB/T 12152—1989	锅炉用水和冷却水分析方法	油的测定 红外光度法
GB/T 12153—1989	锅炉用水和冷却水分析方法	油的测定 紫外分光光度法
GB/T 12154—1989	锅炉用水和冷却水分析方法	全铝的测定
GB/T 12155—1989	锅炉用水和冷却水分析方法	钠的测定 动态法
GB/T 12156—1989	锅炉用水和冷却水分析方法	钠的测定 静态法
GB/T 12157—1989	锅炉用水和冷却水分析方法	溶解氧的测定
GB/T 14415—1993	锅炉用水和冷却水分析方法	固体物质的测定
GB/T 14416—1993	锅炉用水和冷却水分析方法	锅炉蒸汽的采样方法
GB/T 14417—1993	锅炉用水和冷却水分析方法	全硅的测定
GB/T 14418—1993	锅炉用水和冷却水分析方法	铜的测定
GB/T 14419—1993	锅炉用水和冷却水分析方法	碱度的测定
GB/T 14420—1993	锅炉用水和冷却水分析方法	化学需氧量的测定
GB/T 14421—1993	锅炉用水和冷却水分析方法	聚丙烯酸的测定
GB/T 14422—1993	锅炉用水和冷却水分析方法	苯并三氮唑的测定
GB/T 14423—1993	锅炉用水和冷却水分析方法	2-硫基苯并噻唑的测定
GB/T 14424—1993	锅炉用水和冷却水分析方法	余氯的测定
GB/T 14425—1993	锅炉用水和冷却水分析方法	硫化氢的测定
GB/T 14426—1993	锅炉用水和冷却水分析方法	亚硫酸盐的测定
GB/T 14427—1993	锅炉用水和冷却水分析方法	铁的测定

GB/T 14642—1993 工业循环冷却水及锅炉水中 铁、氯、磷、亚硝酸盐、硝酸盐、硫酸盐的测定

GB/T 15454—1995 工业循环冷却水中 钠、胺、钾、镁、钙离子的测定

GB/T 15455—1995 工业循环冷却水中 溶解氧的测定

GB/T 15456—1995 工业循环冷却水中 化学需氧量的测定

2.2 行业标准

NY/T 396—2000 农用水源环境质量监测技术规范

NY/T 391—2000 绿色食品产地环境技术条件

NY 5027—2001 无公害食品 畜禽饮用水质

NY 5028—2001 无公害食品 畜禽产品加工用水水质

LY/T 1212—1999 森林土壤水和天然水样品的采集和保存 （取代 GB 7832—1987）

LY/T 1275—1999 森林土壤 水化学分析 包括18项指标：残渣、pH、总酸度、有机碳、水解氮、二氧化硅、铁、铝、锰、钙和镁、钠和钾、碳酸盐和重碳酸盐、氯化物、硫酸盐、磷酸盐。（取代 GB 7892—1987）。

HY/T 040—1996 系列采水器

QB 1979—1994 人工矿泉水器

2.3 与水相关的其他国家标准

GB 3151—1982 净水剂 硫酸铝

GB 4482—1982   净水剂   无水氯化铁

GB 4483—1982   净水剂   氯化铁溶液

GB 10531—1989   水处理剂   硫酸亚铁

GB 10532—1989   水处理剂   六聚偏磷酸钠

GB/T 10533—2000   水处理剂   聚丙烯酸

GB 10534—1989   水处理剂   聚丙烯酸钠

GB 10535—1989   水处理剂   水解聚马来酸酐

GB 10536—1989   水处理剂   氨基三亚甲基膦酸（固体）

GB/T 17514—1998   水处理剂   聚丙烯酰胺

GB/T 13922.1—1992   水处理设备性能试验   总则

GB/T 7701.4—1997   净化水用煤质颗粒活性炭

GB/T 16632—1996   水处理剂   阻垢性能的测定   碳酸钙沉积法

GB/T 18175—2000   水处理剂   缓蚀性能的测定   旋转挂片法

GB 7119—1986   评价企业合理用水技术通则

GB/T 12452—1990   企业水平衡与测试通则

GB/T 17367—1998   取水许可技术考核与管理通则

内 容 提 要

本书根据近年来高等院校环境专业课程的设置以及水处理及其药剂的发展，重点介绍有关水处理及其药剂的基本知识、基本原理和一般水处理技术，还结合实际介绍各个行业的水处理工艺及方法。全书注重理论联系实际，学以致用，同时介绍水处理及其药剂的发展动向。

本书可作为本专科院校环境工程相关专业的教材或教学参考书，也可供从事水处理工作的石油、化工、造纸、冶金、轻工酿造、纺织印染、环保、市政等行业的企业及研究设计部门的科研、设计、技术、管理和营销等人员阅读和参考。